精雕细琢——
中文版 Photoshop 2020建筑表现技法

麓山文化编著

机械工业出版社

本书详细讲解了使用Photoshop 2020中文版进行建筑表现的方法和技巧。

全书共分3篇，第1篇为基础篇，介绍了Photoshop 2020的基础知识和基本工具的用法，为后面章节的学习奠定基础；第2篇为进阶篇，主要介绍后期处理的一些基本原理、原则和建筑相关素材处理技巧，并介绍了以最简单的步骤完成单个元素的处理的方法；第3篇为实战篇，以实际工程案例，详细讲解了彩色户型图、彩色总平面图、建筑立面图、室内和室外透视建筑效果图的制作方法和相关技巧。

本书技术新颖、内容实用，是长期工作在效果图表现领域一线工作人员的经验和智慧的结晶。书中所有案例均为实际工程项目，涵盖别墅、小区、园林、公共建筑、夜景、雪景、雨景等常见建筑类型和氛围表现，具有很强的可读性和参考价值，也反映了当前效果图表现行业的发展趋势。

本书配套资源内容非常丰富，除提供了全书所有实例的素材和最终PSD文件外，还提供了900分钟的高清语音视频教学，以及大量人物、植物、汽车、建筑、喷泉、水面、天空等后期处理的相关素材。老师手把手的课堂讲解，可大大提高学习的效率和兴趣。附赠素材可即调即用，真正物超所值。

本书既可作为高等学校建筑、园林等相关专业的教材，也适合相关设计从业人员和图像爱好者阅读。更适合在效果图制作方面有一定基础、想进一步掌握效果图后期处理技巧，欲跻身于效果图后期处理高手之列的读者作为自学教程或参考资料。

图书在版编目（CIP）数据

精雕细琢：中文版Photoshop 2020建筑表现技法 /麓山文化编著. -- 北京：机械工业出版社，2021.8（2024.8重印）

ISBN 978-7-111-68363-6

Ⅰ. ①精… Ⅱ. ①麓… Ⅲ. ①建筑设计－计算机辅助设计－图象处理软件 Ⅳ. ①TU201.4

中国版本图书馆CIP数据核字(2021)第103496号

机械工业出版社（北京市百万庄大街22号　邮政编码100037）
策划编辑：曲彩云　　　责任编辑：曲彩云
责任校对：刘秀华　　　责任印制：常天培
北京铭成印刷有限公司印刷
2024年8月第1版第5次印刷
184mm×260mm · 19印张 · 465千字
标准书号：ISBN 978-7-111-68363-6
定价：99.00元

电话服务　　客服网址
客服电话：010-88361066　　机工官网：www.cmpbook.com
010-88379833　　机工官博：weibo.com/cmp1952
010-68326294　　金 书 网：www.golden-book.com
封底无防伪标均为盗版　　机工教育服务网：www.cmpedu.com

前　言

利用计算机作为处理平台，对建筑渲染图形进行后期处理与表现，不仅处理速度快，修改方便，便于输出和保存，而且还可以结合艺术的手法，使建筑美感得到更进一步的表达和提升，将建筑设计者的设计初衷表现得淋漓尽致。

作为Adobe公司推出的优秀图形图像处理软件，Photoshop 2020不但功能强大，而且可操作性好。通过与AutoCAD和3ds max紧密配合，还可以制作出各种建筑图像，模拟真实场景进行效果表现，倍受建筑设计师们青睐。

为了系统、全面、深入讲解Photoshop在建筑表现中的应用，我们编写了这本《精雕细琢——中文版Photoshop 2020建筑表现技法》教程。本书并非长篇理论的堆砌，而是通注重理论和实践相结合，过大量典型的实例，步骤详尽地介绍各个建筑效果图的制作过程。注重让读者在学习的同时，积累宝贵的经验。本书与其他书籍相比，具有以下特点：

- 案例齐全　内容新颖

全书包含了将近50个实例，涵盖了后期处理中的大部分案例类型。

- 技术专业　实例商业

本书中的案例全部为实际工作中的商业作品，处理和制作手法也完全为商业工作模式，具有技术实用、效果专业的特点。为读者提供了全面的商业设计范本，完全可以应用到实际工作中去。

- 讲解深入　系统全面

本书是一本案例教程，穿插技术分析和理论讲解，深入阐述了用Photoshop进行建筑表现的各种技术和方法，分门别类地对后期处理中常出现的建筑效果图表现类型及制作方法进行实例讲解。

- 步骤详尽　通俗易懂

本书以手把手的方式详尽介绍了各种建筑图像的表现技术，即使是Photoshop初学者也可以一步一步地制作出相应的效果，特别适合自学使用。

- 资源丰富　物超所值

为了方便读者学习，本书的配套资源收录了书中所有实例的高分辨率素材和最终效果PSD文件。此外，本书还提供了大量后期处理素材，可以快速创建自己的素材库。

由于编者水平有限，书中错误、疏漏之处在所难免。在感谢您选择本书的同时，也希望您能够把对本书的意见和建议告诉我们。

编者邮箱：lushanbook@gmail.com

读者QQ群：518885917

编　者

目 录

前言

第1篇 基础篇

第1章

建筑效果图后期处理的基本知识

第2章

Photoshop 2020建筑表现基础

第3章

Photoshop 2020常用工具和命令

第2篇 进阶篇

第4章 建筑配景原则与合成技巧

第5章 建筑后期处理基本技法

第3篇 实战篇

第6章

彩色户型图制作

第7章

建筑立面图制作

第8章

彩色总平面图制作

第9章

室内效果图后期处理实战

第10章

透视效果图后期处理实战

第11章

鸟瞰效果图后期处理实战

第12章

特殊效果图后期处理

第1篇 基础篇

第1章 建筑效果图后期处理的基本知识

随着建筑行业的高速发展，建筑表现行业已经日趋成熟，分工也越来越细化。一些专业的效果图公司已经将效果图制作分为前期建模、渲染和后期处理三道工序。前期建模主要是使用3ds max软件制作建筑模型并赋予材质、布置灯光，然后渲染输出位图文件。由于3ds max软件渲染出来的图像并不完美，需要通过后期处理来弥补一些缺陷并制作环境配景，以真实模拟现实空间或环境，这一过程就是后期处理工作，通常需要在Photoshop中完成。后期处理决定了效果图最终表现效果的艺术水准。

本章简单介绍建筑效果图制作流程和色彩、构图等基本知识，使读者对透视效果图后期处理有一个清晰的了解和认识，为后面的深入学习打下良好的基础。

1.1 建筑效果图制作流程

建筑效果图制作是一门综合的艺术，它需要制作者能够灵活运用AutoCAD、3ds max、Photoshop等软件。绘制效果图大致可以分为分析图纸、创建模型、调配材质、设置摄影机和灯光、渲染输出以及后期处理等操作步骤。其中前面几个阶段主要在3ds max中完成，最后一个阶段则在Photoshop中完成。下面简要介绍各工作阶段的主要任务，以便读者快速了解整个建筑效果图制作流程。

1.1.1 创建模型

所谓建模，就是指根据建筑设计师绘制的平面图和立面图，使用3ds max的各类建模工具和方法建立建筑物的三维造型，它是效果图制作过程中的基础阶段。

由于建筑设计图一般使用AutoCAD绘制，该软件在二维图形的创建、修改和编辑方面较3ds max更为简单直接。因此在3ds max中建模时可以选择【文件】|【导入】命令，导入AutoCAD的平面图，然后再在此基础上进行编辑，从而快速、准确地创建三维模型，这是一种非常有效的工作方法。

如图1-1所示为创建的别墅模型。

图1-1 创建的别墅模型

1.1.2 调配材质

建模阶段只是创建了建筑物的形体，要表现真实感，必须赋予它适当的建筑材质。3ds max提供了强大的材质编辑能力，任何希望获得的材质效果都可以实现。“材质编辑器”是3ds max的材质“制作工厂”，从中可以调节材质的各项参数和观看材质效果。

需要注意的是，材质的表现效果与灯光照明是息息相关的，光的强弱决定了材质表现的色感和质感。总之，材质的调配是一个不断尝试与修改过程。

如图1-2所示为赋予材质后的别墅效果。

图1-2 赋予材质后的别墅效果

1.1.3 设置灯光和摄影机

灯光与阴影在建筑效果图中起着非常重要的作用。不但建筑物的质感通过灯光得以体现，建筑物的外形和层次也需要通过阴影进行刻画。只有设置了合理的灯光，才能真实地表现建筑的结构，刻画出建筑的细节，突出场景的层次感。

在处理光线时一定要注意阴影的方向问题。在一张图中肯定不止有一盏灯，但通常只把一盏聚光灯的阴影打开，而这盏灯就决定了阴影的方向，其他灯光只影响各个面的明暗，所以一定要保证阴影方向与墙面的明暗一致。

在3ds max中制作的建筑是一个三维模型，它允许从任意不同的角度来观察当前场景。通过调整摄影机的位置，可以得到不同视角的建筑透视图，如立面效果图、正视图、鸟瞰图等。在一般的建筑效果图制作中，大多都将摄影机设置为两点透视关系，即摄影机的摄像头和目标点处于同一高度，距地面约1.7m，相当于人眼的高度，这样所得到的透视图也最接近人的肉眼所观察到的效果。

图1-3所示为添加了灯光和阴影的别墅效果。

图1-3 添加了灯光和阴影的别墅效果

1.1.4 渲染与Photoshop后期处理

渲染是3ds max中的最后一个工作步骤。建筑主体的位置、画面的大小、天空与地面的协调等都需要在这一阶段调整完成。在3ds max中调整好摄影机，获得一个最佳的观察角度之后，便可以将此视图渲染输出，得到一张高清晰度的建筑图像。

经 3ds max 直接渲染输出的图像，往往画面单调，缺乏层次和趣味。这时就可以发挥图像处理软件 Photoshop 的特长，对其进行后期加工处理。在这一阶段中，整体构图是一个非常重要的概念。所谓构图就是将画面的各种元素进行组合，使之成为一个整体。就建筑效果图来说，要将形式各异的主体与配景统一成整体，首先应使主体建筑较突出醒目，能起到统领全局的作用；其次，主体与配置之间应形成对比关系，使配景在构图、色彩等方面起到衬托作用。

图 1-4 所示为后期处理完成的别墅效果。

图 1-4　后期处理完成的别墅效果

1.2　Photoshop 在后期处理的作用

从建筑效果图制作流程中可以看出，Photoshop 的后期处理在整个建筑效果图的制作中有着非常重要的作用。三维软件所做的工作只不过是提供一个可供 Photoshop 修改的简单“粗坯”，只有经过 Photoshop 的处理后，才能得到一个真实逼真的场景，因此它绝不亚于前期的建模工作。

由于后期处理是效果图制作过程最后一个步骤，所以它的成功与否直接关系到整个效果图的成败。它要求操作人员具有深厚的美术功底，能把握住作品的整体灵魂。总结 Photoshop 在建筑效果图后期处理中的操作步骤和具体应用，大致可归纳为以下几个方面。

1.2.1　修改效果图的缺陷

当场景复杂，灯光众多时，渲染得到的效果图难免会出现一些小的缺陷或错误，如果再返回 3ds max 重新调整，既费时又费力，这时完全可以发挥 Photoshop 的特长，使用修复工具或颜色调整工具，轻松修改模型或由于灯光设置所生成的缺陷。这也是效果图后期处理的第一步工作。

1.2.2　调整图像的色彩和色调

调整图像的色彩和色调，主要是指使用 Photoshop 的“亮度 / 对比度”“色调 / 饱和度”“色阶”“色彩平衡”“曲线”等颜色、色调调整命令对图像进行调整，以得到更加清晰、颜色色调更为协调的图像。这是效果图后期处理的第二步工作。

1.2.3　添加配景

上面已经提到，3ds max 渲染输出的图像，往往只是效果图的一个简单“粗坯”，场景单调、生硬，缺少层次和变化，只有为其加入天空、树木、人物、汽车等配景，整个效果图才显得活泼有趣，生机盎然。当然这些工作也是通过 Photoshop 来完成的，这是效果图后期处理的第三步工作。

1.2.4　制作特殊效果

比如制作光晕、光带，绘制水滴、喷泉，渲染为雨景、雪景、手绘效果等，以满足一些特殊效果图的需要。

1.3　建筑效果图的色彩处理

我们常说生活多姿多彩，我们的生活空间也因为各种色彩而让人流连忘返。人进入某个空间或看到某个建筑，最初几秒钟内得到的印象 75% 来自对色彩的感觉，然后才会去理解形体。而在建筑效果图的表现中，一幅优秀作品的颜色必定是经过精心搭配与合理应用，因此对色彩的基础理论进行全面了解是学习建筑效果图后期处理的必经之路。

1.3.1　了解色彩构成

色彩，可分为有彩色和无彩色两种：有彩色为红、橙、黄、绿、青、蓝、紫，无彩色为黑、白、灰。

从物理的角度进行分析，有彩色具备光谱上的某种或某些色相，统称为彩调。而无彩色顾名思义就没有彩调，它只有明与暗的变化，表现为黑、白、灰，也称色调。

上面所说的是一些十分抽象的概念，借助于图 1-5 所示的 Photoshop 中的【色相 / 饱和度】对话框则可以进行形象的了解。

不管色彩如何复杂，都可以由图 1-5 中色相、饱和度与明度三项参数共同控制，如色相决定彩色属于红、橙、黄、绿、青、蓝、紫中的一种。如果色相是红色，那么饱和度参数又可以决定其属于浅红还是暗红或是其他红色，最后由明度参数决定其明暗程度。读者可以打开 Photoshop 软件进行调整，加强对彩色控制的认识。

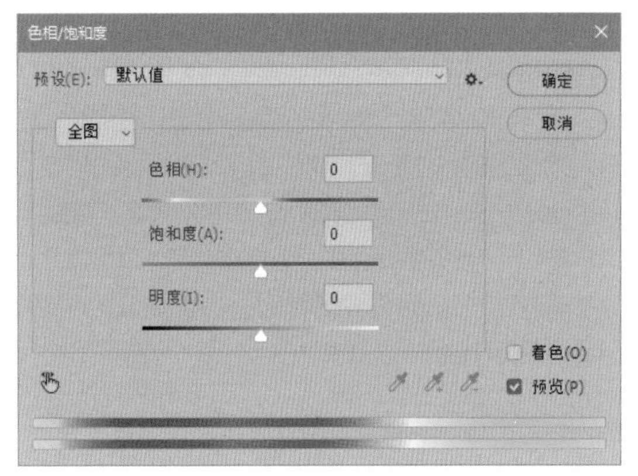

图 1-5 【色相 / 饱和度】对话框

无彩色单独由明度这一个参数控制，只能控制无彩色的明与暗。

1.3.2 色彩三要素

1. 色相

最原始的基本色相为：红、橙、黄、绿、青、蓝、紫。在这些基本色相中间加插一两个中间色，就有了 12 种基本色相，按光谱顺序为：红、红橙、橙、黄橙、黄、黄绿、绿、蓝绿、蓝、蓝紫、紫、红紫。

上述的 12 种色相的彩调变化，在光谱色感上是均匀的。如果再进一步找出其中间色，便可以得到 24 种色相。此时再将光谱中的红、橙黄、绿、蓝、紫等色带圈起来，在红和紫的中间插入半幅，构成环形的色相关系，便称为色相环。基本色相间取中间色，可以得到如图 1-6 所示的 12 色相环。如果再进一步便是 24 色相环，如图 1-7 所示。观察两张示意图可知，在色相环内，各彩调按不同角度进行排列。12 色相环内每一色间隔 30 度，24 色相环内每一色间隔 15 度。

无论是 12 色相环还是 24 色相环对色相都没有进行准确的书面定义，P.C.C.S 制色对色相制作了较规则的统一名称与符号，如图 1-8 所示。

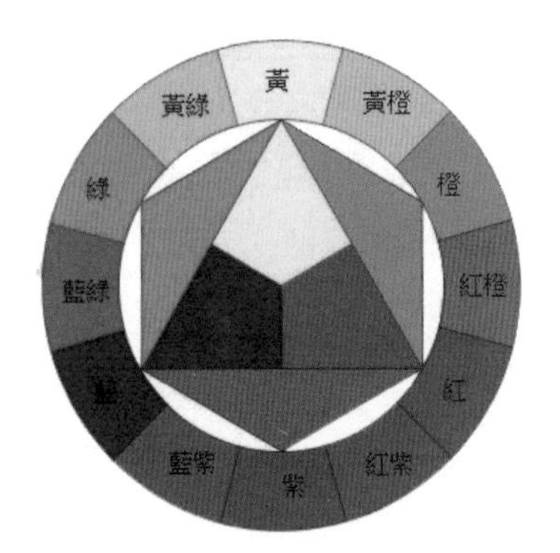

图 1-6 12 色相环

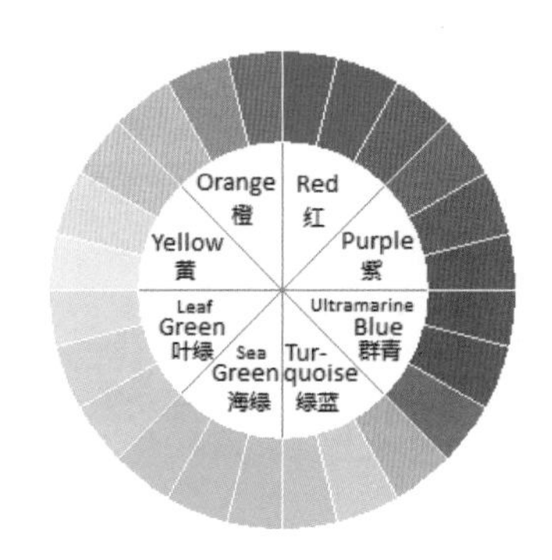

图 1-7 24 色相环

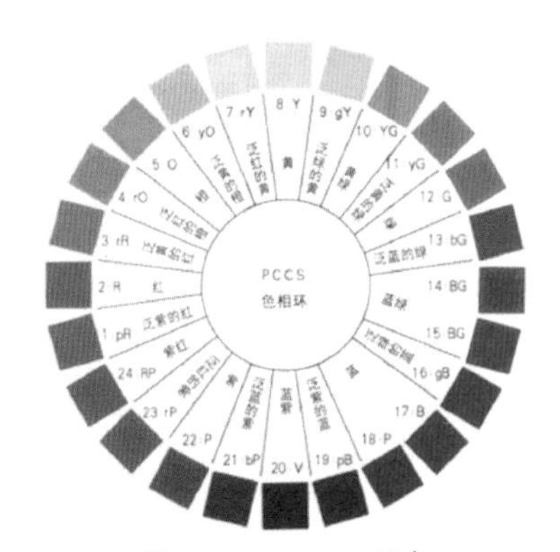

图 1-8 P.C.C.S 制色

观察图 1-8 可知，P.C.C.S 制色不仅对各种色彩进行了统一的书面描述，如泛绿的蓝、泛紫的红等，而且对所有的色相都进行了字母标示。其中红、橙、黄、绿、蓝、紫都只用了一个英文字母进行标示，习惯上我们称这些颜色为正色。由比例相同的色彩进行混合生成的色彩，即等量混色则用了并列的两个大写字母进行标示；不等量混色，主要用大写字母标示。惟一例外的是蓝紫色用 V 而不用 BP 来标示（V 是英文紫罗兰 [violet] 的首字母）。为色相编上字母标示后，便于记忆，同时在进行交流时也更准确便捷。

2. 饱和度

同一种色相由于其纯度的强弱变化可以产生不同的色彩，同时给人的心理感受也有相应的区别。比如红色，可以分为鲜艳纯质的纯红，妩媚浪漫的粉红等。它们在色相上都属于红，唯一的区别在饱和度。饱和度越低，色越涩、越混浊；饱和度越高，色越纯，越艳丽。纯色则是饱和度最高的一级。

3. 明度

由于无彩色只有明度这一个控制参数，因此从无彩色入手可以十分形象地阐述明度这个概念。打开 Photoshop 并新建一个图层，选择一个矩形区域，打开【色相 / 饱和度】对话框。“明度”滑块置于默认位置时，矩形保持白色。将滑块调整至最左侧时，由于明度降到了最低，此时矩形内呈纯度最高的黑色。当滑块位于其中的某一个数值时，矩形内则呈现某一强度的灰色，如图 1-9 所示。

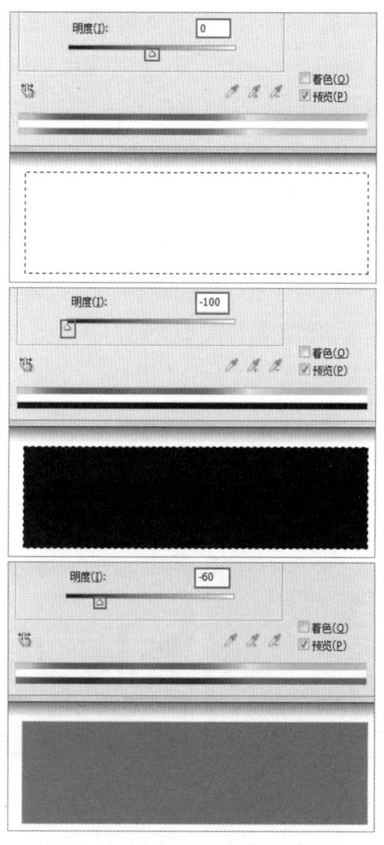

图 1-9 明度与无彩色的调整

当矩形中填充了某种有彩色时，此时再调整明度，得到的色彩可以理解为此时对应的无彩色与填充的有彩色之间的混合色。

1.3.3 效果图色彩与配景的处理

1. 色彩处理

首先，确定效果图的主色调。任何一幅作品必须具有一个主色调，建筑效果图也是如此。这就像乐曲的主旋律一样，主导了整个作品的艺术氛围。

其次，处理好统一与变化的关系。主色调强调了色彩风格的统一，但是通篇都使用一种颜色，就使作品失去了活力，表现出的情感也很单一，甚至死板。所以要在统一的基础上求变，力求表现出建筑和园林景观的韵律感、节奏感。

最后调整好色彩与空间的关系。由于色彩能够影响物体的大小、远近等物理属性，因此，利用这种特性可以在一定程度上改变建筑和景观空间的大小、比例、透视等视觉效果。例如，色块大就用收缩色，色块小就用膨胀色。这样可以在一定程度上改善效果图的视觉效果。

2. 配景处理

建筑效果图中，园林景观环境通常也称为配景，主要包括天空、车辆、人物等。

天空：不同的时间与气候，天空的色彩是不同的，会影响效果图的意境表现。造型简洁、体积较小的园林建筑，如果没有过多的树木与人物等衬景，可以使用浮云多变的天空图，增加画面的景观。造型复杂、体积庞大的建筑，可以使用平和宁静的天空图，突出建筑物的造型特征，缓和画面的纷繁。天空在效果图中占的画面虽然比例大，但主要是陪衬作用，因此，不宜过分雕琢，必须从实际出发，合理运用，以免分散主题。

车辆人物：在建筑效果图中，添加车辆人物可以使画面更具有生机。通常情况下，在一些公共建筑和商业建筑的入口处以及住宅小区的小路上，可以添加一些人物，在一些繁华的商业街中可以添加一些静止或运动的车辆，增强画面中的生活气息。在添加车辆与人物时要适度，不要造成纷乱现象，冲淡主题。

1.4 建筑效果图的构图

不同的美术作品具有不同的构图原则。对于建筑效果图来说，基本上应遵循平衡统一、比例、节奏、对比 的原则。

1.4.1 平衡

平衡是指空间构图中各元素的视觉份量给人的稳定的感觉。不同的形态、色彩、质感在视觉传达和心理上会产生不同的份量感觉，只有不偏不倚的稳定状态，才能产生平衡、庄重、肃穆的美感。

平衡有对称平衡和非对称平衡之分。对称平衡是指画面中心两侧或四周的元素具有相等的视觉份量，给人安全、稳定、庄严的感觉。非对称平衡是指画面中心两侧或四周的元素比例不等，但是利用视觉规律，通过大小、形状、远近、色彩等因素来调节构图元素的视觉份量，从而达到一种平衡状态，给人新颖、活泼、运动的感觉，如图 1-10 所示。

例如，相同的两个物体，深色的物体要比浅色的物体感觉上重一些；表面粗糙的物体要比表面光滑的物体显得重一些。

图 1-10 平衡与非平衡构图的建筑效果图

1.4.2 统一

统一是美术设计中的重要原则之一，制作建筑效果图时也是如此。一定要使画面拥有统一的思想与格调，把所涉及的构图要素运用艺术的手法创造出协调统一的感觉。

这里所说的统一，是指构图元素的统一、色彩的统一、思想的统一和氛围的统一等，如图 1-11 所示。统一不是单调，在强调统一的同时，切忌把作品推向单调。

例如，有时为了获得空间的协调统一，可以借助正方形、圆形、三角形等基本元素，使不协调的空间得以和谐统一，或者也可以使用适当的文字进行点缀。

图 1-11 协调与统一的建筑效果图

1.4.3 比例

在进行效果图构图时，比例问题也是 = 很重要。比例主要有两种：一是造型比例，二是构图比例。

首先，对于效果图中的各种造型，不论其形状如何，都存在着长、宽、高的度量。这三个方向上的度量比例一定要合理，物体才会给人以美感，如图 1-12 所示。

例如，制作一座楼房的室外效果图，其中长、宽、高就是一个比例问题，只有把长、宽、高之间的比例设置合理，效果图看起来才逼真。实际上，在建筑和艺术领域有一个非常实用的比例关系，那就是黄金分割比例——1：1.618，这对于制作建筑造型具有一定的指导意义。当然，不同的问题还要结合实际情况进行不同的处理。

图 1-12 建筑效果图的构图比例

1.4.4 节奏

节奏体现了形式美。在效果图中，将造型或色彩以相同或相似的序列重复交替排列可以获得节奏感。

自然界中有许多事物，如人工编织物、斑马纹等，由于有规律地重复出现，或者有秩序地变化，给人以美的感受。

在现实生活中，人类有意识地模仿和运用自然界中的一些纹理，创造出了很多有条理性、重复性和连续性的美丽图案。节奏就是有规律的重复，各空间要素之间具有单纯、明确、秩序井然的关系，使人产生匀速有规律的动感，如图 1-13 所示。

图 1-13 建筑效果图的节奏

1.4.5　对 比

有效地运用任何一种差异，通过大小、形状、方向、明暗及情感等对比方式，都可以引起读者的注意力。在制作效果图时，应用最多的是明暗对比，这主要体现在灯光的处理技术上，如图 1-14 所示。

图 1-14 建筑效果图的对比

1.5　如何学习后期处理

1.5.1　建筑效果图后期处理的学习方法

建筑效果图的后期处理并没有什么太深奥的技术，后期制作的水平在很大程度上取决于制作者的艺术修养，也可以说艺术感觉。提高艺术修养或艺术感觉是个复杂的过程，除了需要了解一些基础理论外，还要多看、多想和多练。

多看，指的是多观察优秀的作品。艺术是相通的，除了多观察优秀的建筑效果图作品，还可以通过多观察优秀的摄影作品、优秀的绘画作品等来提高自身的审美水平。多想，指的是对于优秀的作品加以分析，总结作者在作品中是如何运用基础理论的，找到可以借鉴的部分。多练指的是勤加练习，多将自己的想法和心得应用于工作实践中。如果能坚持这样做，那么经过一段时间量的积累，必然能使制作水平达到一个新的高度。

1.5.2　建筑效果图后期处理的注意事项

建筑效果图为了表现特定的气氛和意境，必须使主体建筑融入到一个真实可信的环境中。要烘托主体建筑，恰当地处理配景环境和主体建筑的关系，并使画面具有美的感染力，这正是后期处理要做的工作。

在后期处理过程中，除了主体建筑外，还应对自然风貌、相邻建筑、城市绿化、汽车行人以及广场等市政设施做妥善处理。在处理时应注意以下几方面。

- 环境配景和主体建筑要协调，环境配景尽量贴近现实环境，从而给人真实感、可信感。
- 配景的设置要与主体建筑的功能一致，例如住宅街坊，要有宁静舒适的氛围；工厂厂房应当有欣欣向荣的气氛；园林景观则应当有优美的自然景观等。
- 充分利用配景衬托建筑的外轮廓，以突出主体建筑。
- 建筑配景如云、水、树、人、车等都可以用来丰富画面，但是要注意不可罗列太多，以防喧宾夺主。
- 配景的布置和造型应从画面整体形式美考虑。比如云和树冠的轮廓应避免与建筑的外轮廓重复；云的走向应避免与建筑的主要走向平行；行人车辆应避免均匀布置等。

第2章 Photoshop 2020 建筑表现基础

作为专业的图像处理软件，Photoshop 一直是建筑表现的主力工具之一。无论是建筑平面图、立面图制作，还是透视效果图后期处理，都可以看到 Photoshop 的身影。Photoshop 图像处理功能的强大，是许多同类软件所不能媲美的。Photoshop 目前已经成为建筑表现专业人士之首选。

本章简单介绍了 Photoshop 2020 的工作界面、常用文件格式，以及它在建筑表现中的应用，使读者对 Photoshop 有一个大概的了解和认识。

2.1　Photoshop 2020 工作界面

在学习任何一个软件之前，对其工作环境进行了解都是非常有必要的，这对于后续能否顺利地开展工作，具有极其重要的作用。本小节将对 Photoshop 2020 的工作环境进行讲解，同时还会介绍在新版本中新增的界面功能以及一些常规的操作。

2.1.1　Photoshop 2020 工作界面

运行 Photoshop 2020 软件，选择【文件】|【打开】命令，打开一张图片后，就可以看到类似于如图 2-1 所示的工作界面。

图 2-1 Photoshop 2020 工作界面

如图 2-1 所示，Photoshop 工作界面由菜单栏、工具选项栏、图像窗口、工具箱、面板区等几个部分组成。

下面简单讲解界面的各个构成要素及其功能。

1. 菜单栏

Photoshop 2020 的菜单栏包含了【文件】、【编辑】、【图像】、【图层】、【文字】、【选择】、【滤镜】、【3D】、【视图】、【窗口】和【帮助】共 11 个菜单，如图 2-2 所示。通过运用这些命令，可以完成 Photoshop 中的大部分操作。

文件(F) 编辑(E) 图像(I) 图层(L) 文字(Y) 选择(S) 滤镜(T) 3D(D) 视图(V) 窗口(W) 帮助(H)

图 2-2 Photoshop 菜单栏

2. 工具箱

工具箱位于工作界面的左侧，如图 2-3 所示，是 Photoshop 2020 工作界面重要的组成部分。工具箱中共有上百个工具可供选择，使用这些工具可以完成绘制、编辑、观察、测量等操作。

图 2-3 工具箱

3. 工具选项栏

在工具箱中选择一个工具，工具选项栏就会显示相应的选项，方便对当前所选工具的参数进行设置。工具选项栏显示的内容随选取工具的不同而不同。例如选择“多边形套索工具”按钮，就可以在工具选项栏中显示与之对应的各项参数设置，如图 2-4 所示。

工具选项栏是工具功能的延伸与扩展，通过设置工具选项栏中的参数，不仅有效增加工具在使用中的灵活性，而且能够提高工作效率。

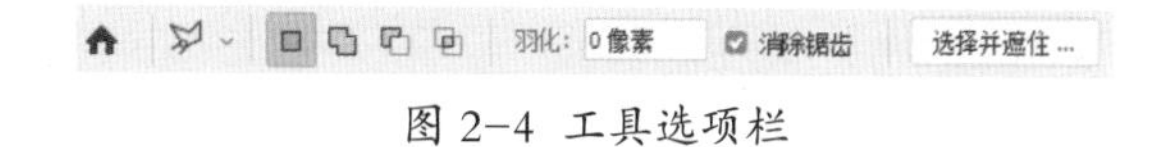

图 2-4 工具选项栏

4. 面板

面板是 Photoshop 的特色界面之一，共有 21 块之多，默认位于工作界面的右侧。它们可以自由地拆分、组合和移动。通过面板，可以对 Photoshop 图像的图层、通道、路径、历史记录、动作等进行操作和控制。

如图 2-5 所示为“色板”面板与“颜色”面板组合的效果。如图 2-6 所示为“图层”“通道”“路径”面板组合的效果。

图 2-5 面板组合 1　　图 2-6 面板组合 2

5. 状态栏

状态栏位于界面的底部，显示用户鼠标指针的位置以及与用户所选择的元素有关的提示信息，如当前文件的显示比例、文档大小等内容，如图2-7所示。

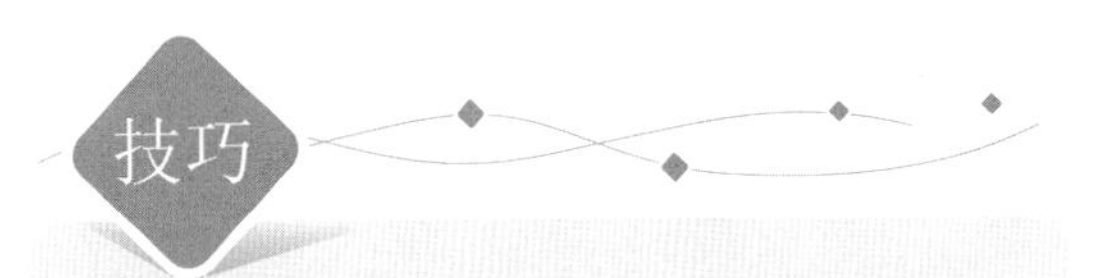

图2-7 Photoshop状态栏

6. 图像窗口

图像窗口是Photoshop显示、绘制和编辑图像的主要操作区域。它是一个标准的Windows窗口，可以进行移动、调整大小、最大化、最小化和关闭等操作。图像窗口的标题栏中，除了显示有当前图像文档的名称外，还显示有图像的显示比例、色彩模式等信息。

图像窗口下方是状态栏，用于显示当前图像的显示比例、文档大小等信息。

技巧

Photoshop 2020提供4种界面颜色方案。选择【编辑】|【首选项】|【界面】命令，打开【首选项】对话框，在其中选择颜色方案，如图2-8所示。按Ctrl+K快捷键可以快速打开【首选项】对话框。

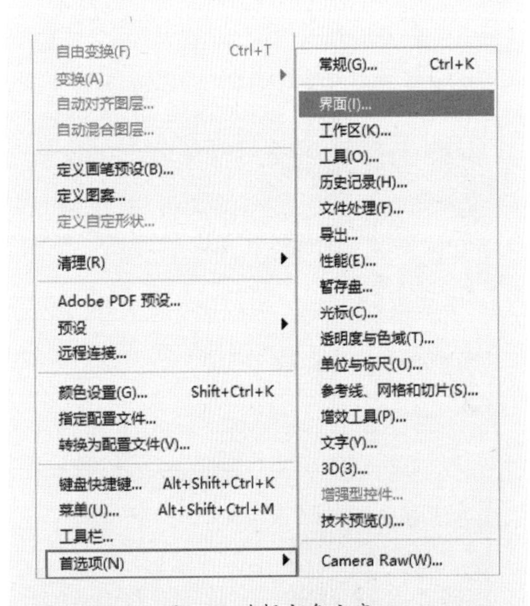

图2-8 选择颜色方案

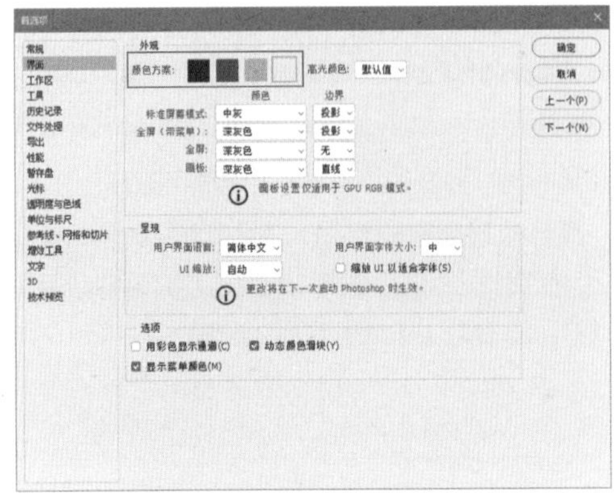

图2-8 选择颜色方案（续）

2.1.2 了解菜单栏

菜单栏包含11个菜单，分门别类地布置了Photoshop的大部分操作命令。这些命令往往让初学者感到眼花缭乱，但实际上我们只要了解每一个菜单的特点，就能够掌握这些菜单命令的用法。

例如【文件】菜单是一个集成了文件操作命令菜单，所有对文件进行的操作命令，例如【新建】、【页面设置】等命令，都可以在该菜单中找到并执行。

又如【编辑】菜单是一个集成了编辑类操作的命令的菜单，所以如果要进行拷贝、剪切、粘贴、选择性粘贴等操作，可以在此菜单下选择相应的命令。

1. 菜单分类

Photoshop 2020的11个菜单分别如下。

- 集成了文件操作命令的【文件】菜单。
- 集成了在图像处理过程中使用较为频繁的编辑类操作命令的【编辑】菜单。
- 集成了对图像大小、画布及图像颜色操作命令的【图像】菜单。
- 集成了各类图层操作命令的【图层】菜单。
- 集成了各类文字操作命令的【文字】菜单。
- 集成了有关选区操作命令的【选择】菜单。
- 集成了大量滤镜命令的【滤镜】菜单。
- 集成了对于3D格式文件进行编辑的【3D】菜单。
- 集成了对当前操作图像的视图进行操作命令的【视图】菜单。
- 集成了显示或隐藏不同面板命令窗口的【窗口】菜单。
- 集成了各类帮助信息的【帮助】菜单。

掌握了菜单的不同功能和作用后，在查找命令时就不会茫然不知所措，能够快速找到所需的命令。需要使用某个命令时，首先单击相应的菜单名称，然后从下拉菜单列表中选择相应的命令即可。

提示

一些常用的菜单命令右侧显示有该命令的快捷键，如图 2-9 所示。有意识地记住一些常用命令的快捷键，有利于加快操作速度、提高工作效率。【曲线】命令的快捷键为 Ctrl + M，在键盘上按下 Ctrl + M 键，可以快速打开【曲线】对话框。

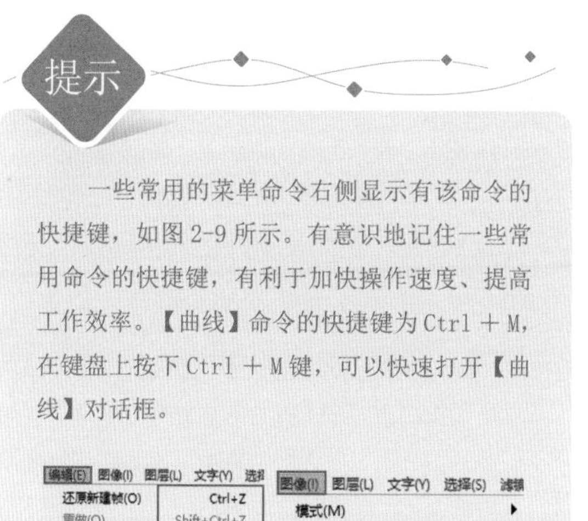

图 2-9　显示快捷键

2.　菜单命令的不同状态

了解菜单命令的状态，对于正确地使用 Photoshop 是非常重要的，因为不同的命令在不同的状态下，其应用方法不尽相同。

- 子菜单命令

在 Photoshop 中，某些命令从属于一个大的菜单项，本身又具有多种变化或操作方式。为了使菜单组织更加有效，Photoshop 使用了子菜单模式，如图 2-10 所示。此类菜单命令的共同点是在右侧有一个黑色的小三角形。

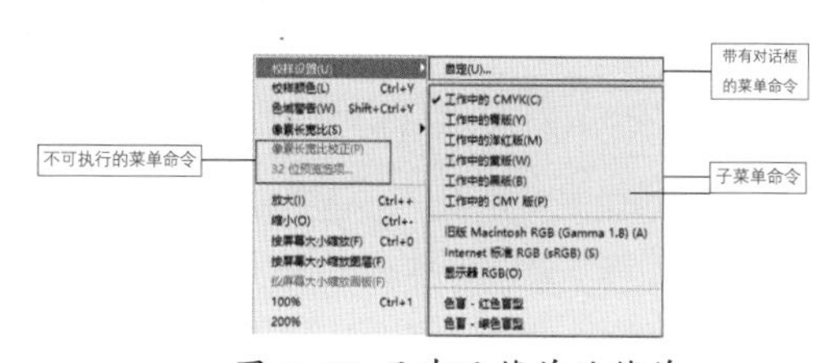

图 2-10　具有子菜单的菜单

- 可执行的菜单命令

许多菜单命令有一定的运行条件，当命令不能执行时，菜单命令为灰色，如图 2-10 所示。例如对 CMYK 模式的图像而言，许多滤镜的命令不能执行。要执行这些命令，读者必须清楚这些命令的运行条件。

- 带有对话框的菜单命令

在 Photoshop 中，执行的多数菜单命令后都会弹出对话框。在这些对话框中设置对应的参数，才可以得到用户所需要的效果。此类菜单的共同点是名称后带有省略号“……”，如图 2-10 所示。

2.1.3　了解工具箱

工具箱是 Photoshop 处理图像的“兵器库”，包括选择、绘图、编辑、文字等共 40 多种工具。随着 Photoshop 版本的不断升级，工具的种类与数量在不断增加，同时更加人性化，使我们的操作更加方便、快捷。

1.　查看工具

要使用某种工具，直接单击工具箱中该工具图标，将其激活即可。通过工具图标，可以快速识别工具种类。例如画笔工具图标是画笔形状，橡皮擦工具是一块橡皮擦的形状。

Photoshop 具有自动提示功能。当不知道某个工具的含义和作用时，将光标放置于该工具图标上 2 秒钟左右，屏幕上即会出现该工具名称及操作快捷键的提示信息，如图 2-11 所示。

图 2-11　显示提示信息

在工具提示信息对话框的右下角单击“了解如何使用”按钮，打开【学习】面板，如图 2-12 所示。单击“下一步”按钮，在工作界面中显示操作步骤的提示信息。用户按照提示进行设置、操作以了解工具的使用方法。

图 2-12 【学习】面板

2. 显示隐藏的工具

工具箱中的许多工具并没有直接显示出来，而是以成组的形式隐藏在右下角带小三角形的工具按钮中。按下三角按钮保持 1 秒钟左右，即可显示该组所有工具，如图 2-13 所示。

此外，用户也可以使用快捷键来快速选择所需的工具。例如，移动工具的快捷键为 V，按下 V 键可以选择移动工具。按 Shift + 工具组快捷键，可以在工具组之间快速切换工具。例如按 Shift + G 快捷键，可以在油漆桶和渐变之间切换。

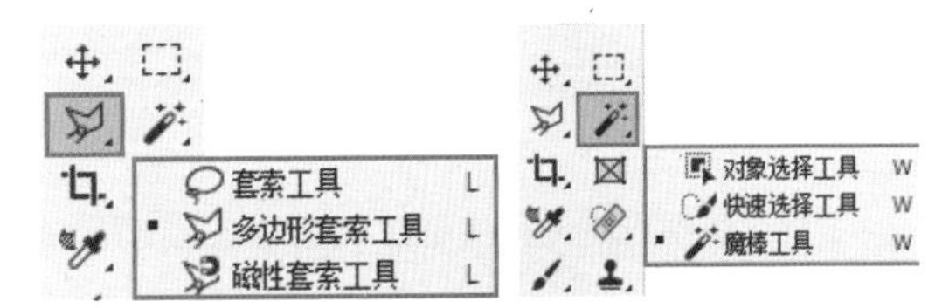

图 2-13 显示隐藏的工具

3. 切换工具箱的模式

Photoshop 工具箱有单列和双列两种模式，如图 2-14、图 2-15 所示。单击工具箱顶端的按钮，可以在单列和双列两种模式之间切换。当使用单列模式时，可以有效节省屏幕空间，使图像的显示区域更大，以方便用户的操作。

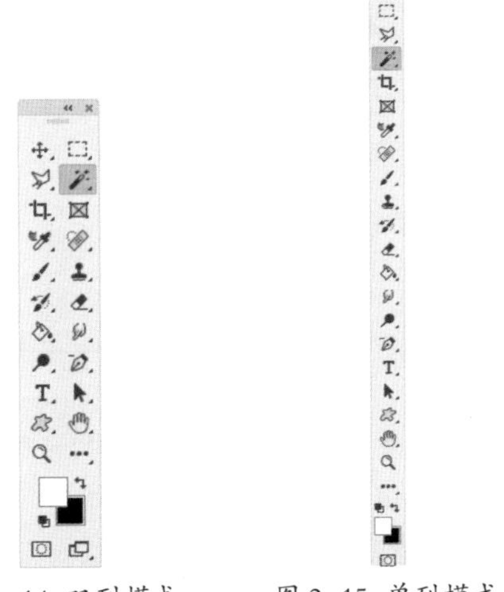

图 2-14 双列模式　　图 2-15 单列模式

2.1.4 了解工具选项栏

工具选项栏用来设置工具的参数。选择不同的工具时，工具选项栏中的选项内容也会随之改变。如图 2-16 所示为选择魔棒工具时，选项栏显示的内容。如图 2-17 所示为选择吸管工具时，选项栏显示的内容。

图 2-16 魔棒工具选项栏

图 2-17 吸管工具选项栏

1. 显示 / 隐藏工具选项栏

执行【窗口】|【选项】命令，选择“选项”，如图 2-18 所示，在工作界面中显示工具选项栏。取消选择“选项”，工具选项栏被隐藏。

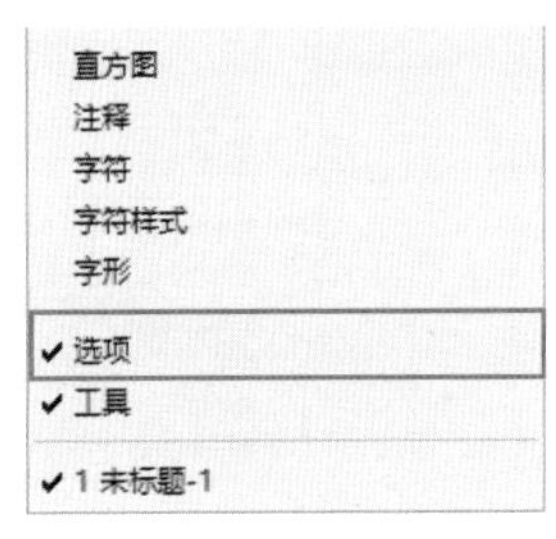

图 2-18 选择选项

2. 移动工具选项栏

单击并拖动工具选项栏最左侧的按钮，可以移动它的位置，如图 2-19 所示。

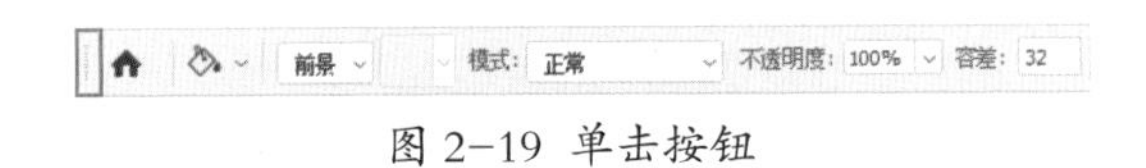

图 2-19 单击按钮

2.1.5 了解面板

面板作为 Photoshop 必不可少的组成部分，增强了 Photoshop 的功能并使其操作更为灵活多样。大多数操作高手能够在很少使用菜单命令的情况下完成大量操作任务，就是因为面板发挥了强大的功能。

1. 选择面板

如图 2-20 所示为 Photoshop 2020 默认显示的【颜色】面板。要打开其他的面板，可以选择【窗口】菜单命令，在弹出的菜单中选择相应的面板选项，如图 2-21 所示。

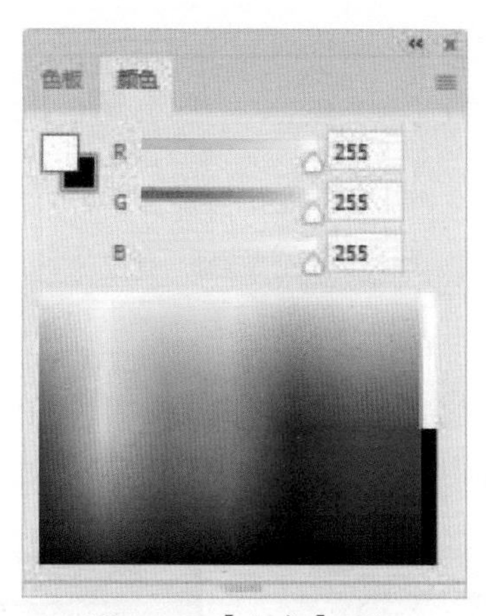

图 2-20 【颜色】面板

图 2-21 【窗口】菜单

2. 展开和折叠面板

在面板的右上角单击三角形按钮▶▶，如图 2-22 所示，可以折叠面板。折叠面板时，显示为图标状态，如图 2-23 所示。

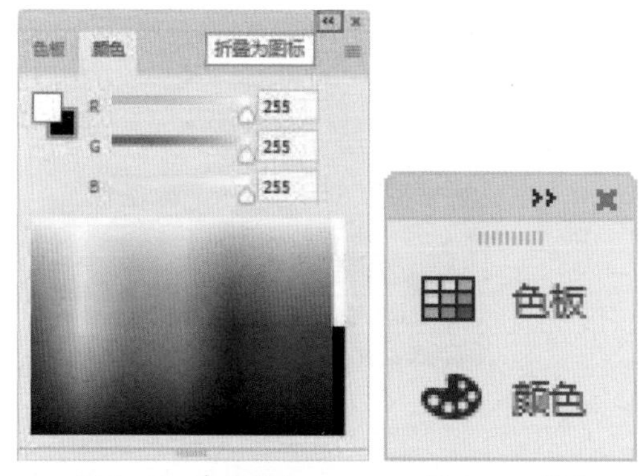

图 2-22 单击按钮　　图 2-23 折叠面板

折叠面板时，单击面板组中的面板图标，可以展开该面板，如图 2-24 所示。展开面板后，再次单击面板图标，又可以将其折叠。

图 2-24 展开面板

3. 拉伸面板

将光标移动至面板底部或左右边缘，当光标显示为↕或↔形状时，按住鼠标左键不放，上下或左右拖动光标，可以拉伸面板，如图 2-25 所示。

图 2-25 拉伸面板

4. 分离与合并面板

将光标移动至面板的名称上，按住鼠标左键不放，将面板拖至空白处，如图 2-26 所示。可以将面板从面板组中分离出来，使之成为浮动面板，如图 2-27 所示。

图 2-26 向外拖移面板

图 2-27 分离面板

将光标移至面板的名称上，按住鼠标左键不放，将其拖至其他面板的名称位置，如图 2-28 所示。释放鼠标左键，可以将该面板放置在目标面板中，如图 2-29 所示。

图 2-28 向内拖移面板

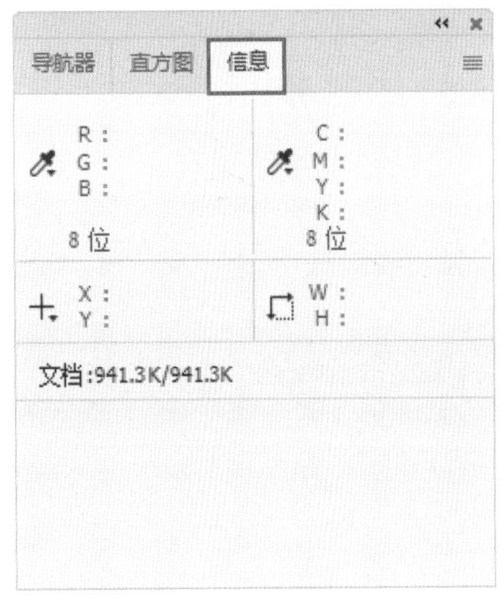

图 2-29 合并面板

5. 链接面板

将光标移至面板名称上，按住鼠标左键不放，并将其拖至另一个面板下，当两个面板的连接处显示为蓝色时，如图 2-30 所示。释放鼠标可以链接两个面板，如图 2-31 所示。链接面板后，当拖动上方的面板时，下面的链接面板也会相应地移动。

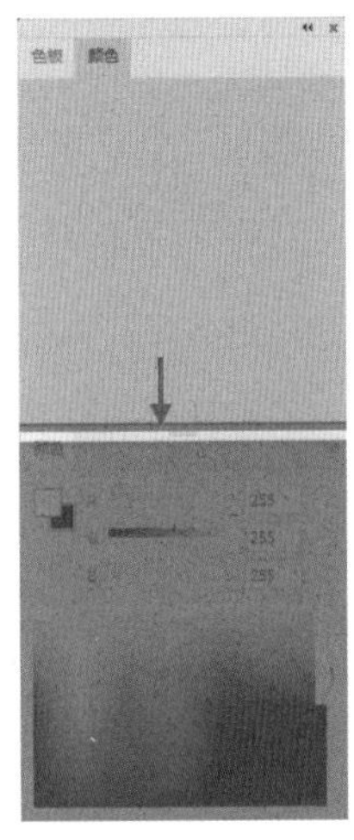

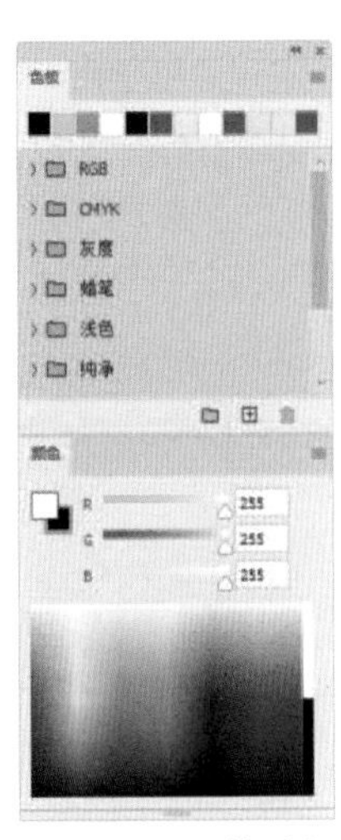

图 2-30 拖动面板　　图 2-31 链接面板

6. 最小化 / 关闭面板

单击面板右上角的«按钮，如图 2-32 所示，可以最小化面板。再次单击，可以还原面板。单击面板右上角的关闭按钮，可以关闭面板。

图 2-32 最小化面板

单击面板右上角的≡按钮，弹出面板菜单。在菜单中选择“关闭”选项，如图 2-33 所示，可以关闭面板。

图 2-33 选择“关闭”选项

7. 面板菜单

面板菜单包含了当前面板的各种命令。例如，执行【导航器】面板菜单中的【面板选项】命令，可以打开“面板选项”对话框，如图 2-34 所示。

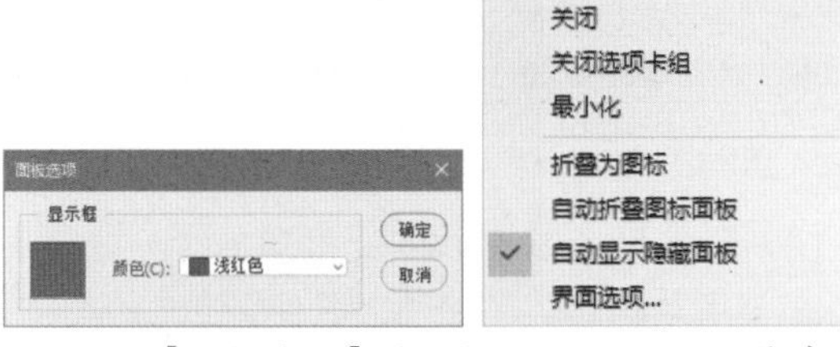

图 2-34 【面板选项】对话框　图 2-35 快捷菜单

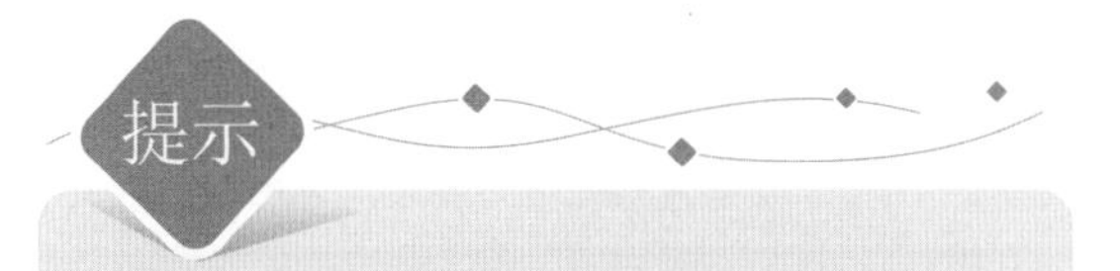

提示

在任意面板上单击鼠标右键，打开如图 2-35 所示的快捷菜单。选择【关闭选项卡组】命令，可以关闭当前的面板群组。选择【折叠为图标】命令，可以将面板组最小化为图标。选择【自动折叠图标面板】命令，可以自动将展开的面板最小化。

2.1.6　了解状态栏

状态栏位于图像窗口的底部，显示图像的视图比例、文档尺寸、当前使用的工具等信息。单击状态栏中的 › 按钮，打开如图 2-36 所示的菜单，在菜单中设置在状态栏中显示的内容。

图 2-36 快捷菜单

状态栏快捷菜单介绍如下。

- 文档大小：显示图像中数据量的信息。选择该项，状态栏中会出现两组数字，左边的数字表示拼合图层并存储后的文件大小，右边的数字表示没有拼合图层和通道的文件近似大小。
- 文档配置文件：显示图像所使用的颜色配置文件的名称。
- 文档尺寸：显示图像的尺寸。
- 测量比例：显示文档的比例。
- 暂存盘大小：显示系统内存和 Photoshop 暂存盘的信息。选择该选项后，状态栏中会出现两组数字，左边的数字表示为当前正在处理的图像分配的内存量，右边的数字表示可以使用的全部内存容量。如果左边的数字大于右边的数字，Photoshop 将启用暂存盘作为虚拟内存。
- 效率：显示执行操作实际花费时间的百分比。当效率为 100% 时，表示当前处理的图像在内存中生成，如果该值低于 100%，则表示 Photoshop 正在使用暂存盘，操作速度也会变慢。
- 计时：显示完成上一次操作所用的时间。
- 当前工具：显示当前使用的工具名称。
- 32 位曝光：用于调整预览图像，以便在计算机显示器上查看 32 位 / 通道高动态范围（HDR）图像的选项，只有文档窗口显示 HDR 图像时该选项才可以使用。
- 存储进度：显示保存文件的进度。
- 智能对象：选择该选项后，在状态栏中出现两组提示文字，分别是“丢失”与“已更改”，显示编辑智能对象的状况。
- 图层计数：显示当前文件所包含的图层数量。

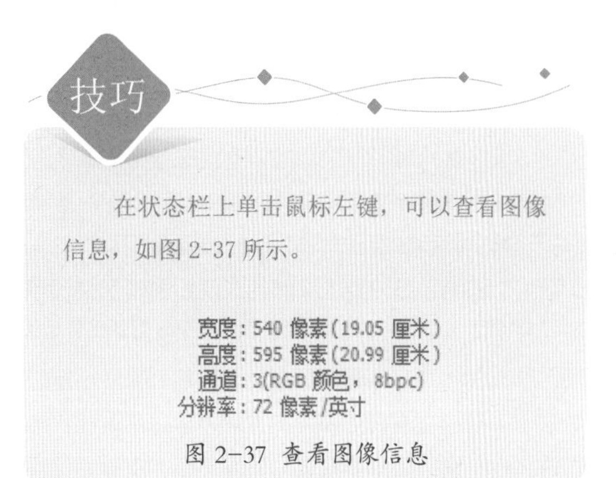

技巧

在状态栏上单击鼠标左键，可以查看图像信息，如图 2-37 所示。

图 2-37 查看图像信息

2.1.7 常用图像格式

在 Photoshop 中进行建筑图像合成时，需要导入各种文件格式的图片素材。因此，熟悉一些常用图像格式特点及其适用范围，显得尤为必要。本节介绍这方面的相关知识。

1. PSD 格式

PSD 格式是 Adobe Photoshop 软件专用的格式，也是新建和保存图像文件的默认格式。PSD 格式是惟一可支持所有图像模式的格式，并且可以存储在 Photoshop 中建立的所有的图层、通道、参考线、注释（历史记录除外）等信息。因此，对于没有编辑完成，下次需要继续编辑的文件最好保存为 PSD 格式。

当然，PSD 格式也有缺点。由于保存的信息较多，与其他格式的图像文件相比较而言，PSD 保存时所占用的磁盘空间要大得多。另外，由于 PSD 是 Photoshop 的专用格式，许多软件（特别是排版软件）都不提供直接支持，因此，在图像编辑完成之后，应将图像转换为兼容性好并且占用磁盘空间小的图像格式，如 JPG、TIFF 格式。

2. BMP 格式

BMP 是 Windows 平台标准的位图格式。其使用非常广泛，一般的软件都提供了非常好的支持。BMP 格式支持 RGB、索引颜色、灰度和位图颜色模式，但不支持 Alpha 通道。

3. GIF 格式

GIF 格式也是一种非常通用的图像格式，由于最多只能保存 256 种颜色，且使用 LZW 压缩方式压缩文件，因此以 GIF 格式保存的文件非常轻便，不会占用太多的磁盘空间，非常适合 Internet 上的图片传输。GIF 格式还可以保存动画。

4. JPEG 图像格式

JPEG 是一种高压缩比的、有损压缩真彩色图像文件格式，其最大特点是文件比较小，可以进行高倍率的压缩，因而在注重文件大小的领域应用广泛。例如网络上的绝大部分要求高颜色深度的图像都是使用 JPEG 格式。

JPEG 格式是压缩率最高的图像格式之一。这是由于 JPEG 格式在压缩保存的过程中会以失真最小的方式丢掉一些肉眼不易察觉的数据，因此保存后的图像与原图会有所差别，没有原图像的质量好，不宜在印刷、出版等高要求的场合下使用。

5. PDF 格式

Adobe PDF 是 Adobe 公司开发的一种跨平台的通用文件格式，能够保存任何文档的字体、格式、颜色和图形。利用 Adobe Illustrator、Adobe PageMaker 和 Adobe Photoshop 程序创建的文件，都可直接将文件存储为 PDF 格式。Adobe PDF 文件为压缩文件，任何人都可以通过免费的 Acrobat Reader 程序进行共享、查看、导航和打印。

PDF 格式除支持 RGB、Lab、CMYK、索引颜色、灰度和位图颜色模式外，还支持通道、图层等数据信息。

Photoshop 可直接打开 PDF 格式的文件，并可对其进行光栅处理，变成像素信息。对于多页 PDF 文件，可在打开 PDF 文件对话框中设定打开的是第几页文件。PDF 文件被 Photoshop 打开后便成为一个图像文件，可将其存储为 PSD 格式。

6. PNG 图像格式

PNG 是 Portable Network Graphics（轻便网络图像）的缩写，是 Netscape 公司专为互联网开发的网络图像格式。不同于 GIF 格式图像，它可以保存 24 位的真彩色图像，并且支持透明背景和消除锯齿边缘的功能，可以在不失真的情况下压缩保存图像。但由于并不是所有的浏览器都支持 PNG 格式，所以该格式使用范围没有 GIF 和 JPEG 广泛。

7. Photoshop EPS

EPS 是 Encapsulated PostScript 的缩写。EPS 可以说是一种通用的行业标准格式，可同时包含像素信息和矢量信息。除了多通道模式的图像之外，其他模式都可存储为 EPS 格式，但是它不支持 Alpha 通道。EPS 格式可以支持剪贴路径，在排版软件中可以产生镂空或者蒙版的效果。

8. TGA 图像格式

TAG 格式是通用性很强的真彩色图像文件格式，有 16 位、24 位、32 位多种颜色深度可供选择。可以带有 8 位的 Alpha 通道，并且可以进行无损压缩处理。

9. TIFF 图像格式

TIFF 格式是印刷行业标准的图像格式，通用性很强，几乎所有的图像处理软件和排版软件都提供了很好的支持，因此广泛用于程序之间和计算机平台之间进行图像数据交换。

TIFF 格式支持 RGB、CMYK、Lab、索引颜色、位图和灰度颜色模式，并且它在 RGB、CMYK 和灰度三种颜色模式中还支持使用通道、图层和路径，可以将图像中路径以外的部分在置入到排版软件（如 PageMaker）中时变为透明。

2.2 Photoshop 在建筑表现中的应用

总结 Photoshop 在建筑效果图表现中的应用，大致可以分为以下 5 个方面：制作彩色户型图、制作彩色总平面、制作建筑立面图、制作室内效果图和室外效果图。

2.2.1 室内彩色户型图

由于近几年房地产业的火爆，新的户型层出不穷，这一切都需要通过户型图来向人们展示。如图 2-38 所示为 AutoCAD 绘制的户型线框图，它不但表现出了整套户型的结构，还标示了各房间的功能和家具的摆放位置。但缺点是过于抽象，不够直观。

图 2-39 为使用 Photoshop 在图 2-38 的基础上进行加工处理制作的彩色户型图。不同功能的房间使用不同的图案进行填充，并添加了许多具有三维效果的家具模块，如床、沙发、椅子、盆景、桌子、计算机等。由于它是形象、生动的彩色图像，因而整个图像效果逼真，极具视觉冲击力。

本书的第 6 章将详细讲解彩色户型图的制作方法。

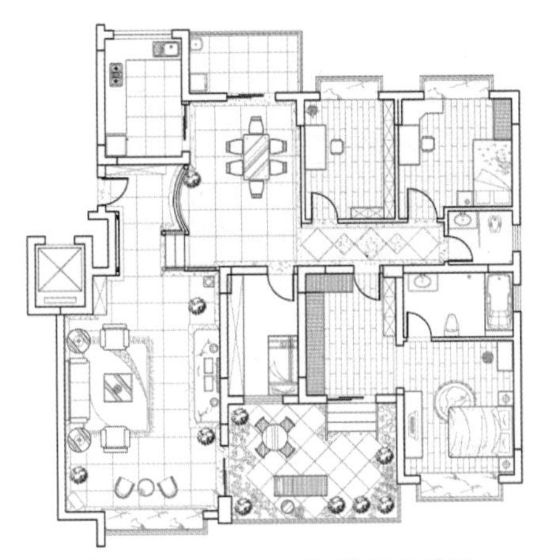

图 2-38 AutoCAD 绘制的户型图

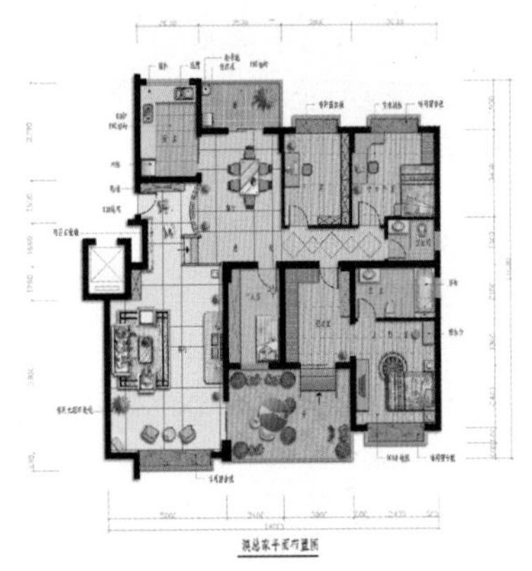

图 2-39 Photoshop 制作的彩色户型图

2.2.2 彩色总平面图

所谓总平面图，是指将新建工程一定范围内的新建、拟建、原有和拆除的建筑物、构筑物连同其周围的地形、地物状况用水平投影方法和相应的图例所画出的图样，如图 2-40 所示为某小区总平面图。

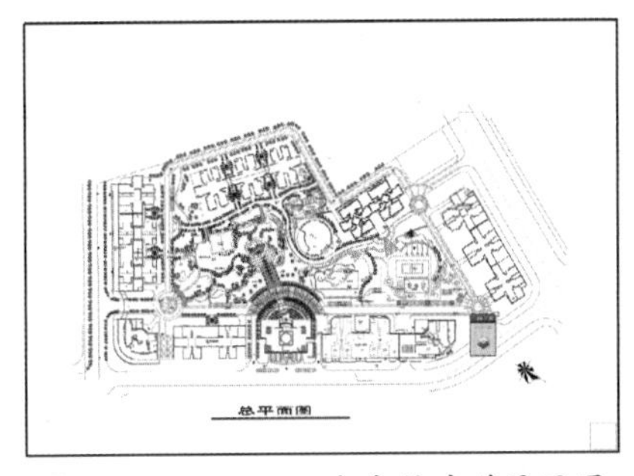

图 2-40 AutoCAD 打印输出总平面图

总平面图一般使用 AutoCAD 进行绘制，由于使用了大量的建筑专业图例符号，非建筑专业人员一般很难看懂。而如果在 Photoshop 中进行填色，添加树、水等图形模块，使深奥、晦涩的总平面图变成形象、生动、浅显易懂的彩色图像，可以大大方便设计师和客户之间的交流，如图 2-41 所示。

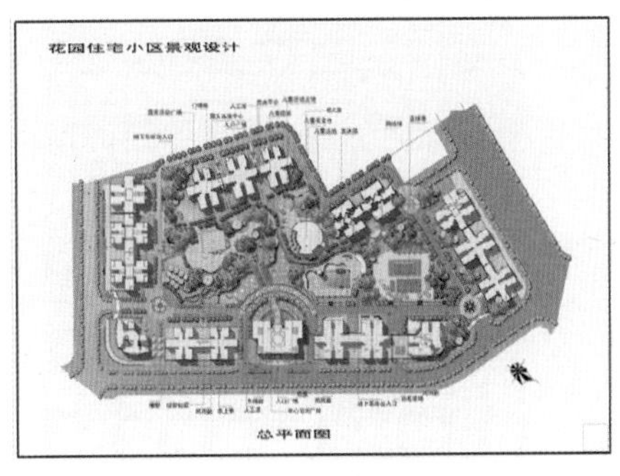

图 2-41 在 Photoshop 中进行加工处理

这样在工程开工之前，毫无建筑理论知识的购房者，就可以了解整个住宅小区的概貌和规划，并从中挑选自己中意的位置和户型。

2.2.3 建筑立面图

与总平面图不同，建筑立面图主要用于表现一幢或某几幢建筑的正面、背面或侧面的建筑结构和效果。传统的建筑立面图都是以单一的颜色填充为主要手段，今天的建筑设计师们已经不再满足那种简单生硬的表达方式了。

与总平面制作类似，制作建筑立面图首先在AutoCAD中绘制出建筑立面线框图，然后打印输出得到如图2-42所示的二维图像，接着使用Photoshop填充颜色、砖墙图案并制作投影，最后添加人物、树、天空、草地、汽车等各类配景，最终效果如图2-43所示。

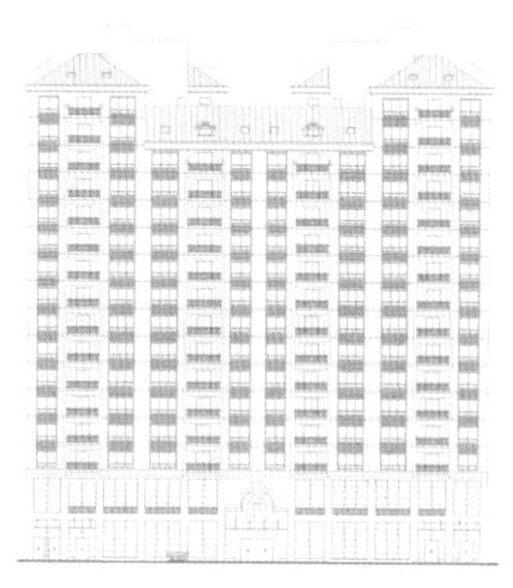

图2-42 AutoCAD绘制的建筑立面线框图

建筑立面图可以生动、形象地表现建筑的立面效果，其特点是制作快速、效果逼真，而不必像建筑透视效果图一样必须经过3ds max建模、材质编辑、设置灯光、渲染输出等一系列繁琐的操作步骤和过程。

图2-43 Photoshop处理后的建筑立面图

2.2.4 建筑透视效果图

建筑透视效果图也称为计算机建筑效果图，这是当前最常用的建筑表现方式之一。建筑效果图分为两种，一种是表现建筑外观的室外效果图，如图2-44所示，另一种是表现室内装饰效果的室内效果图，如图2-45所示。

图2-44 表现建筑外观的室外效果图

图2-45 表现室内装饰效果的室内效果图

制作建筑透视效果图时，需要AutoCAD + 3ds max + Photoshop几个软件的配合使用。

AutoCAD精于二维绘图，对二维图形的创建、修改、编辑比3ds max更为简单直接。因而可以使用AutoCAD创建精确的二维图形，再输入到3ds MAX中进行编辑修改，从而快速、准确地创建三维模型。

3ds Max 是近年来出现在计算机平台上最优秀的三维动画制作软件，具有强大的三维建模、材质编辑和动画制作功能。在创建建筑模型后，可以渲染得到任意角度的建筑透视效果图。

Photoshop 主要负责建筑效果图的后期处理。众所周知，任何一幢建筑都不是孤立存在的，但在处理环境氛围与配景时 3ds Max 就显得有些力不从心，而这恰恰是 Photoshop 等平面处理软件的强项。对建筑图像进行颜色和色调上的调整，加入天空、植物、人物等配景，最终得到一幅生动逼真的建筑效果图。

2.3 Photoshop 的优化

Photoshop 是一个“高消耗”的大型软件，同时一般的建筑图像分辨率都非常高，要想使 Photoshop 能够高速、稳定地运行，必需掌握一些优化的技巧。

2.3.1 字体与插件优化

在进行平面设计时，会需要使用各种不同的字体，按照字型的不同，有宋体、黑体、楷体、隶书等，按照字体厂商的不同，又有方正、汉仪、文鼎、长城等字体。

由于 Photoshop 在启动时需要载入字体列表，并生成预览图，如果系统所安装的字体较多，启动速度就会大大减缓，启动之后也会占用更多的内存。

因此，要想提高 Photoshop 的运行效率，对于无用或较少使用的字体应及时删除。

与字体一样，安装过多的第三方插件，也会大大降低 Photoshop 的运行效率。对于不常用的第三方插件，可以将其移动至其他目录，在需要的时候再将其移回。

2.3.2 暂存盘优化

暂存盘和虚拟内存相似，它们之间的主要区别在于：暂存盘完全受 Photoshop 的控制而不是受操作系统的控制。在有些情况下，更大的暂存盘是必须的，当 Photoshop 用完内存时，它会使用暂存盘作为虚拟内存。当 Photoshop 处于非工作状态时，它会将内存中所有的内容拷贝到暂存盘上。

另外，Photoshop 必须保留许多图像数据，例如还原操作、历史信息和剪贴板数据等。因为 Photoshop 是使用暂存盘作为另外的内存，所以应正确理解暂存盘对于 Photoshop 的重要性。选择【编辑】|【首选项】|【暂存盘】命令，在弹出的对话框中可以设置多个磁盘作为暂存盘，如图 2-46 所示。

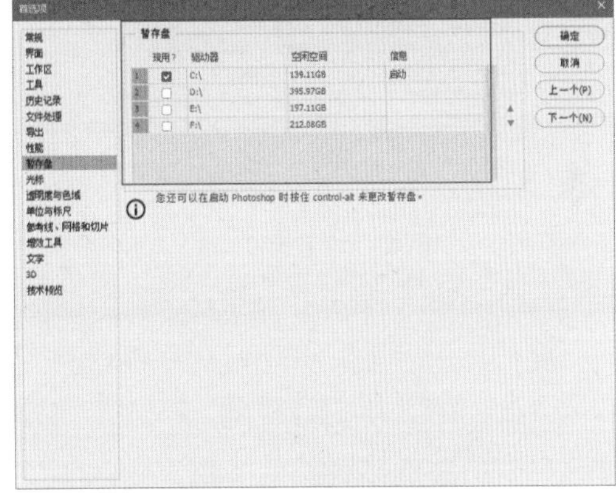

图 2-46　设置暂存盘

如果暂存盘的可用空间不够，Photoshop 就无法处理、打开图像，因此应设置剩余空间较大的磁盘作为暂存盘。

2.3.3 后台保存和自动保存

自动恢复功能是从 Photoshop CS6 版本就开始新增的功能，可以避免由于出现意外情况而丢失文件的编辑成果。

选择【编辑】|【首选项】|【文件处理】命令，在对话框中的“文件存储选项”参数组中选择【后台存储】和【自动存储恢复信息时间间隔】复选框，并设置自动存储的时间间隔，如图 2-47 所示。系统会每隔一段时间存储当前的工作内容，将其备份到名称为【PS AutoRecover】的文件夹中。

当文件正常关闭时，系统会自动删除备份文件。如果文件非正常关闭，则重新运行 Photoshop 时会自动打开并恢复该文件。

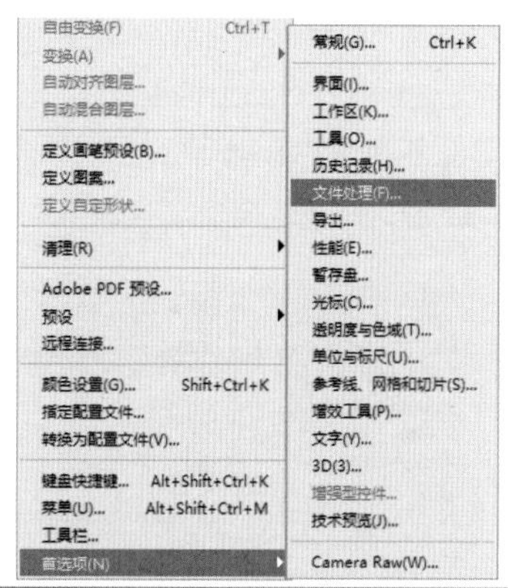

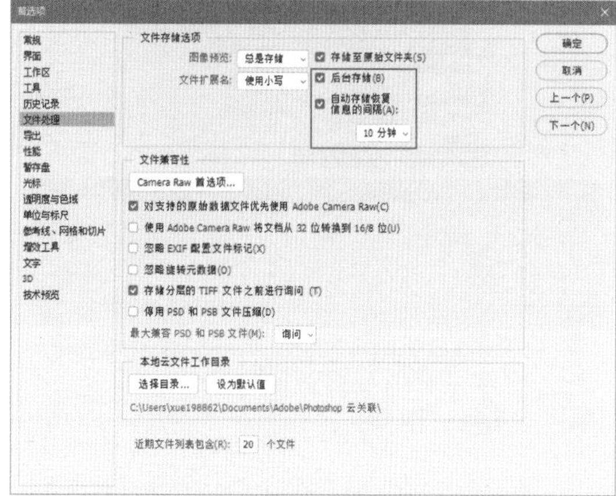

图2-47 设置文件自动存储的时间间隔

因为自动恢复选项在后台工作，所以在存储编辑内容时不会影响正常工作。

2.3.4 Photoshop 2020的特色

Photoshop 2020新特色介绍如下。

● 新的特色图案

Photoshop 2020新增了一些有趣的图案，例如心形或星形图案，为照片增添了趣味。

● 自动照片效果

新的“自动创建”包括“图案笔刷”“黑白选择”“绘画”和“景深”效果。

● 自动为照片着色

更改照片中的颜色或者通过自动着色来使照片焕然一新。

● 一键式主题选择

只需要单击一下，即可以自动选择照片的主题。然后轻松应用效果或剪裁主题，并将其添加到另一张照片中。

● 可以轻松实现蒙版功能的图框工具

使用Photoshop 2020新增的图框工具，用户只需要将图像置入图框中，即可以轻松地遮住图像。

● 引导式编辑

新的“引导式编辑”包括一个“使不需要的物体消失”的功能。此“引导式编辑”功能将引导用户循序渐进地完成操作，通过轻松消除照片上的干扰（从电线杆到行人或自拍抢镜者），帮助用户将重点放在主题上。

● 自动使皮肤光滑

Photoshop 2020可以使用Sensei驱动的皮肤平滑功能使照片中的人看起来肤色更均匀。应用后，只需使用滑块即可根据用户的喜好调整平滑程度。

● Adobe Sensei技术支持

Photoshop 2020提供了Adobe Sensei技术支持，您可以选择要使用的源像素，并且可以旋转、缩放和镜像源像素。

03

第3章

Photoshop 2020 常用工具和命令

在使用Photoshop 2020进行建筑表现的过程中，会使用到各种各样的工具，例如选择工具、画笔工具、填充工具、文字工具、图像修复工具等，接近80余种。还要结合很多常用命令，例如调整命令组中的“色阶”“曲线”“色彩”“色彩平衡”“色相/饱和度”等命令。本章将向读者介绍在建筑表现中常用到的工具和命令的使用方法和应用技术。

3.1 图像选择工具

在制作建筑效果图时，需要添加各式各样的配景。尽管现在市面上专业的配景素材图库很多，但仍然远远不能满足需求。这就要求有就地取材的本领，找到某张含有所需配景的图片后，能够将其从原始图片中“挖”出，去掉不需要的部分，留下有用的人物或花草树木配景，以便与建筑图像进行合成。配景操作流程如图3-1所示。

①风景图片

②抠取树木

③打开建筑场景

④添加树木图像

⑤调整大小和位置

图 3-1 配景操作流程

从图片中“挖”配景的过程，实际也就是建立选区的过程，这就会使用到Photoshop各式各样的选择工具，读者应灵活选用最简便、快捷的工具和方法选取对象。

3.1.1 选择工具的分类

Photoshop建立选区的方法非常丰富和灵活，读者可以根据选区的形状和特点来选择相应的工具。根据各种选择工具的选择原理，大致可分为以下几类。

- 圈地式选择工具
- 颜色选择工具
- 路径选择工具

如图3-2所示的多边形建筑结构简单、轮廓清晰，其边界是由多条直线组成的多边形，因此适合使用圈地式选择工具进行选取。如图3-3所示的树木图像边缘复杂且不规则，但天空背景颜色单一，因此适合使用颜色选择工具进行选择。

图 3-2 多边形建筑

图 3-3 单色背景树木

如图3-4所示的汽车图像背景颜色复杂，但边缘由圆滑的曲线组成，比较适合使用路径工具进行选取。

图 3-4 圆滑边界汽车

3.1.2　圈地式选择工具

所谓圈地式选择工具指的是直接勾勒出选择范围的工具，这也是 Photoshop 创建选区最基本的方法。这类选择工具包括选框工具和套索工具，如图 3-5 和图 3-6 所示。

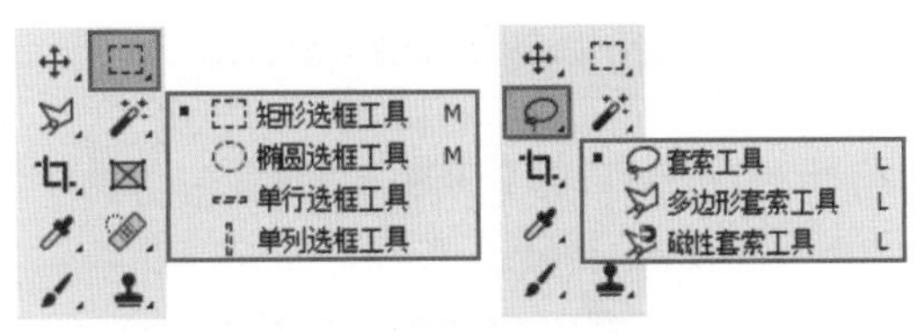

图 3-5　选框工具　　　图 3-6　套索工具

1.　选框工具

选框工具只能创建形状规则的选区，适用于选择矩形、椭圆形等选区，如图 3-7 所示。但效果图配景为规则形状的情况较少，所以选框工具应用并不是很广泛。

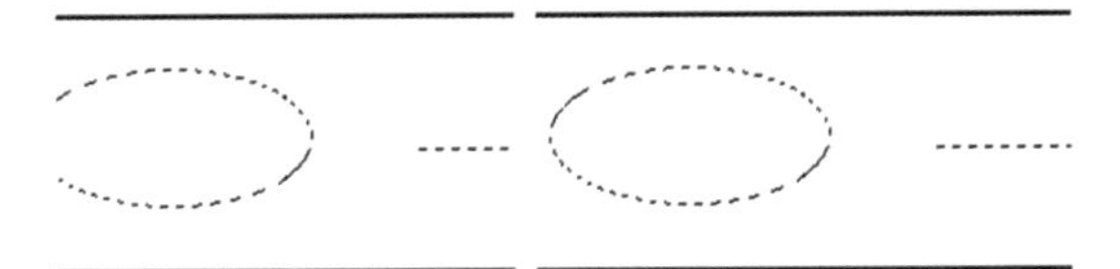

矩形选区　　　椭圆选区

图 3-7　使用选框工具建立的选区

选框工具的使用方法较为简单。首先在工具箱中单击所需要的工具，然后移动光标至图像窗口相应位置，按住鼠标左键不放，拖动光标建立选区。

选区建立后，边界显示为不断闪烁的虚线，方便用户区分选区部分与非选区部分。由于该虚线如同行进中的蚂蚁，所以又称为“蚂蚁线”。

2.　套索工具

套索工具有三种：套索工具、多边形套索工具和磁性套索工具。

套索工具通过拖动光标来创建选区。当鼠标指针回到起点位置时松开鼠标，鼠标移动轨迹所围得的区域即为选区，如图 3-8 所示。从图中可以看出，套索工具建立的选区非常不规则，同时也不易控制，随意性非常大，因而只能用于对选区边缘没有严格要求情况下配景的选择。

图 3-8　套索工具应用示例

多边形套索工具使用多边形圈地的方式来选择对象，可以轻松控制鼠标。由于它所拖出的轮廓都是直线，因而常用来选择边界较为复杂的多边形对象或区域，如图 3-9 所示。

图 3-9　多边形套索工具应用示例

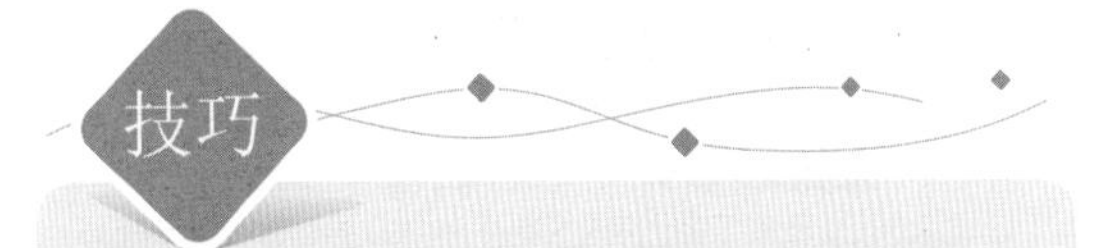

在选择过程中按下 Shift 键，可按水平、垂直或 45 度角方向绘制直线。按下 Alt 键，可以切换为套索工具。按下 Delete 键或者 Backspace 键，可以取消最近定义的端点。按下 Esc 键，可以取消选择。

磁性套索工具特别适用于快速选择边缘与背景对比强烈的图像。使用时在图像上沿边界拖拽光标，根据设定的“对比度”值和“频率”值来精确定位选择区域。遇到其不能识别的轮廓时，只需单击鼠标左键进行选择即可。

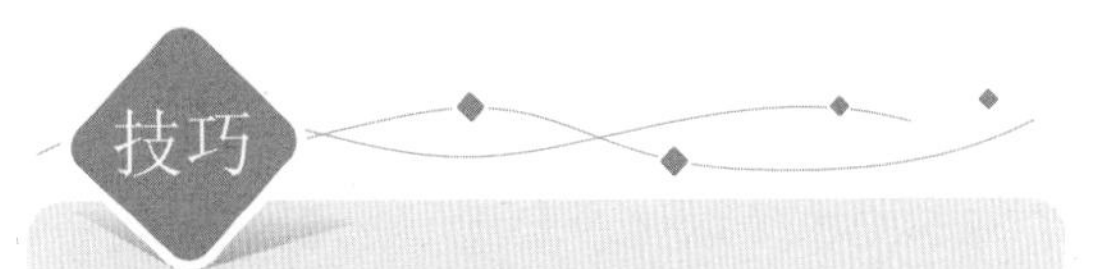

按 L 键可以选择套索工具，按 Shift + L 快捷键，可以在三种套索工具之间快速切换。

3.1.3 颜色选择工具

颜色选择工具根据颜色的反差来选择具体的对象。当选择对象或背景颜色比较单一时，使用颜色选择工具会比较方便。

Photoshop 拥有三个颜色选择工具。

- 对象选择工具
- 魔棒工具
- 快速选择工具

1. 对象选择工具

对象选择工具在定义的区域内查找并自动选择一个对象。用户在图像上绘制选区，选区内相同的部分会被选中，如图 3-10 所示。

绘制选区

选择对象

图 3-10 对象选择工具应用示例

使用对象选择工具时，可以在工具选项栏中设置参数，如图 3-11 所示，指定选择条件，帮助用户精准地选择对象。

图 3-11 对象选择工具选项栏

2. 魔棒工具

魔棒工具是依据图像颜色进行选择的工具，它能够选取图像中颜色相同或相近的区域，选取时只需在颜色相近区域单击即可。

在 3ds max 中渲染输出效果图时，往往要输出一幅与效果图尺寸完全相同的纯色图像，称为“材质通道图”，如图 3-12 所示。

渲染图

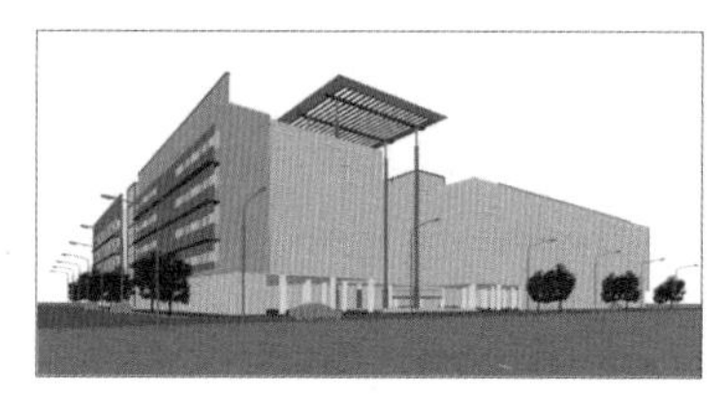

材质通道图

图 3-12 渲染图和材质通道图

在材质通道图中，每一个材质区域都是单一的颜色色块，因此使用魔棒工具可以方便地选择各个材质区域，并进行相应的调整。

使用魔棒工具时，通过工具选项栏可以设置选取的容差、范围和图层，如图 3-13 所示。

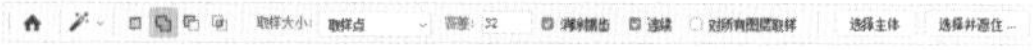

图 3-13 魔棒工具选项栏

- 容差：在文本框中可以输入 0 ~ 255 之间的数值来确定选取的颜色范围。值越小，选取的颜色范围与鼠标单击位置的颜色越相近，同时选取的范围也越小。值越大，选取的范围就越广，如图 3-14 所示。

容差 = 10

容差 = 20

容差＝50

图 3-14　不同容差值的选取效果

● 消除锯齿：选中该选项，可以消除选区的锯齿边缘。

● 连续：选中该项，在选取时仅选择位置邻近且颜色相近的区域。否则，会将整幅图像中所有颜色相近的区域选中，而不管这些区域是否相连，如图 3-15 所示。

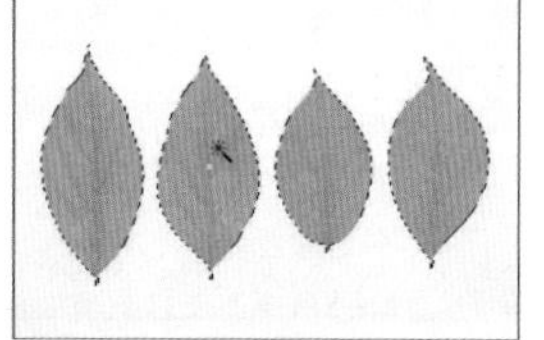

☑连续　　☐连续

图 3-15　“连续”选项对选择的影响

● 对所有图层取样：该选项仅对包含多个图层的图像有效。系统默认只对当前图层有效，但选中该项，将在所有可见图层中应用颜色选择。

3.　快速选择工具

快速选择工具是利用可调整的圆形画笔笔尖快速绘制选区。也就是说，可以像绘画一样涂抹绘制选区。在使用快速选择工具时，按住鼠标左键不放，拖动光标能够快速选择多个颜色相似的区域。相当于按住 Shift 键或 Alt 键不停地单击魔棒工具按钮。引入快速选择工具，使得创建复杂选区变得简单和轻松。

如图 3-16 所示的人物图像，由衣服的白色、皮肤的黄色、头发的黑色等多种颜色组成，而且每种颜色还有明显的明暗层次变化，不能简单地使用魔棒工具一次性选中。

原图像

选择结果

图 3-16　快速选择工具应用示例

选择快速选择工具，按 Ctrl+“[”组合键，或者 Ctrl+“]”组合键调整画笔大小。在人物图像上按住鼠标左键不放并拖动光标，颜色相似的图像即被选择。在选择的过程中，可以按下空格键切换至抓手工具，移动图像显示其他区域。

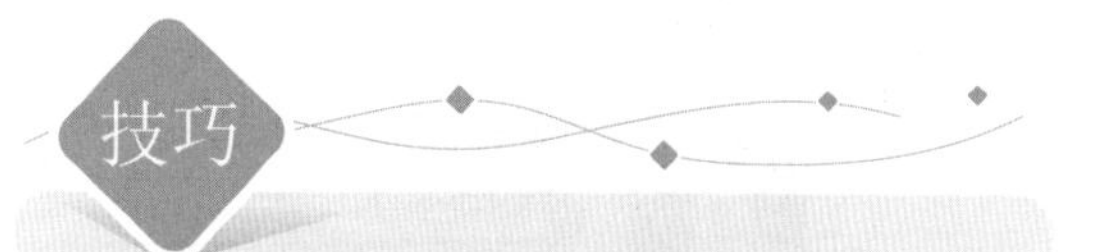

3.1.4　路径选择工具

使用路径选择工具，可以将路径转化为选区来选择对象。绘制路径来建立选区是比较常用的方法之一。因为路径可以非常光滑，而且可以反复调节各节点的位置和曲线的曲率，非常适合建立轮廓复杂和边界要求较为光滑的选区，如人物、家具、汽车、室内物品等。

Photoshop 有一整套的路径创建和选择工具，如

图 3-17、图 3-18 所示。

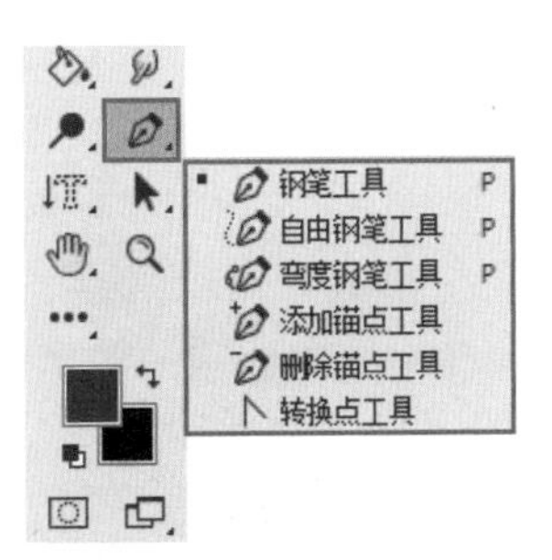

图 3-17 路径工具

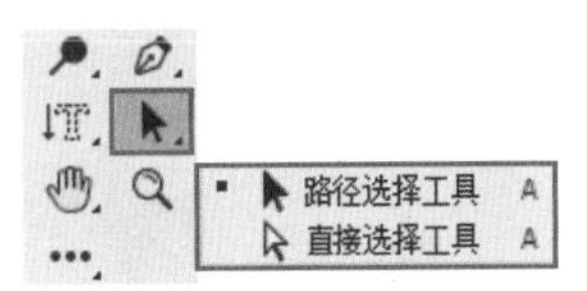

图 3-18 路径选择工具

其中钢笔工具、自由钢笔工具和弯度钢笔工具用于创建路径。添加锚点工具和删除锚点工具用于添加和删除锚点。转换点工具用于切换路径节点的类型。

路径选择工具和直接选择工具分别用于路径的选择和单个节点的选择。

1. 钢笔工具

钢笔工具是常用的一种绘制路径的工具，它通过单击产生节点的方式，沿着图像的边缘形成一个闭合的路径，并自动将该路径转化为选区，完成图像的选择或抠取，如图 3-19 所示。

图 3-19 钢笔工具应用示例

提示

在绘制路径的过程中，单击产生节点，节点之间以直线连接。单击并拖动鼠标，产生有方向柄的节点，该节点可自由调整节点之间的曲度。按住 Alt 键时单击鼠标，将产生拐点，如图 3-20 所示。

直线调节　曲线调节　拐点调节

图 3-20 三种节点连接方式

2. 自由钢笔工具

自由钢笔工具在后期处理中使用较少，原因在于它建立路径时，随意性很强，使用磁性套索工具就可以代替它的功能，所以这里并不推荐使用该工具。

3. 弯度钢笔工具

利用弯度钢笔工具创建圆弧路径，不需要通过调节锚点的控制柄。在创建弧形轮廓时，弯度钢笔工具尤为适用，如图 3-21 所示。

图 3-21 弯度钢笔应用示例

按下 Ctrl+Enter 键，可快速将当前路径转换为选区。

3.2　图像编辑工具

3.2.1　橡皮擦工具

在为效果图添加配景时，加入的配景如果边界太清楚，配景会和效果图衔接得比较生硬，这时可以用橡皮擦工具对配景的边缘进行修饰，使配景的边缘和效果图的其他配景结合得较为自然。

如图 3-22 所示的配景树与天空边界过于明显，衔接生硬，可以用橡皮擦工具擦除一部分树的边界，使它和天空融合自然。

图 3-22　衔接生硬的图像

01 选择配景树所在图层为当前图层。按 E 键快速选择橡皮擦工具，调整画笔的大小，按 1 键设置画笔的“不透明度”为 10%，如图 3-23 所示。

图 3-23　设置画笔“不透明度”参数

02 按住鼠标左键，在配景树边界位置拖动，反复擦除部分配景边缘。越靠近天空边界位置擦除得越多，直到边界和天空融合得比较自然为止，如图 3-24 所示。

图 3-24　擦除配景树边缘

3.2.2　加深和减淡工具

加深工具和减淡工具可以轻松调整图像局部的明暗。

如图 3-25 所示的道路路面没有颜色深浅的变化，看上去不真实，与旁边的路面形成了很大的反差。图 3-26 经过加深减淡的处理后，路面就生动了很多，不仅有颜色深浅的变化，透视感也增强了。下面分别使用减淡和加深工具进行调节。

图 3-25　道路处理前效果　图 3-26　道路处理后效果

01 使用减淡工具，在“范围”列表框中选择“高光”，设置“曝光度”为 20%，如图 3-27 所示。

图 3-27　减淡工具参数设置

02 按住 Shift 键，单击起始端和结束端，减淡斑马线附近道路的颜色。

03 使用加深工具，设置参数如图 3-28 所示。

图 3-28　加深工具“曝光度”参数设置

04 按住 Shift 键，在道路中间车轮频繁经过的区域，单击起始端和结束端，加深车轮压过马路后产生的暗色调。

05 图像处理后效果如图 3-29 所示。增强了道路的明暗对比，使得效果图更富感染力。

图 3-29　图像处理后效果

3.2.3 图章工具

图章工具是常用的修饰工具之一，主要用于复制图像，修补局部图像的不足。图章工具包括仿制图章工具和图案图章工具两种，在建筑表现中使用较多的是仿制图章工具。

如图3-30所示为生活中拍摄的照片，人物的存在妨碍了作为草地配景的素材，此时可以使用仿制图章工具将人物从草地上去除。

图3-30 照片素材

按Alt键在周围草地单击取样，然后移动光标至人物图像上拖动鼠标，取样图像被复制到当前位置，如图3-31所示，人物被去除。在拖动鼠标的过程中，取样点（以“十”形状进行标记）也会发生移动，但取样点和复制图像位置的相对距离始终保持不变。

图3-31 取样复制图像

3.2.4 修复工具

修复工具包括污点修复画笔工具、修复画笔工具、修补工具、内容感知移动工具和红眼工具。

与仿制图章工具的区别在于，修复工具除了复制图像外，还会自动调整原图像的颜色和明度，同时虚化边界，使复制图像和原图像无缝融合，不留痕迹。

修复画笔工具与仿制图章工具的用法基本相同，因此这里重点介绍修补工具的用法。如图3-32所示的天空背景素材云彩过多，需要去除部分云彩以美化构图。

图3-32 选择云彩

选择修补工具后，沿云彩的边缘拖动，松开鼠标后得到一个选区，如图3-32所示。按住鼠标左键，拖动选区至一个没有云彩的天空区域，如图3-33所示。

图3-33 拖动至目标区域

松开鼠标左键后，系统自动使用目标区域修复源选区，并使目标区域的图像与源选区周围的图像自然融合，得到如图3-34所示的去除云彩结果。

图 3-34　去除云彩结果

技巧

改变源区域和目标区域，也可以为天空图像添加云彩，如图 3-35 所示。

图 3-35　添加云彩结果

3.2.5　文字工具

使用文字工具为效果图添加画龙点睛的文字内容，可以提升效果图的意境，丰富效果图的内容。文字的设计、编排也是一门艺术。

1.　文字的类型

在 Photoshop 中，文字工具仍然分为横排文字工具、竖排文字和路径文字三类。

● 横排文字：在打开的图像窗口，选择文字图标，在图像窗口单击，光标闪烁的位置就是文字输入的起始端。从这里可以创建横排文字“湖光山色”，如图 3-36 所示。

图 3-36　横排文字输入

● 竖排文字：在打开的图像窗口，选择文字图标，在图像窗口单击，即可以创建竖排文字“湖光山色”，如图 3-37 所示。

图 3-37　竖排文字输入

● 路径文字：路径文字的创建，首先要使用钢笔工具勾画一条路径。然后选择文字工具，将光标置于路径位置，单击鼠标左键，就会发现光标已经在路径上闪烁了。输入“湖光山色，草长莺飞”，文字绕路径编排，如图 3-38 所示。

图 3-38　路径文字输入效果

当选择直接选择工具时，将光标置于输入的文字之间，光标会变成形状，这时只要拖动鼠标会发现，文字可以沿着路径移动，并可以沿路径翻转。

2. 文字属性的设置

文字属性包括文字字体、大小和颜色，在文字工具选项栏中，可以分别设置，如图 3-39 所示。

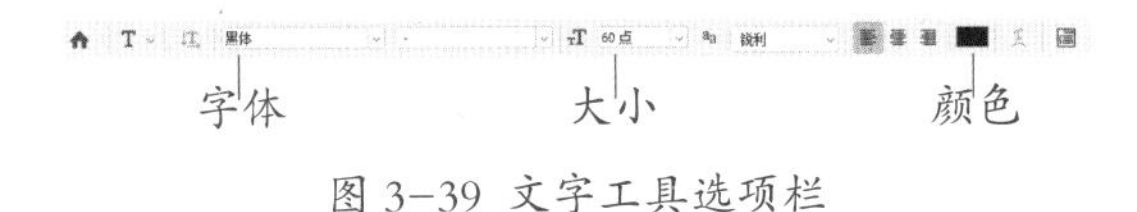

图 3-39 文字工具选项栏

3.2.6 裁剪工具

裁剪工具在后期处理建筑图像时经常用来调整构图，用来裁掉画面多余的部分，得到更美观的画面效果。

一般而言，不要对效果图直接进行裁剪，而是先用填充黑色的矩形将画面多余部分遮住，如图 3-40 所示，调整最合适的位置，然后执行裁剪命令，将黑色矩形外框裁减掉。

图 3-40 调整构图

Photoshop 对裁剪工具功能进行了增强。现在可以进行非破坏性的裁剪（隐藏被裁掉的区域）。在裁剪图像后，当再次选择裁切工具时，便可以看见裁剪前的图像，如图 3-41 所示，方便用户对裁剪进行调整。同时在使用裁剪工具时，如果裁剪范围超过了边界，可以显示新的背景。

图 3-41 裁切时预览效果

使用 Photoshop 的透视裁切工具，可以纠正由于相机或者摄影机角度问题造成的畸变，如图 3-42 所示。

图 3-42 透视裁切前后对比

3.2.7 抓手工具

抓手工具虽然对图像本身的处理不产生影响，但是在后期处理过程中，移动图像窗口中显示的图像区域是必不可少的操作。单击工具箱图标，可以选择抓手工具。也可以在使用其他工具时按住空格键，临时切换到抓手工具，松开空格键又可返回，继续原来的操作。

3.3 图像选择和编辑命令

除了前面提到的一些常用工具外，在对图像进行选择和编辑时，还常常用到一些菜单命令。工具和菜单命令的结合，使得Photoshop 的编辑功能更为完善，同时也为后期处理工作带来了更多便利。

3.3.1 色彩范围命令

“色彩范围”命令也是一种选择颜色的命令，下面以一个树枝图像选取实例，介绍命令的用法。

01 运行 Photoshop 软件，按 Ctrl+O 快捷键，打开附带资源中“树枝 .jpg”图像文件，如图 3-43 所示。

图 3-43 打开图像文件

02 双击背景图层，转换为图层 0，即普通图层。这样在清除天空背景后，可得到透明区域。

03 单击“选择”|“色彩范围”命令，打开【色彩范围】对话框。使用吸管工具，然后移动光标至图像窗口蓝色天空背景位置单击鼠标，拾取天空颜色作为选择颜色。对话框中的预览窗口会立即以黑白图像显示当前选择的范围，其中白色区域表示选择区域，黑色区域表示非选择区域。

04 拖动颜色容差滑块，调节选择的范围，直至对话框中的天空背景全部显示为白色，如图 3-44 所示。

图 3-44 “色彩范围”对话框

05 单击“确定”按钮关闭对话框，图像窗口会以“蚂蚁线”的形式标记出选择的区域，如图 3-45 所示。

图 3-45 得到天空背景选区

06 按下 Delete 键，清除选区内的天空图像，得到透明的背景，如图 3-46 所示。或者按下 Ctrl + Shift + I 键，反向选择当前选区，得到树枝选区。

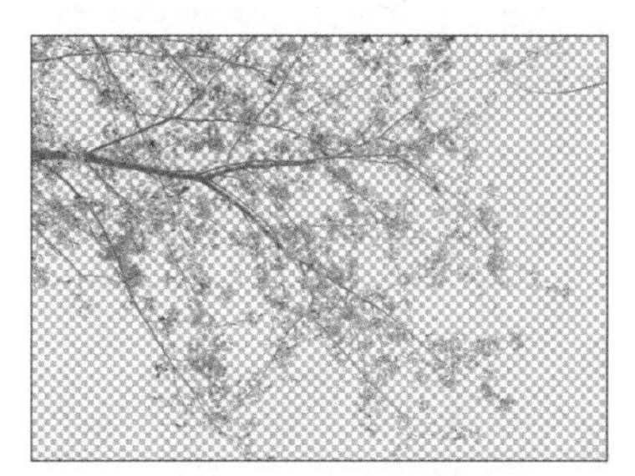

图 3-46 清除天空背景结果

07 按 Ctrl + O 快捷键，打开建筑图像，如图 3-47 所示。

图 3-47 打开建筑图像

08 拖动复制已去除背景的树枝图像至建筑图像窗口，按下 Ctrl+T 快捷键，调整树枝图像的大小及位置如图 3-48 所示。

图 3-48 合成效果

09 调入的配景素材，除了调整大小和位置之外，还需要进行颜色和色调的调整，以匹配建筑图像的颜色。选择“图像”|“调整”|“亮度/对比度”命令，打开【亮度/对比度】对话框，将树枝图像颜色调暗，完成最终合成。

3.3.2 调整边缘命令

【调整边缘】命令可对选择区域的范围和边缘进行细微的调整，下面通过实例进行具体说明。

01 运行Photoshop软件，按Ctrl+O快捷键，打开配套资源中名称为“别苑.jpg”的图像文件，如图3-49所示。

图3-49 打开图像文件

02 选择魔棒工具，设置“容差”为30左右，单击天空蓝色区域，建立选区如图3-50所示。

图3-50 建立选区

03 按Ctrl+Shift+I组合键，反向选择当前选区，选择天空背景以外的区域。

04 执行“选择”|“选择并遮住”命令，如图3-51所示，进入编辑面板。

05 在“视图”下拉列表中选择几种选区在视图中的显示方式，一般观察视图可以选择“图层”选项，观察虚线选框可以选择“闪烁虚线”选项。这里选择“图层”选项，如图3-52所示。

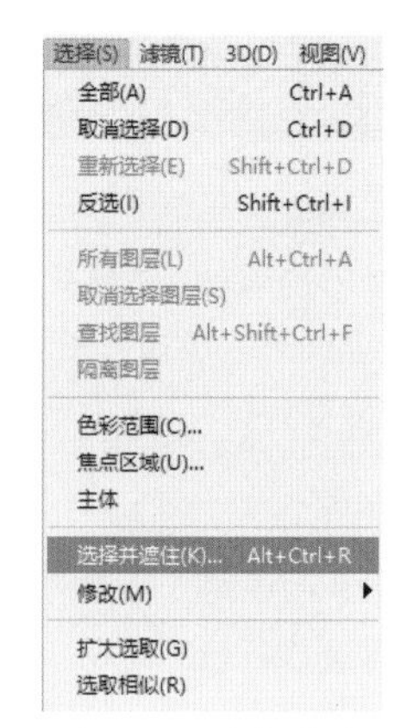

图3-51 选择命令

图3-52 选择视图模式

06 选择“显示边缘”选项与“智能半径”选项，调整智能半径大小，如图3-53所示。

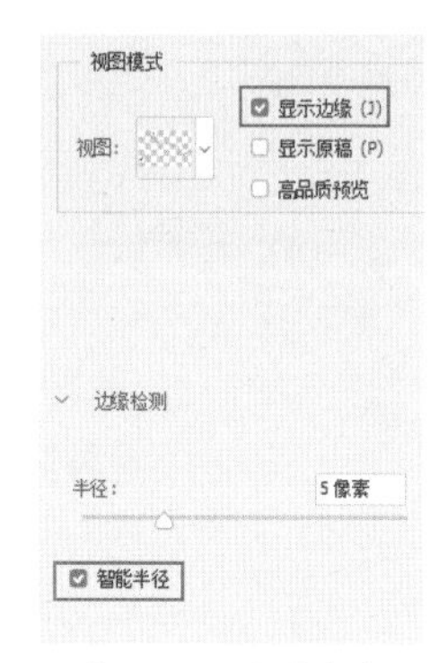

图3-53 设置参数

07 此时可以发现选区的边缘已经清晰地显示在左侧的预览窗口中，如图3-54所示。

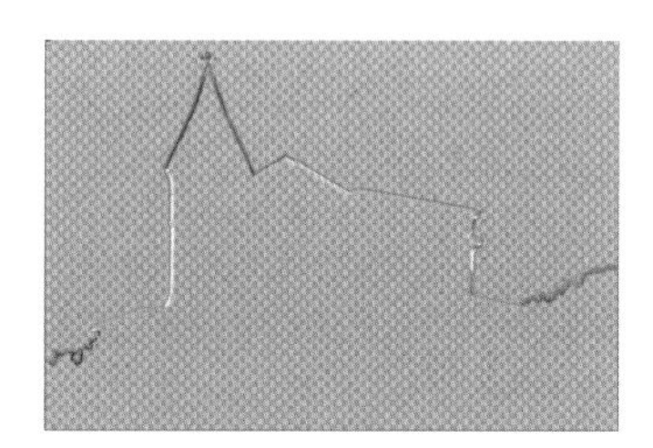

图3-54 显示边缘

08 单击面板左侧的调整边缘画笔工具按钮，沿智能半径显示的区域涂抹，调整边缘如图3-55所示。

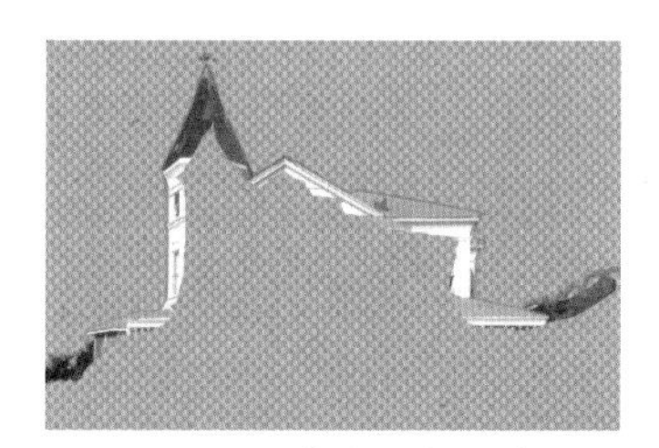

图3-55 涂抹调整边缘

09 单击“确定”按钮，完成“边缘调整”命令，选区的最终效果如图 3-56 所示。

图 3-56 选区的最终效果

10 按 Ctrl+J 快捷键，拷贝选区内的图像至新的图层，关闭“背景”图层，如图 3-57 所示。

图 3-57 关闭背景图层

11 去除天空背景，图像的显示效果如图 3-58 所示。

图 3-58 去除天空背景的效果

显示智能半径可以帮助我们很快找到选区的边缘，将没有删除的背景色找到，半径大小决定了色彩范围选取的大小。

3.3.3 图像变换命令

在调整配景大小和制作配景阴影或倒影的过程中，会反复使用到 Photoshop 的变换功能。图像变换是 Photoshop 的基本技术之一，下面就详细介绍变换的具体操作。

图像变换有两种方式，一种方式是直接在“编辑”|“变换”子菜单中选择各个命令，如图 3-59 所示。另一种方式是通过不同的鼠标和键盘操作配合，进行各种自由变换。

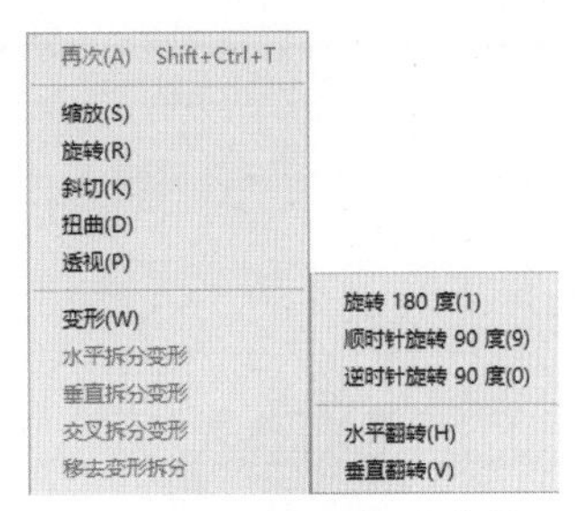

图 3-59 “变换”子菜单

1. 使用变换菜单

“编辑”|“变换”子菜单各命令功能如下。

- 缩放：选择命令，移动光标至变换框上方，光标将显示为双箭头形状，拖动鼠标即可调整图像的大小和尺寸。若按下 Shift 键拖动，则可以固定比例缩放，如图 3-60 所示。

图 3-60 缩放图像

- 旋转：选择命令，移动鼠标至变换框外，当光标显示为 ↶ 形状后，拖动即可旋转图像。若按下 Shift 键拖动，则每次旋转 15° ，如图 3-61 所示。

图 3-61 旋转图像

● 斜切：选择命令，可以将图像倾斜变换。在该变换状态下，变换控制框的对角点只能在变换控制框边线所定义的方向上移动，使图像得到倾斜效果，如图 3-62 所示。

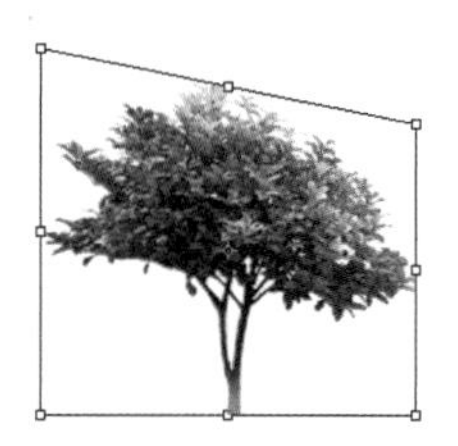

图 3-62 斜切图像

● 扭曲：选择命令，可以任意拖动变换框的四个对角点进行图像变换，如图 3-63 所示，但四边形任一角的内角角度不得大于 180° 。

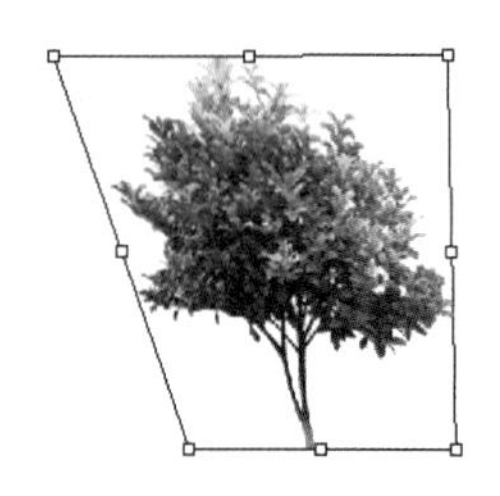

图 3-63 扭曲变换图像

● 透视：选择命令，拖动变换框的任一对角点时，拖动方向上的另对一角点会发生相反的移动，得到对称的梯形，使得物体呈现透视变形的效果，如图 3-64 所示。

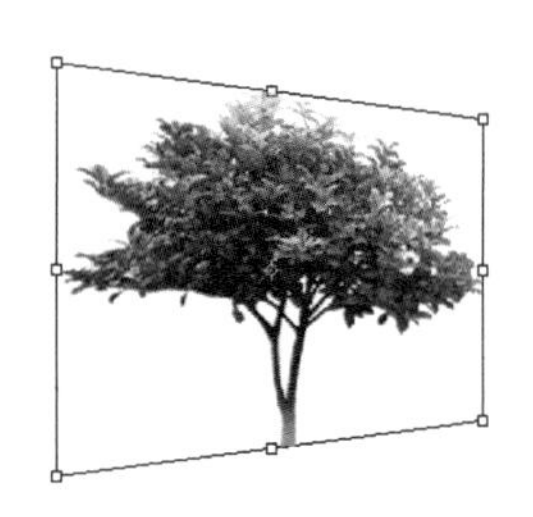

图 3-64 透视变换图像

2. 自由变换

"自由变换"命令可以自由使用"缩放""旋转""斜切""扭曲""透视"命令，不必从菜单中选择这些命令。若要应用这些变换，在拖移变换框的手柄时使用不同的快捷键，或直接在选项栏中输入数值，具体操作如下。

01 选择需要变换的图像或图层。

02 执行"编辑" | "自由变换"命令，或按下 Ctrl + T 快捷键进入自由变换状态。

03 使用以下功能键执行某一变换操作。

● 缩放：移动光标至变换框的对角点上直接拖动鼠标。

● 旋转：移动光标到变换框之外（指针变为↷形状），拖动光标。按住 Shift 键可限制为按 15° 增量旋转。

● 斜切：按住 Ctrl + Shift 键并拖动光标变换框边框。

● 扭曲：按住 Ctrl 键并拖动光标更改变换框的对角点。

● 透视：按住 Ctrl + Alt + Shift 键并拖动光标更改变换框的对角点。

04 按 Enter 键或双击鼠标左键应用变换。按 Esc 键取消变换。

3. 图像变换在实际中的运用

图像变换在后期中的运用常见于制作倒影和影子，增强画面的真实性。

● 使用菜单命令制作倒影

如图 3-65 所示的图像由于水面缺乏倒影，使得整个画面不够真实，下面使用变换功能制作倒影效果。

01 运行 Photoshop 软件，打开示例文件。如图 3-65 所示。

图 3-65 示例文件

02 使用矩形选框工具 ⬚ ，将水面以外的区域进行框选，如图 3-66 所示。

图 3-66 建立选区

03 按 Ctrl +J 快捷键，将选区内的内容进行拷贝，得到图层 1，如图 3-67 所示。

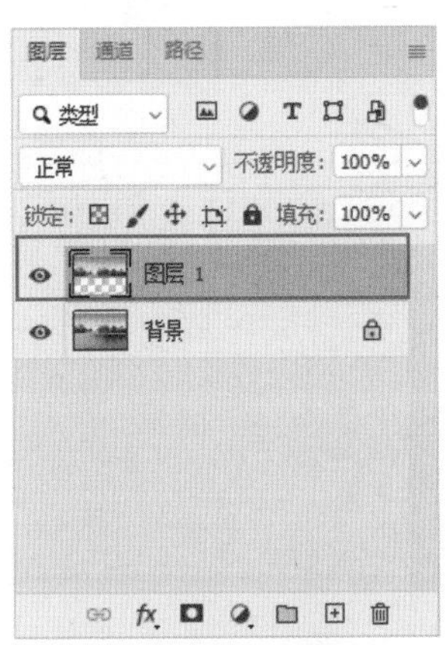

图 3-67 创建图层 1

04 按 Ctrl +T 快捷键，调用“变换”命令，右击鼠标，选择“垂直翻转”命令，如图 3-68 所示。

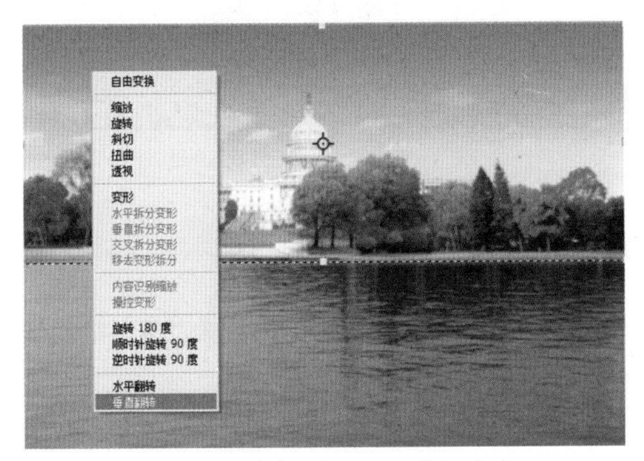

图 3-68 选择“垂直翻转”命令

05 按 Enter 键，应用变换，使用移动工具，将图像移动至合适的位置，如图 3-69 所示。

图 3-69 移动图像

06 执行“滤镜”|“模糊”|“动感模糊”命令，设置参数如图 3-70 所示。

07 设置图层的“不透明度”为 35%，如图 3-71 所示。

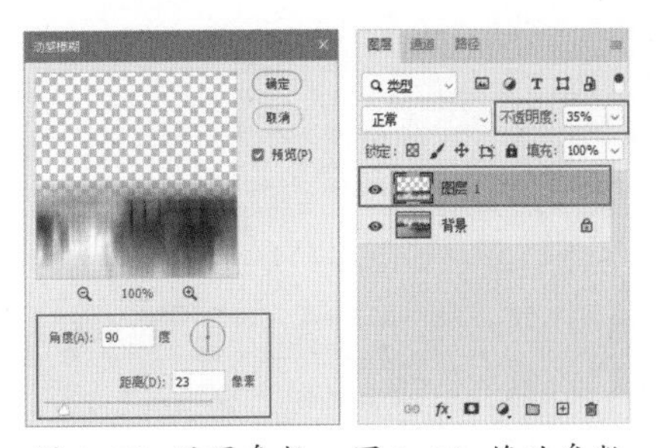

图 3-70 设置参数　图 3-71 修改参数

08 制作水面倒影的效果如图 3-72 所示。

图 3-72 倒影效果

● 使用变换功能制作阴影

01 运行 Photoshop 软件，打开示例文件，如图 3-73 所示。

图 3-73 示例文件

02 选择树木所在的图层，按 Ctrl +J 快捷键，进行拷贝，得到“树木 拷贝”图层，如图 3-74 所示。

图 3-74 拷贝图层

03 按Ctrl +M快捷键，打开【曲线】对话框，设置参数如图3-75所示。

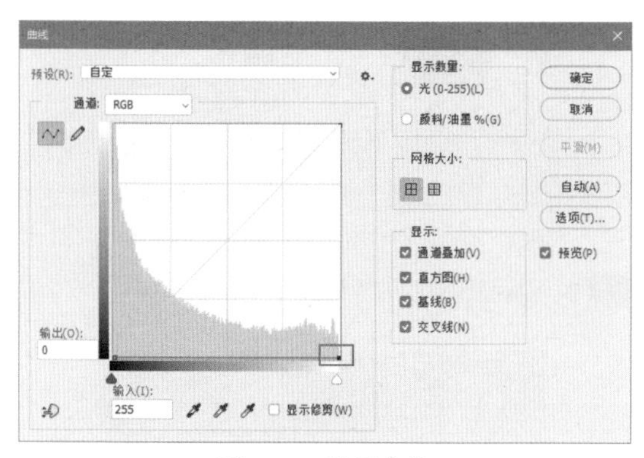

图3-75 设置参数

04 将“树木 拷贝”图层下移一个图层，如图3-76所示。快捷键为Ctrl +“[”。

图3-76 下移图层

05 按Ctrl +T快捷键，调用变换命令，按住Ctrl键，自由调整变换控制角点，如图3-77所示。

图3-77 自由变换

06 执行“滤镜”|“模糊”|“动感模糊”命令，设置参数如图3-78所示。

07 设置图层“不透明度”为60%，如图3-79所示。

图3-78 “动感模糊”参数设置　　图3-79 设置不透明度

08 添加阴影之后效果如图3-80所示。

图3-80 添加阴影后效果

3.3.4 色调调整命令

要将众多的配景素材与建筑图像自然、和谐地合成，统一整体的颜色和色调是关键。效果图常用的图像调整命令包括色阶、曲线、色彩平衡、亮度/对比度、色相/饱和度等，在“图像”|“调整”级联菜单中可以分别选择各种调整命令。这里仅介绍基本的色调和颜色调整命令。

1. 色阶

执行“色阶”命令，通过调整图像的阴影、中间色调和高光的强度级别，来校正图像的色调范围和色彩平衡。“色阶”命令常用于修正曝光不足或曝光过度的图像，同时也可以调节图像的对比度。

在调整图像色阶之前，首先应仔细观看图像的“山”状像素分布图，“山”高的地方，表示此色阶处的像素较多，相反的就表示像素较少了。

如果“山”分布在右边，说明图像的亮部较多；“山”分布在左边，说明图像的暗部较多；“山”分布在中间，说明图像的中色调较多，缺少色彩和明暗对比。

如图3-81所示的效果图及其色阶，“山”主要分布在左侧，说明图像暗部较多，同时图像缺乏亮部区域。

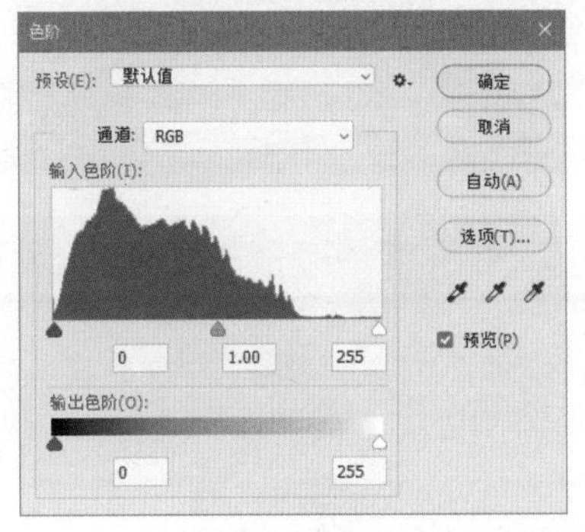

图 3-81 缺乏亮部区域的效果图及其色阶

要调整此类图像，可以向左移动高光滑块，扩展图像的色调范围，图像亮部即得到明显改善，如图 3-82 所示。相对应的，如果图像缺乏暗部区域，可以向右移动暗调滑块。

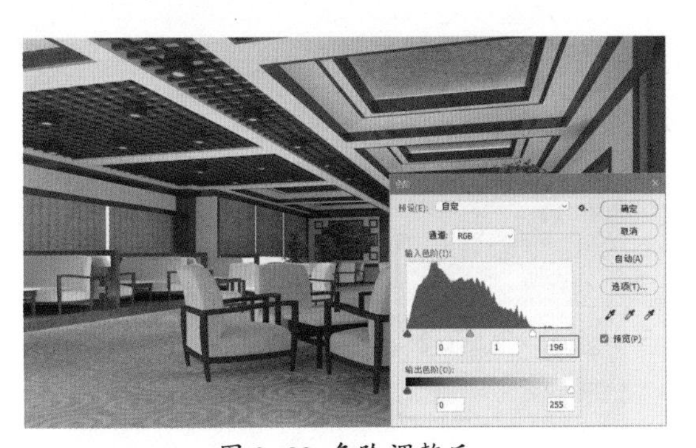

图 3-82 色阶调整后

按 Ctrl+L 快捷键，再次打开【色阶】对话框，可以看到图像像素已经分布到 0~255 整个色调范围，如图 3-83 所示。

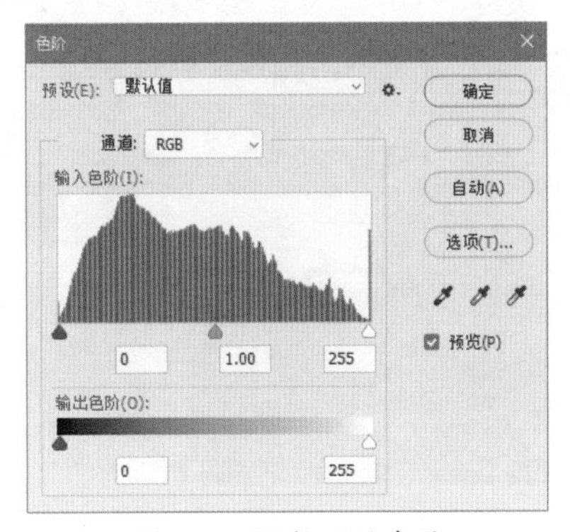

图 3-83 调整后的色阶

如图 3-84 所示的图像，“山”分布在色阶图的中间区域，因此图像缺乏亮光和暗部细节，整个图像看上去较灰，缺乏明暗对比。

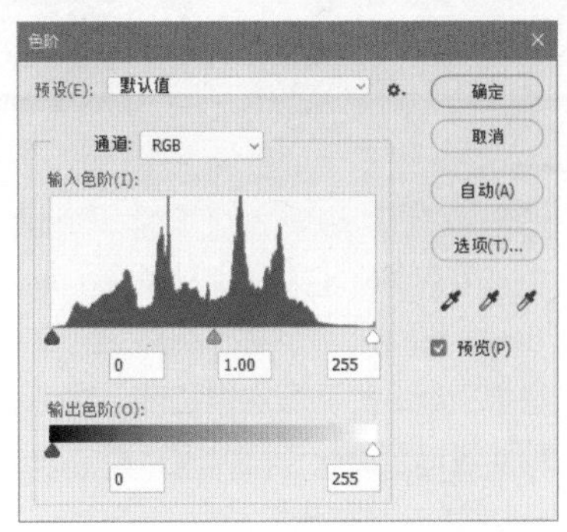

图 3-84 缺乏高光和暗部的图像

对于同时缺乏高光和暗部的图像，同时向中间移动暗调和高光滑块，如图 3-85 所示。

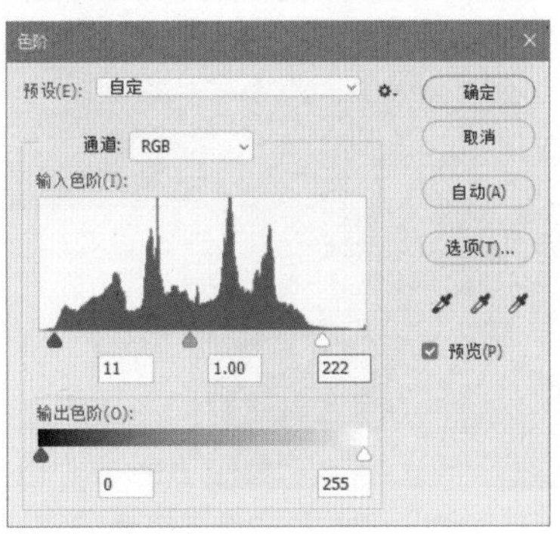

图 3-85 色阶调整

2. 曲线

与色阶命令类似，执行“曲线”命令也可以调整图像的整个色调范围。不同的是，“曲线”命令不是使用3个变量（高光、阴影、中间色调）进行调整，而是使用调节曲线，它可以最多添加14个控制点，因而曲线工具调整更为精确、更为细致。

执行“图像”|“调整”|“曲线”命令，或按下Ctrl+M快捷键，可以打开【曲线】对话框如图3-86所示。

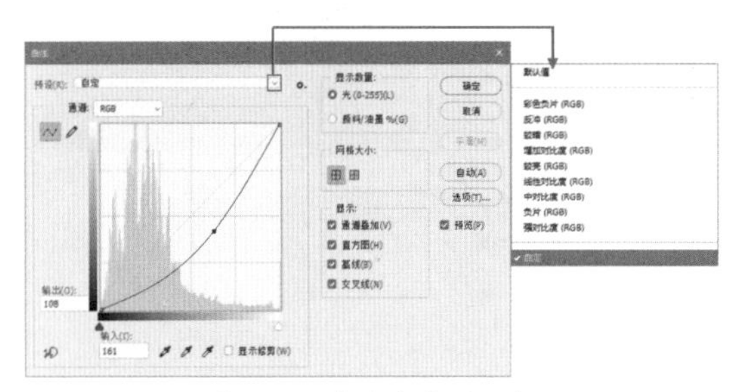

图3-86 【曲线】对话框

对于较暗的图像，可以将控制曲线向上弯曲，图像亮部层次被压缩，暗调层次被拉开，整个画面亮度提高。这种曲线适合调整画面偏暗，亮部缺乏层次变化的图像，如图3-87所示。

图3-87 较暗图像调整

对于较亮的图像，可以将控制曲线向下弯曲，图像的暗调分布层次被压缩，亮调层次被拉开，整个画面亮度下降。这种曲线适合调整画面偏亮，暗部缺乏层次变化的图像，如图3-88所示。

图3-88 较亮图像调整

对于画面较灰，缺乏明暗对比的图像，可以调整控制曲线如图3-89所示形状，拉开图像中间调层次，使整个画面对比度加强，图像反差加大。

图3-89 调整图像对比度

3. 色彩平衡

“色彩平衡”命令根据颜色互补的原理，通过添加或减少互补色以改变图像的色彩平衡。例如，可以通过为图像增加红色或黄色使图像偏暖，当然也可以通过为图像增加蓝色或青色使图像偏冷。如图 3-90 所示的效果图中间调和亮部区域颜色偏蓝，色彩不够自然，我们可以用“色彩平衡”命令来进行调整。

图 3-90 色调偏蓝的图像

按 Cvtrl+B 快捷键，打开【色彩平衡】对话框，选择“中间调”选项，调整各滑块的位置如图 3-91 所示，使得画面的中间调偏向暖色。

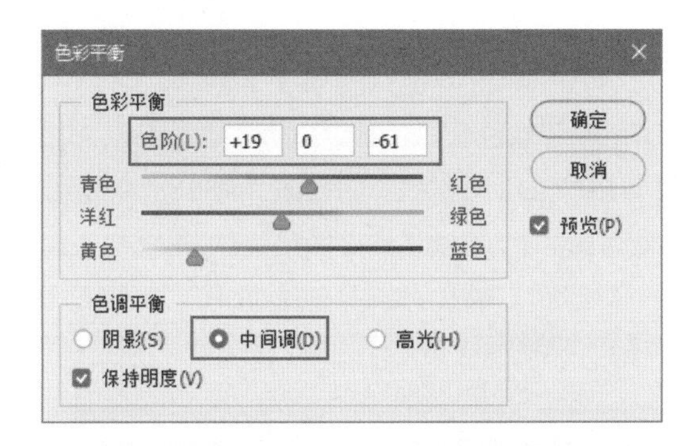

图 3-91 调整“色彩平衡”的中间调

选择“高光”选项，调整各滑块的位置如图 3-92 所示，使得画面的高光偏向暖色。

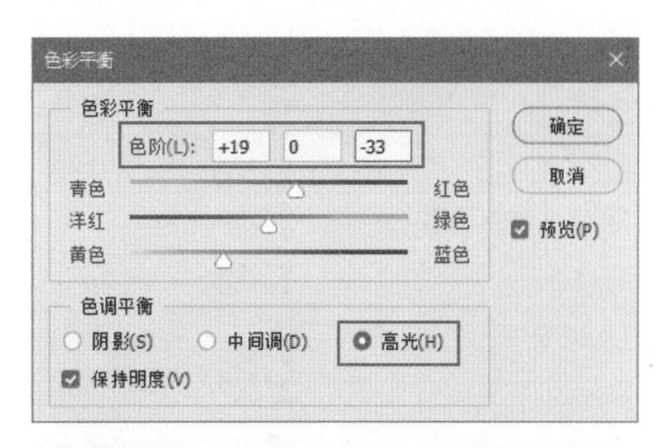

图 3-92 调整“色彩平衡”的高光

3.3.5 使用调整图层

所谓调整图层，实际上就是用图层的形式保存颜色和色调调整，方便以后重新修改参数。添加调整图层时，会自动添加一个图层蒙版，方便用户控制调整图层影响的范围和区域。调整图层除了有部分调整命令的功能外，还有图层的一些特征，如不透明度、混合模式等。改变不透明度可以改变调整图层的影响程度。当然也可以双击图标，弹出参数对话框，直接设置参数。

下面介绍调整图层的使用方法。

01 按 Ctrl+O 快捷键，打开如图 3-93 所示的图像。

图 3-93 打开图像

02 在图层面板上单击“创建新的填充或调整图层”按钮，在打开的快捷菜单中选择“色彩平衡”选项，如图 3-94 所示。

图 3-94 选择选项

03 在“色彩平衡”属性面板上，设置参数如图 3-95 所示。

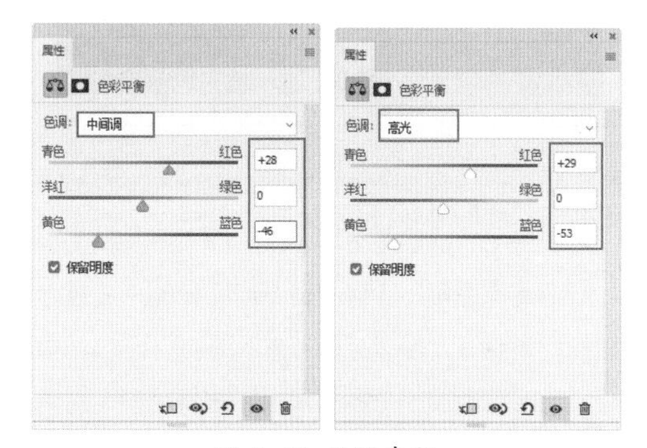

图 3-95 设置参数

04 设置参数后，关闭属性面板，得到如图 3-96 所示的“色彩平衡 1”调整图层。

图 3-96 “色彩平衡 1”调整图层

技巧

执行“图层”|“新建调整图层”命令，也可以在所选图层的上方建立一个颜色调整图层。

06 该酒店大厅的左侧大门区域为透明的玻璃屋顶，在夜晚时受天空光影响最大，但出现如此大面积的暖色，使得整个画面不够真实和生动。

07 单击“色彩平衡 1”调整图层中的“图层蒙版”缩览图，如图 3-97 所示，进入“图层蒙版编辑”模式。

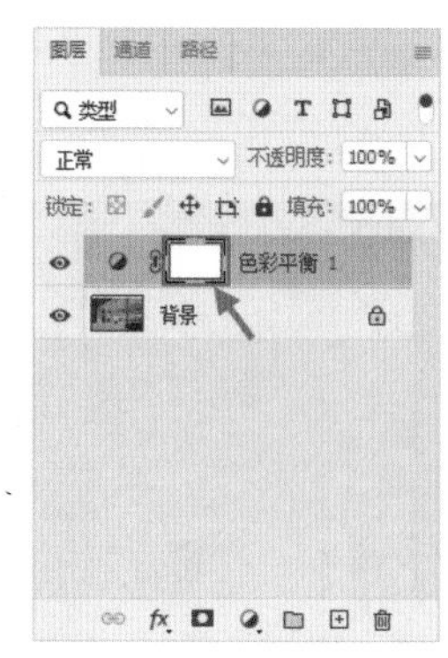

图 3-97 进入图层蒙版编辑模式

08 选择画笔工具，设置前景色为黑色，设置“不透明度”为 20%，如图 3-98 所示。在画面左侧涂抹，消除色彩平衡 1 调整图层对玻璃屋顶的影响。

图 3-98 设置画笔参数

09 在属性面板中，观察“图层蒙版”缩览图，可以发现图像的左上角有涂抹过的痕迹，如图 3-99 所示。

10 夜晚天空光的颜色为深蓝色，执行“图层”|“新建调整图层”|“曲线”命令，创建“曲线 1”调整图层，如图 3-100 所示。

图 3-99 编辑蒙版的结果 图 3-100 创建“曲线 1”调整图层

11 在属性面板中选择蓝色通道，将曲线向上弯曲，加强图像的蓝色成分，如图 3-101 所示。

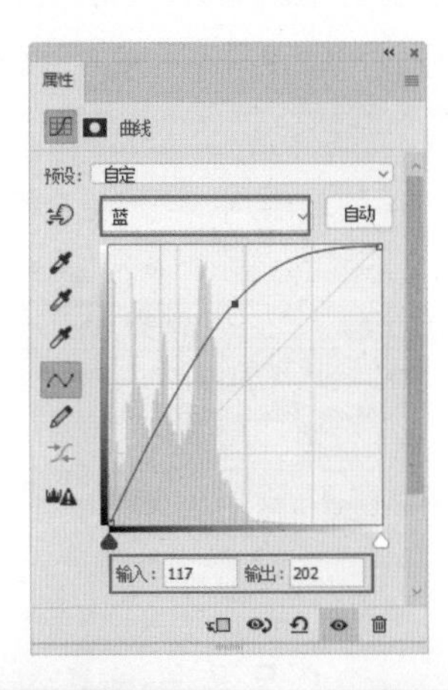

图 3-101 调整蓝色通道参数

12 添加曲线调整图层后，整个图像的蓝色都得到加强。为了增强画面的真实感，需要使用画笔工具编辑图层蒙版，消除该曲线调整图层对大厅右侧内部区域的影响，将蓝色光的作用范围限制在受天空光影响的区域，如图 3-102 所示。

图 3-102 编辑图层蒙版调整图像效果

13 执行“图层”|“新建调整图层”|“色彩平衡”命令，创建色彩平衡 2 图层。在属性面板中设置参数，继续为图像加强蓝色和青色，如图 3-103 所示。

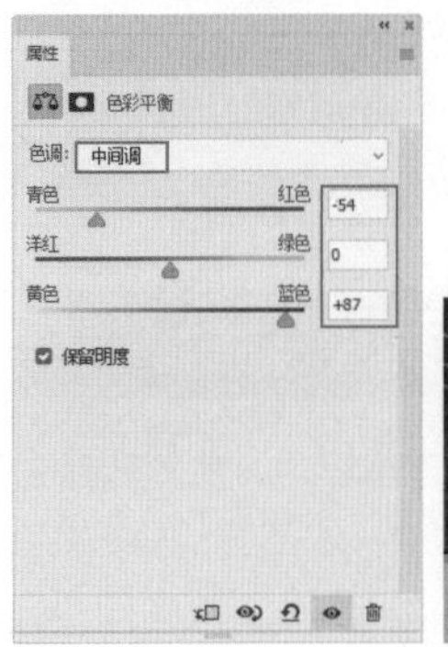

图 3-103 调整蓝色通道参数

14 按 Alt 键拖动“曲线 1”图层蒙版至“色彩平衡 2”图层蒙版的上方，在打开的提示对话框中单击“是”按钮，替换“色彩平衡 2”图层蒙版。这样“色彩平衡 2”调整图层也只作用于受天光影响的区域，如图 3-104 所示。通过调节内、外的冷暖对比参数，营造出色彩丰富、对比强烈，极具视觉冲击力的效果。

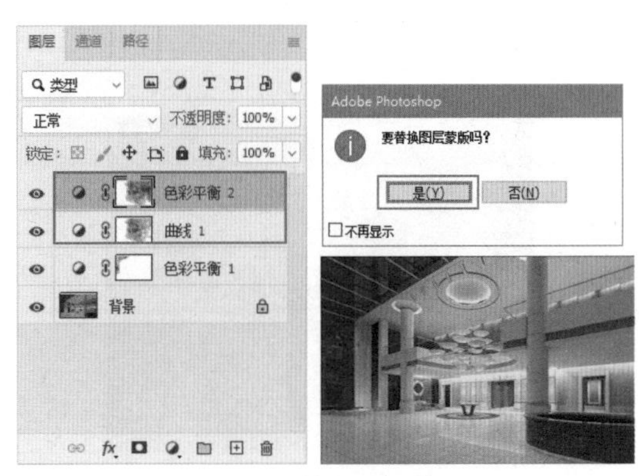

图 3-104 替换图层蒙版

15 通过设置调整图层的“填充”参数，可以控制调整图层的效果强度，相当于降低调整参数值，如图 3-105 所示。

图 3-105 设置图层“填充”参数

从上述操作可以看出，使用调整图层调整图像颜色和色调，不会破坏原图像。用户可随时根据需要修改调整参数和影响范围，控制方法更为灵活和方便。

3.4 建筑效果图的颜色调整

在室内外效果图后期处理过程中，色彩调整的应用也不容忽视。因为从配景素材的调整、图纸的色调控制以及三维软件中渲染输出的图像都需要使用色彩调整命令进行调整。上一节只简单介绍了色阶、曲线和色彩平衡等基本调整方法，本节将深入讲解Photoshop 的颜色调整方法。

3.4.1 纯色调色

纯色填充图层可以只用一种颜色填充图层。创建“纯色”调整图层，使图像的颜色色调达到统一。本实例通过添加纯色填充制作出一幅黄昏的景象。

01 执行“文件”|“打开”命令，打开“别墅.jpg”文件，如图 3-106 所示。

图 3-106 图像文件

02 单击图层面板底部的“创建新的填充或调整图层”按钮，在弹出的快捷菜单中选择“纯色”选项，弹出【拾色器】对话框，设置颜色值，如图 3-107 所示。

图 3-107 拾色器对话框

03 单击“确定”按钮，设置图层的混合模式为“正片叠底”，“不透明度”为 50%，如图 3-108 所示。

图 3-108 设置图层混合模式

04 设置完毕后，打造出别墅的黄昏美景效果，如图 3-109 所示。

图 3-109 黄昏美景效果

3.4.2 亮度 / 对比度调色

“亮度 / 对比度”命令主要是用来调整图像的亮度和对比度，它不能对单一通道作调整，也不能像“色阶”命令一样能够对图像的细部进行调整，只能很简单、直观地对图像做较粗略调整，因此适合于亮度和对比度差异相对悬殊太大的图像。下面通过具体实例进行说明。

01 执行“文件”|“打开”命令，打开“树林.jpg”文件，如图 3-110 所示。

图 3-110 打开图像

02 单击图层面板底部的“创建新的填充或调整图层”按钮◐，在弹出的快捷菜单中选择“亮度 / 对比度”选项，创建“亮度 / 对比度”调整图层，如图 3-111 所示。

图 3-111 创建调整图层

03 在属性面板上设置“亮度”为 -100，此时图像效果如图 3-112 所示，图像亮度被降低。

图 3-112 设置亮度为 -100

04 重设“亮度”参数为 +84，如图 3-113 所示，图像亮度大幅提高。

图 3-113 亮度为 +84

05 设置“对比度”为 -50，效果如图 3-114 所示，在图像亮度不变的前提下，图像对比被弱化。

图 3-114 设置对比度为 -50

06 重设“对比度”为 40，如图 3-115 所示，图像对比得到加强，画面显得更有层次。

图 3-115 设置对比度为 40

3.4.3 曲线调色

执行“曲线”命令，除了可以简单调整图像的亮度和对比度外，也可以对各颜色通道和色调区域进行更精确的调整。上一节介绍了曲线调整的基本方法，这里深入讲解曲线调色的技巧。

01 执行“文件”|“打开”命令，打开“江景 .jpg”文件，如图 3-116 所示。效果图的暗部区域过于沉重，并且绿色和红色亮度不足，可以通过曲线调整来解决这些问题。

图 3-116 打开图像文件

02 单击调整面板上的“曲线”按钮，新建曲线调整图层，如图3-117所示。

图3-117 新建曲线调整图层

03 在属性面板上调整RGB的曲线值，如图3-118所示，整体提高图像的亮度。

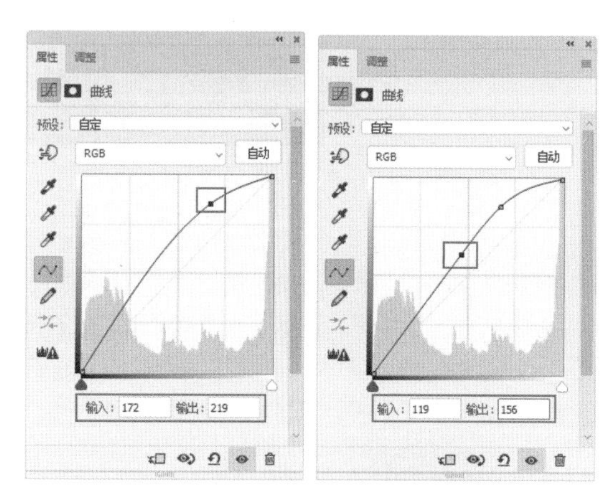

图3-118 调整RGB的曲线值

04 选择“红”通道，并调整红通道的曲线参数，如图3-119所示。

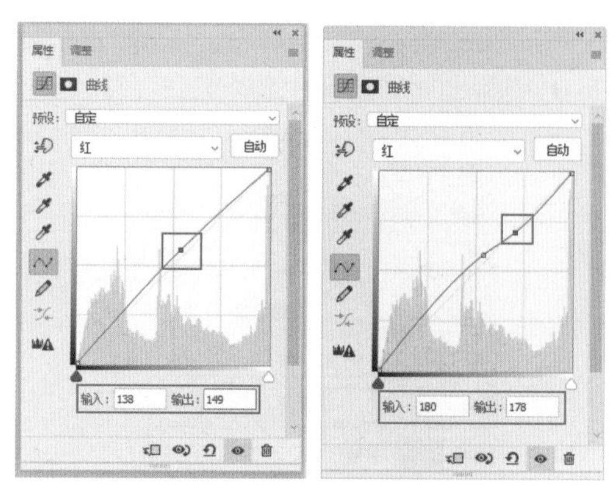

图3-119 调整红通道曲线参数

05 选择“绿”通道，调整绿通道的曲线参数，如图3-120所示。

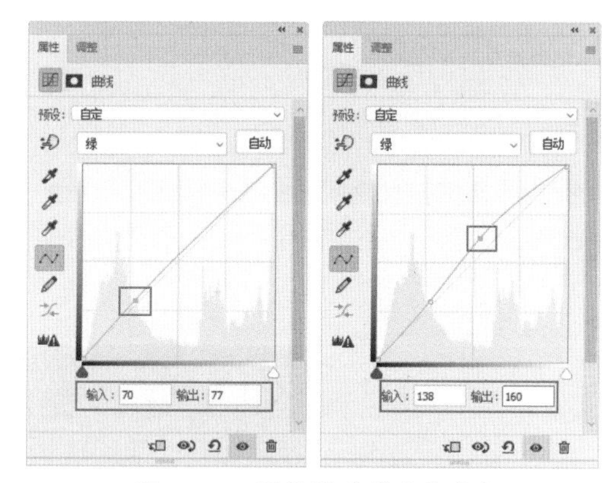

图3-120 调整绿通道曲线参数

06 设置完毕后，关闭曲线调整对话框，效果如图3-121所示。

图3-121 曲线调整效果

07 选中曲线调整图层的蒙版缩略图，设前景色为黑色，选择画笔工具，涂抹天空的区域，蒙版显示如图3-122所示。

图 3-122　蒙版显示效果

08 此时图层面板如图 3-123 所示。

图 3-123　图层面板的显示效果

09 图像的最终效果如图 3-124 所示。

图 3-124　图像的最终效果

3.4.4　色相 / 饱和度调色

“色相 / 饱和度”命令可以轻松改变图像像素的色相，增强和降低色彩的饱和度。

01 执行“文件”|“打开”命令，打开“别墅.jpg”文件，如图 3-125 所示。可以看到此时效果图比较灰，颜色不够鲜艳，下面通过增加画面的饱和度以及微调色相得到理想的效果。

图 3-125　打开图像文件

02 单击调整面板上的“色相 / 饱和度”按钮，创建色相 / 饱和度调整图层，如图 3-126 所示。

图 3-126　创建色相 / 饱和度调整图层

03 在属性面板上将饱和度滑块向右拖动，增加图像的饱和度，如图 3-127 所示。此时会发现草更绿、天更蓝，建筑的质感也得到更准确的表现。

图 3-127　色相 / 饱和度调整

04 如果选择“着色”选项，所有图像的颜色都变为单一色调，此时用户可以重设图像的色调，如图 3-128 所示。

图 3-128 着色效果

3.4.5 色彩平衡调色

前面已经介绍，“色彩平衡”命令根据颜色互补的原理，通过添加或减少互补色以改变图像的色彩平衡。在使用该命令对图像进行色彩调整时，会影响图像整体色彩的平衡，因此若要精确调整图像中各色彩的成分，还需要使用“色阶”或者“曲线”等命令。

01 执行“文件”|“打开”命令，打开“鸟瞰.psd”文件，如图 3-129 所示。该图像明显偏绿，从而使草地和山体看起来非常不真实。下面通过为图像添加其他颜色成份，来纠正图像的色偏。

图 3-129 打开图像文件

02 选择并显示通道图层，隐藏其他图层，如图 3-130 所示。

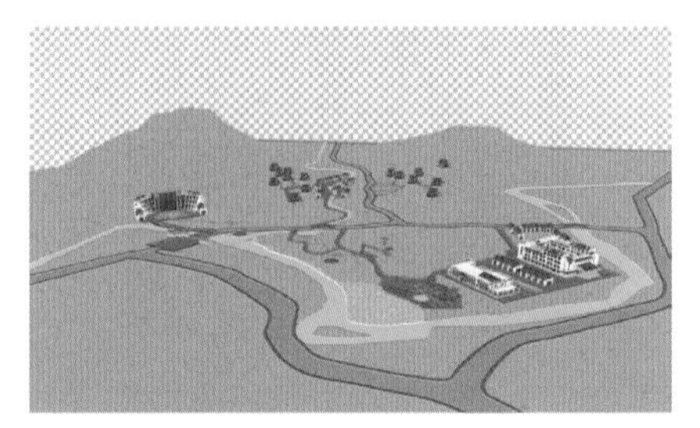

图 3-130 显示通道图层

03 执行“选择”|“色彩范围”命令，弹出【色彩范围】对话框，使用吸管工具，吸取通道中山体的颜色，如图 3-131 所示。单击“确定”按钮，建立山体选区，如图 3-132 所示。

图 3-131 色彩范围对话框

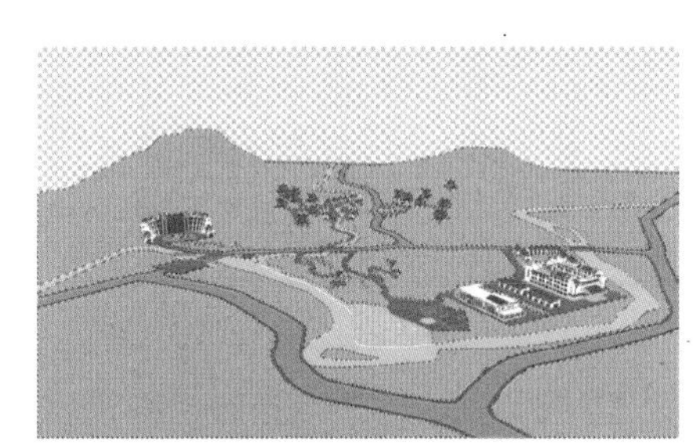

图 3-132 建立山体选区

04 单击调整面板上的“色彩平衡”按钮，创建色彩平衡调整图层，在属性面板上设置参数，如图 3-133 所示，如图 3-134 所示为调整后的效果。

图 3-133 设置色彩平衡参数

图 3-134　色彩平衡调整效果

05 选中色彩平衡图层蒙版，设前景色为灰色，选择画笔工具，在远山和天空的位置上涂抹，消除色彩平衡调整对这些区域的影响。此时的图层面板如图 3-135 所示，调整效果如图 3-136 所示。

图 3-135　图层面板

图 3-136　最终效果

3. 4. 6　照片滤镜调色

“照片滤镜”命令是通过添加冷、暖色调来调整图像的。使用该命令可以选择预设的颜色，以便快速地进行色相调整，还可以通过“颜色”选项后的色块来指定颜色。

01 执行“文件” | “打开”命令，打开“小区.jpg”文件，如图 3-137 所示。

图 3-137　打开图像文件

02 在“调整”面板上单击“照片滤镜”按钮，创建照片滤镜调整图层，如图 3-138 所示。

03 在“滤镜”列表中选择预设的照片滤镜，如图 3-139 所示。这里选择“加温滤镜（85）”，营造偏黄的暖色调效果。

图 3-138　创建调整图层　　图 3-139　设置参数

04 图像的最终效果如图 3-140 所示。

图 3-140　最终效果

第2篇
进阶篇

第4章 建筑配景原则与合成技巧

建筑配景的添加和处理是建筑后期工作的重要一环。本章首先介绍配景的使用原则和添加方法，然后重点讲解配景合成的方法和技巧。

4.1 建筑配景及其使用原则

“红花需要绿叶衬”，在效果图场景中添加适当的建筑配景，能起到烘托主体建筑、营造气氛的作用，但也不可以乱用滥用，应该根据画面整体布局的需要精心选择、灵活运用，否则就会喧宾夺主、适得其反。

4.1.1 什么是建筑配景

所谓“配景”指的是在建筑效果图中用于烘托主体建筑的其他元素。随着效果图制作技术的不断发展，建筑配景也日益丰富和全面，其内容可谓是包罗万象。常见的室外建筑效果图配景有天空、云彩、人、车、雕像、树木、路面、灌木、花丛、草地、路灯、鸟、汽球、飞机、水面、石头。室内建筑效果图配景则有人、果盘、盆景、挂画、工艺品、花瓶等。

除了烘托主体建筑外，配景还能够起到活跃画面，均衡构图，以及增加画面真实感等作用。

4.1.2 建筑配景添加原则

使用建筑配景时应该遵循以下原则。

1. 不可喧宾夺主

配景在建筑效果图中的作用主要是烘托主体、丰富画面、均衡构图、增加画面真实度。但说到底，它还只是一个“配角”。有些建筑效果图初学者，在添加配景时往往求全求多。辅助建筑、汽车、人物、树木样样齐全，而主体建筑所占整个画面的比例还不及配景。导致建筑的重要部分被遮挡，严重影响了建筑设计构思的表达，这就犯了“过犹不及”的错误。因此配景素材的表达和刻画既要精细，也要有所节制，注意整个画面的搭配与协调，和谐与统一。

2. 选择适当，符合整体构图需要

在选择配景时，还应根据整个画面的布局，以及建筑特点来选材。不同的建筑类型所选择的后期素材是有区别的，例如，园林效果图这一类要求色彩清新，办公场地效果图要求庄重严肃，别墅效果图要求幽静雅致，临街效果图则要求热闹繁华。

在选择配景时，还应根据整个效果图的画面布局需要，灵活选择。如图 4-1 所示的场景，在添加树木、人物、假山、水面图像之后，左侧的天空区域也仿佛缺少点什么，这就是构图不均衡的问题。

而如果在画面左上角位置添加一棵挂角近景树，就会使整个画面产生均衡感，如图 4-2 所示。

图 4-1 构图不均衡的场景

图 4-2 添加挂角树平衡构图

3. 尽量贴近真实

一般而言，后期素材在于平时的发现和积累。一般用真实的照片取材会比较贴近现实，而人为的造景则可能显得生硬，处理痕迹也常会显露出来，致使整个效果图显得不真实，所以在后期处理中要尽量贴近现实取材，例如斑驳的树林影子，或错落有致的花丛、草丛，以及画面感丰富的水面和天空等，来源于生活，贴近于生活，则自然真实。

4.1.3 建筑配景的添加步骤

1. 添加环境背景

添加建筑效果图配景，首先是添加环境背景，以构建出效果图的整体布局和框架。这是效果图后期处理至关重要的一环。添加的环境背景既要反映作品的环境特征，也要衬托出效果图的整体气氛。主环境背景通常都是使用一幅天空图片，但若单独使用天空图像，则整个画面会显得过于空旷，地面与天空衔接的地方也会显得生硬，如图 4-3 所示。所以一般都需要添加辅助建筑和树林配景。

图 4-4 所示为在场景中同时加入天空、辅助建筑和树林制作背景时的效果。图中远方的建筑增加了画面的层次和景深，模拟出生活中的街道、楼群和树林绿化效果，天空与地面通过建筑和树林巧妙地衔接在一起，这样的效果图构图饱满、画面充实，准确地营造出了真实的环境气氛。远处的楼群也通过降低图层的不透明度，与天空背景很好地融合在一起。

图 4-3 单独使用天空图像制作背景

图 4-4 添加辅助建筑和树林制作背景

2. 添加近景和其他配景

在效果图的场景中，近景的作用同样不可忽视。近景一般可用灌木、树木、树叶、人物等配景，如图 4-5 所示。通过添加一些近景，可以增强画面的空间感和进深感；其次是调整画面结构，使结构图更显均衡。但是，近景数量要适度，过多则太杂，喧宾夺主，过少则显单调。处理的原则就是，把握好画面的整体感。

图 4-5 添加人物汽车近景配景

不同性质的建筑有着不同的环境气氛。处理小区居住建筑的环境就不能与处理商业建筑、大型的公共建筑的方法一样。小区居住环境可以增加一些路灯、花坛小品、栏杆等配景来增强画面的生动性和真实性。

4.1.4 收集配景的途径

效果图后期处理的成败，丰富、精美的配景也是一个非常关键的因素。这需要大家平时在工作之余多注意整理、收集。随着近年来建筑设计行业的迅速发展，出来了许多专业制作配景素材的图像公司，大家可以直接通过购买他们公司的产品以得到相关的专业配景素材。目前常用的建筑配景市面上都有出售。

此外，通过扫描仪和数码相机也可以收集到许多我们生活当中的配景素材。特别是在制作实际的建筑项目时，会需要该地点周围环境的配景，这时使用数码相机进行实际拍摄是最好的方式。

4.2 配景自然合成技巧

建筑是空间表现的艺术，要将众多的配景元素与建筑自然地合成，表现出空间感和立体感，得到真实的图片效果，必须遵循一定的空间透视关系和空间规律。“近大远小”“远处模糊近处清晰”是两个可遵循的规律，也是后期处理中的基本原则。

4.2.1 透视和消失点

1. 什么是透视消失点

由于我们的视觉关系，看到的同样宽窄的道路、田野等，会觉得越远就越窄；同样看到的人、电线杆，树木等，越远就越小，最后消失在视野的尽头，如图 4-6 所示。我们把这种现象称之为“透视现象”，那么我们看到的视野的尽头实际上就是消失点。

图 4-6 透视消失点

在进行几何体、静物、风景等绘画时，我们必须掌握好透视规律，才能准确地描绘出物体在空间各个位置的透视变化，使物体具有空间感、纵深感和距离感，如图 4-7 所示。

图 4-7　绘画作品的透视

那么在一幅图片中怎样来确定其透视消失点呢？下面我们来看图 4-8 的图解。

图 4-8　透视消失点示意图

理解消失点和视平线，对于合成建筑配景具有重要的意义。

在后期处理中，一般会根据建筑的透视关系，新建一个透视关系层，并用线条标注出透视关系，再进行相关的配景合成操作。这样做的目的很明显，就是为了从宏观的角度把握好整幅图的空间感，使之看起来更接近真实场景。

如果初学者在后期处理中，忽略了透视关系，那么制作出来的图像可能会显得不自然、不真实，因而也就失去了透视的魅力。

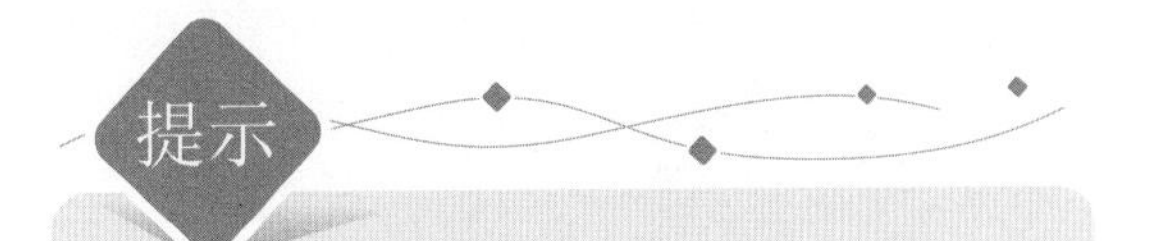

3ds max 渲染的图像不会显示出视平线和消失点，对于初学者来说，靠感觉完成操作是很困难的。在 Photoshop 合成配景时，可以新建一个图层，沿着建筑的连线绘制视平线和消失点，然后根据这些参考线进行配景合成。

2.　透视的分类

在 3ds max 中创建摄影机时，通过调整摄影机（视点）和目标点的位置和角度，可以渲染得到不同消失点个数的透视图。根据消失点的个数，可以将透视图分为一点透视（又称平行透视）、两点透视（又称成角透视）和三点透视（斜角透视）三类，如图 4-9 所示。

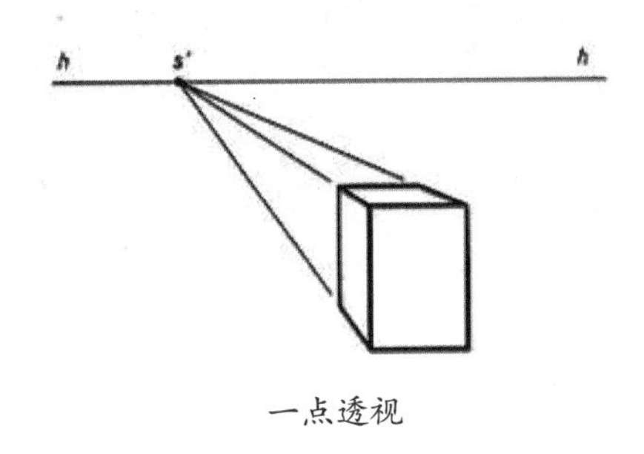

一点透视

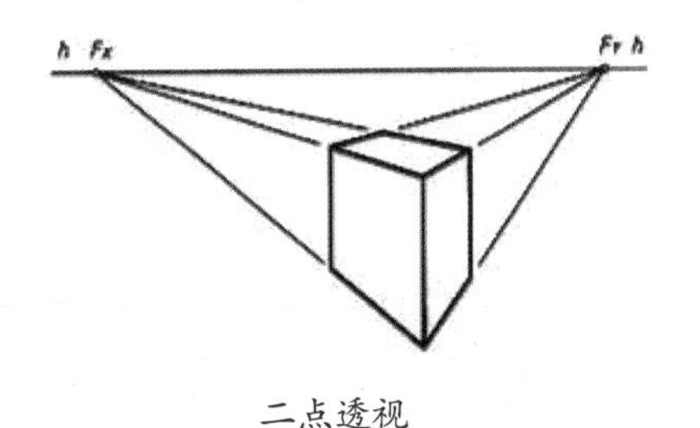

二点透视

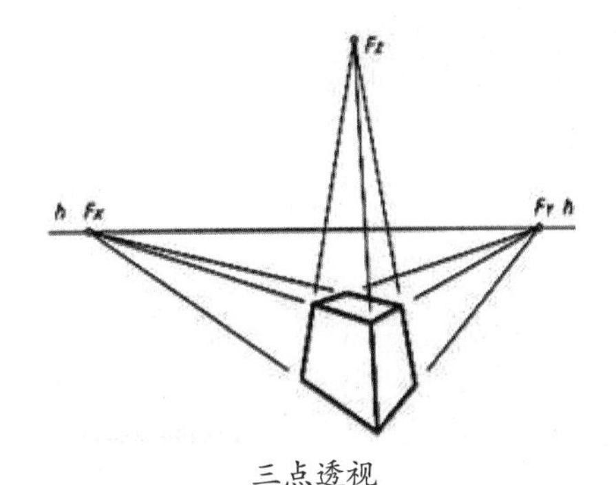

三点透视

图 4-9　三种透视关系示意图

一点透视（平行透视）常用于室内效果图和对称建筑的表现，是表现三维空间立体感的最基本的方法，它只有一个消失点。当建筑的一个面与摄影机视平面平行时，即可得到一点透视效果，如图 4-10 所示。

图 4-10 一点透视建筑效果图

二点透视（成角透视）有两个消失点，两侧的延长线形成一定角度，可以很好地表现建筑的受光面和阴影面，具有极强的立体感，是室外建筑表现最常用的透视方法，如图 4-11 所示。

图 4-11 两点透视建筑效果图

三点透视（斜角透视）有 3 个消失点，位于画面两侧或上、下的位置，如图 4-9(c) 所示。三点透视适合于鸟瞰图和特殊场景表现，如图 4-12 所示。

图 4-12 三点透视建筑效果图

在前面介绍的一点和二点透视中，建筑物的垂直方向延长线都是垂直于水平面的，与日常生活中看到的建筑相符。

在 3ds max 中创建摄影机时，当摄影机与目标点位于一个水平高度时，即可保证渲染得到的建筑物垂直线垂直。否则就会得到摄影机俯视或仰视的三点透视效果，此时的建筑物垂直线不与画面水平面垂直。

4.2.2 远近距离的表现

“远小近大”是表现空间透视感的方法，但是只靠把近处的对象绘制得大一些，把远处的对象绘制得小一些是远远不够的。

由于空气的阻隔，空气中稀薄的杂质造成物体距离越远，看上去形象越模糊，所谓“远人无目，远水无波”就是这个道理。此外，同样颜色的物体距离近则色彩鲜明，距离远则色彩灰淡。

如图 4-13 所示的图像，远处的建筑和树木虽然满足“远小近大”的基本透视规律，但颜色和亮度仍然很高，使整体效果显得不够真实。

图 4-13 只根据大小表示远近感

通过在 Photoshop 中降低图层的透明度，减少颜色的纯度和亮度，可以大大增加场景的真实感和透视感，如图 4-14 所示。

图 4-14 根据大小和亮度表示远近感

远处的景物同时还有另外一种色彩现象，即由于空气中含有水蒸气，在一定距离之外的物体偏蓝，距离越远偏蓝的倾向越明显。因此在使用群山作为远景背景时，常调整为纯度很高的蓝色，如图 4-15 所示。

图 4-15 远景的颜色变化

根据配景离视点的远近，可以将画面中的对象划分为近景、中景和远景三个层次，如图 4-16 所示。针对不同的层次，可以使用不同的颜色处理方案，远景对象宜用纯度低的颜色，近景对象宜用鲜明的颜色，在近景和中景中同时也需要表现出对象的远近，从而得到远近感强烈、层次分明的合成效果。

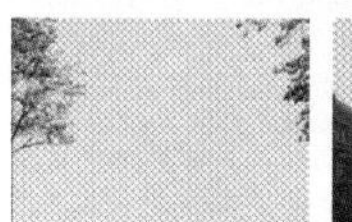

图 4-16 近景、中景、远景示意图

4.2.3 配景色彩搭配

1. 冷暖协调 相得益彰

色彩大致分为冷、暖两种色调，冷色调给人以静默、严肃、庄重之感，而暖色调则给人温馨、浪漫、热闹之感。

在一幅效果图中，不可能出现全是冷色调或全是暖色调的效果。而是在颜色的搭配上有所侧重，氛围或者偏暖，或者偏冷，以达到预期的效果，如图 4-17 所示。

图 4-17 冷暖色调对比

2. 色彩多样 灵动有致

在一幅效果图中，颜色不能是单一的，那样看上去会显得呆板而且没有层次感，画面也显得不够生动。所以在色彩使用的时候，一定要注意，灵活地穿插不同的色彩，使画面看上去和谐，灵动有致，富有色彩变化的魅力，如图 4-18 所示。

图 4-18 色彩多样

4.2.4 光影的表现

我们都知道，光通过水面会产生折射和反射，一部分光线折射到水里，一部分光线通过反射返回到空气中，又会再次投射到建筑物或者其他的植被上。水面因为光线的入射会变亮，看上去波光粼粼，而岸边植被反射的光线也会投射到水面，产生美丽的倒影，这样就产生了层次较为丰富的光线效果，如图 4-19 所示。

图 4-19 光影表现

同样，光线照射到植被上，也会产生反射效果，植被受光的地方变亮，颜色变浅。而未受光的地方则会变暗，颜色相对较深。一般来说，在效果图中，光线从上往下照射，那么树冠的颜色相对较浅，树冠以下颜色渐次加深，受光面颜色较浅，背光面颜色较深，如图 4-20 所示。

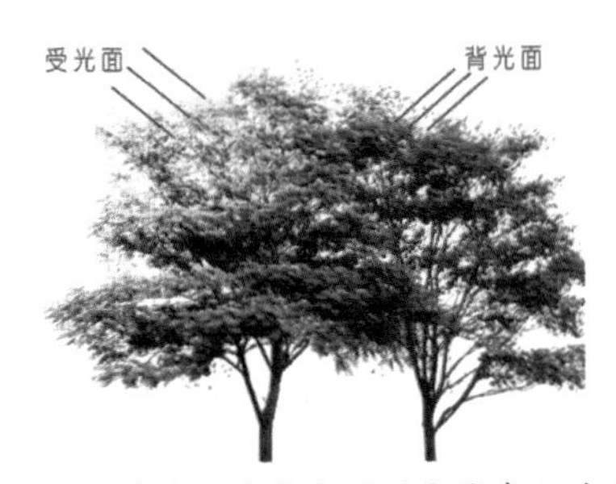

图 4-20 受光面和背光面的光线表现手法

光线在建筑物上的表现也不难。一般在前期建模的时候，就已经将灯光效果调整得差不多了，这里只需要简单地调整光线的强弱程度即可。也可根据效果表现的不同需要，局部提亮建筑物，或局部加深某些区域，以达到满意的效果，如图 4-21 所示。

图 4-21 光线在建筑物上的表现

所以在后期处理的过程中，一定要把握好光线的变化，遵循光线的投射法则，处理方式万变不离其宗。

4.2.5 光线的统一

如图 4-22 所示场景，右侧建筑墙面因为是受光面，墙面和玻璃颜色亮度高，反光强烈，其下方的植物等配景，由于日光的照射而颜色鲜艳夺目，整体色调偏暖。

画面左侧的建筑墙面由于是背光面，颜色暗淡，对比度和亮度低，整体色调偏冷。受光面和背光面颜色、色调的强烈对比，使整个场景显得真实可信，具有极强的艺术感染力。

如果在配景添加时，不统一光的方向，使阴影关系错乱，不区分背光面和受光面，如图 4-23 所示，就会使整个场景显得不真实，缺乏艺术感染力。

图 4-22 层次分明的高光和阴影场景

图 4-23 光方向关系错乱的场景

05

第 5 章

建筑后期处理基本技法

前面一章我们对建筑效果图后期处理技巧和方法进行了概括性的介绍，这一章我们主要针对一些常见的基本元素的处理以及相关技巧和准则进行实例讲解，从实际应用的角度来学习建筑效果图的后期处理方法。

5.1 立竿见影—影子处理技巧点拨

在建筑后期中，影子的制作至关重要，它可以强场景空间感和主次感。在学习如何制作影子之前，我们先来看图 5-1 所示的几张现实生活中影子的照片，以了解不同时间、不同物体影子的特点。

顺光拍摄时的影子　　侧光拍摄时的影子

正中午拍摄时的影子　　夕阳光呈现的影子

黄昏时的影子　　动物的影子

图 5-1 真实的影子效果

5.1.1 直接添加影子素材

直接添加影子的方法比较简单，关键是能找到纹理清晰、比例关系协调的影子素材，然后将它直接添加到效果图中，稍微调整即可。

01 按 Ctrl+O 快捷键，打开“别墅素材.jpg”文件，如图 5-2 所示。

图 5-2 打开文件

02 按 Ctrl+O 快捷键，继续打开“影子素材.png”，如图 5-3 所示。

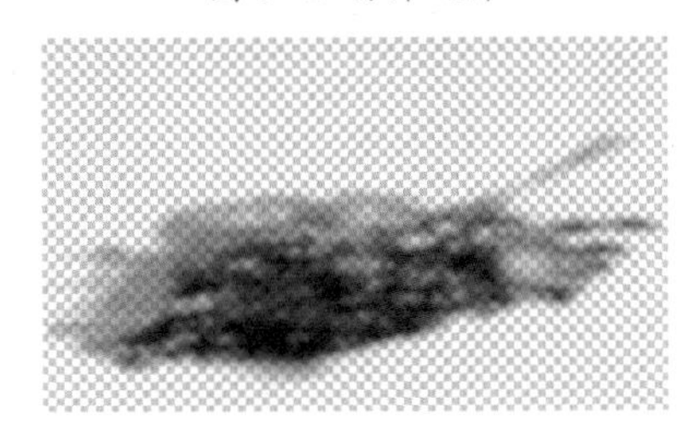

图 5-3 打开影子素材文件

03 将其移动至别墅素材文件窗口中，置于左下角。按 Ctrl+T 键，进入变换状态。单击右键，弹出快捷菜单选择“水平翻转”选项，如图 5-4 所示。

图 5-4 选择“水平翻转”选项

04 按 Ctrl 键微调阴影的透视，如图 5-5 所示。

图 5-5 微调阴影的透视

05 按 Enter 键确定变换操作，设置该图层的混合模式为“强光”、“不透明度”为 70%，如图 5-6 所示。

图 5-6 设置图层参数

06 影子的显示效果如图 5-7 所示。

图 5-7 影子的显示效果

07 根据常识我们知道，影子的边缘是很模糊的。所以需要对影子的边缘进行擦除处理。选择橡皮擦工具，设置参数如图 5-8 所示。

图 5-8 橡皮擦选项设置

08 在影子边缘进行擦除，如图 5-9 所示。

图 5-9 擦除影子边缘

09 执行“滤镜”|“模糊”|“动感模糊”命令，弹出【动感模糊】对话框，设置参数如图 5-10 所示。

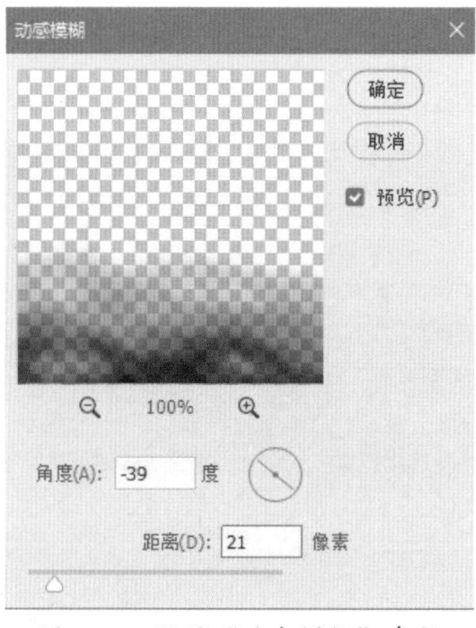

图 5-10 设置“动态模糊”参数

10 最后单击“确定”按钮应用模糊，最终效果如图 5-11 所示。

图 5-11 最终效果

5.1.2　使用影子照片合成

将众多的配景元素与建筑进行自然的合成，表现出空间感和立体感，得到真实的照片般效果，必须遵循一定的透视和空间规律。“远小近大，远模糊近清晰”是配景合成的基本原则。

01 打开“素材 .jpg”文件，如图 5-12 所示。

图 5-12 打开素材文件

02 使用套索工具，圈选如图 5-13 所示的区域。

图 5-13 绘制选区

03 按 Shift+F6 键，弹出【羽化选区】对话框，设置羽化半径为 20 像素，如图 5-14 所示。单击“确定”按钮，退出对话框。

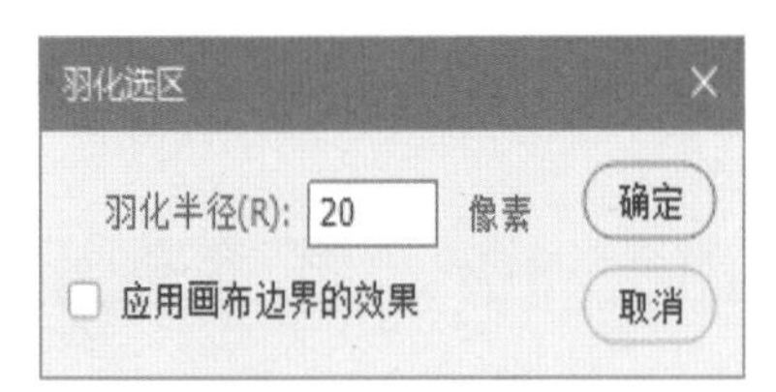

图 5-14 设置“羽化选区”参数

04 按 Ctrl+U 快捷键，打开【色相 / 饱和度】对话框，将明度滑块向左拖动，如图 5-15 所示。

图 5-15 调整色相 / 饱和度

05 单击“确定”按钮，退出【色相 / 饱和度】对话框。按 Ctrl+D 键取消选区。此时可以看到道路有了明暗对比，场景看起来更为真实，如图 5-16 所示。

图 5-16 色相 / 饱和度调整结果

06 按 Ctrl+O 快捷键，打开一张影子照片素材。使用多边形套索工具，选择素材中包含影子的部分，如图 5-17 所示。将选区移动到当前操作窗口。

图 5-17 圈选影子素材

07 按 Ctrl+J 快捷键拷贝几层影子，并调整好影的位置，如图 5-18 所示。

图 5-18 拷贝影子

08 选择所有的影子图层，如图 5-19 所示。按 Ctrl+E 快捷键向下合并影子图层，如图 5-20 所示。

图 5-19 选择影子图层　图 5-20 合并影子图层

09 更改合并图层的混合模式为“正片叠底”，“不透明度”降低为 50%，如图 5-21 所示。

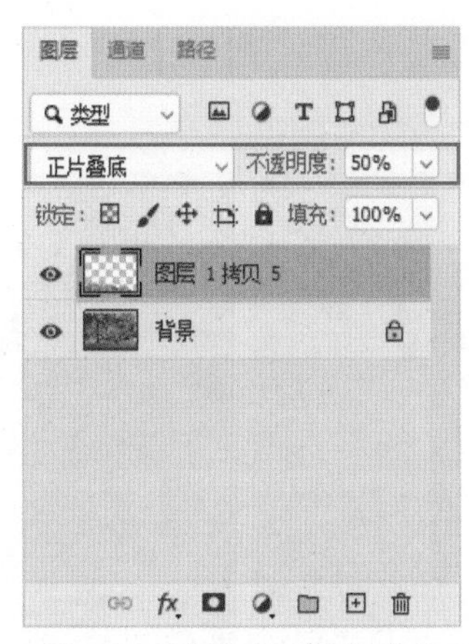

图 5-21 设置图层属性参数

10 这样可以制作出一种阳光灿烂，穿隙而过的影像，如图 5-22 所示。

图 5-22 显示效果

11 选择橡皮擦工具，设置笔刷的“不透明度”为 60% 左右，擦除边缘生硬的部分，使之与地面融为一体，得到真实的影子效果。

12 选择影子图层，按 Ctrl+J 键，拷贝一层，更改“不透明度”为 30%，如图 5-23 所示。

图 5-23 设置图层不透明度参数

13 加强使用影子的表现效果如图 5-24 所示。

图 5-24 最终效果

5.1.3 影子制作的注意事项

1. 影子与光的方向要一致

物体之所以有影子，是因为受到太阳光的照射。在后期处理时，制作影子需要配合太阳光的方向，如图 5-25 所示，这样才能得到真实的影子效果。

图 5-25 影子的方向

2. 影子的形状要与对象保持一致

不是所有物体的影子都长一个样，在制作影子的时候，要根据对象来制作影子，这样才真实。如图 5-26 所示，人物的影子是一个人物的形状，猫的影子则是一个猫的形状。

图 5-26 影子的形状

3. 光的强弱直接影响到影子的强弱

正午的太阳是最强烈的，在阳光下投射的影子也就最短和最清晰。如图 5-27 所示为正午时分所拍摄的护栏，可以看出影子的形状几乎与对象是保持一致的；从影子颜色的明度来看，是非常强烈的。如图 5-28 所示是夕阳时所拍摄的人物，效果则相反。

图 5-27 正午时影子的表现

图 5-28 夕阳时影子的表现

5.2 天空不空—天空处理技巧点拨

天空的表现对于建筑透视图制作具有重要的意义。通过添加不同的天空背景，在色彩、亮度以及云彩大小、形状上予以丰富的变化，将为建筑营造出不同的氛围。

如图 5-29 所示为晴空，无论是白云朵朵，还是一片肃静的蓝天，都给人一种晴朗的惬意感。

图 5-29 晴空万里的天空

如图 5-30 所示为乌云密布的下雨场景天空，通过暗沉的天空表现，营造出下雨前压抑、厚重的气氛。

图 5-30 乌云密布的天空

如图 5-31 所示为夜晚的天空，纯净的深蓝色，给人静谧之感。

图 5-31 夜晚的天空

制作天空背景的方法有三种。一种是直接利用合适的天空背景素材，添加到效果图中；另外一种是利用颜色渐变制作晴天万里或者夜晚的天空；还有一种是利用素材合成，制作颜色、层次变换比较丰富的黄昏效果的天空。

5.2.1 直接添加天空背景素材

直接添加天空素材法相对简单，只需要根据建筑和环境，选择合适的天空，直接添加进来就可以了。

01 运行 Photoshop 软件，按 Ctrl+O 快捷键，打开示例文件如图 5-32 所示。

图 5-32 打开示例文件

02 展开图层面板，里面包含了三个图层。即背景图层“图层 0”、材质通道图层“图层 1”、建筑图层“图层 2”，如图 5-33 所示。本实例将学习给建筑效果图添加天空背景的方法。

图 5-33 图层关系

03 打开一张天空背景图像，如图 5-34 所示。按 Ctrl+A 快捷键，全选图像。按 Ctrl+C 快捷键，复制选区内的图像。

图 5-34 天空背景

04 回到当前效果图的操作窗口，按 Ctrl+V 快捷键粘贴图像，即可得到如图 5-35 所示的效果。按 Ctrl+T 快捷键，开启自由变换，可以继续根据需要调整天空背景的大小和位置。

图 5-35 添加天空背景效果

5.2.2 巧用渐变工具绘制天空

渐变填充天空背景的方法，一般适合于制作晴朗无云的晴空，天空看起来宁静、高远，干净得没有一丝杂质。

1. 方法一

01 单击工具箱前景色色块，在弹出的【拾色器】对话框中设置前景色为天空最深的颜色，这里设置为深蓝色 # 4681d4。单击背景色色块，设置背景色为天空最浅的颜色，这里设置为白色，如图 5-36 所示。

02 选择渐变工具 ，在工具选项栏渐变列表框中选择“前景色到背景色渐变”类型，按下线性渐变选项按钮 ，如图 5-37 所示。

图 5-36 设置前景色、背景色

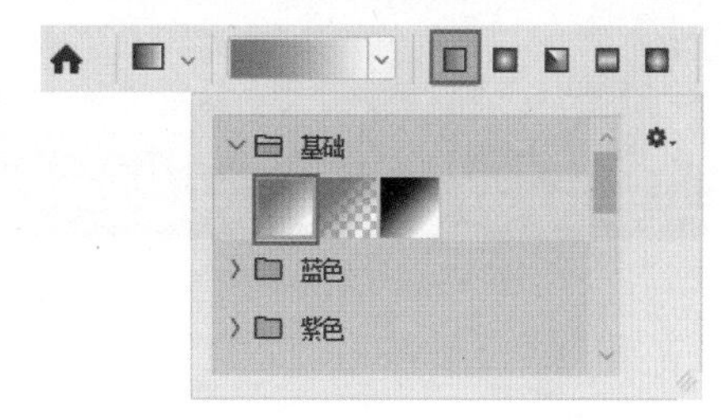

图 5-37 设置渐变工具参数

03 选择图层 1，如图 5-38 所示，执行“新建图层”操作，在该图层上方新建一个图层 2。

图 5-38 图层 2

04 移动光标至画面左上角，然后拖动鼠标至画面右下角，填充渐变如图 5-39 所示，得到天空亮光在画面右侧的天空效果。

图 5-39 填充渐变

使用渐变制作的天空给人一种简洁、宁静的感觉，比较适合主体建筑较为复杂的场景使用。

2. 方法二

此种方法可以方便控制天空白色区域的大小。

01 设置前景色如图 5-36 所示。

02 按 Alt+Delete 键，在天空图层中填充深蓝色，如图 5-40 所示。

图 5-40 填充颜色

03 按 X 键，交换当前系统前 / 背景色。选择渐变工具，在工具选项栏中设置渐变为“前景到透明”类型，如图 5-41 所示。

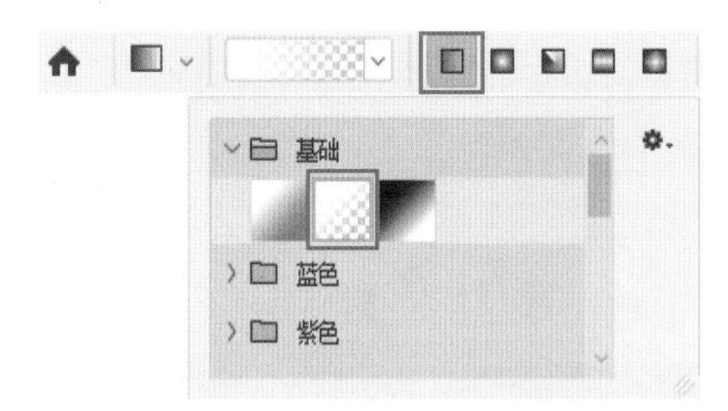

图 5-41 选择渐变类型

04 在“图层 1”上方新建“图层 2”，从画面右下角向左上方向拖动光标，填充白色到透明渐变，显示天空的高光区域。通过设置图层的“不透明度”参数值，可以调整颜色浓淡，以便在画面中表现方向的远近，如图 5-42 所示。

图 5-42 设置图层透明度

3. 方法三

本方法使用颜色调整的方法制作天空的远近距离感。

01 新建“图层 1”，按 Alt+Delete 键填充深蓝色，如图 5-40 所示。

02 按 D 键，恢复前 / 背景色为默认的黑白颜色。

03 按下工具箱“快速蒙版模式编辑”按钮或 Q 键，进入“快速蒙版编辑”模式。

04 选择渐变工具，从画面右下角向左上角方向拖动鼠标，填充一层半透明的红色蒙版，如图 5-43 所示。

图 5-43 填充渐变蒙版

05 按 Q 键，退出“快速蒙版编辑”模式，得到如图 5-44 所示的选区。

图 5-44 创建选区

06 按 Ctrl+Shift+I 快捷键，反向选择当前选区，如图 5-45 所示。

图 5-45　反向选择选区

07 执行“图像”｜“调整”｜“亮度 / 对比度”命令，打开【亮度 / 对比度】对话框，向右拖动亮度和对比度滑块，调整参数如图 5-46 所示。

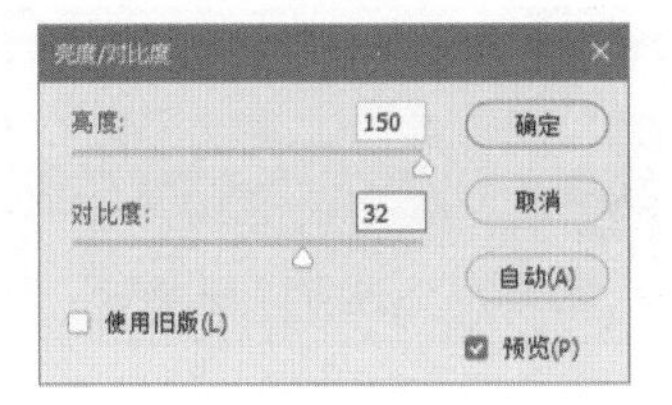

图 5-46　设置亮度 / 对比度参数

08 画面中出现有远近变化的天空效果，如图 5-47 所示。

图 5-47　调整效果

5.2.3　合成法让天空富有变化

素材合成法适合制作颜色、层次变换有度的天空，使天空看起来具有黄昏的美感，温暖而切合人的心情。

01 启动 Photoshop，打开配套资源提供的“晚晴.psd”的图像文件，如图 5-48 所示。现在需要给它添加天空背景，营造黄昏的氛围。

图 5-48　打开图像文件

02 按 Ctrl+O 快捷键，打开配套资源提供的天空背景素材，如图 5-49 和图 5-50 所示。

图 5-49　天空 01 素材

图 5-50　天空 02 素材

03 首先将“天空 01”添加到效果图中，将天空背景置于“建筑”图层的下方，效果如图 5-51 所示。

图 5-51　添加“天空 01”

04 根据建筑上影子的投射方向，确定天空的光照方向为从右往左照射，那么在添加天空背景素材的时候也要遵循这个规律，天空较亮的一方在画面的右侧，左侧的天空相对较暗。

05 继续添加“天空 02”素材，按 Ctrl+T 快捷键，调用“变换”命令，右击鼠标，选择“水平翻转”命令，如图 5-52 所示，从而改变天空的光照方向，使之与效果图的光照方向一致。

图 5-52　“水平翻转”命令

06 使用移动工具✥，将“天空02”移动至合适的位置，如图5-53所示。

图5-53 移动图像

07 单击图层面板下方的“添加图层蒙版”按钮◘，给“天空02”背景素材添加图层蒙版，如图5-54所示，方便后面制作渐隐的图像效果。

图5-54 添加图层蒙版

08 按D键，恢复默认的“前景色/背景色”颜色设置。使用渐变工具▣，拖动鼠标填充如图5-55所示的渐变，将“天空02”左侧的部分进行渐隐隐藏。

图5-55 填充渐变

09 最后选中两个天空图层，如图5-56所示。按Ctrl+E快捷键合并天空背景，得到最终效果如图5-57所示。

图5-56 选择图层

图5-57 最终天空合成效果

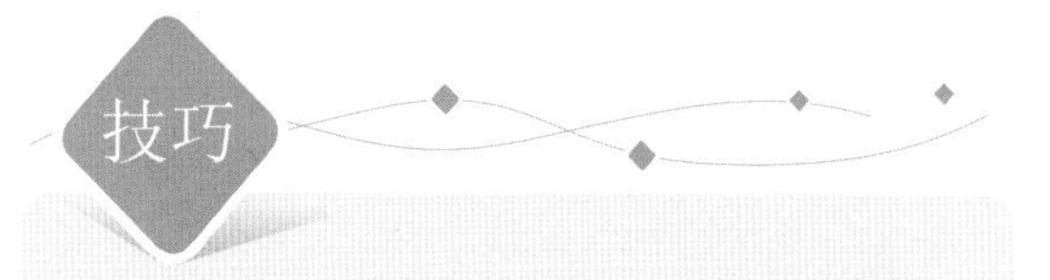

按Ctrl+“[”键，将选择的图层下移一个图层。按Ctrl+Shift+“[”键，将选择的图层置于最底层。按Ctrl+“]”键，将选择的图层上移一个图层。按Ctrl+Shift+“]”键，将选择的图层置于最顶层。按住Alt键，单击选择图层前的眼睛按钮👁，将隐藏除选择的图层之外的所有图层。

5.2.4 天空制作的注意事项

1. 根据建筑物的用途表现氛围

不同性质的建筑应表现出不同的气氛。例如居住建筑应该表现出亲切、温馨的氛围，商业建筑要有繁华、热闹、动感的氛围，办公建筑应表现出庄重、严肃的氛围。

作为气氛表现的重要组成成分，天空背景的选择应切合气氛表现的需要。如图5-58所示为政府办公大楼建筑，使用了低饱和度的阴暗天空，表现出办公大楼的庄重和严肃。如图5-59所示为住宅小区场景，使用高饱和度的蓝色和轻松、活泼的云彩，表现出住宅小区的温馨和亲切。

图 5-58 政府办公大楼

图 5-59 住宅小区

2. 选择与建筑物形态匹配的天空素材

作为配景的天空背景，应与建筑物形态相协调，以突出、美化建筑，不应喧宾夺主，以避免分散观者对建筑的注意力。

结构、场景复杂的建筑宜选用简单的天空素材作为背景，如图 5-60 所示。结构简单的建筑宜选用云彩较多的天空作为背景，以丰富画面、平均构图，如图 5-61 所示。

图 5-60 场景复杂的建筑和简洁天空背景

图 5-61 结构简单的建筑和复杂的天空背景

3. 调整与建筑物对比的天空颜色

将天空设置为与建筑物构成对比的颜色，可以强调建筑物。如图 5-62 所示夜景场景中，建筑室内暖色灯光与深蓝色天空的对比，形成强烈的视觉冲击。

图 5-62 夜晚天空与建筑室内灯光对比

如图 5-63 所示的住宅暗红色与青色的天空也形成颜色的对比。

图 5-63 住宅暗红色与青色天空颜色对比

4. 天空自身也要有远近感

天空是场景中最远的背景，在画面中占据着一半或更多的面积。为了表现出整个场景的距离感和纵深感，天空图像本身应通过颜色差异、云彩的大小和形状表现出远近感，使整个场景更为真实，如图 5-64 所示。

图 5-64 有远近感的天空

5. 根据照明方向和视角表现天空

根据颜色的明暗，天空图片也有照明方向之分。靠近太阳方向的天空，颜色亮且耀眼，远离太阳的方向颜色深而鲜明。

如图5-65a所示场景中，从建筑阴影方向和位置可知，太阳的方向在建筑右上方，而天空的高光区域位于左侧，显然与场景不符。正确的天空方向应如图5-65b所示。

a) 错误的天空方向

b) 正确的天空方向

图5-65 天空与照明的方向

5.3 绿林年华—绿篱处理技巧点拨

绿篱是由灌木或小乔木以近距离的株行距密植，紧密结合且规则分布的种植形式。在制作绿篱之前，需要了解其特点。在效果图中，绿篱一般需要表现3个面，一个顶面和两个侧面。三个面的明暗关系可以根据太阳光方向决定。一般情况下，白天的太阳光是在顶上的，所以顶面是最亮的，如图5-66所示。

道路两旁的绿篱

绿篱在手绘中的处理

图5-66 绿篱

绿篱因其可修剪成各种造型并能相互组合，从而提高了观赏效果。此外，绿篱还能起到遮盖不良视点、隔离防护、防尘防噪等作用。接下来我们以一个简单的实例来介绍绿篱的处理方法。

01 打开“原图.jpg”素材文件，如图5-67所示。

图5-67 原图

02 打开“灌木”素材文件，使用多边形套索工具，圈选如图5-68所示的区域。

图5-68 圈选灌木素材区域

03 按V键切换到移动工具，拖动并复制至原图文件中，按Ctrl+T键，调整灌木的大小，如图5-69所示。

图5-69 复制素材

04 使用套索工具，在选项栏中设置“羽化”值为1像素，圈选如图5-70所示的区域。

图5-70 圈选区域

05 按 V 键切换到移动工具 ，往上拖动选区内容，如图 5-71 所示，按 Ctrl+D 键取消选区。将其移至下面的位置，如图 5-72 所示，此时可以看到灌木的透视出现了问题。

图 5-71 移动选区

图 5-72 移动灌木

06 接下来解决透视的问题。选择套索工具 ，圈选透视有错误的区域。按 Ctrl+T 键，调用“变换”命令，按 Ctrl 键来调整各个控制点，如图 5-73 所示。

图 5-73 调整透视

07 按 Enter 键确认应用“变换”结果，向下移动灌木，效果如图 5-74 所示。

图 5-74 移动灌木

08 通过相同的操作方法，制作左侧面的绿篱，如图 5-75 所示。

图 5-75 调整透视

09 继续使用套索工具 ，圈选如图 5-76 所示的区域。

图 5-76 圈选灌木

10 按 V 键切换到移动工具 ，按住 Alt 键的同时移动并复制绿篱至右边。按 Ctrl+T 键，调整绿篱的透视效果，如图 5-77 所示。

图 5-77 复制并调整透视效果

11 通过相同的操作方法，补齐空缺的部分。并结合仿制图章工具 ，衔接复制的边缘区域，效果如图 5-78 所示。

图 5-78 补齐空缺

12 切换到灌木文件窗口，选择多边形套索工具 ，圈选如图 5-79 所示的绿篱顶面区域。

图 5-79 圈选绿篱选区

13 按V键切换到移动工具 ，将其拖动并拷贝到“原图”文件中。将该图层移动至“背景”图层的上方，如图 5-80 所示，制作绿篱顶面效果。

图 5-80 制作顶面

14 通过相同的操作方法，在同一个图层中复制绿篱，如图 5-81 所示。

图 5-81 同图层复制绿篱

15 继续使用套索工具 ，圈选不需要的绿篱，按Delete 键将其删除。并结合移动工具 ，调整绿篱的边缘，如图 5-82 所示。

图 5-82 调整绿篱的边缘形状

16 选中图层 1，选择橡皮擦工具 ，设置选项栏中的“不透明度”为 70%，擦除顶部的绿篱边缘，使其衔接得更自然，如图 5-83 所示。

图 5-83 擦除边缘区域

17 选中图层 1 和图层 2，按 Ctrl+G 键，创建组。然后单击调整面板上的“曲线”按钮 ，创建曲线调整图层。在属性面板上将控制曲线向上弯曲，如图 5-84 所示，整体提高图像的亮度和对比度。并单击 按钮，创建剪贴蒙版，使调整只对绿篱图层有效。

图 5-84 添加曲线调整

18 通过相同的操作方法，完成另一边绿篱的制作，效果如图 5-85 所示。

图 5-85 最终效果

5.4 惟妙惟肖 —岸边处理技巧点拨

在建筑后期处理中，岸边的处理方法有多种，有比较简洁的岸边处理，也有稍微复杂的古典式的岸边处理和自然式的岸边处理。接下来通过具体实例讲解岸边的处理方法。

01 打开“别墅.jpg”文件，如图 5-86 所示。

图 5-86　打开原图文件

02 打开素材文件，选择套索工具 ，在选项栏中设置“羽化”值为 2 像素，圈选如图 5-87 所示的区域。

图 5-87　圈选选区

03 按 V 键切换到移动工具 ，拖动并复制至别墅效果图中，如图 5-88 所示。

图 5-88　复制素材

04 按 Ctrl+T 键进入自由变换状态，调整大小及位置，如图 5-89 所示。

图 5-89　调整大小

05 按 Ctrl+M 键，弹出【曲线】对话框，分别调整 RGB 和绿通道的曲线，如图 5-90 所示。

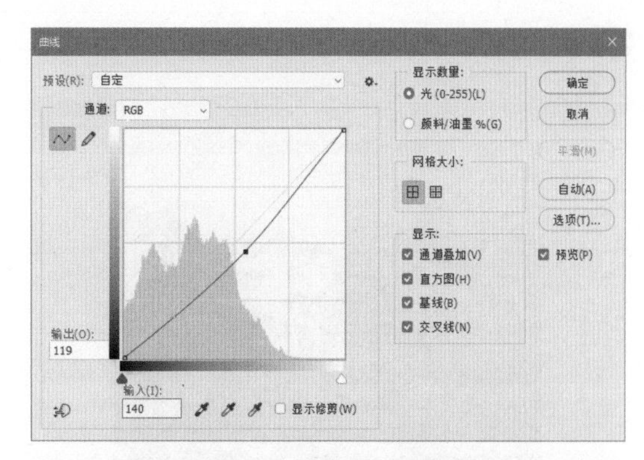

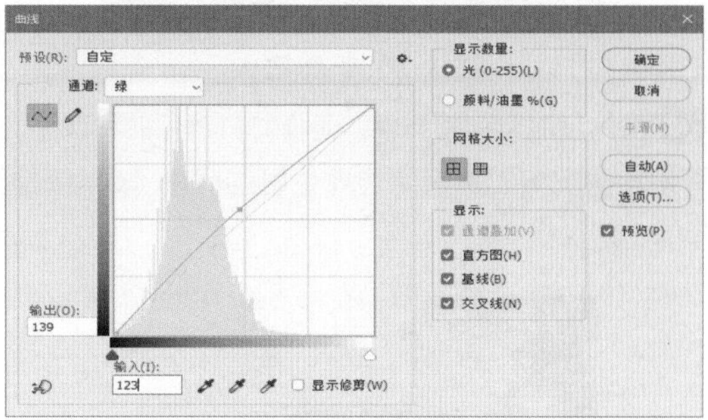

图 5-90　调整曲线

06 再调整蓝通道的曲线，如图 5-91 所示，最后单击“确定”按钮关闭对话框。

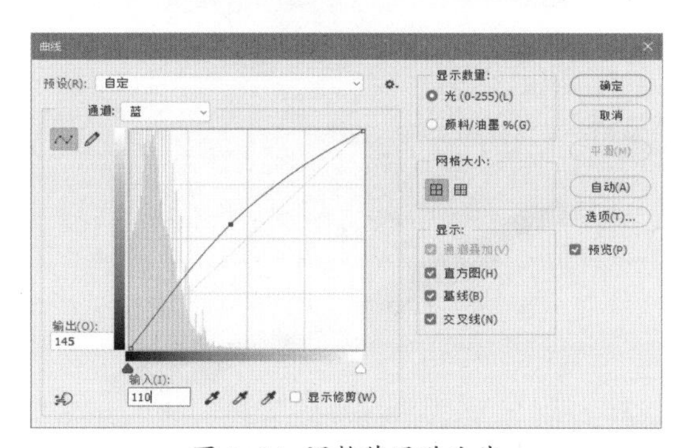

图 5-91　调整蓝通道曲线

07 选择橡皮擦工具 ，在选项栏中设置“不透明度”为 70%，“流量”为 80%，在该对象边缘生硬的位置上涂抹，使其过渡自然，如图 5-92 所示。

图 5-92　擦除边缘

08 按Ctrl+Tab键切换到素材文件窗口，选择套索工具，圈选如图5-93所示的区域。

图5-93 选择区域

09 将其添加至别墅文件，同样对其进行曲线调整，并使用橡皮擦工具擦除边缘生硬的区域，效果如图5-94所示。

图5-94 色彩调整及擦除边缘

10 打开草坪素材文件，如图5-95所示。

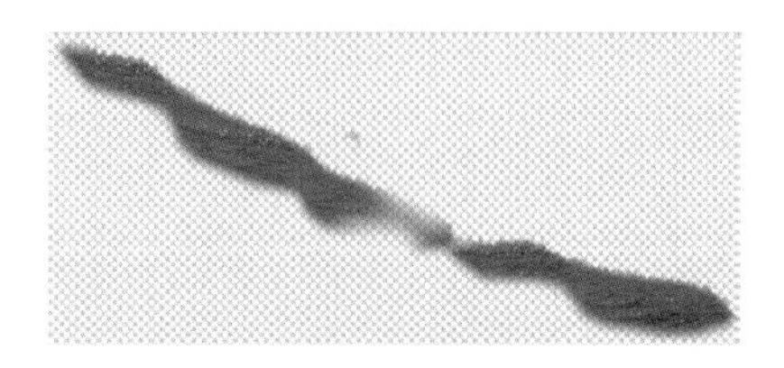
图5-95 草坪素材

11 使用移动工具，拖动并复制草坪素材至别墅文件，添加到相应的位置上，如图5-96所示。

图5-96 添加草坪素材

12 打开“素材.png”素材文件，如图5-97所示。

图5-97 素材文件

13 使用套索工具，圈选船图像，将其添加至别墅文件，如图5-98所示。

图5-98 添加船素材

14 选择该图像，按Ctrl+T键调用“变换”命令，调整船的大小，如图5-99所示。

图5-99 调整船的大小

15 继续使用套索工具，依次添加其他素材，丰富和完善画面，如图5-100所示为最终的效果。

图5-100 最终效果

5.5 层峦耸翠—山体处理技巧点拨

依山傍水是人们普遍向往的优美环境，所以作为园林的骨架，山体常作为画面的背景使用。在后期处理中是比较重要的一部分。首先我们一起看几幅不同类型的山体效果，如图 5-101 所示。

近景山体

鸟瞰山体

秋季山体

春季山体

图 5-101　不同类型的山体效果

在建筑后期中，山体也是根据建筑的类型以及环境来表现的。不同的环境，不同的建筑类型，以及不同的季节都会有不同的山体表现。这里需要牢记一个山体处理的原则，即“远山取势，近山取质”。

下面以一个简单的实例来介绍处理山体的方法。

01 打开别墅素材文件，如图 5-102 所示。

图 5-102　别墅素材

02 按 Ctrl+O 键，弹出【打开】对话框，选择山体素材，单击“打开”按钮，如图 5-103 所示。

图 5-103　山体素材

03 选择移动工具 ，拖动并拷贝山体素材至别墅文件中，按 Ctrl+“[”键，将该图层移动到“别墅”图层的下方，如图 5-104 所示。

图 5-104　添加山体素材

04 单击调整面板上的色彩平衡按钮 ，创建色彩平衡调整图层。在属性面板上设置色彩平衡参数，如图 5-105 所示。

图 5-105　设置色彩平衡参数

05 如图 5-106 所示为调整参数后的效果。

图 5-106　调整色彩平衡后的效果

06 按住 Shift 键，同时选择“山体”图层与“色彩平衡”调整图层。按 Ctrl+J 键，拷贝图层。再按 Ctrl+E 键，合并图层。

07 暂时隐藏别墅图层，选择合并后的图层。使用魔棒工具 ，选择山体，如图 5-107 所示。

图 5-107　选择山体

08 执行“选择”|“反选”命令，反向选择图形，如图 5-108 所示。

图 5-108 反向选择图形

09 按下 Delete 键，删除选中的图形。关闭其他图层，查看操作结果，如图 5-109 所示。

图 5-109 删除图形

10 使用橡皮擦工具 ，删除掉远山的部分，如图 5-110 所示。

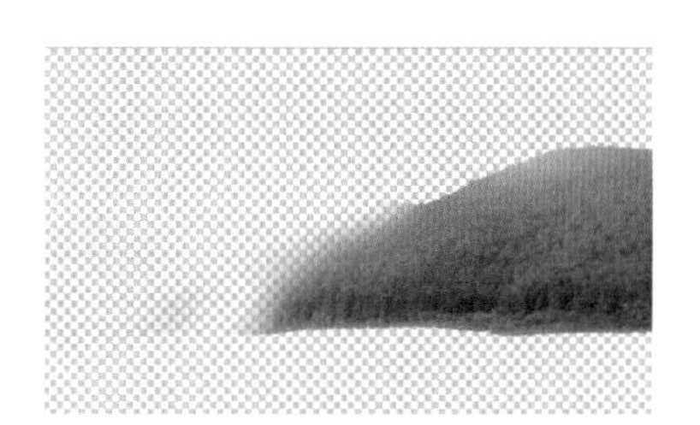

图 5-110 删除部分图形

11 打开其他图层，如图 5-111 所示，方便进行下一步的编辑。

图 5-111 打开其他图层

12 使用移动工具 ，调整山体的位置，如图 5-112 所示。

图 5-112 调整山体的位置

13 使用橡皮擦工具 ，删除多余的部分，如图 5-113 所示。

图 5-113 删除多余的部分

14 按 Ctrl 键，同时单击图层面板底部的“创建新图层”按钮，在处理后的“山体”图层的下方新建一个图层，设前景色为白色。

15 使用画笔工具 ，设置选项栏中的“不透明度”为 30%，选择“柔边圆”画笔。结合使用“[”或“]”键，调整画笔的大小。在山体上方涂抹，制作出云雾缭绕的大气效果，增强空间感，如图 5-114 所示。

图 5-114 添加大气效果

16 显示别墅图层，最终效果如图 5-115 所示。

图 5-115 最终效果

5.6　千姿百态——假山瀑布处理技巧点拨

假山的制作在这一章节中是比较难的知识点，也是必须要掌握的后期处理的重点。假山有五大特点：透、漏、瘦、皱、丑，如图 5-116 所示。接下来讲解的案例会体现这五大特点。

图 5-116　假山特点

我们以一个简单的实例来介绍假山的处理方法。

01 打开假山原图文件，如图 5-117 所示。隐藏除背景外的所有图层，如图 5-118 所示。

图 5-117　原图

图 5-118　隐藏图层

02 打开石头 1 素材文件，如图 5-119 所示。使用移动工具 ，将其拖动并复制到画面中，放到合适的位置上，如图 5-120 所示。

图 5-119　石头 1 素材

图 5-120　添加石头素材

03 选择套索工具 ，圈选所需要的石头选区。再按 Ctrl+J 键，拷贝石头选区内容至画面右侧，如图 5-121 和图 5-122 所示。

图 5-121　拷贝石头 1

图 5-122　拷贝石头 2

04 打开石头 2 素材文件，如图 5-123 所示。使用移动工具 ，将其拖动并复制到画面中，放置合适的位置上，然后再拷贝多份放置在不同的位置上，如图

5-124所示。

图5-123 打开石头2素材

图5-124 添加石头2素材

05 按Ctrl+O键，弹出【打开】对话框。选择河水素材文件，单击“打开”按钮，打开素材。

06 使用移动工具，将其拖动并复制到画面。按Ctrl+“[”键，移动到“石头”图层的下方，如图5-125所示。

图5-125 添加河水素材

07 继续添加溪流素材至画面，如图5-126所示。

图5-126 添加溪流素材

08 添加金鱼素材至画面，并放到合适的位置上，如图5-127所示。为了营造金鱼在水底游的效果，可以将金鱼所在图层的“不透明度”设置为60%。

图5-127 添加金鱼素材

09 打开植物1素材文件，使用套索工具，逐个圈选植物并拖动到效果图。按Ctrl+T键调用“变换”命令，调整植物的大小和角度，如图5-128所示。

图5-128 添加植物1素材

10 继续使用套索工具，圈选植物。按V键切换到移动工具，按Alt键的同时拖动并拷贝植物至不同的位置上，效果如图5-129所示。

图5-129 拷贝植物1素材

11 选中石头，按Ctrl+J键，拷贝两份。使用移动工具，移至溪流前面的位置，制作池岸，如图5-130所示。

图5-130 制作池岸

12 添加植物 2 素材到效果图，并拷贝植物至不同处，效果如图 5-131 所示。最后显示隐藏的三个图层，得到最终效果如图 5-132 所示。

图 5-131 添加植物素材

图 5-132 最终效果

5.7 流光溢彩 — 喷泉叠水处理技巧点拨

园林水体可以分为静水、流水、跌水、喷水等。不同的水体可以产生不同的姿态，形成不同的景观效果。其中喷泉和叠水是最为常见的 2 种跌水形式，可以增加周围空气的湿度，减少尘埃，降低气温。本节介绍喷泉和叠水的制作方法，首先了解不同类型的喷泉和叠水，如图 5-133 所示。

图 5-133 喷泉叠水

图 5-133 喷泉叠水（续）

5.7.1 喷泉的制作

通过添加喷泉素材并更改喷泉图层的混合模式，可以快速地制作出喷泉效果。

01 打开假山素材文件，如图 5-134 所示。

图 5-134 假山素材

02 打开喷泉素材文件。选择套索工具，设置选项栏中的“羽化”值为 3 像素，沿着喷泉的边缘建立选区，如图 5-135 所示。

图 5-135 圈选喷泉选区

03 使用移动工具，拖动并复制喷泉选区至假山素材文件，放置右侧的水面上，如图 5-136 所示。

图 5-136 添加喷泉

04 设置该图层的混合模式为“变亮”，如图5-137所示。

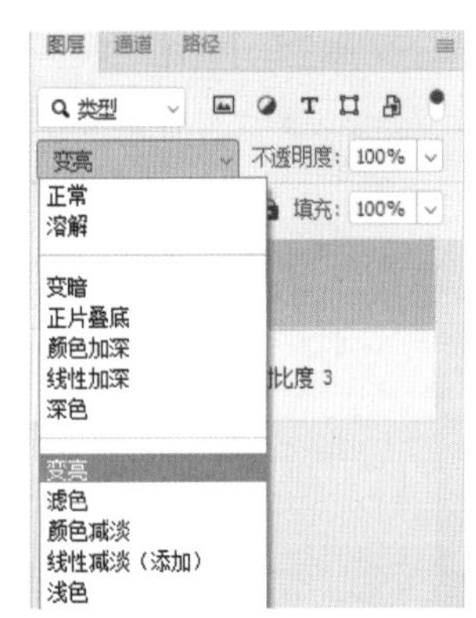

图 5-137 设置变亮模式

05 选择橡皮擦工具，设置选项栏中的“不透明度”为 70%，选择“柔边圆”画笔，擦除喷泉图像周围生硬的边缘，使其过渡得更为自然些，如图 5-138 所示。

06 按 Alt 键拖动喷泉至左侧的水面上，拷贝一份“喷泉”图层，如图 5-139 所示。

图 5-138 擦除边缘

图 5-139 拷贝“喷泉”图层

07 在图层面板最上方创建一个色彩平衡调整图层，在该属性面板上设置参数，如图 5-140 所示，并单击底部的按钮，创建剪贴蒙版。

图 5-140 色彩平衡属性面板

08 参数设置完毕后，关闭属性面板，效果如图 5-141 所示。

图 5-141 最终效果

5.7.2　叠水的制作

喷泉中的水分层连续流出，或呈台阶状流出称为叠水。叠水可以为水景添加层次感。

01 打开小区素材文件，如图 5-142 所示。

图 5-142 小区素材

02 打开叠水素材文件，使用套索工具 ，圈选所需要的叠水素材，如图 5-143 所示。

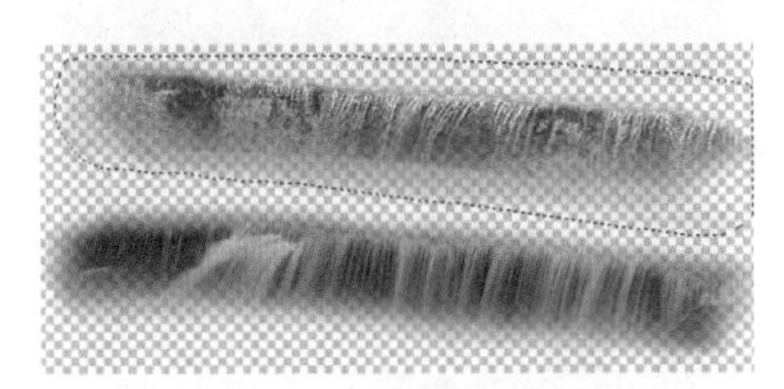

图 5-143 圈选图像

03 使用移动工具 ，拖动并复制选区中的内容至小区文件，放置河流上，如图 5-144 所示。

图 5-144 添加叠水素材

04 使用套索工具 ，圈选并添加另一个叠水至画面，将其置于上一个叠水素材之上，效果如图 5-145 所示。

图 5-145 添加叠水素材

05 添加水花素材至画面，如图 5-146 所示。

图 5-146 添加水花素材

06 添加石头素材至画面，放置在水面上，如图 5-147 所示。

图 5-147 添加石头素材

07 添加投影素材至画面，设该图层的混合模式为“正片叠底”，“不透明度”为 60%，如图 5-148 所示。

图 5-148 添加投影素材

08 单击调整面板上的“色彩平衡”按钮 ，创建“色彩平衡”调整图层。在属性面板上设置参数，如图 5-149 所示，使叠水颜色与周围环境协调一致。

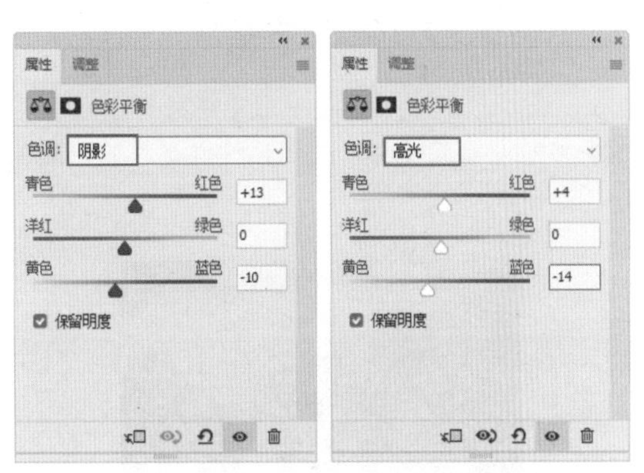

图 5-149 设置色彩平衡参数

09 参数设置完毕后，关闭属性面板。选中该调整图层的蒙版，设置前景色为黑色。使用画笔工具，涂抹河流之外的区域，隐藏色彩平衡效果，如图5-150所示。

图 5-150 隐藏色彩平衡的效果

10 创建“亮度/对比度”调整图层，在属性面板上设置参数，如图5-151所示。

图 5-151 设置参数

11 参数设置完毕后，关闭属性面板，效果如图5-152所示。

图 5-152 最终效果

5.8 芳草离离——草地处理技巧点拨

在建筑后期处理中，草地的规划区域总是必不可少的，它是环境绿化的铺垫。离离芳草，青翠欲滴，满眼青苍的小草，使得环境的生态美感充分展现，惹人怜爱。

如图5-153所示是小区绿化效果图，青葱的草地和周边的灌木、花丛、树木等互相映衬，展现了小区环境的干净、优雅和生态美，这样美好的环境令人向往，这也是建筑效果图后期处理的工作者和建筑设计者需要表达的初衷。

图 5-153 小区绿化效果图

如图5-154所示为夜色中的草地效果。大面积的草地在周围灯光的照射下，光影层次丰富，生机勃勃，给人以美的享受。

图 5-154 夜色中的草地效果

如图5-155所示为孤立建筑前的草地效果。该草地的色泽一半不是很青翠，而是略微偏黄、偏暗，在色彩上给人一种稳重、不张扬的感受，符合建筑的格局和气势。

图 5-155 孤立建筑前的草地效果

总之，无论是在喧闹的城市中心，还是在寂静的别墅周边，草地都是环境绿化必不可少的一个因素。草地给人以视觉上的小憩，使人亲近自然，将城市的喧闹和沸腾置之于身外。

在后期处理中草地的处理方法有两种，而色彩和层次的表现则因人而异。

5.8.1　直接添加草地素材

直接添加草地素材方法比较简单，只要找到草地纹理清晰，比例关系协调的素材，将它直接添加到效果图中，稍微调整即可。

01 运行 Photoshop 软件，打开示例文件“添加草地练习 -star.psd”，如图 5-156 所示。

图 5-156　草地示例文件

02 打开草地素材，如图 5-157 所示。

图 5-157　草地素材

03 将草地素材移动复制到效果图中，添加至“图层 0”的上方，如图 5-158 所示。

图 5-158　复制草地素材

图 5-158　复制草地素材（续）

04 选择“窗口”|“通道”面板，选择“Alpha 5”通道。按住 Ctrl 键，单击该通道，将草地区域载入选区，如图 5-159 所示。

图 5-159　载入草地区域

05 切换到草地图层，单击图层面板下方的“添加图层蒙版”按钮 ，将选区以外的草地进行隐藏，如图 5-160 所示。

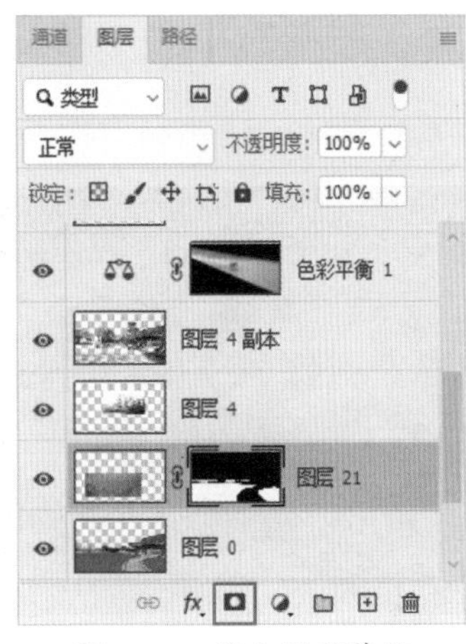

图 5-160　添加图层蒙版

图 5-160 添加图层蒙版（续）

06 单击草地缩览图和“图层蒙版”缩览图之间的“链接”按钮 ，如图 5-161 所示，取消链接。

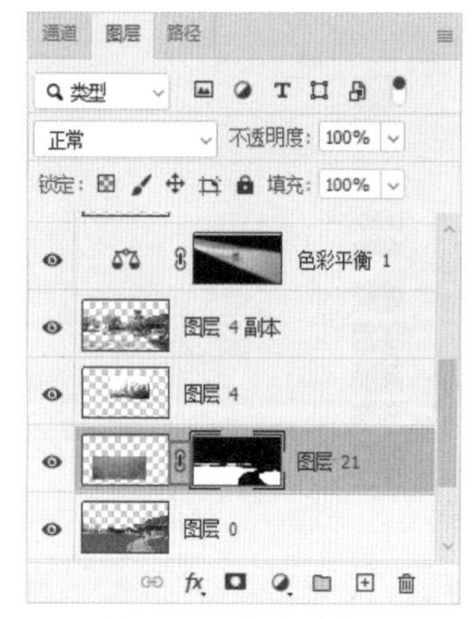

图 5-161 取消链接

07 选择草地缩览图，然后移动草地至合适的位置，效果如图 5-162 所示。

图 5-162 添加草地后效果

5.8.2 巧用复制命令制作成片草地

在制作鸟瞰效果图的时候，通常会有大片的绿化区。在处理的时候，首先要给这些绿化区域铺上草地作为绿化背景。以前常用的方法是简单地为绿化区填充绿色。这样做方法固然简单，但是草地表现不够细腻，欠缺草地的纹理和质感。这里介绍另外一种方法，巧用复制命令，制作大片草地。

01 运行 Photoshop 软件，打开示例文件“nk- 素材 psd”，如图 5-163 所示。

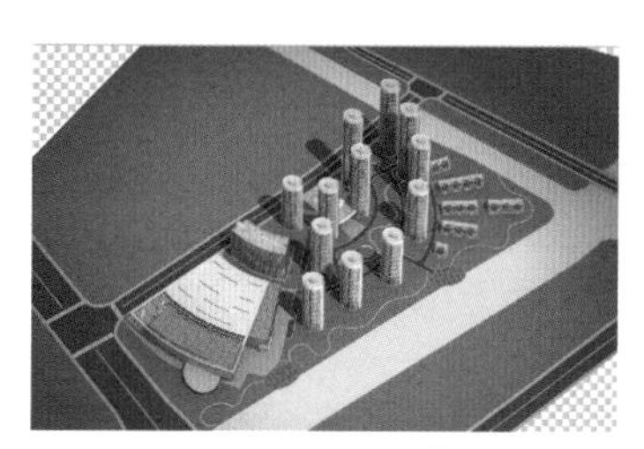

图 5-163 打开素材

02 使用魔棒工具 ，在工具选项栏中设置相关参数，如图 5-164 所示。

图 5-164 设置魔棒工具选项栏参数

03 选择“背景”图层，单击草地规划区域，得到草地选区，如图 5-165 所示。按 Ctrl+Shift+J 组合键，将草地区域剪切至新的图层，创建图层 1，如图 5-166 所示。

图 5-165 建立草地选区

图 5-166 创建图层 1

04 再次使用魔棒工具 ，在工具选项栏中选择“连续”选项，选择如图 5-167 所示的区域。按 Delete 键，将其删除，如图 5-168 所示。

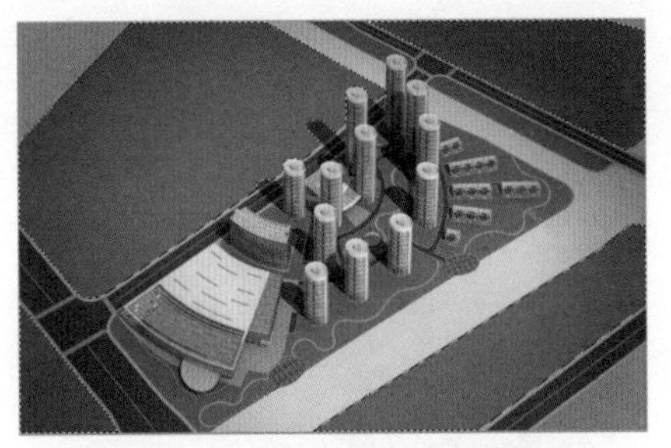

图 5-167　选择草地区域

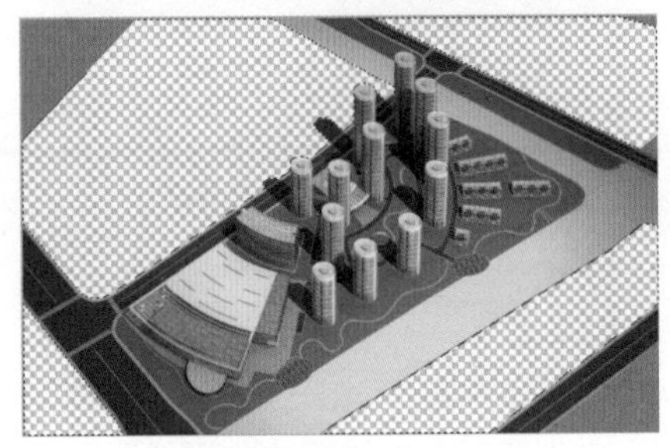

图 5-168　删除草地区域

05 打开一张草地素材图片，如图 5-169 所示。

图 5-169　草地素材

06 按 Ctrl+A 快捷键，全选草地。再按 Ctrl+C 快捷键，对选区内的图像进行复制。回到当前效果图的操作窗口，按 Ctrl+V 快捷键进行粘贴，如图 5-170 所示。

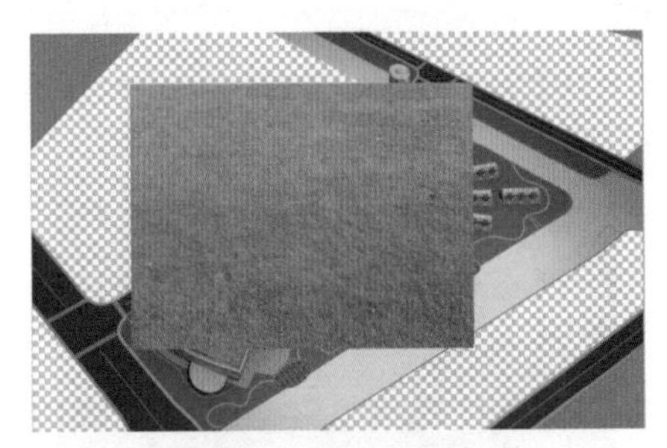

图 5-170　复制草地素材

07 为了使鸟瞰图和草地素材的比例适宜，需要将草地素材进行缩小处理，使草地本身的纹理比例切合实际，如图 5-171 所示。

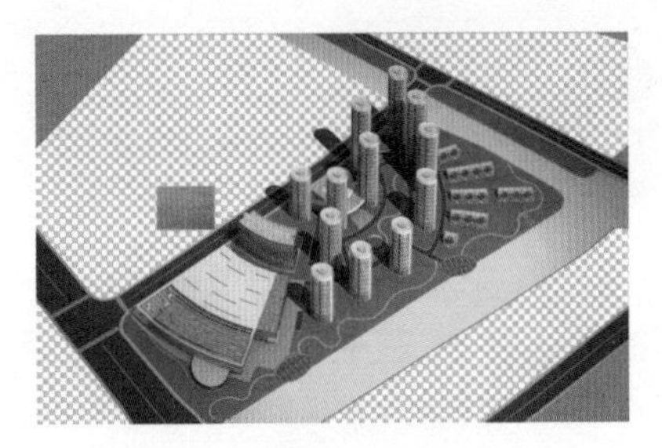

图 5-171　调整草地素材尺寸

08 按住 Ctrl 键，将草地载入选区。按住 Ctrl+Alt 键，拖动光标，在同一个图层内复制草地，如图 5-172 所示。

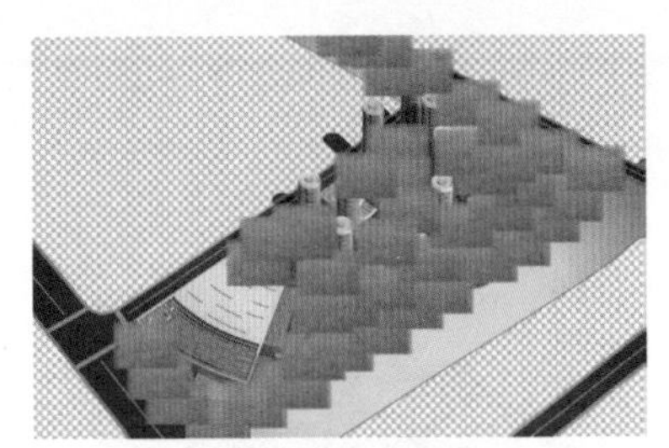

图 5-172　同图层复制草地

09 按 Ctrl 键，同时单击“图层 1”图层缩略图，将其载入选区。选择图层 2，单击图层面板下方的“添加图层蒙版”按钮 ，给“草地”图层添加蒙版，将多余的草地进行隐藏，如图 5-173 所示。

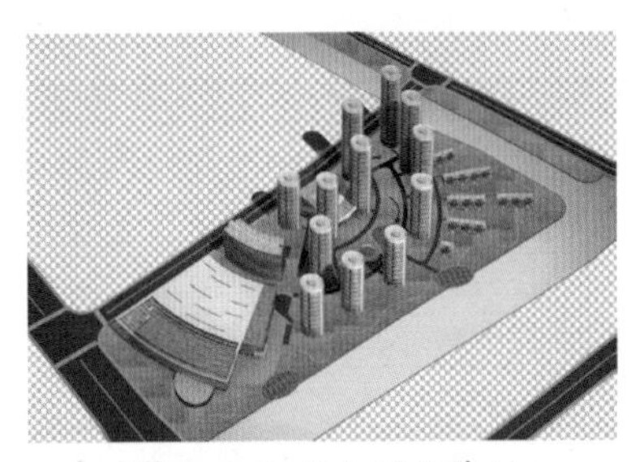

图 5-173　添加图层蒙版

10 鉴于这是一个小区内的绿化，草地的颜色以鲜绿为主，色彩应该清新、活泼。按 Ctrl+U 快捷键，打开【色相 / 饱和度】对话框，调整参数，如图 5-174 所示。

图 5-174　调整参数

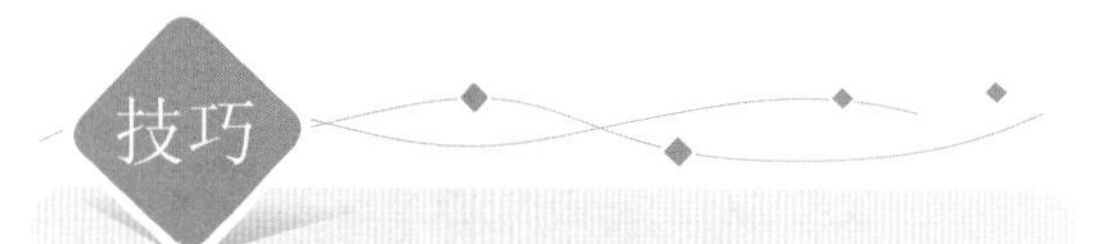

在同一图层内进行图像复制的时候，如果当前工具为移动工具✣，则按住Alt键，拖动鼠标既可以完成复制操作。若当前工具不是移动工具✣，那么按住Ctrl + Alt键，拖动鼠标也可以完成复制操作，这样只会产生一个图层，可以优化文件。

11 为丰富草地层次，继续调整沿河边缘的草地颜色。选择图层 1，使用魔棒工具将这一带的草地进行选取，如图 5-175 所示。

图 5-175 选择草地

12 按 Ctrl+U 快捷键，打开【色相 / 饱和度】对话框，调整参数如图 5-176 所示。

图 5-176 调整参数

13 单击“确定”按钮，观察调整草地颜色的效果，如图 5-177 所示。

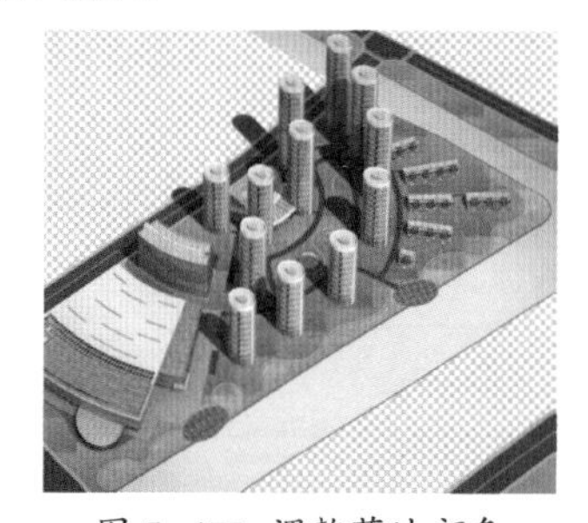

图 5-177 调整草地颜色

14 最后再添加花草、树木、以及处理周边环境，效果如图 5-178 所示。

图 5-178 最终效果

5.8.3 草地制作的注意事项

1. 透视规律

草地也是效果图的一部分，它同样遵循效果图的透视规律，即在处理草地的时候，要保证近处的草地颗粒较大，纹理清晰可见，但越远处就越模糊，如图 5-179 所示。

图 5-179 草地透视示意图

2. 明暗关系

由于受光照的影响，草地本身的颜色并不是一成不变的，它会随着光照，以及植物遮挡，呈现出不同的光影变化。

图 5-180 为日景草地效果，草地由于受近景植物的遮挡，所以近处的草地颜色很深。通常使用黑色到透明的渐变图层来加深近处草地的颜色。远处的草地，由于光照原因，颜色相对明亮，略微偏黄色。

图 5-180 日景草地效果

图 5-181 为夜景草地效果。因远处受到灯光照射的影响，所以草地的颜色较亮。离视点较近的区域没有受到光线影响，所以草地呈现黑色。

图 5-181 夜景草地效果

夜景中的草地一般颜色较深，只有受灯光影响的区域才会呈现不同程度的绿色，这样就将明暗关系表现出来了，使草地的层次丰富，妙趣横生。

3. 因地“植”宜

草地的铺植也是有讲究的，在后期处理中，讲究的就是一个“宜”字，因地“植”宜，才能更好地发挥草地的效果。

园林、小区、别墅、湿地等地方的草地颜色应该以鲜绿为主，草地看起来丰茂有生命力，体现环境的优雅，生机勃勃，如图 5-182、图 5-183、图 5-184、图 5-185 所示。

图 5-182 公园草地

图 5-183 小区草地

图 5-184 别墅草地

图 5-185 湿地草地

商业繁华或者气氛庄重的场所，应该选择稳重，色彩不轻浮、纹理简单的草地，常见于办公楼、高层建筑等的前坪，如图 5-186 和图 5-187 所示。

图 5-186 办公楼

图 5-187 高层建筑

5.9 湖光山色——水面、倒影处理技巧

湖光山色，蓝天白云，是很多人理想中的居住环境，为了表达这样一种美好的愿望，在后期处理中，设计工作者常常会将环境处理得跟仙境一般，让人对此产生美好的向往。

湖光山色，主要通过水和倒影来表现。波光粼粼、色彩斑斓的湖面，如图 5-188 所示。自然成趣的倒影，如图 5-189 所示。将建筑的传统美感和自然融合为一体。

图 5-188 湖光山色

图 5-189 自然成趣的倒影

5.9.1 水面制作

水是万物之灵，也是植物生存的根本。

水面的处理不是很常见，要根据渲染给定的模型而定。但水面的处理仍然是后期处理必须掌握的内容，它对环境的表现有着非常重要的作用。

1. 单个素材制作水面

01 按Ctrl+O快捷键，打开配套资源提供的“单个元素制作水面.psd”文件，如图5-190所示。

图5-190 单个元素制作水面

02 打开水面素材，如图5-191所示。

图5-191 水面素材

03 将水面素材添加到效果图。按Ctrl+T快捷键，调用“变换”命令，调整水面素材的大小，使其覆盖水面区域，如图5-192所示。

图5-192 添加水面素材

04 选择“窗口”|“通道”命令，展开通道面板，将“Alpha 3”通道载入选区，如图5-193所示。

图5-193 Alpha 3通道选区

05 回到图层面板单击“添加图层蒙版”按钮 ，给水面素材添加蒙版，如图5-194所示。

图5-194 添加图层蒙版

至此水面已经成功添加，但是整个水面看上去有所欠缺，所以要对水面再进行处理，使水面重点突出，光影效果丰富。

06 首先使用套索工具 ，自由建立选区如图5-195所示。该选区用来制作光线在水面上反射，产生水面变亮的效果。

图5-195 建立选区

07 为了使选区边缘过渡自然，首先对选区进行羽化操作。按Shift+F6快捷键，打开【羽化选区】对话框，设置“羽化”参数为 100 像素，如图 5-196 所示。

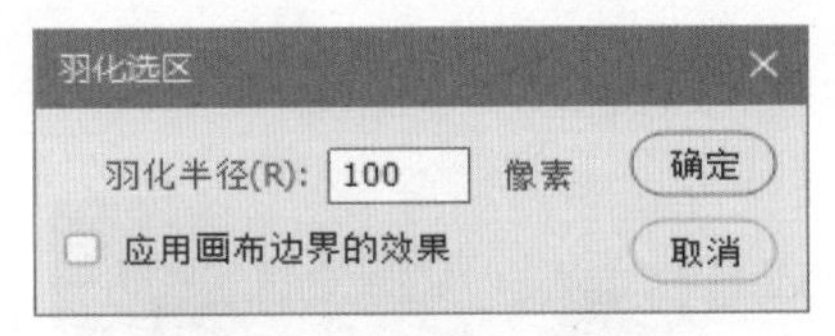

图 5-196 设置羽化参数

08 单击“确定”按钮，退出【羽化选区】对话框。切换到“水面”素材图层，将选区内的图像拷贝至新的图层，快捷键为 Ctrl+J，得到“水面拷贝”图层。

09 进入“通道”面板，选择“Alpha 3”通道，按住 Ctrl 键单击通道，载入选区，为“水面拷贝”图层添加蒙版。

10 设置“水面拷贝”图层的颜色，使其和原水面素材的颜色产生亮度和色彩的差异，从而突出表现这一部分。按 Ctrl+B 快捷键，打开【色彩平衡】对话框，设置参数如图 5-197 所示。

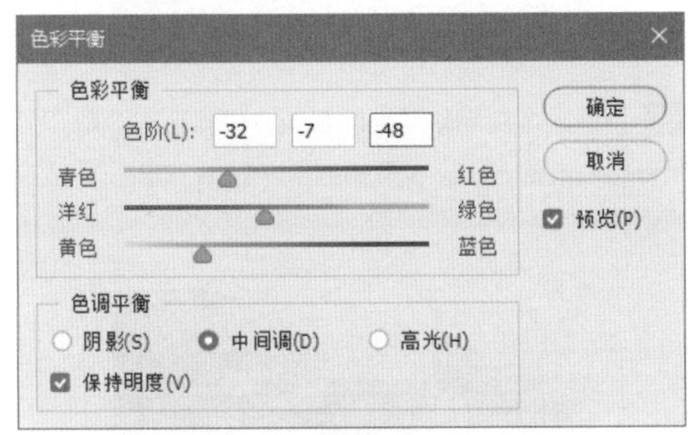

图 5-197 设置“色彩平衡”参数

11 单击“确定”按钮，得到部分水面调整效果，如图 5-198 所示。

图 5-198 调整水面效果

12 单击图层面板下方的“创建新的填充或调整图层”按钮，在列表中选择“色彩平衡”选项，创建“色彩平衡 4”调整图层，如图 5-199 所示。

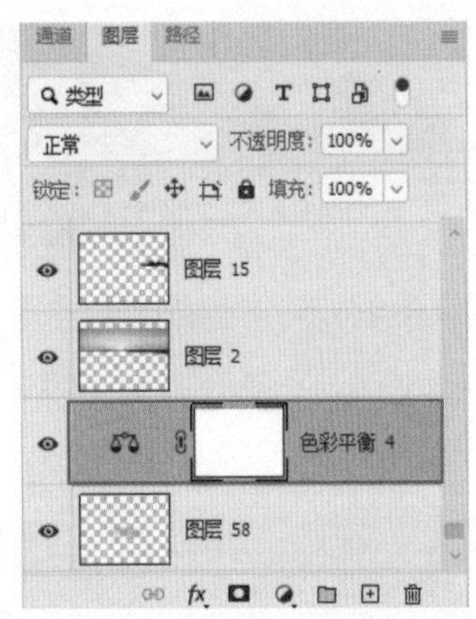

图 5-199 创建调整图层

13 在属性面板中设置参数，调整高光区域的显示效果，如图 5-200 所示。

图 5-200 设置参数

14 最后给水面添加倒影效果，效果如图 5-201 所示，倒影的制作将在后面章节进行具体讲解，水面制作完成。

图 5-201 水面的制作效果

2. 多个素材制作水面

01 按 Ctrl+O 快捷键，打开配套资源给定的“水面 ts.psd”文件，如图 5-202 所示。

图 5-202 水面初始效果

02 打开一张水面素材，使用矩形选框工具，选择所需的水面素材部分，如图 5-203 所示。

图 5-203 水面素材 1

03 复制选区内的图像，粘贴至“水面 ts.psd”图像文件窗口，如图 5-204 所示。

图 5-204 添加水面素材 1

04 按 Ctrl+T 快捷键，调用“变换”命令，右击鼠标选择“水平翻转”命令，并对图像进行水平拉伸处理。再使用移动工具，移动图像至合适的位置，如图 5-205 所示。

图 5-205 变换图像

05 选择“窗口”|“通道”命令，打开通道面板，选择“Alpha 14”通道，按住 Ctrl 键，单击该通道，将其载入选区，如图 5-206 所示。

图 5-206 Alpha 14 通道选区

06 回到图层面板，选择“水面”图层，单击图层面板下方的“添加图层蒙版按钮”，将选区外的图像进行隐藏，效果如图 5-207 所示。

图 5-207 添加图层蒙版 1

07 继续丰富水面效果，打开另一张水面素材，如图 5-208 所示。

图 5-208 水面素材 2

08 将该图像复制粘贴到效果图，移动至右下角。利用素材合成的方法，模拟树的倒影效果，如图 5-209 所示。

图 5-209 添加水面素材 2

09 再次将“Alpha 14”通道载入，给“水面素材 2”也添加一个图层蒙版，将多余的图像进行隐藏，如图 5-210 所示。

图 5-210 添加图层蒙版 2

10 由于两张水面素材叠加在一起的时候，边缘接触的地方线条生硬，不美观，需要进一步对图层蒙版进行调整，将生硬的边缘部分进行擦除。设置前景色为黑色，然后使用画笔工具，设置参数如图 5-211 所示。

图 5-211 设置画笔工具参数

11 利用画笔，在生硬的边缘区域进行涂抹编辑，范围大致如图 5-212 所示。

图 5-212 编辑蒙版

12 编辑蒙版完成之后，效果如图 5-213 所示。

图 5-213 编辑蒙版后效果

13 打开一张水面素材，如图 5-214 所示。使用套索工具建立一个如图 5-215 所示的选区，该选区将用来表现水面的层次感。

图 5-214 水面素材 3

图 5-215 建立选区

14 将图像复制粘贴到效果图，放置到画面的左下角，添加图层蒙版。然后设置前景色为黑色，使用画笔工具进行绘制，调整蒙版，得到如图 5-216 所示的效果。

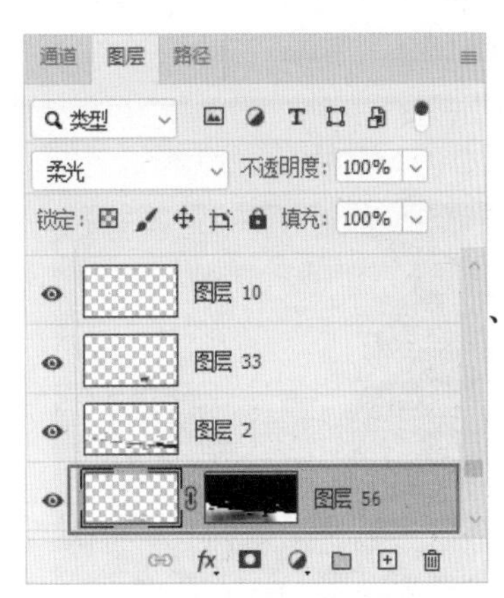

图 5-216 添加图层蒙版 3

15 更改图层的混合模式为“柔光”，效果如图 5-217 所示。

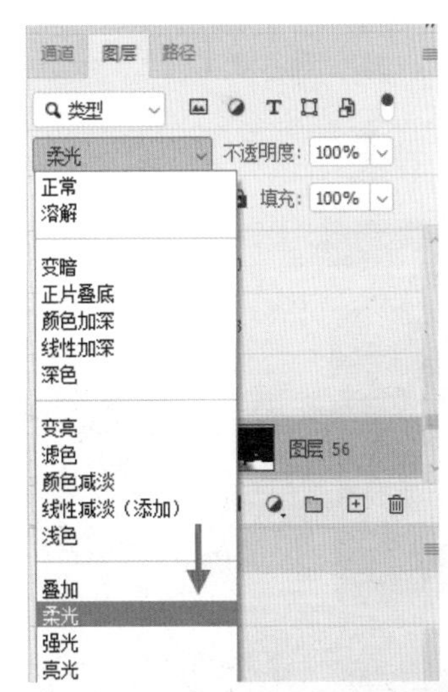

图 5-217 柔光效果

16 制作树木倒影，水面完成如图 5-218 所示。

图 5-218 水面完成效果

5.9.2 倒影制作

1. 制作单个倒影

01 运行 Photoshop 软件，按 Ctrl+O 快捷键，打开示例文件如图 5-219 所示

图 5-219 示例文件

02 选择岸边植被，通过 PSD 源文件可以查看植被所在图层，也可以在预选的植被上右击鼠标，选择该图层，如图 5-220 所示。

图 5-220 选择图层

03 按 Ctrl+J 快捷键，拷贝该植被至新的图层。再按 Ctrl+T 快捷键，调用“变换”命令。右击鼠标，选择“垂直翻转”命令，如图 5-221 所示。

图 5-221 垂直翻转图像

04 倒影的颜色一般和水的颜色有一定联系，比较接近水面的颜色，所以这里我们制作这个倒影的时候，先调整一下素材的颜色。按 Ctrl+U 快捷键，打开【色相 / 饱和度】对话框，设置参数如图 5-222 所示。

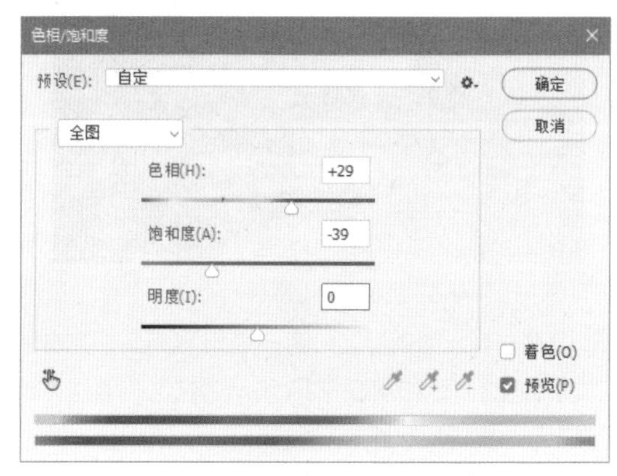

图 5-222 设置色相 / 饱和度参数

05 执行“滤镜”|“模糊”|“动感模糊”命令，打开【动感模糊】对话框，设置参数如图 5-223 所示。

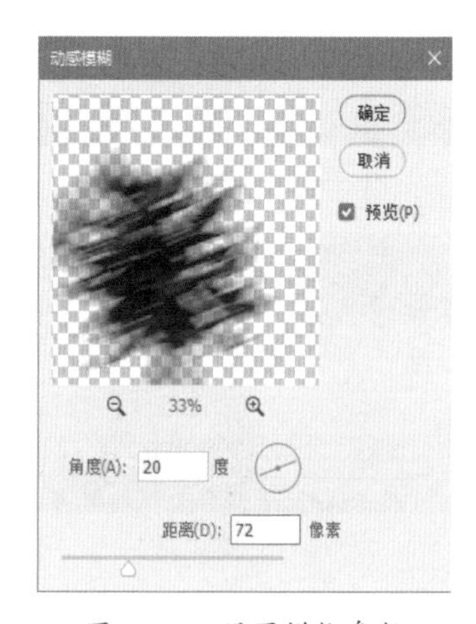

图 5-223 设置模糊参数

06 单击“确定”按钮，观察编辑倒影的效果，如图 5-224 所示。

图 5-224　编辑倒影的效果

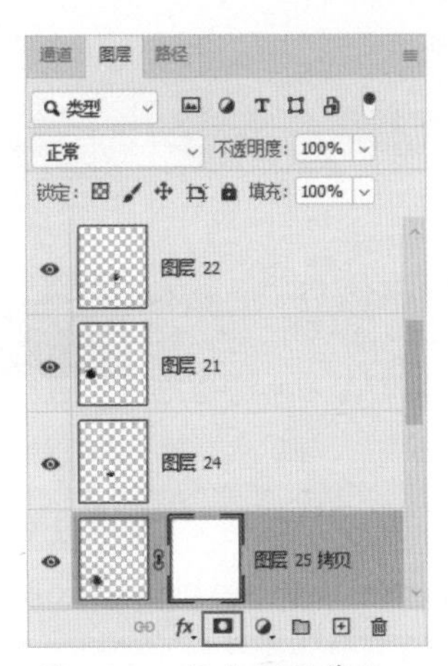

图 5-225　添加图层蒙版

07 单击图层面板下方的“添加图层蒙版”按钮 ，给倒影添加一个图层蒙版，如图 5-225 所示。

08 设置前景色为白色，选择橡皮擦工具 ，设置参数如图 5-226 所示。

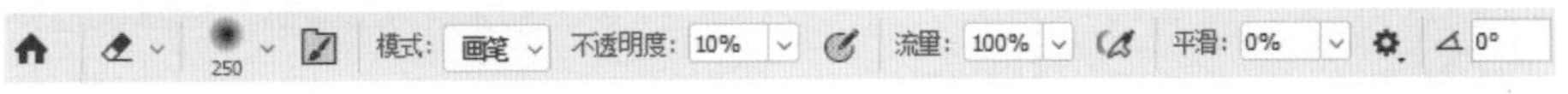

图 5-226　设置参数

09 利用橡皮擦工具 将倒影素材的下半部分进行擦除，制作渐隐的效果，如图 5-227 所示。

图 5-227　渐隐效果

10 设置该图层的“不透明度”为 80%，制作单个倒影的效果如图 5-228 所示。

图 5-228　制作单个倒影效果

2. 滤镜法制作倒影

01 按 Ctrl+O 快捷键，打开“倒影素材 .jpg”文件，如图 5-229 所示。

图 5-229　打开素材

02 双击“背景”图层，打开【新建图层】对话框，如图 5-230 所示。单击“确定”按钮，将其转换为普通图层。

图 5-230　【新建图层】对话框

03 选择“图像”|“画布大小”命令，或者按 Ctrl+Alt+C 快捷键，打开【画布大小】对话框，更改画布高度为原来高度的两倍，为制作倒影提供画面空间，如图 5-231 所示。

图 5-231 更改画布的高度

04 将图像向上移动，选择矩形选框工具 ，选择图像，如图 5-232 所示。

图 5-232 选择图像

05 按 Ctrl+J 快捷，创建拷贝图层。再按 Ctrl+T 快捷键，单击右键，在菜单中选择“垂直翻转”选项，翻转拷贝图层，如图 5-233 所示。

图 5-233 翻转图层

06 将拷贝的图层载入选区，如图 5-234 所示，以备控制后面滤镜作用的范围。

图 5-234 图层载入选区

07 执行“滤镜”|“扭曲”|“置换”命令，将水平和垂直方向的参数都设置为 15 左右，参数设置面板如图 5-235 所示。

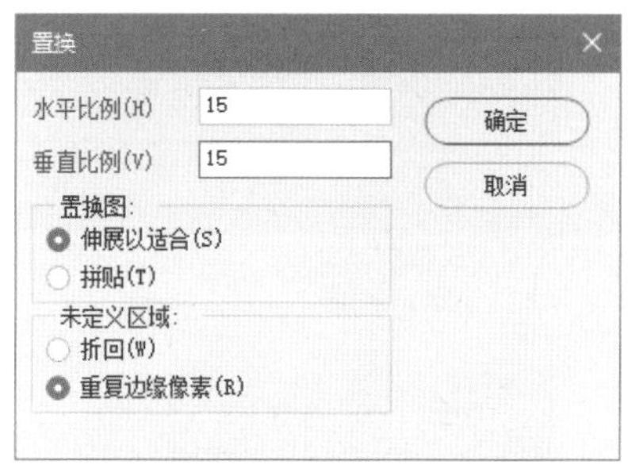

图 5-235 设置参数

08 单击“确定”按钮，在打开的对话框中选择给定的置换水面的素材“水倒影素材 .psd”，置换效果如图 5-236 所示。

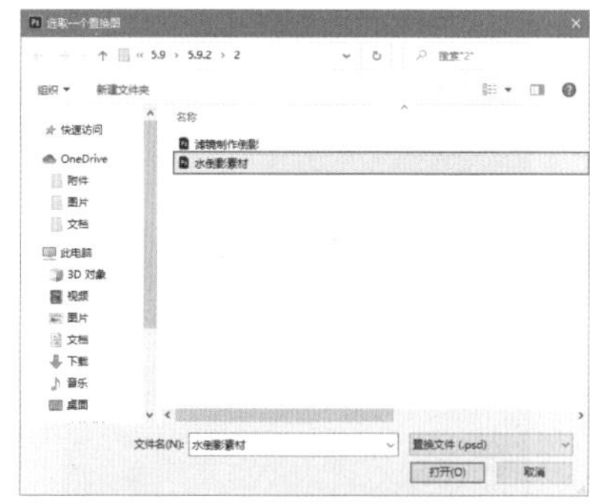

图 5-236 创建置换及效果

09 另外还可以运用“滤镜”|“滤镜库”|“扭曲”|“玻璃”命令，选择“纹理”选项右侧的倒三角按钮，如图 5-237 所示。执行“载入纹理”操作，同样选择“水倒影素材 .psd”素材，制作水面的波纹。

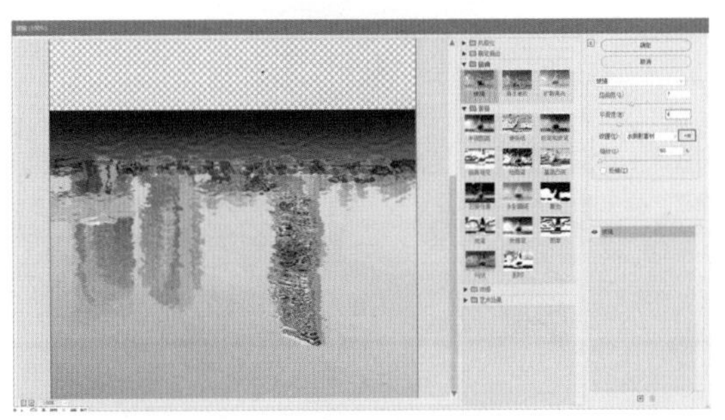

图 5-237 添加纹理素材

10 波纹效果过于强烈，看上去并不真实，需要减弱该效果。执行“编辑”|“渐隐滤镜库”命令，将渐隐的“不透明度”值设置为 50 左右即可，如图 5-238 所示。

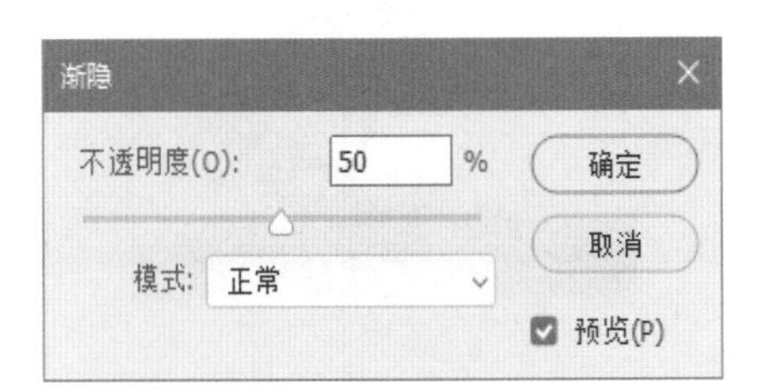

图 5-238 设置“不透明度”值

11 利用滤镜制作倒影的最终效果如图 5-239 所示。

图 5-239 倒影的最终效果

5.10 绿树成荫——树木调色和搭配技巧

使用树木配景可以使建筑与自然环境融为一体，因此，在进行室外效果图的后期处理时，必须为场景添加一些树木配景。作为建筑配景的植物种类有乔木、灌木、花丛、草地等，通过不同层次、不同品种、不同颜色、不同种植方式的植物搭配，可以形成丰富多样、赏心悦目的园林景观效果，表现出建筑环境的优美和自然，如图 5-240 所示。

图 5-240 不同的植物种类

5.10.1 树木配景的添加原则

1. 符合规律

树木配景可以分为近景树、中景树、远景树 3 种，分层次处理好 3 种树木的关系，可以增强效果图场景的透视感。在处理时，要特别注意由近到远的透视关系和空间关系。树木的透视关系主要表现为近大远小，空间关系主要表现为色彩的明暗和对比度的变化。调整透视关系和空间关系后，还要为树木制作阴影效果，如图 5-241 所示。

图 5-241 树木配景

在制作阴影效果时，注意处理好树木的受光面和阴影的关系，注意所有的阴影要与场景的光照方向相一致，要有透明感。

2. 切合实际

添加树木时除了要选择姿态优美的树木素材外，还要符合地域和季节特色的实际。例如，如果在一张效果图中，既出现了三月开的桃花，池中又有六月开的荷花，这样就不符合实际了，因为桃花和荷花不会在同一个季节开放。

3. 张弛有度

在一张效果图中，如果要营造一个绿树成荫的场景效果，很多人就会理解成树木越多、颜色越绿就越好。其实不然。绿树成荫的前提还是凸现主体建筑，所以树木只要和建筑掩映成趣，在不遮挡的情况下，参差罗列，结合前面讲到的注重空间透视关系、切合实际就可以了。树木的颜色则根据主体建筑适当调整，适当地掺杂一些混合型树木，而不是单独使用某种颜色或某种类型的树木，从而做到张弛有度。

5.10.2 树木颜色调整

在前面的章节中讲到过，色彩有色调之分，不同的色调可以表现不同的气氛，也可以表现不同的季节特点。春天的绿色总是嫩嫩的浅绿；夏天是最茂盛的季节，浓荫深绿；秋天开始泛黄，秋意阵阵。总体而言，休闲的生活场所一般使用暖色调，而正式、庄重的场所常常采用冷色调来表现环境气氛。

01 本节学习树木色彩的调整，把握树木的冷暖色调。首先打开“大树.psd”示例文件，如图 5-242 所示。

图 5-242 示例文件

02 如果这些树木素材将应用于春夏季节，又是环境优雅的园林、小区、别墅等地方，那么颜色应该以鲜艳的绿色为主，颜色饱和度较高，加以嫩黄点缀，使树木看起来有生机，营造良好的环境氛围。

03 选择大树所在的图层，按 Ctrl+U 快捷键，打开【色相/饱和度】对话框，设置参数如图 5-243 所示。

图 5-243 色相/饱和度参数设置

04 单击“确定”按钮，退出【色相/饱和度】对话框，处理前后效果对比如图 5-244 所示。

处理前

处理后

图 5-244 处理前后效果对比

05 如果该树木素材应用于办公场所、商业广场的四周，那么色彩应该偏青蓝色，色调偏冷，饱和度偏低，以突出表现主体建筑的大气、严肃。

06 同样选择大树所在的图层，按 Ctrl+U 快捷键，打开【色相/饱和度】对话框，设置参数如图 5-245 所示。

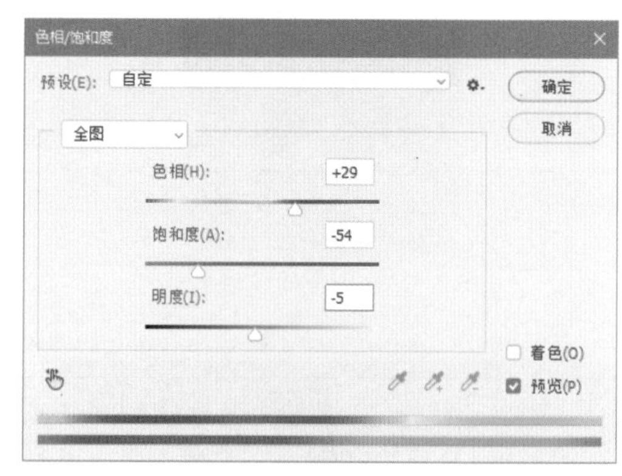

图 5-245 设置色相/饱和度参数

07 单击“确定”按钮，观察图像，可以看到大树不仅色相调整为偏蓝色，饱和度和明度也降低了。整棵树颜色朴素，色彩偏冷，如图 5-246 所示。

图 5-246　树木调色后效果

08 如果树木应用于不同的季节，应表现不同的季节特点，以秋季为例，就需要将树木调整至黄色，以符合秋季树木的色彩特点。

09 按 Ctrl+U 快捷键，打开【色相 / 饱和度】对话框，设置参数如图 5-247 所示。

图 5-247　设置色相 / 饱和度参数

10 单击“确定”按钮，退出【色相 / 饱和度】对话框，树木调色后效果如图 5-248 所示。

图 5-248　树木调色后效果

利用调整“色相 / 饱和度”参数的方法调整树木的颜色，还可以结合调整“色彩平衡”参数来完善颜色的调整。总之树木的颜色调整是根据具体的建筑和季节来确定的，并从色相、饱和度、明度三个方面进行调整。

5.10.3　树木受光面的表现方法

根据光线投射规律，我们知道，如果树木暴露在光线里，树木在受光面和背光面会有一定的光线和颜色的变化，如图 5-249 所示。那么在后期处理的时候，怎样来表现这样一些细微的变化呢？这一节就来学习树木受光面的表现方法。

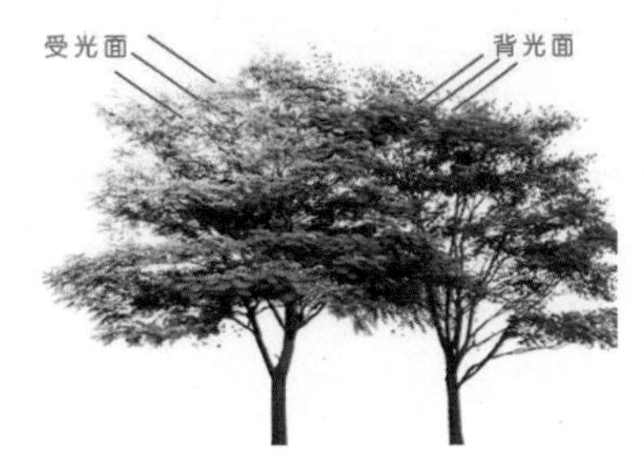

图 5-249　受光面和背光面的光线和颜色变化

1. 调整色阶法

01 运行 Photoshop 软件，按 Ctrl+O 快捷键，打开示例文件，如图 5-250 所示。

图 5-250　示例文件

02 使用套索工具 ，大致建立如图 5-251 所示的选区，作为树木高光的部分。

图 5-251　建立选区

03 按 Shift+F6 快捷键，打开【羽化选区】对话框，设置羽化半径为 50 个像素，如图 5-252 所示。单击“确定”按钮，退出对话框。

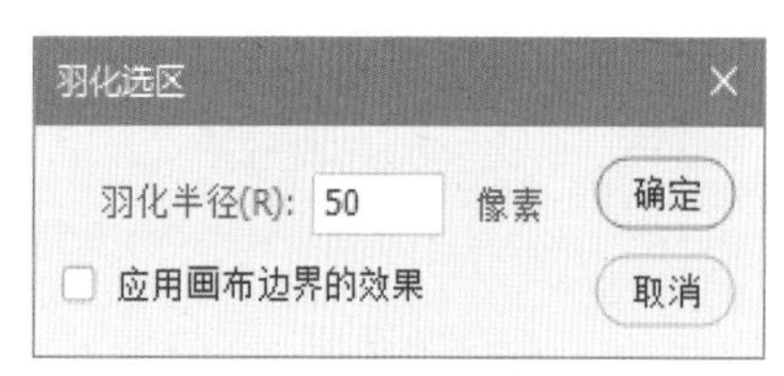

图 5-252 设置参数

04 按 Ctrl+L 快捷键，打开【色阶】对话框，设置色阶参数如图 5-253 所示。

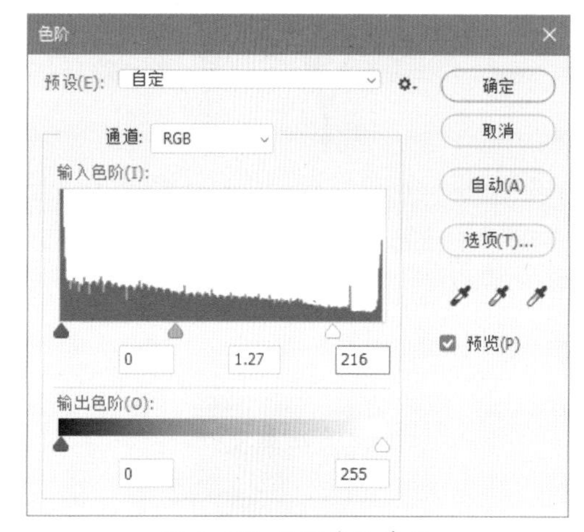

图 5-253 设置色阶参数

05 单击“确定”按钮，退出对话框。按 Ctrl+D 快捷键，取消选择，最后调整效果如图 5-254 所示，可以看到树冠部分产生了明显的明暗对比。

图 5-254 色阶调整效果

不管通过什么方式获取的树木素材，本身都具备一定的明暗关系。在表现其受光效果的同时，不能违背素材本身的明暗关系。如果效果图中场景的光照方向和树木素材本身的光照方向不一致，就要采取水平翻转树木素材的方法来达到光线表现一致的目的。

2. 调整曲线法

曲线调整法和色阶调整法类似，都是通过建立高光部分的选区，然后利用图像调整功能，完成效果制作。

01 同样打开“常用树 .PSD”文件，使用套索工具 ，建立树木受光面的选区。

02 按 Shift+F6 快捷键，打开【羽化选区】对话框，设置羽化半径为 50 像素。单击“确定”按钮，退出对话框。

03 按 Ctrl+M 快捷键，打开【曲线】对话框，调整曲线如图 5-255 所示，得到如图 5-256 所示的效果。

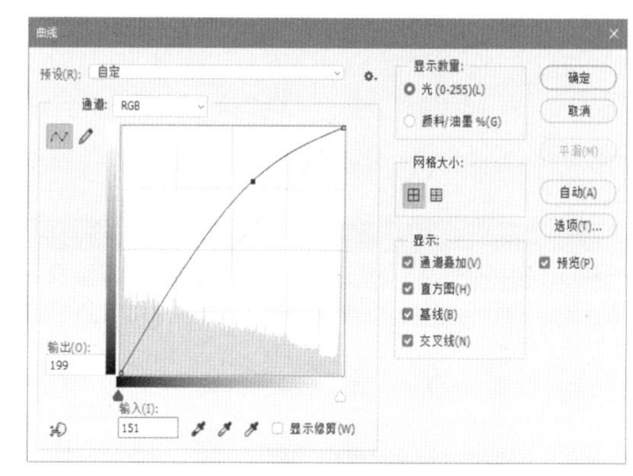

图 5-255 曲线调整

图 5-256 调整曲线后效果

04 按 Ctrl+D 快捷键，取消选择，完成树木受光面的亮度调整。

3. 图层混合法

图层混合法，是利用不同图层之间颜色的差值，经过计算，得到所需要的效果一种方法。

01 打开示例文件“常用树 .PSD”，选择“图层 2”，单击“创建新图层”按钮 ⊞，新建一个图层，如图 5-257 所示。

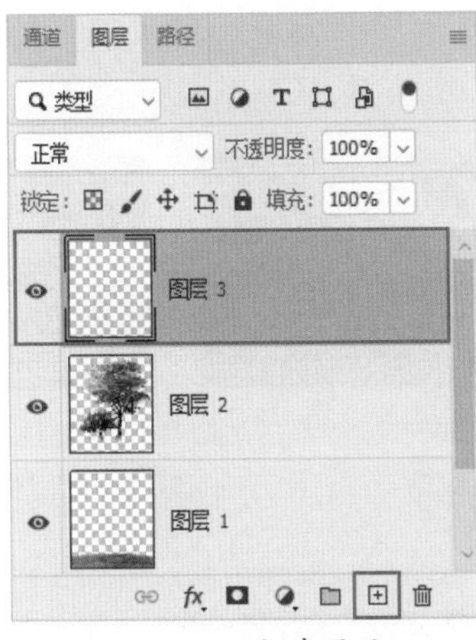

图 5-257　新建图层

02 设置前景色为橘黄色，色值参数如图 5-258 所示。

图 5-258　设置色值参数

03 使用画笔工具 ，选择“柔边机械 100 像素”画笔，设置主直径大小为 125，其他参数设置参见工具选项栏，如图 5-259 所示。

图 5-259　设置画笔参数

04 在树木素材受光面绘制如图 5-260 所示的光点。

图 5-260　绘制光点

05 更改图层的混合模式为“叠加”，降低图层的“不透明度”为 70%，效果如图 5-261 所示。

图 5-261　更改图层属性后效果

5.10.4　行道树“种植”的注意事项

行道树就是种植在道路两侧的树木。这一类树木的后期处理常见于鸟瞰图。由于鸟瞰图视角在规划区的上方，所以可视范围比较广。如果效果图中的道路不利用行道树加以修饰和遮挡，就会显得很单调和呆板，整个画面也会显得不自然、缺乏美感。

在“种植”行道树时要注意以下几个方面。

1. 正确的透视规律

在鸟瞰图中，行道树的透视规律表现为近处的植株较大，颜色饱和度较高；远处的植株较小，排列稍微紧密，颜色饱和度较低，在道路的尽头渐隐消失。要使道路的消失点和背景融为一体，让人在视觉上产生绵延的遐想。

2. 正确的光线方向

鸟瞰图中同样也要满足光线统一的特点。“种植”行道树时，要注意树木的受光面和效果图中场景的光照方向保持一致，这样整个画面才会真实。

3. 合理的“种植”方式

行道树“种植”是有一定方法的，根据场景的光线，在同一图层中复制树木的时候，要顺着光照的方向复制树木，这样产生的树影就不会覆盖在前一棵树木上。

我们来看一个简单的实例。

01 运行Photoshop 软件，打开示例文件“昭山.PSD”示例文件，如图 5-262 所示。

图 5-262 示例文件

02 打开行道树素材，如图 5-263 所示。

图 5-263 行道树素材

03 通过建筑物的投影知道，光线是从右向左照射的，所以行道树的光照方向需要调整。按 Ctrl+T 快捷键，调用“变换”命令，在变换控制框中右击鼠标，选择“水平翻转”命令，如图 5-264 所示。

图 5-264 选择“水平翻转”命令

04 按 Enter 键应用变换。

05 使用移动工具，将行道树素材移动复制到当前的效果图窗口。

06 将素材移动至如图 5-265 所示的位置。按住 Ctrl 键并单击行道树所在图层，将其载入选区。

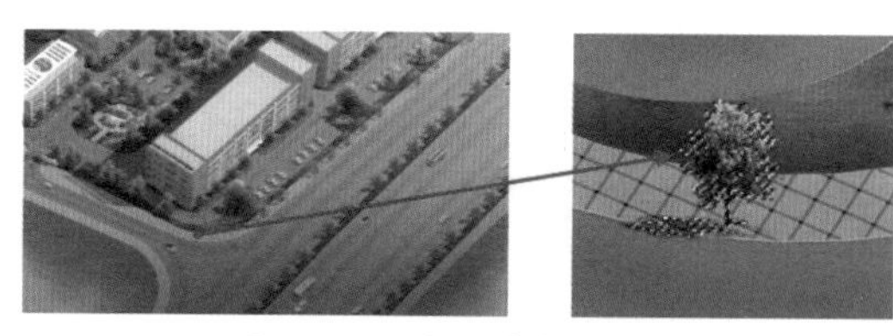

图 5-265 移动并载入选区

07 按住 Alt 键不放，从右往左拖动光标，复制当前图像，并进行稀疏有致的排列，如图 5-266 所示。

图 5-266 复制图像

08 复制一段道路的树木后，将树木素材进行缩小处理，符合近大远小的规律，如图 5-267 所示。将最后复制的一棵树木移动至下一个路口的拐角处，按 Ctrl+T 快捷键，调用“变换”命令。

图 5-267 缩小树木素材

09 继续复制，效果如图 5-268 所示，可以看到渐行渐远的道路两侧的行道树植株略有缩小，密度也稍有增加。

图 5-268 部分行道树种植效果

10 “种植”另外道路一侧的行道树。首先将最后复制的一棵行道树保留，移动到和其他树木不相干的位置，作为备用。然后按 Ctrl+D 快捷键，取消选择。

11 使用套索工具，将如图 5-269 所示用红线圈定的树木进行选择。

图 5-269 选择树木素材

12 按住 Alt 键不放，拖动鼠标复制选区内的树木图像，松开鼠标，按 V 键，转换为移动工具，然后将复制的图像移动至道路的另外一侧，与原来的树木错开，使之看起来自然，如图 5-270 所示。

图 5-270 制作道路另一侧的树木

13 介绍完行道树的“种植”方法，接下来学习远处行道树的虚化。

14 使用放大工具，将图像的局部进行放大显示。使用橡皮擦工具，设置参数如图 5-271 所示。

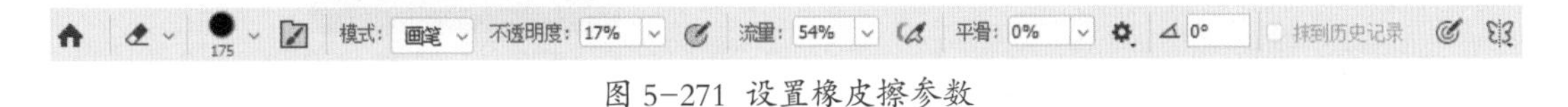

图 5-271 设置橡皮擦参数

15 将消失处的行道树进行擦除，擦除前和擦除后虚化效果对比如图 5-272 所示。

擦除前

擦除后

图 5-272 虚化效果

16 至此行道树的种植就完成了。

5.10.5 植物修边处理

使用 Photoshop 选择工具“挖出”的各类配景，难免会在边缘位置产生一圈难看的锯齿线条，特别是植物等配景素材，使得配景与场景不能很好地融合，影响到建筑效果图的质量。下面通过实例说介绍处理这种情况的方法。

01 按 Ctrl+O 快捷键，打开配套资源提供的“修边素材.jpg”文件，如图 5-273 所示。

图 5-273 打开图像文件

02 使用魔棒工具，在工具选项栏中取消选择“连续”选项。在白色背景位置单击鼠标左键，选择白色背景，如图 5-274 所示。

图 5-274 建立选区

03 按 Ctrl+Shift+I 快捷键反向选择图形，得到树枝选区，如图 5-275 所示。

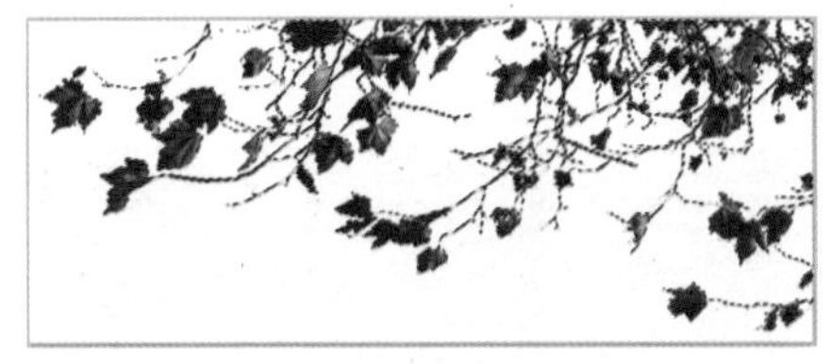

图 5-275 反向选择

04 按 Ctrl+J 快捷键创建一个新的图层，如图 5-276 所示。

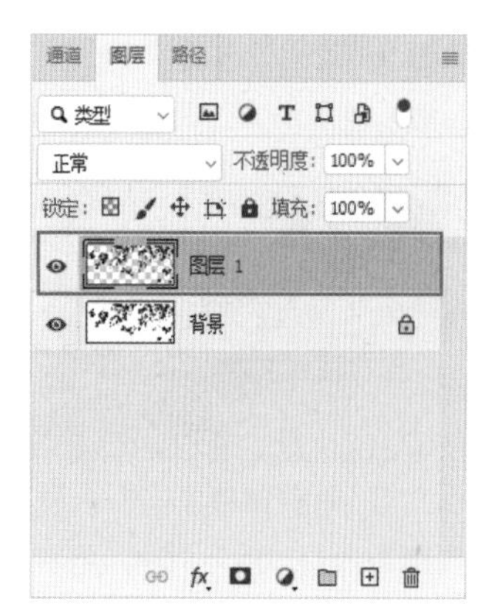

图 5-276 新建图层

05 在“图层 1”与“背景”图层之间新建一个图层，并为图层填充深颜色，如图 5-277 所示。

图 5-277 创建并填充图层

06 这时可以清晰地看到素材的白色杂边，如图 5-278 所示。

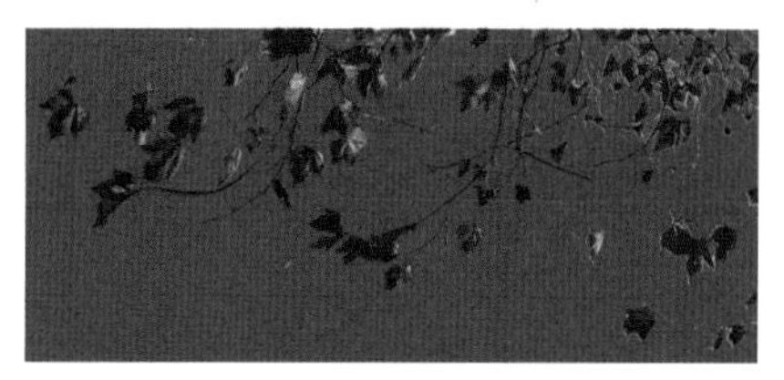

图 5-278 素材的白色杂边

07 执行“选择”|“色彩范围”命令，打开【色彩范围】对话框。在白色边的位置单击鼠标左键，准确选择这些白色杂边，如图 5-279 所示。单击“确定”按钮关闭对话框，按下 Delete 键删除选择的白边。

图 5-279 【色彩范围】对话框

08 使用选择的方法只能去除比较明显的白边，细小的白边仍然残留，如图 5-280 所示。选择“图层”|“修边”|“去边”命令，设置去边“宽度”为 1，如图 5-281 所示。单击“确定”按钮关闭对话框，植物就会显得干净整洁了。

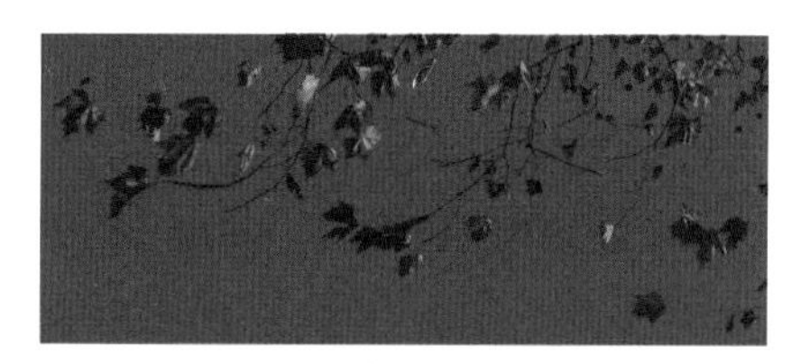

图 5-280 去白边后的植物

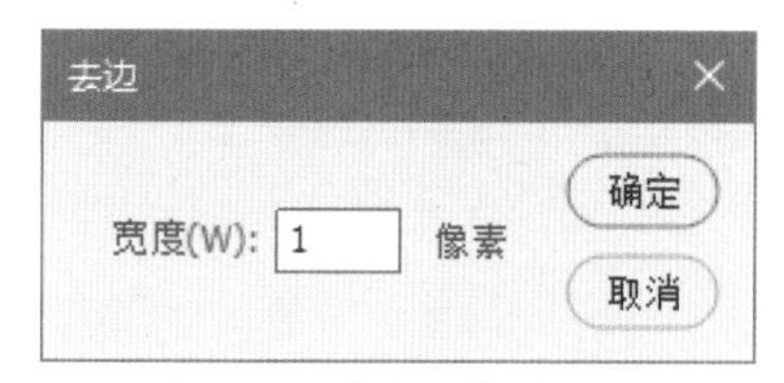

图 5-281 【去边】对话框

09 树枝修边后的最终效果如图 5-282 所示。

图 5-282 修边后的植物

5.11　窗明几净——玻璃材质处理技巧

玻璃是建筑最难表现的材质。与一般的其他材质有固定的表现形式不同，玻璃会根据周围景观的不同有很多变化。同一块玻璃，不同的天气状况，不同的观察角度，都会看到不同的效果。

玻璃的最大特征是透明和反射。不同的玻璃，反射强度和透明度会不相同。如图 5-283 所示的照片中，建筑高层的玻璃由于反射了天空，使玻璃呈现极高的亮度，透明度较低。建筑低层的玻璃由于周围建筑的遮挡而光线较暗，呈现出极高的透明度和较低的反射度，室内的灯光和景物一览无遗。

图 5-283　建筑玻璃照片

实际使用的玻璃可以分为透明玻璃和反射玻璃两种。透明玻璃透明度好，反射较弱，如图 5-284 所示。透明玻璃由于透出暗的建筑内部，而看起来暗一些。反射玻璃由于表面镀了一层薄膜（又称镀膜玻璃），而呈现极强的反射特性，如图 5-285 所示。

图 5-284　使用透明玻璃的建筑

图 5-285　使用反射玻璃的建筑

5.11.1　透明玻璃处理方法

透明玻璃一般常见于商业街的门面或者家居、别墅的落地窗，从室内透射出来的暖暖的黄色灯光，给人一种温馨、热闹、繁华的感受，而透明质感则给人一种窗明几净、舒适的感觉。

这样透明质感的玻璃在后期效果处理中并不困难，只要借助于一定的素材和图层蒙版就可以完成，下面来学习。

首先来看处理之前和处理之后的效果对比，如图 5-286 所示。

处理前

处理后

图 5-286　处理前后效果对比

1.　调整玻璃

01 按Ctrl+O快捷键，打开“商业街_start.psd”图像文件。

02 使用魔棒工具，设置参数如图 5-287 所示，取消选择“连续”选项，如图 5-287 所示。

图 5-287　设置魔棒工具选项栏参数

03 单击图层面板图标，显示通道图层。选该图层，在玻璃紫色区域单击创建玻璃选区如图 5-288 所示。

图 5-288 创建玻璃选区

04 选择“建筑”图层。按 Ctrl+J 快捷键，或执行“图层”|“新建”|“通过拷贝的图层”命令，将玻璃图像拷贝至新建图层，重命名为“玻璃”图层，如图 5-289 所示。

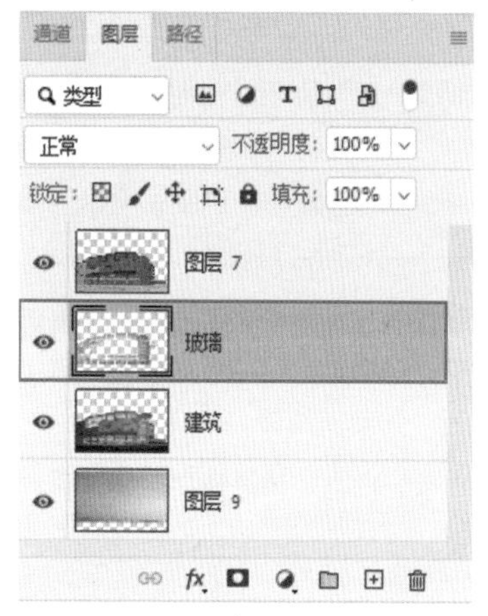

图 5-289 创建“玻璃”图层

05 按 Ctrl+L 快捷键，打开【色阶】对话框，将暗调和高光滑块向中间移动，如图 5-290 所示，扩展玻璃图像色调范围，增强图像的明暗对比，效果如图 5-291 所示。

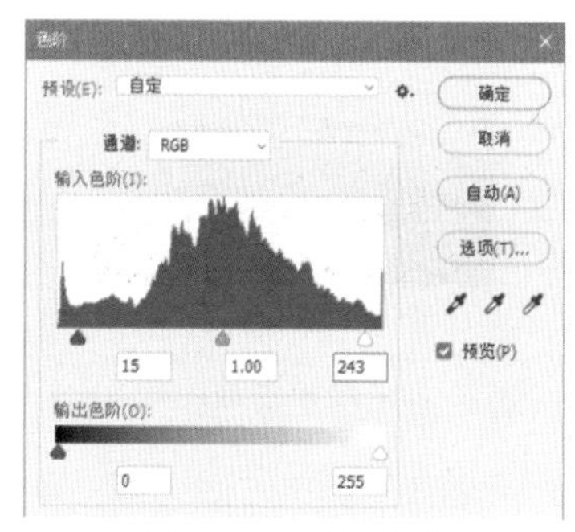

图 5-290 色阶调整

图 5-291 调整玻璃色调

2. 制作玻璃的透明效果

01 打开配套资源提供的商业店铺图像，如图 5-292 所示。按 Ctrl+A 快捷键，全选图像。按 Ctrl+C 快捷键，复制图像至剪贴板。

图 5-292 打开图像

02 按 Ctrl 键，同时单击玻璃图层缩览图，载入玻璃选区，如图 5-293 所示。

图 5-293 载入玻璃选区

03 执行“编辑”|“选择性粘贴”|“贴入”命令，创建得到以当前选区为蒙版的新建图层。按 Shift 键单击蒙版缩览图，关闭蒙版，如图 5-294 所示，暂时使蒙版失效。

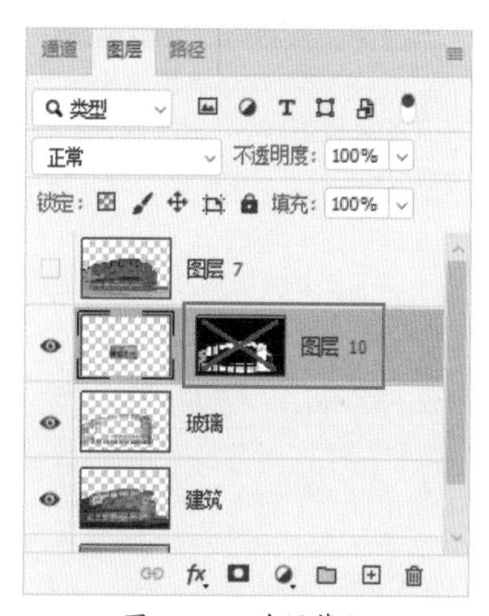

图 5-294 关闭蒙版

04 贴入图像后效果如图 5-295 所示。

图 5-295　贴入图像后效果

05 单击图层缩览图，进入图层编辑状态。按 Ctrl+T 快捷键，调用“变换”命令。右击鼠标，选择“透视”命令。拖动变换框角点，调整图像的透视方向，使其透视角度与建筑相同，如图 5-296 所示，按 Enter 键应用变换。

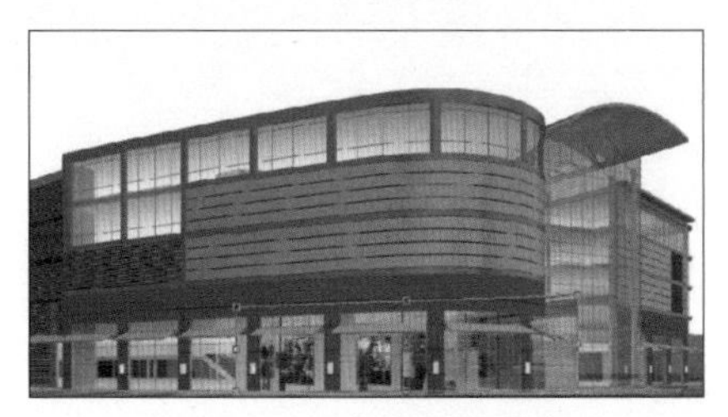

图 5-296　透视变换图像

06 按 Ctrl 键，同时单击图层缩览图，选择店铺图像，按 Ctrl+Alt 快捷键向水平方向拖动，复制店铺图像如图 5-297 所示。

图 5-297　拖动复制图像

07 按 Ctrl+T 快捷键，调用“变换”命令，调整图像大小如图 5-298 所示。

图 5-298　调整图像大小

08 利用同样的方法制作二楼的玻璃效果。

09 最后添加人物、汽车、树木等配景，后面的章节将详细讲述，最后效果如图 5-299 所示。

图 5-299　透明玻璃的最后效果

5.11.2　创建玻璃反射效果的方法

01 按 Ctrl+O 快捷键，打开“玻璃初始 2.psd”文件，如图 5-300 所示。

图 5-300　打开图像文件

02 使用魔棒工具，选择颜色材质通道中的玻璃区域，如图 5-301 所示。

图 5-301　选择玻璃区域

03 切换到建筑图层，按 Ctrl+J 快捷键，拷贝玻璃至新的图层，并重命名为“玻璃”图层，如图 5-302 所示。

图 5-302　创建拷贝图层

04 按Ctrl+O快捷键，打开一张准备做反光效果的素材图片，如图5-303所示。

图5-303 玻璃反光素材

05 将素材拖动复制到拷贝的“玻璃”图层的上方。按住Alt键，在同一图层内创建多个图像副本，如图5-304所示。

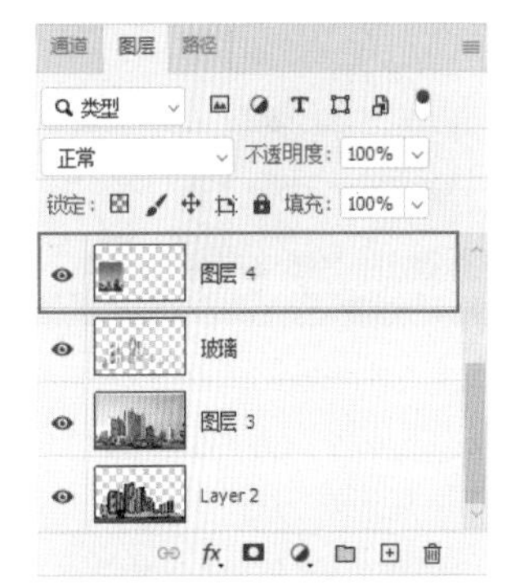

图5-304 创建图像副本

06 执行“图层”|“创建剪贴蒙版”命令，或者按Shift+Ctrl+G快捷键，将素材与“玻璃”图层进行快速剪切。

07 最后效果如图5-305所示。我们可以看见在玻璃的上面，明显地有了外景的反射效果，这样做出来的玻璃效果接近现实，而不是只有半透明效果。

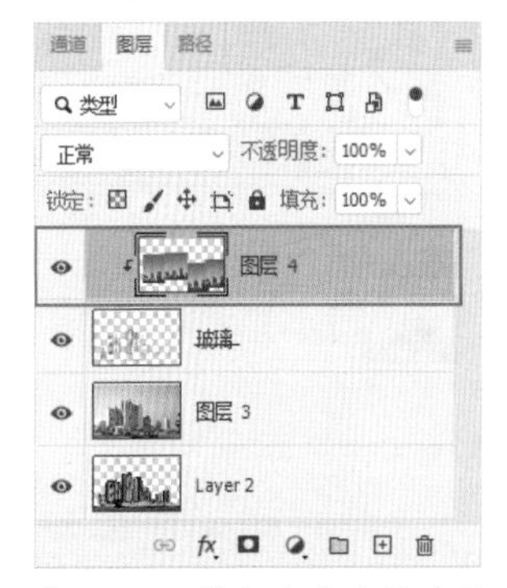

图5-305 创建玻璃反射效果

图5-305 创建玻璃反射效果（续）

5.12 一米阳光——光线效果表现

美的发现源于生活。清晨的阳光，和着薄薄的雾，穿隙而下；傍晚的阳光，暖暖地照射在窗台上。这些效果在后期处理中，往往会遇到光线的处理问题。

本节将简单地介绍光线的几种制作方法，希望起到抛砖引玉的作用。

5.12.1 画笔绘制光束效果

01 运行Photoshop软件，打开示例文件，如图5-306所示。

图5-306 打开文件

02 在“人物”图层上方新建一个图层，重命名为“光束”，如图5-307所示，准备绘制阳光光束。

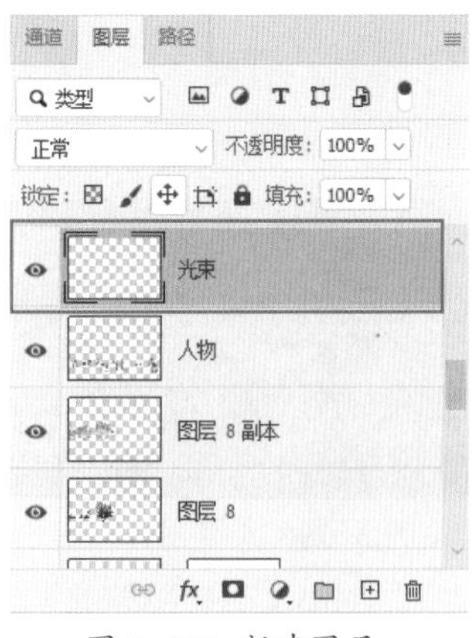

图5-307 新建图层

03 使用画笔工具，设置参数如图5-308所示。

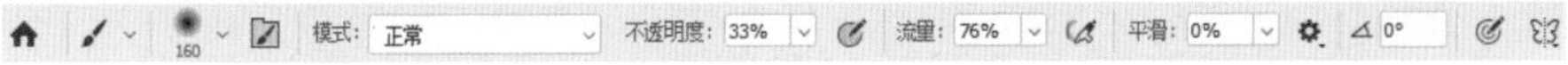

图 5-308 设置画笔工具参数

04 设置前景色为黄色，色值参数为 #fdffce，根据光线照射的方向，绘制如图 5-309 所示的光束。

图 5-309 绘制光束

05 执行“滤镜”|“模糊”|“动感模糊”命令，设置参数如图 5-310 所示，

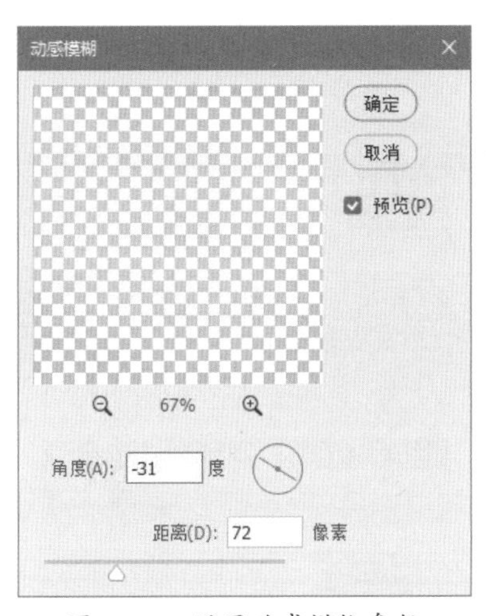

图 5-310 设置动感模糊参数

06 调整效果如图 5-311 所示。

图 5-311 动感模糊效果

07 更改图层的“不透明度”为 65% 左右，如图 5-312 所示。

图 5-312 更改图层属性

08 为了使阳光看起来真实一些，我们继续添加一些效果。使用矩形选框工具，在画面中绘制一个矩形选框，如图 5-313 所示。

图 5-313 绘制矩形选框

09 使用画笔工具，按住 Shift 键，在图 5-314 所示的圆圈位置单击鼠标，再在矩形选框的结尾处单击鼠标，创建一条直线状的光束。

图 5-314 绘制光束

10 按 Ctrl+D 快捷键，取消选择。执行“滤镜”|“模糊”|“动感模糊”命令，设置模糊角度为 0 度，模糊距离为最大。

11 旋转光束的方向，使之与原来制作的光束方向一致，如图 5-315 所示。

图 5-315 旋转光束

12 复制图像，进行细微的旋转，得到如图 5-316 所示的图像。

图 5-316 复制图像

技巧

执行上一次“滤镜”命令的快捷键为 Ctrl+F。

13 将所有的光束图层进行合并，调整图层的“不透明度”为 62%，效果如图 5-317 所示。

图 5-317 合并图形

14 完成光束的制作，最后效果如图 5-318 所示。

图 5-318 最后效果

5.12.2 镜头光晕绘制光斑

01 运行 Photoshop 软件，打开示例文件如图 5-319 所示。

图 5-319 示例文件

02 执行“滤镜”|“渲染”|“镜头光晕”命令，打开【镜头光晕】对话框，如图 5-320 所示。

图 5-320 【镜头光晕】对话框

03 在对话框中设置具体的参数，还可以移动光晕点至图像的右上角，如图 5-321 所示。

图 5-321 设置镜头光晕参数

04 单击“确定”按钮，查看添加效果，如图 5-322 所示。

图 5-322 镜头光晕效果

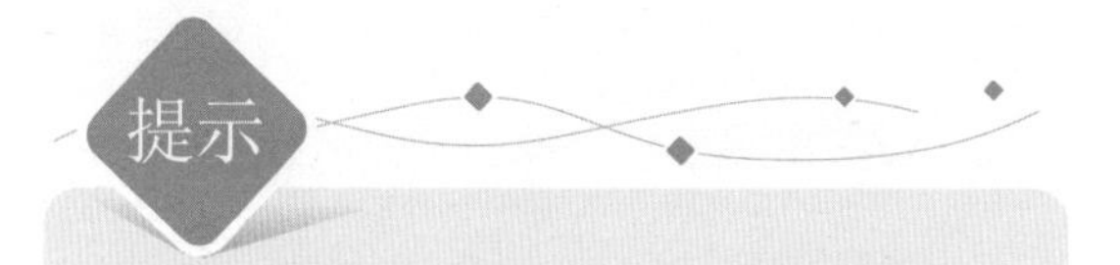

镜头光晕主要是模拟太阳光照射产生的光晕效果，用于晴天且视角为仰视的效果图较多。

5.12.3　动感模糊绘制穿隙效果

01 运行 Photoshop 软件，打开如图 5-323 所示的图像文件，利用“滤镜”命令制作阳光穿隙而下的效果。

图 5-323 打开图像

02 按 Ctrl+J 快捷键，拷贝“背景”图层至新的图层，得到“图层 1”，如图 5-324 所示。

图 5-324 拷贝图层

03 执行“滤镜”|“模糊”|“动感模糊”命令，设置参数如图 5-325 所示。将整体图像拉成丝状，便于下一步制作光线效果。

图 5-325 设置“动感模糊”参数

04 单击“确定”按钮，得到如图 5-326 所示的图像效果。

图 5-326 “动感模糊”图像效果

05 通过更改图层混合模式来查看效果，这里列举两种模式下的图像仅供参考，如图 5-327 所示。

强光模式

浅色模式

图 5-327 不同混合模式

06 查看效果，选择最适合的图像继续进行调整，这里选择线条最明显的“浅色”模式下的图像。

07 为保护图像完整，为拷贝的图层添加图层蒙版，选中蒙版。

08 使用橡皮擦工具，设置前景色为白色色，设置参数如图 5-328 所示。

图 5-328 设置参数

09 根据需要调整画笔主直径的大小，在产生黑影的地方进行擦除，保留光线即可，最后效果如图 5-329 所示。

图 5-329 光线效果

5.13 四通八达—马路、分道线处理技巧点拨

道路和分道线的处理，通常都是联系在一起的。不仅要表现道路的质感，还要通过分道线来强化道路的透视关系。一般道路的处理包括纹理和颜色的深浅处理。常用到的命令为："添加杂色""高斯模糊""色阶"等，而斑马线一般会用到"连续复制""变形"等命令。

接下来我们以一个简单的实例来介绍道路和分道线的处理方法。

01 按Ctrl+O快捷键，打开"道路初始.psd"示例文件，如图 5-330 所示。

图 5-330 示例文件

02 按Ctrl+Shift+N组合键，新建一个图层，命名为"斑马线"，如图 5-331 所示。

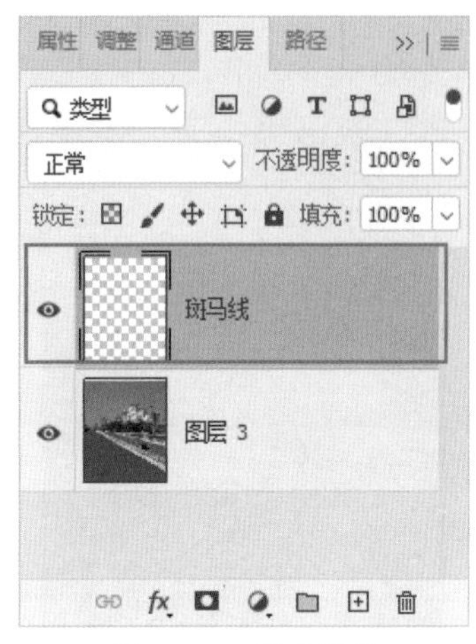

图 5-331 新建图层

03 使用矩形选框工具，绘制一个矩形框表示分道线的外轮廓，如图 5-332 所示。

图 5-332 绘制矩形选框

04 将前景色设置为白色，按 Alt+Delete 键，为矩形选框填充白色，如图 5-333 所示。

图 5-333 填充白色

05 按Ctrl+J快捷键，拷贝白色条纹，如图5-334所示。

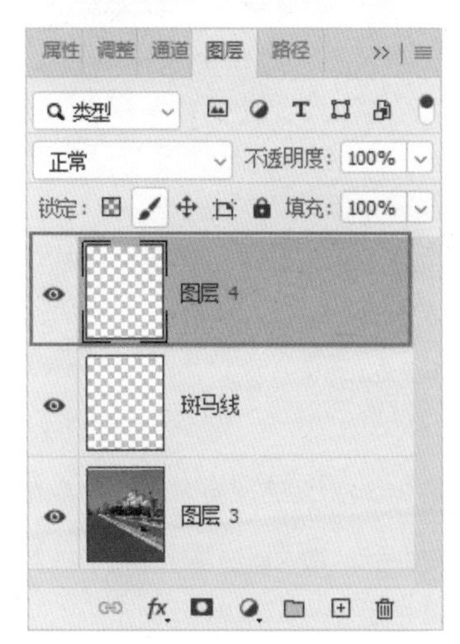

图 5-334 拷贝图形

06 按Ctrl+T快捷键，调用“变换”命令。但此时我们不需要调整其大小，而是按Shift+↓组合键，垂直方向移动白色条纹，如图5-335所示。

图 5-335 移动图像

07 再按Ctrl+Shift+Alt+T组合键，等距离连续复制一条分道线，如图5-336所示。

图 5-336 复制图形

08 根据道路的透视关系，按Ctrl+T快捷键，调整分道线的方向，注意近大远小的关系，如图5-337所示。

图 5-337 调整效果

09 复制2条分道线，再按Ctrl+T快捷键，调整分道线的方向，如图5-338所示。

图 5-338 复制2条分道线

10 选择分道线消失点处的3段白色条纹，执行“编辑”|“变换”|“变形”命令，制作出分道线临近消失点的弯曲效果。利用同样的方法，制作另外两条线的弯曲效果，如图5-339所示。

图 5-339 消失点的弯曲效果

11 接下来处理路面的关系。选择路面，执行“滤镜”|“杂色”|“添加杂色”命令，杂色参数设置为10左右，如图5-340所示，根据具体的情况而定。

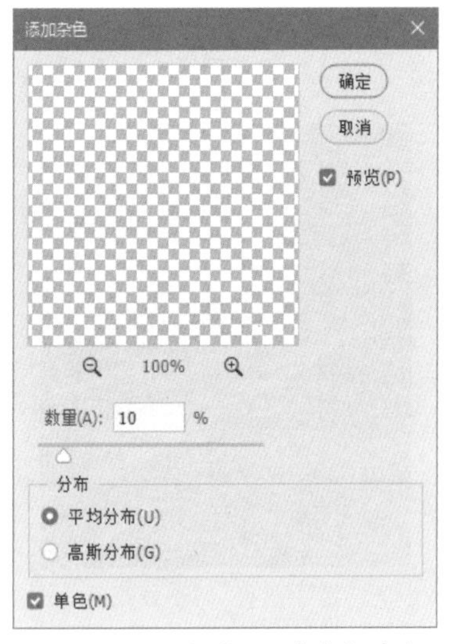

图 5-340 设置“添加杂色”参数

12 使用加深工具 ，按住 Shift 键，单击起始点和结束点，制作车辆经过路面后，马路颜色加深的效果。利用同样的方法，使用减淡工具 ，按住 Shift 键，单击起始点和结束点，制作路面分道线附近，路面颜色偏浅的效果，如图 5-341 所示。

图 5-341 加深减淡后的道路效果

13 使用矩形选框工具 ，选择离视线较远的道路一端。按 Shfit+F6 组合键，打开【羽化选区】对话框，设置“羽化半径”为 100 个像素，如图 5-342 所示。

图 5-342 设置“羽化半径”

14 执行“滤镜”|“模糊”|“高斯模糊”命令，设置参数如图 5-343 所示，对远处道路的纹理进行模糊化处理。

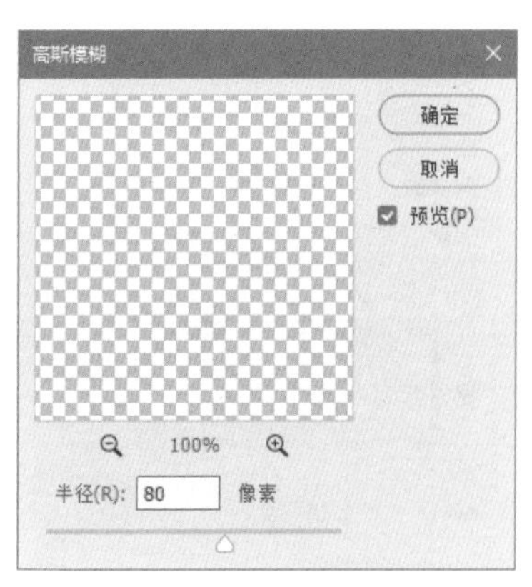

图 5-343 设置“高斯模糊”参数

15 选择道路图层，按 Ctrl 键单击图层，创建一个选区，如图 5-344 所示。

图 5-344 创建选区

16 按 Q 键进入快速编辑模式。再使用渐变工具 ，从道路的消失点开始往视线的起始端拉伸，如图 5-345 所示。

图 5-345 绘制渐变

17 再按 Q 键，退出快速编辑模式，得到一个选区，如图 5-346 所示。

图 5-346 建立选区

18 按 Ctrl+L 快捷键，打开【色阶】对话框，设置参数如图 5-347 所示，增加选区中道路的亮度。

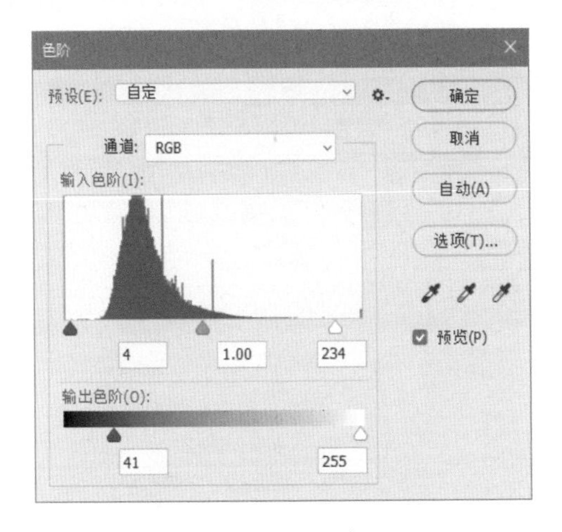

图 5-347 “色阶”参数设置

19 按 Ctrl+Shift+I 组合键，反向选择图形，如图 5-348 所示。

图 5-348 反向选择

20 在【色阶】对话框中设置参数，如图 5-349 所示，将远处的道路压暗。

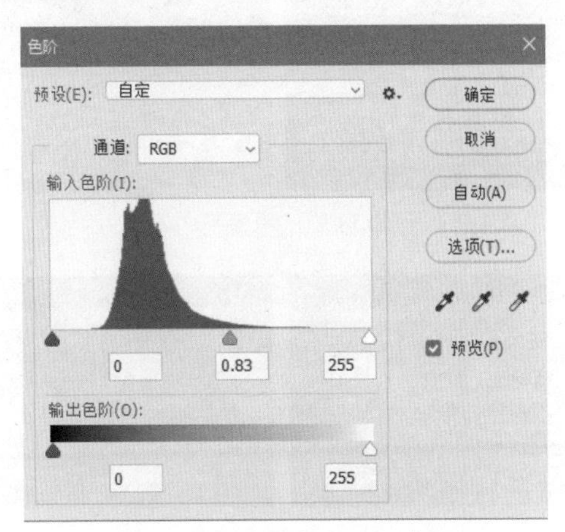

图 5-349 设置“色阶”参数

21 调整道路的颜色，使之与右边的道路相一致，最后效果如图 5-350 所示。

图 5-350 道路最终效果

这样道路的效果基本就完成了，一般在后期处理中，为了增加其真实程度，还会在道路上加上来回奔驰的汽车和路边的树影等，在这里就不赘述了。

5.14 霓虹闪烁——霓虹灯制作技巧点拨

夜幕降临，城市就会隐现在霓虹闪烁的灯光中。这奇妙的景象、斑斓的色彩总是勾起人们对城市生活的向往，如图 5-351 所示为城市灯火辉煌的情景，如图 5-352 所示为城市交通车流涌动、流线优美的真实写照。那么在后期处理中怎么样来表现这一些奇妙的景象呢？这就是本节将要探讨的话题。

图 5-351 城市霓虹

图 5-352 车流线

5.14.1 外置画笔绘制霓虹灯

除了软件自身携带的画笔，我们还可以去网上下载一些合适的画笔为自己所用。这也是一种提高工作效率行之有效的方法。

在本例中将使用到光域网画笔来制作霓虹灯光。

01 运行 Photoshop 软件，打开如图 5-353 所示的示例文件。

图 5-353 示例文件

02 使用画笔工具 ，在工具选项栏中单击画笔工具右侧的倒三角按钮，如图 5-354 所示。

图 5-354 画笔工具选项栏

03 在打开的画笔设置面板中，单击右侧的三角形按钮，选择“导入画笔”命令，如图 5-355 所示。

04 打开放置画笔的文件夹，选择需要载入的画笔，单击“载入”按钮，如图 5-356 所示。

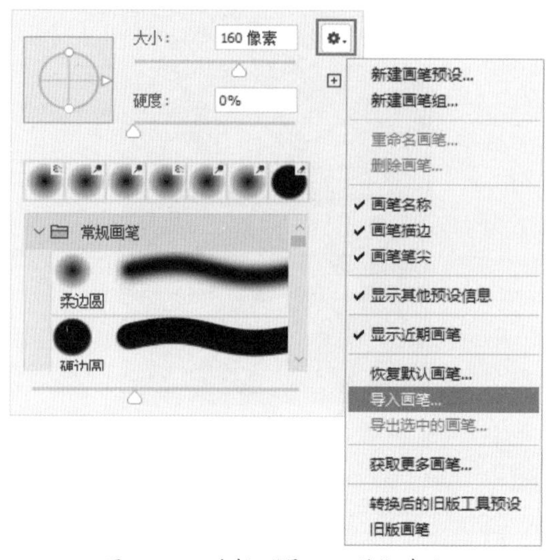

图 5-355 选择“导入画笔”命令

图 5-356 选择画笔

05 再次在工具选项栏中单击画笔工具右侧的倒三角按钮，打开画笔设置面板，可以看到里面已经添加如图 5-357 所示的一些新画笔。

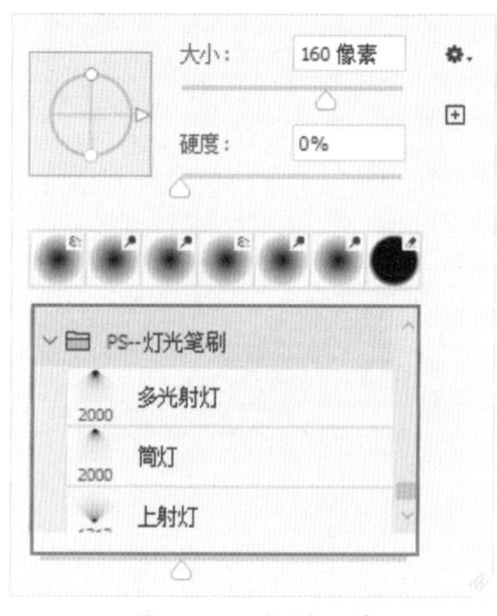

图 5-357 新增画笔

06 载入画笔后，开始绘制霓虹灯。首先按 Ctrl+Shift+N 组合键，新建一个图层，命名为“霓虹灯”。

07 使用画笔工具，选择“上射灯”画笔，如图 5-358 所示。

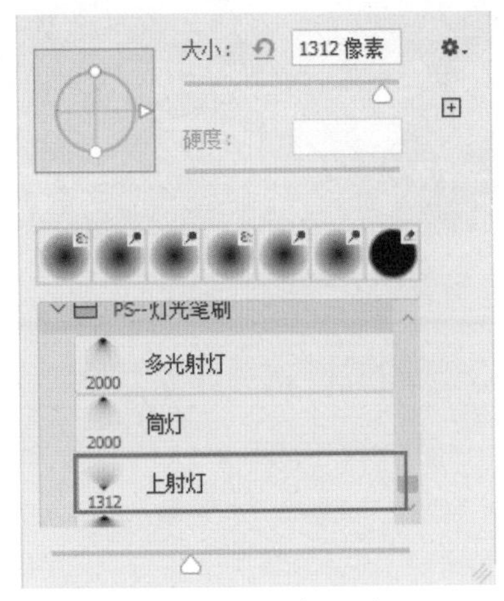

图 5-358 选择画笔

08 设置前景色为红色，色值参数为 #ff0000，在如图 5-359 所示的位置单击画笔，得到如图 5-360 所示的效果。

图 5-359 鼠标单击位置

图 5-360 笔刷绘制效果

09 根据建筑的窗口朝向，使用“自由变换”调整灯光的透视关系，如图 5-361 所示。

图 5-361 自由变换

10 按 Enter 键应用变换，效果如图 5-362 所示。

图 5-362 旋转效果

11 按 Ctrl+Shift+N 组合键，新建一个图层，设置前景色为蓝色，色值参数为 00bbfe，同样绘制这样的灯光，效果如图 5-363 所示。

图 5-363 蓝色灯光效果

12 新建一个图层，设置前景色为绿色，色值参数为 00fe7e，参照上述方法绘制绿色灯光，如图 5-364 所示。

图 5-364 绿色灯光效果

13 使用多边形套索工具，沿着建筑的边缘建立选区，如图 5-365 所示。

图 5-365 使用多边形套索工具建立选区

14 按下 Delete 键，删除多余的灯光，如图 5-366 所示。

图 5-366 删除多余灯光

15 按住 Shift 键，选择霓虹灯所在的三个图层，更改图层的“不透明度”为 64%，如图 5-367 所示。

图 5-367 更改图层不透明度

16 至此，霓虹灯制作完成，最后效果如图 5-368 所示。

图 5-368 霓虹灯效果

5.14.2 图层样式制作发光字

我们常常看到繁华的街道两侧，处处都是发光字招牌，给夜晚的街道营造了一种嘈杂、热闹的气氛，成为了一道亮丽的风景线。那么这些发光字招牌在后期处理中应该如何来制作呢？这里介绍一种简单的方法，利用“图层样式”来制作发光字。

01 运行 Photoshop 软件，打开示例文件，如图 5-369 所示。

图 5-369 示例文件

02 使用文字工具 T，在画布上进行单击，输入汉字“阿玛妮中西餐厅”，如图 5-370 所示。

图 5-370 输入汉字

03 双击文字图层，在工具选项栏中单击按钮，设置文字的属性如图 5-371 所示。

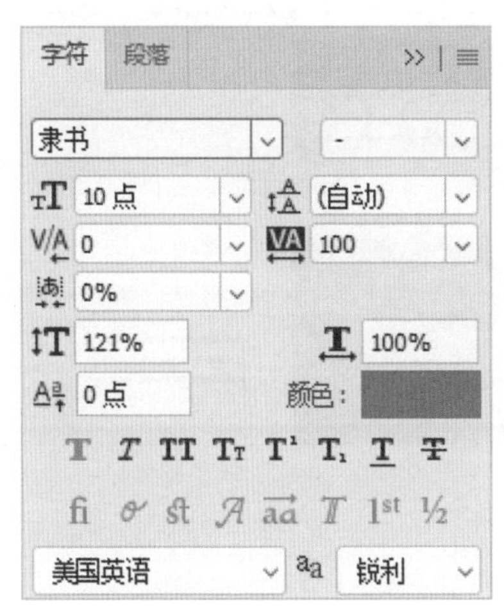

图 5-371　设置文字属性

04 观察图像可知，发光文字刚好处于弧形建筑上，所以相应的文字也要依据建筑产生这样的弧度，看上去才真实。

05 单击工具选项栏中的创建文字变形按钮，设置文字变形的参数如图 5-372 所示。

图 5-372　设置变形文字参数

06 单击“确定”按钮，查看文字变形效果如图 5-373 所示。

图 5-373　文字变形效果

07 单击按钮，在弹出的菜单中选择“混合选项”命令，如图 5-374 所示。

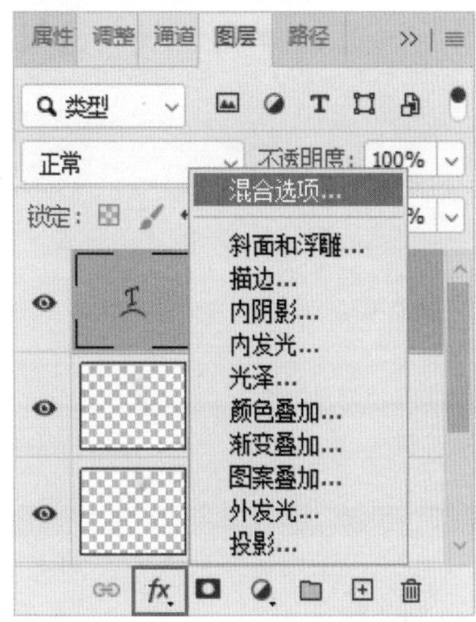

图 5-374　选择“混合选项”命令

08 打开【图层样式】对话框，选择“外发光”选项卡，设置参数如图 5-375 所示，效果如图 5-376 所示。

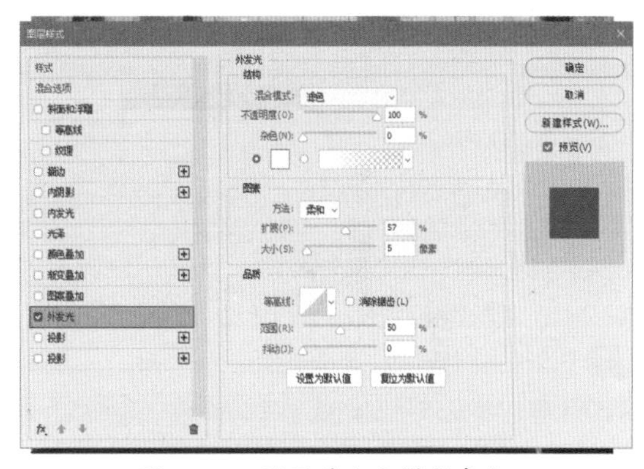

图 5-375　设置外发光样式参数

图 5-376　外发光效果

09 选择“渐变叠加”选项卡，显示“渐变叠加”参数设置面板，如图 5-377 所示。

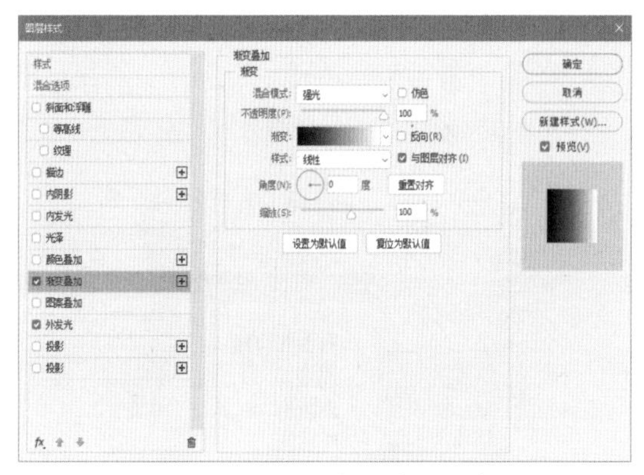

图 5-377　设置“渐变叠加”参数

10 单击渐变条，弹出渐变编辑器，如图 5-378 所示。

图 5-378　渐变编辑器

11 在渐变编辑器中，渐变类型选择“杂色”，这样制作出来的渐变效果变幻效果会更佳，“粗糙度”保持默认设置 50%，然后单击“随机化”按钮，如图 5-379 所示。

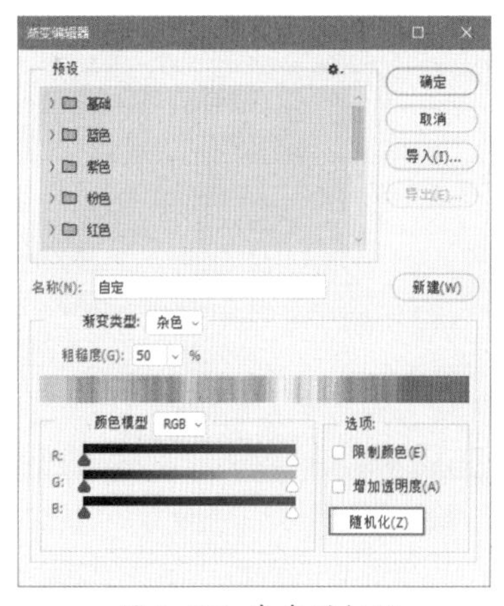

图 5-379　杂色随机化

12 在给文字添加渐变的时候，可以一边预览效果，一边调整颜色，如图 5-380 所示。

图 5-380　预览效果

13 当觉得颜色够鲜明、够好看的时候，单击“确定”按钮，完成文字颜色渐变效果的制作，如图 5-381 所示。

图 5-381　渐变叠加效果

14 最后再给发光字添加一个边框，效果如图 5-382 所示。

图 5-382　添加边框效果

15 至此，发光字制作完成。

5.15　人来人往——人物配景添加技巧点拨

在进行室外效果图后期处理时，适当地为场景添加人物是必不可少的。因为人物配景的大小为建筑尺寸的体现提供了参照。添加人物配景，不仅可以烘托主体建筑、丰富画面、增加场景的透视感与空间感，还使得画面更加真实，富有生活气息。

下面以一个具体的实例介绍人物添加的方法和注意事项，添加前后对比效果如图 5-383 所示。

添加前

添加后

图 5-383 添加人物素材前后效果对比

在添加人物配景时，需要注意以下几点。

- 所添加人物的形象和数量要与建筑的风格相协调。
- 人物与建筑的透视关系以及比例关系要一致。
- 为人物制作的阴影要与建筑的阴影相一致，还要有透明感。

5.15.1 建立视平参考线

在添加人物配景之前，首先应确定场景视平线的位置，并建立参考线，方便调整人物的大小和高度，使整个场景的人物高度保持统一。

确定场景视平线高度有多种方法，比较常用的方法是在场景中选定一个参考物，然后以该参考物为依据创建视平参考线。例如建筑窗台的高度一般在 1.0~1.8m 范围，而视平线的高度在 1.65m 左右，如图 5-384 所示的建筑为公共建筑，在窗台稍高的位置创建一条水平参考线，即得到视平参考线。

图 5-384 根据参考物确定视平参考线

根据计算机的远近法表现出的渲染图像，是从固定的观察点进行观察得到的。因此透视图像中的地平线（灭点的连线）就是观察点的高度。

新建一个图层，使用直线工具绘制透视延长线，延长线的交汇点即为透视灭点，通过该点创建水平参考线，即得到视平参考线，如图 5-385 所示。

图 5-385 根据建筑延长线确定视平线

5.15.2 添加人物并调整大小

在建立了视平参考线后，就可以添加人物图像了。在添加之前，应根据建筑的出入口位置和步行道方向，确定人物的流向，从而使人物配景整齐而有序，而不是任意放置。本场景的人物走向如图 5-386 所示。建筑入口位置可以多放置一些，整体做到有疏有密、形式多样，切合建筑表现的需要。

图 5-386 确定人物的走向

01 按 Ctrl+O 键，打开配套资源提供的人物图像素材，如图 5-387 所示。

图 5-387 人物图像素材

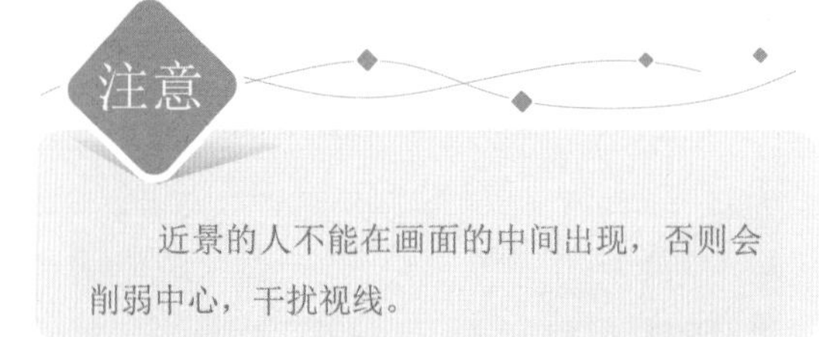

近景的人不能在画面的中间出现，否则会削弱中心，干扰视线。

02 首先添加近处的人物。将提公文包人物图像添加至画面左下角，按 Ctrl+T 快捷键，调整人物大小，人物顶端与视平参考线对齐，如图 5-388 所示。

图 5-388 添加并调整人物大小

03 确定人物的位置、尺寸和方向后，接下来调整色彩。放大人物显示后可以发现人物的边缘有一圈白边，如图 5-389 所示。

图 5-389 白色杂边

04 执行“图层”|“修边”|“去边”命令，去除 2 像素白色边缘，结果如图 5-390 所示。

图 5-390 去边结果

05 添加步行道和建筑入口位置的其他人物，如图 5-391 所示，注意人物的走向。入口附近的人应比其他地方的人多。

图 5-391 添加其他人物

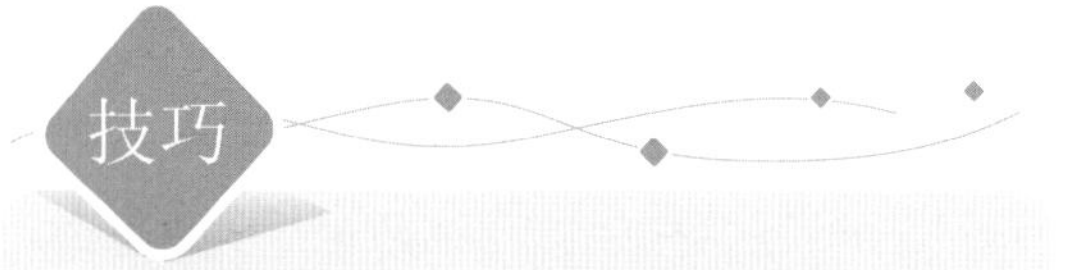

执行“图层”|“修边”|“移去黑色杂边”或“移去白色杂边”，可以分别去除黑色和白色杂边。

06 对于需要调整方向的人物，可以按 Ctrl+T 快捷键，调用“变换”命令，然后单击鼠标右键，打开如图 5-392 所示的变换菜单。

图 5-392 打开变换菜单

07 选择“水平翻转”命令，调整人物走向如图 5-393 所示。

图 5-393 调整人物走向

08 添加画面中间区域的人物，如图 5-394 所示，突出画面中心。人物的走向与前面保持统一，人物高度为视平参考线高度。

图 5-394 添加画面中间区域人物

09 添加画面右侧区域的人物，如图 5-395 所示。

图 5-395 添加画面右侧区域人物

5.15.3　调整亮度和颜色

对于放进来的人物素材，应进行饱和度色彩调整，使整个场景和谐统一。阴影区域的人物应降低亮度，阳光区域的人物应提高亮度。

01 选择阴影区域人物所在的图层，按 Ctrl+U 快捷键，打开【色相 / 饱和度】对话框，将明度和饱和度滑块向左移动，降低人物的亮度和饱和度，如图 5-396 所示。

图 5-396 降低阴影区域人物亮度和饱和度

02 降低阴影区域其他人物的亮度和饱和度，如图 5-397 所示。

图 5-397 调整阴影区域其他人物

03 对于部分处于建筑阴影中的人物，使用套索工具选择进行调整，如图 5-398 所示。

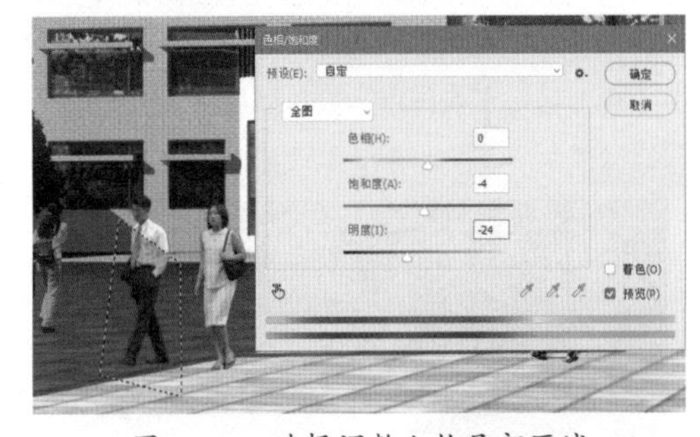

图 5-398 选择调整人物局部区域

5.15.4　制作阴影和倒影

为人物添加阴影，可使人物与地面自然融合，否则添加的人物就会给人以飘浮在空中的感觉。

01 选择人物所在的图层，按 Ctrl+J 快捷键，拷贝图层。按 Ctrl +“[”快捷键，将拷贝图层向下移动一层，放置在原人物所在图层的下方。

02 按 Ctrl+T 快捷键，开启“自由变换”模式。按住 Ctrl 键不放，拖动变换框上边的中间控制点，变换图像如图5-399所示。

图5-399 复制图层并执行变换

03 按Ctrl+U快捷键，打开【色相/饱和度】对话框，将明度滑块移动至左端，将图像调整为黑色，如图5-400所示。

图5-400 图像调整为黑色

04 建筑阴影中的人物阴影轮廓过于清晰，需要进行模糊处理。执行“滤镜”|“模糊”|“高斯模糊”命令，打开【高斯模糊】对话框，设置模糊半径为1像素，进行轻微模糊处理，如图5-401所示。

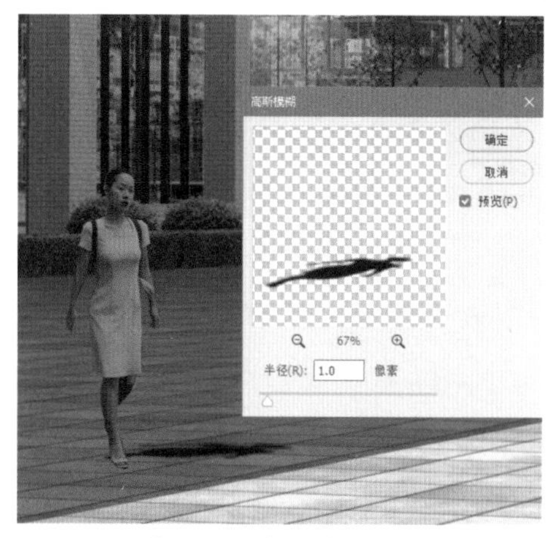

图5-401 高斯模糊处理

05 人物阴影应具有一定的透明度，这里设置“填充”为60%，如图5-402所示，即得到比较逼真的人物阴影效果。

图5-402 降低图层不透明度

5.15.5 添加动感模糊效果

对于近景的人物素材应添加运动模糊效果，或降低图层的不透明度，以避免分散观察者对建筑的注意力。

01 选择近景人物所在的图层，执行“滤镜”|“模糊”|“动感模糊”命令，打开【动感模糊】对话框，设置动感模糊参数如图5-403所示。

图5-403 设置动感模糊参数

02 使用同样的方法，为近景其他人物制作动感效果，如图5-404所示。从而完成整个建筑场景人物配景的添加工作。

图5-404 模糊处理其他近景人物

图 5-404 模糊处理其他近景人物（续）

5.15.6　人物添加的注意事项

1. 调整正确的人物大小

错误的人物尺寸可能会使小型建筑物看起来高大，相反也可能会导致大规模的建筑物看起来矮小，从而失去人物作为正确建筑尺寸参考的作用，也就失去了添加人物素材的最初的意义。

2. 调整正确的人物方向

尽量避免添加与计划中人物走向不符合的人物，这样会使效果图看起来极不自然。

3. 不要遮挡观察者的视线

人物不宜放置在太显眼的位置，以免遮挡观察者的视线；也不要使用太显眼的人物素材，以免分散观察者的注意力。

4. 使用符合建筑物用途的人物素材

在办公楼前放置穿正装的人物，学校建筑前使用学生人物素材，民居建筑前使用温馨的家庭人物，如图 5-405 所示。

图 5-405 民居建筑使用的人物素材

图 5-405 民居建筑使用的人物素材（续）

此外，人物素材也需要符合建筑的区域和特色，比如欧洲建筑宜使用欧洲人物素材，如图 5-406 所示。

图 5-406 欧洲建筑宜使用欧洲人物素材

办公楼建筑宜使用正装人物素材，如图 5-407 所示。

图 5-407 办公楼建筑宜使用正装人物素材

阿拉伯建筑宜使用阿拉伯人物素材，如图 5-408 所示。

图 5-408 阿拉伯建筑宜使用阿拉伯人物素材

第3篇 实战篇

第6章 彩色户型图制作

户型图是房地产开发商向购房者展示楼盘户型结构的重要手段。随着房地产业的飞速发展，对户型图的要求也越来越高，真实的材质和家具模块被应用到户型图中，使购房者一目了然。

户型图制作流程如下。

（1）整理CAD图纸内的线。除了最终文件中需要的线，其他的线和图形都要删除。

（2）使用已经定义的绘图仪类型将CAD图纸输出为EPS文件。

（3）在Photoshop中导入EPS文件。

（4）填充墙体区域。

（5）填充地面区域。

（6）添加室内家具模块。

（7）最终效果处理。

6.1　从户型图中输出 EPS 文件

户型图一般都是在 AutoCAD 中绘制，所以要使用 Photoshop 对户型图进行上色和处理，必须从 AutoCAD 中将户型图导出为 Photoshop 可以识别的文件格式，这是制作彩色户型图的第一步，也是非常关键的一步。

6.1.1　添加 EPS 打印机

从 AutoCAD 导出图形文件至 Photoshop 中的方法较多，可以打印输出 TIF、BMP、JPG 等位图图像，也可以输出为 EPS 等矢量图形。

这里介绍输出 EPS 的方法。因为 EPS 是矢量图像格式，文件占用空间小，而且可以根据需要自定义最后出图的分辨率，满足不同精度的出图要求。

将 CAD 图形转换为 EPS 文件，首先必须安装 EPS 打印机，方法如下。

01 启动 AutoCAD，打开配套资源提供的“平面布置图 .dwg”文件，如图 6-1 所示。

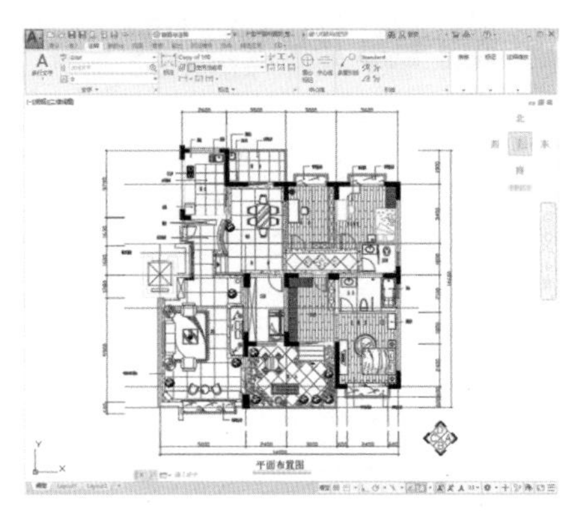

图 6-1　打开 AutoCAD 图形文件

02 在 AutoCAD 中执行“文件”｜“绘图仪管理器”命令，打开 Plotters 对话框，如图 6-2 所示，在对话框中执行添加和配置绘图仪和打印机的操作。

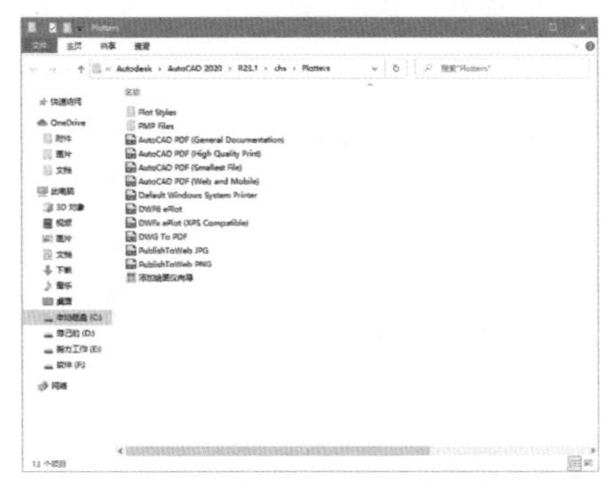

图 6-2　打开 Plotters 对话框

03 双击“添加绘图仪向导”图标，打开添加绘图仪向导。首先出现的是【添加绘图仪—简介】对话框，如图 6-3 所示，对添加绘图仪向导的功能进行了简单介绍，单击“下一步”按钮。

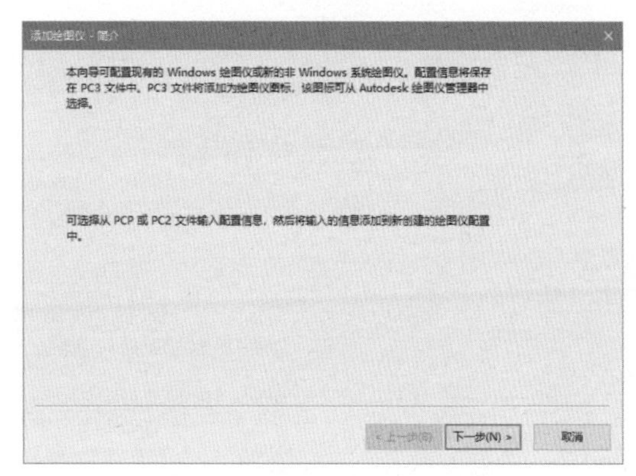

图 6-3　添加绘图仪——简介

04 在打开的【添加绘图仪——开始】对框中选择“我的电脑”选项，如图 6-4 所示，单击“下一步”按钮。

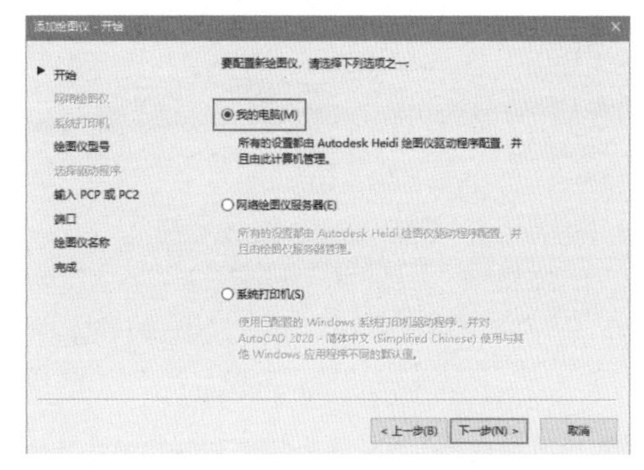

图 6-4　添加绘图仪——开始

05 弹出【添加绘图仪——绘图仪型号】对话框。这里选择 Adobe 公司的“PostScript Level 2”虚拟打印机，如图 6-5 所示，单击“下一步”按钮。

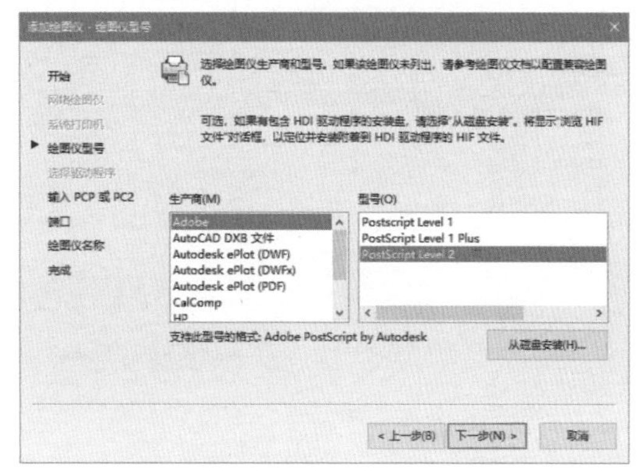

图 6-5　添加绘图仪——绘图仪型号

06 在弹出的【添加绘图仪——输入PCP或PC2】对话框中单击“下一步”按钮，如图6-6所示。

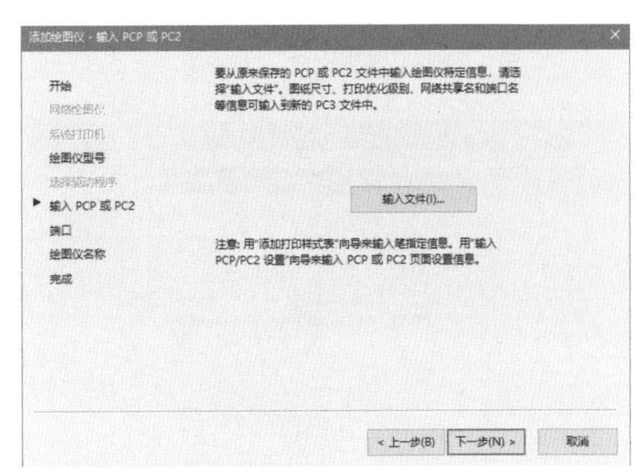

图6-6 添加绘图仪——输入PCP或PC2

07 接下来选择绘图仪的打印端口，这里选择“打印到文件”方式，如图6-7所示。

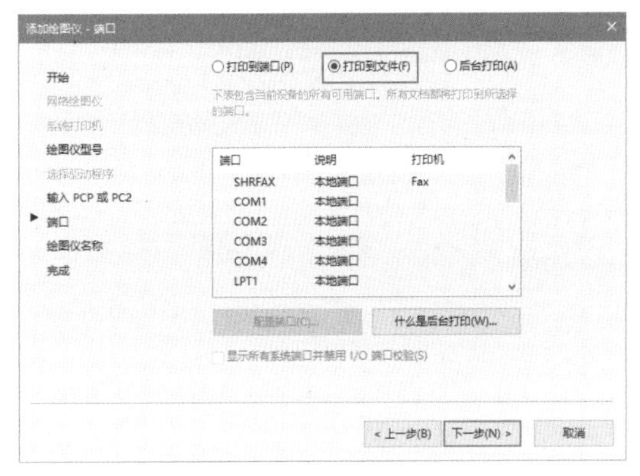

图6-7 添加绘图仪——端口

08 绘图仪成功添加，输入绘图仪的名称来区别AutoCAD其他绘图仪，如图6-8所示，单击“下一步”按钮。

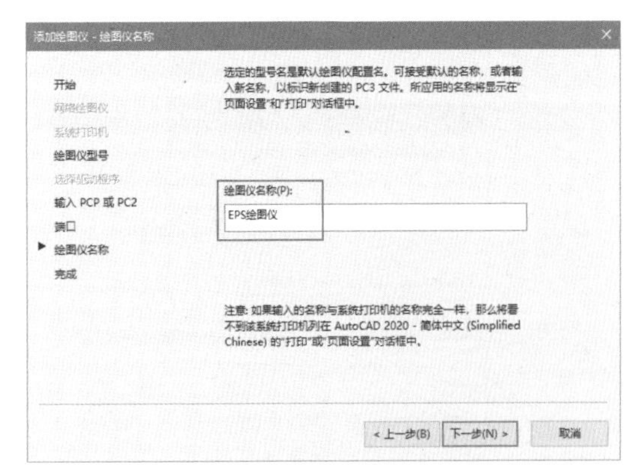

图6-8 添加绘图仪——绘图仪名称

09 单击“完成”按钮，完成EPS绘图仪的添加，如图6-9所示。

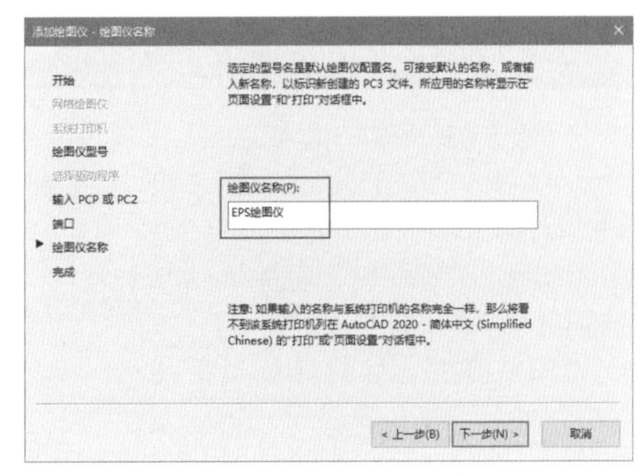

图6-9 添加绘图仪——完成

10 生成的绘图仪配置文件显示在Plotters对话框中，如图6-10所示。这是一个以pc3为扩展名的绘图仪配置文件，在【打印】对话框中可以选择该绘图仪作为打印输出设备。

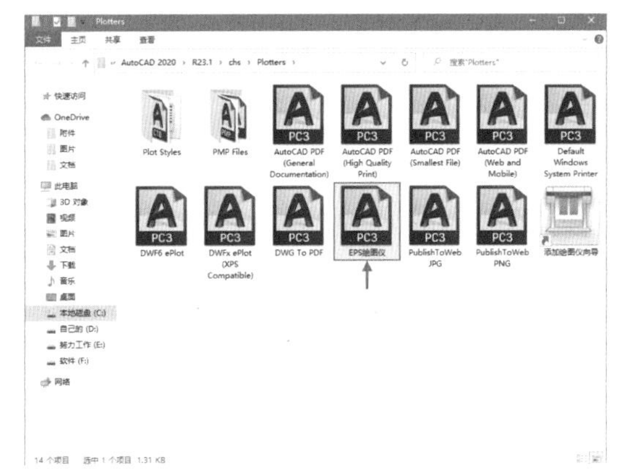

图6-10 生成绘图仪配置文件

6.1.2 打印输出EPS文件

为了方便Photoshop选择和填充，在AutoCAD中导出EPS文件时，一般将墙体、填充、家具和文字分别进行导出，然后在Photoshop中合成。

1. 打印输出墙体图形

打印输出墙体图形时，图形中只需保留墙体、门、窗即可。其他图形可以通过关闭图层的方法来隐藏，如轴线、文字标注等。

为了方便在Photoshop中对齐单独输出的墙体、填充和文字等图形，需要在AutoCAD中绘制一个矩形，确定打印输出的范围，确保打印输出的图形大小相同。

01 选择“图层0”为当前图层，在AutoCAD命令窗口中输入REC“矩形”命令，绘制一个比平面布置图略大的矩形，如图6-11所示，确定打印的范围。

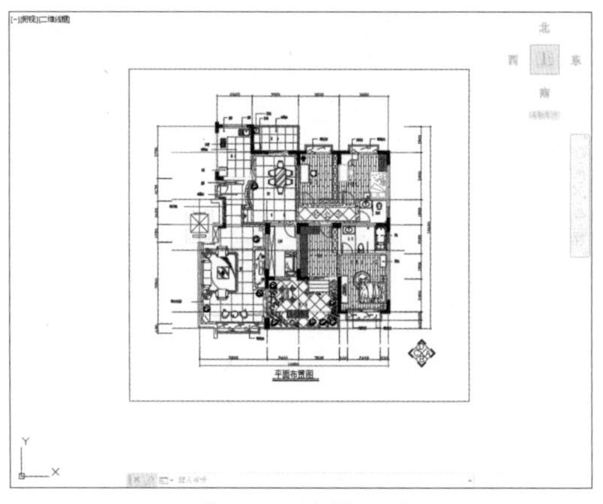

图 6-11　绘制矩形

02 在“图层”列表中关闭“地面”“尺寸标注”“文字”等图层，仅显示“0”“墙体”“门”“窗”“楼梯”几个图层，如图 6-12 所示。

图 6-12　关闭图层

03 此时平面图的显示效果如图 6-13 所示。

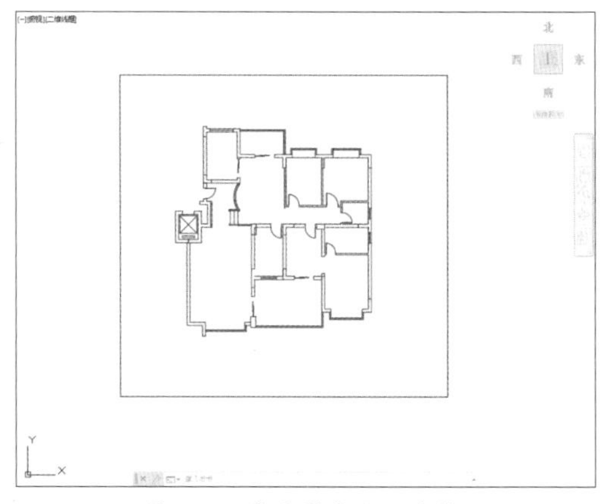

图 6-13　平面图的显示效果

04 执行“文件”|“打印”命令，打开【打印 - 模型】对话框，参数设置如图 6-14 所示。在“打印范围”列表中选择“窗口”方式，以便手工指定打印区域。在“打印偏移”选项组中选择“居中打印”选项，使图形打印在图纸的中间位置。

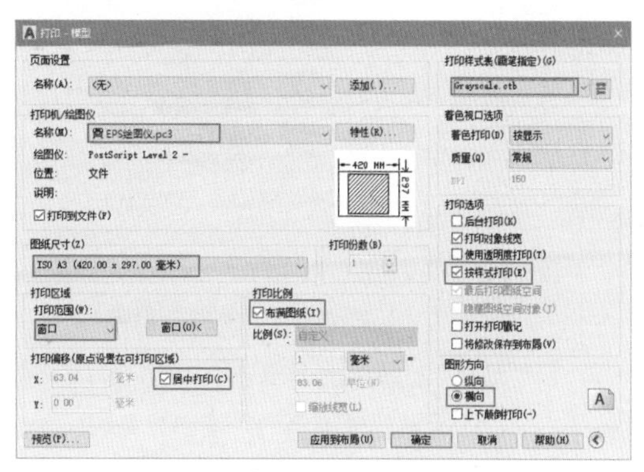

图 6-14　【打印 - 模型】对话框

05 选择“打印比例”选项组中的“布满图纸”选项，使 AutoCAD 自动调整打印比例，使图形布满整个 A3 图纸。在“打印样式表”下拉列表框中选择 Grayscale.ctb 颜色打印样式表。当弹出的【问题】对话框时，单击“是”按钮即可。

06 在“打印选项”列表中选择“按样式打印”选项，使选择的打印样式表生效。在“图形方向”选项组中选中“横向”选项，使图纸横向方向打印。

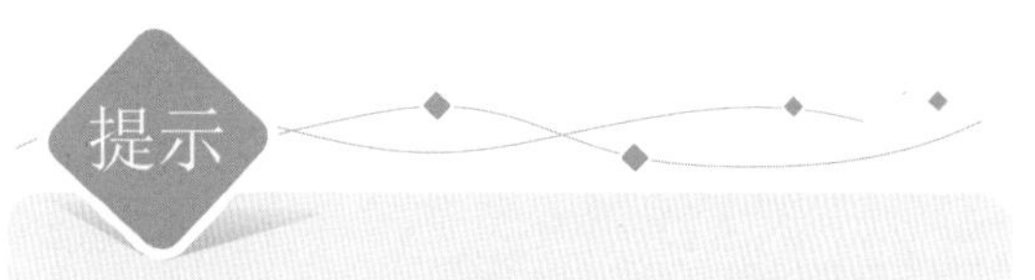

打印样式的作用就是在打印时修改图形的外观。AutoCAD 有两种类型的打印样式：颜色相关样式（CTB）和命名样式（STB）。CTB 样式类型以 255 种颜色为基础，通过设置与图形对象颜色对应的打印样式，使得所有具有该颜色的图形对象都具有相同的打印效果。例如，可以为所有用红色绘制的图形设置相同的打印笔宽、打印线型和填充样式等特性。

07 指定打印样式表后，单击右侧的编辑按钮，打开【打印样式表编辑器】对话框，对每一种颜色图形的打印效果进行设置，包括颜色、线宽等，如图 6-15 所示。这里使用默认设置。

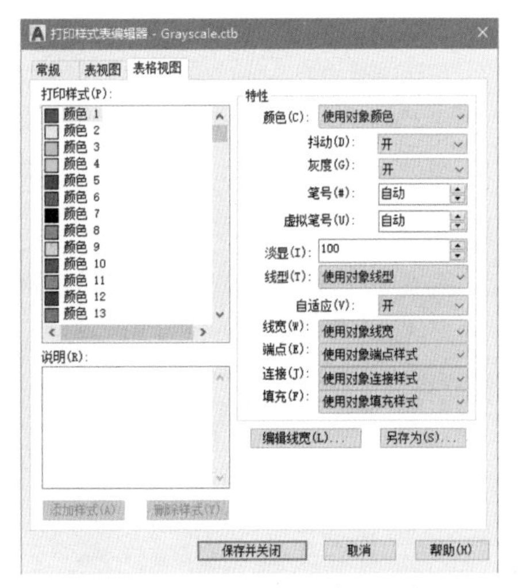

图 6-15 设置对象颜色、线宽

08 单击“打印区域”选项组的“窗口”按钮，在绘图窗口中分别捕捉矩形两个对角点，指定该矩形区域为打印范围，如图 6-16 所示。

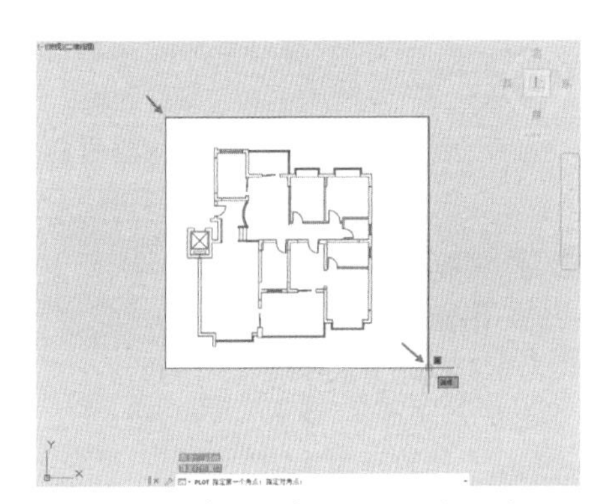

图 6-16 在绘图窗口指定打印区域

09 指定打印区域后，系统自动返回【打印】对话框。单击左下角“预览”按钮，可以在打印之前预览最终的打印效果，如图 6-17 所示。

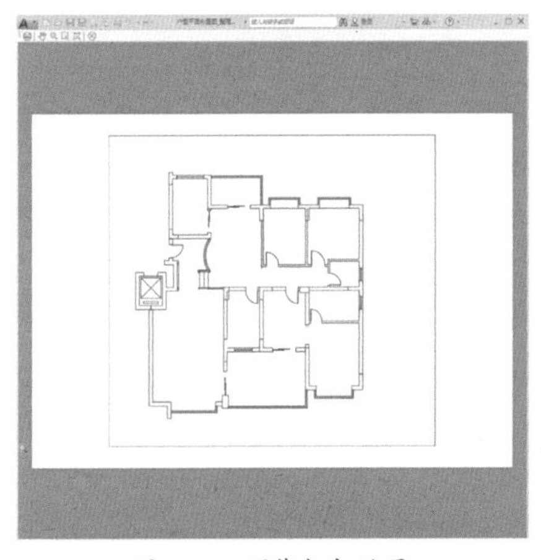

图 6-17 预览打印效果

10 如果在打印预览中没有发现什么问题，单击 按钮开始打印。系统自动弹出“浏览打印文件”对话框，选择“封装 PS(*.eps)”文件类型并指定文件名，如图 6-18 所示。

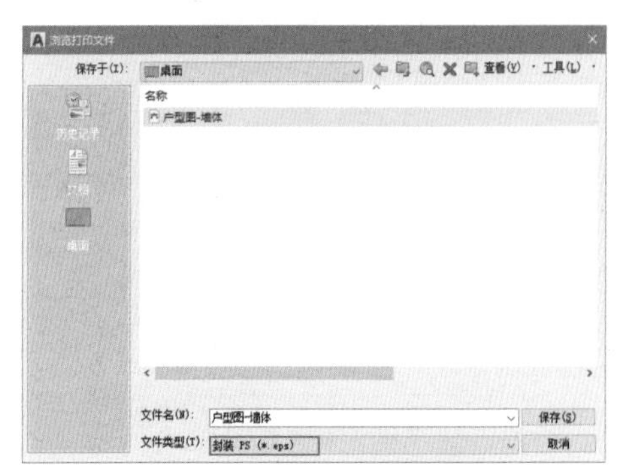

图 6-18 保存打印文件

11 单击“保存”按钮，开始打印输出，并弹出【打印作业进度】对话框。选定图层图形完成输出。

2. 打印家具图形

01 关闭“墙体”“窗”“门”“楼梯”等图层，重新打开“家具”“设备”“绿化”等图层，如图 6-19 所示。

图 6-19 关闭及打开图层

02 显示图形如图 6-20 所示。

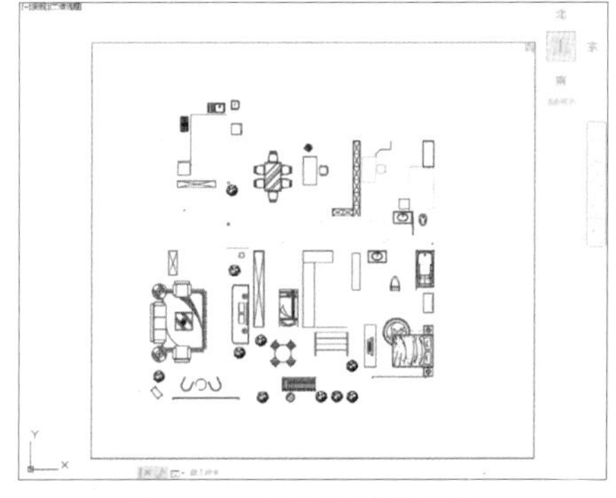

图 6-20 仅显示家具图形

03 按 Ctrl+P 快捷键，再次打开【打印】对话框。保持原来参数不变，预览打印效果，如图 6-21 所示。

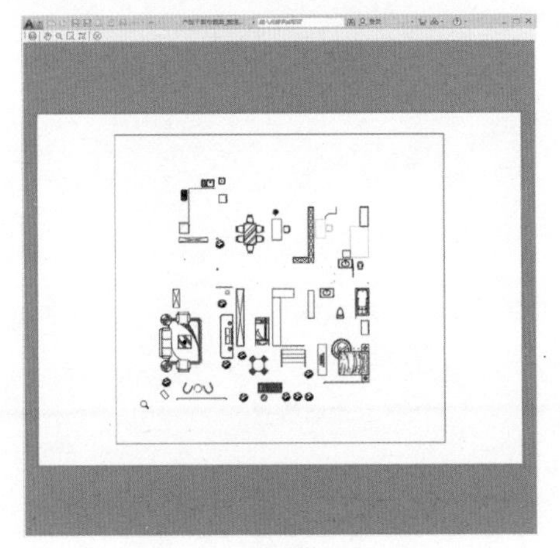

图 6-21　预览打印效果

04 单击按钮开始打印，将打印文件保存为“户型图－家具”文件，如图 6-22 所示。

图 6-22　保存文件

3.　打印输出地面图形

使用同样的方法，控制图层的开 / 关状态，使图形显示如图 6-23 所示。按 Ctrl+P 快捷键，打印输出“户型图－地面 .eps”文件。

图 6-23　显示地面图形

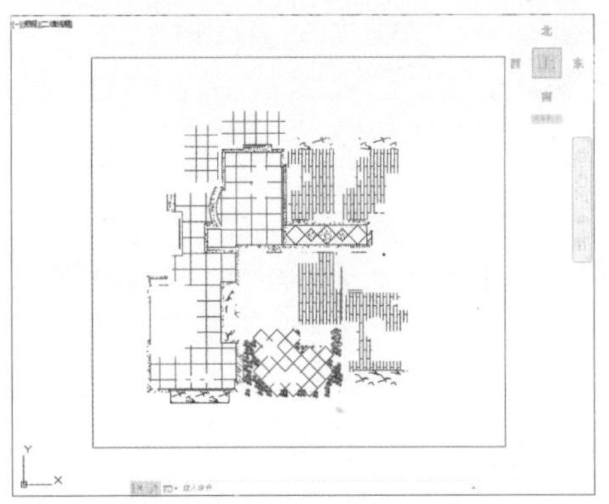

图 6-23　显示地面图形（续）

4.　打印输出文字、标注图形

沿用相同的方法，打印输出文字标注、尺寸标注图形。控制图层的开 / 关状态，图形的显示效果如图 6-24 所示。AutoCAD 图形全部打印输出完毕。

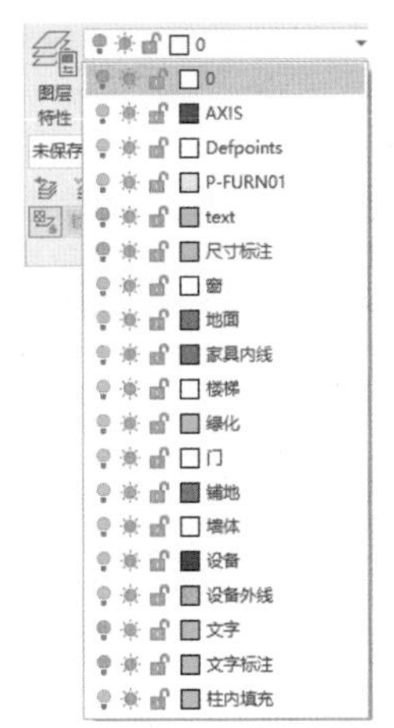

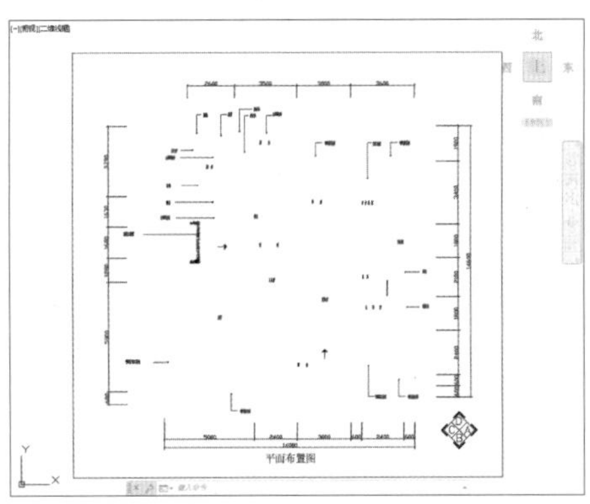

图 6-24　显示标注图形

6.2　室内框架的制作

墙体用来分隔室内空间，将室内空间划分为客厅、餐厅、厨房、卧室、卫生间、书房等功能相对独立的封闭区域。使用魔棒工具分别选择墙体，并填充相应的颜色，清晰地展现室内不同的空间。

6.2.1 打开并合并 EPS 文件

EPS 文件是矢量图形，在为户型图着色之前，需要将矢量图形栅格化为 Photoshop 可以处理的位图图像，图像的大小和分辨率可根据实际需要灵活控制。

技巧

宽度、高度和分辨率参数设置得越高，栅格化后的图像就会越大。

1. 打开并调整墙体线

01 运行 Photoshop，按下 Ctrl+O 快捷键，打开“户型图－墙体.eps”文件，如图 6-25 所示。

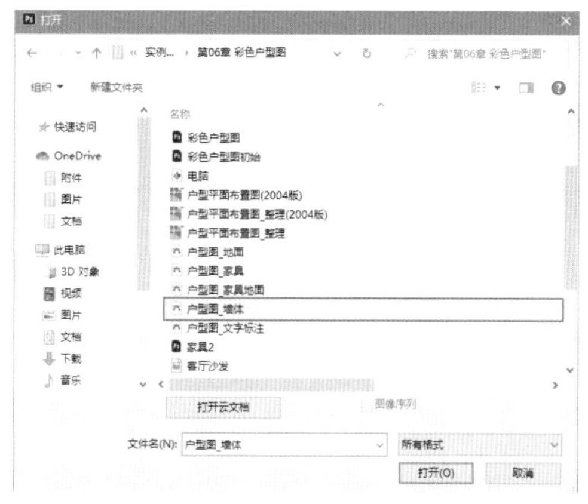

图 6-25 选择打开文件

02 系统弹出【栅格化 EPS 格式】对话框，设置转换矢量图形为位图图像的参数，用户可以根据户型图打印输出的目的和大小，设置相应的参数，如图 6-26 所示。

图 6-26 设置参数

03 栅格化 EPS 后，得到一个背景为透明的位图图像，如图 6-27 所示。

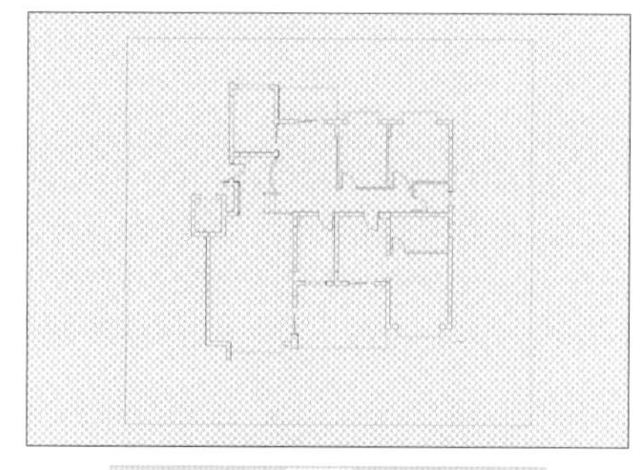

图 6-27 栅格化 EPS 文件的结果

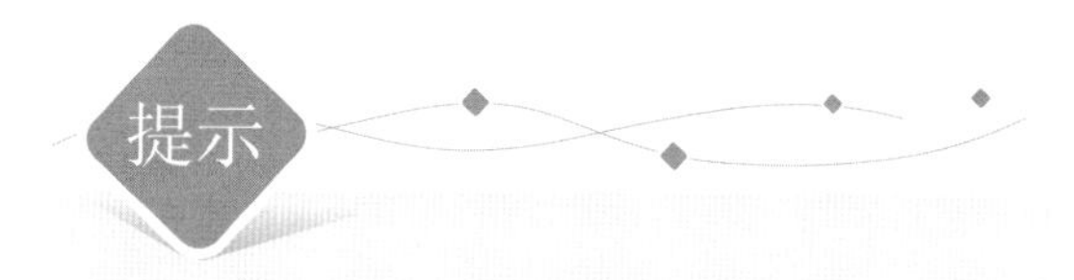

提示

如果将 AutoCAD 图形打印输出为 TIF、BMP 等位图格式，会得到白色的背景，在制作户型图时，首先要使用选择工具将白色背景与户型图进行分离。

04 透明背景的网格显示不便于图像查看和编辑。按 Ctrl 键，同时单击图层面板上“创建新图层”按钮⊞，在图层 1 的下方新建图层 2。设置背景色为白色，按 Ctrl+Delete 键填充颜色，得到白色背景，如图 6-28 所示。

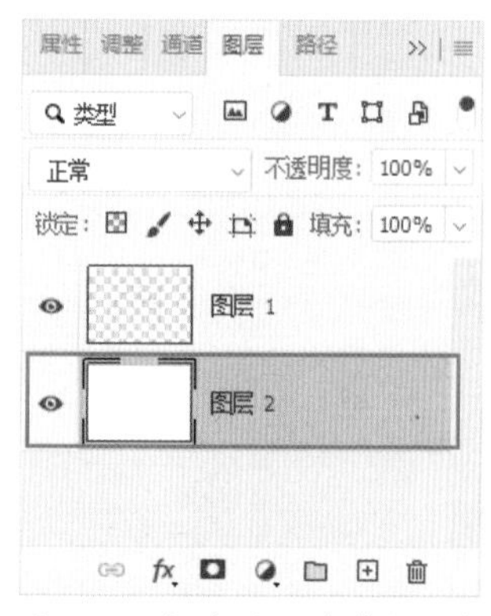

图 6-28 新建图层并填充白色

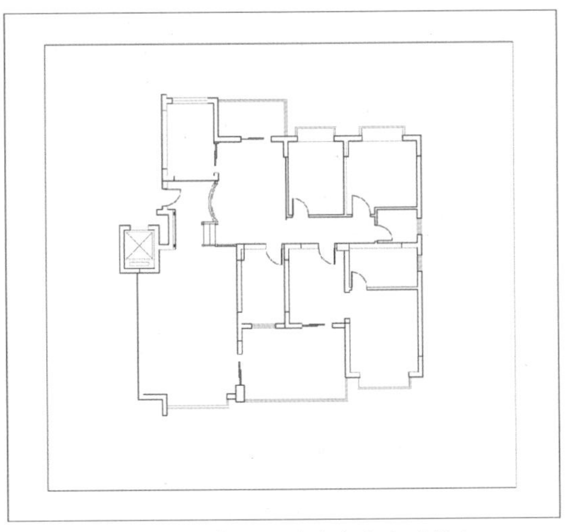

图 6-28 新建图层并填充白色（续）

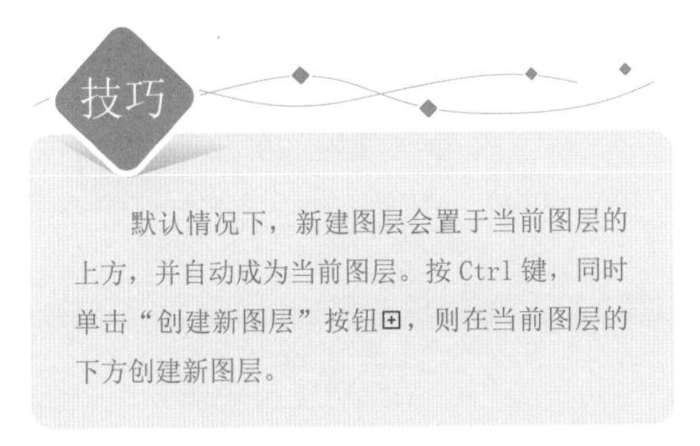

05 选择图层 2，执行“图层”|“新建”|“背景图层”命令，将图层 2 转换为“背景”图层，如图 6-29 所示。“背景”图层不能移动，方便选择和编辑图层。

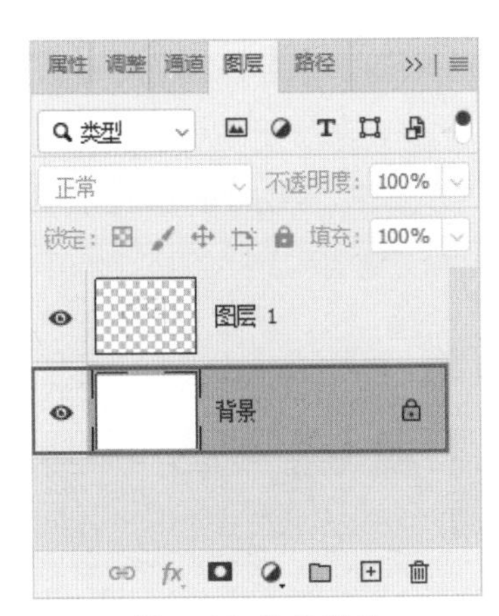

图 6-29 转换图层

06 填充白色背景后，会发现有些细线条颜色较淡，不够清晰，需要进行调整。选择图层 1，按 Ctrl+U 快捷键，打开【色相 / 饱和度】对话框。将“明度”滑块移动至左侧，调整线条颜色为黑色，如图 6-30 所示。

图 6-30 设置色相 / 饱和度参数

07 将图层 1 重命名为“墙体线”图层。单击图层面板上的🔒按钮，锁定“墙体线”图层，如图 6-31 所示，以避免图层被误编辑和破坏。

图 6-31 锁定图层

08 选择“文件”|“存储为”命令，将图像文件保存为“彩色户型图 .psd”，如图 6-32 所示。

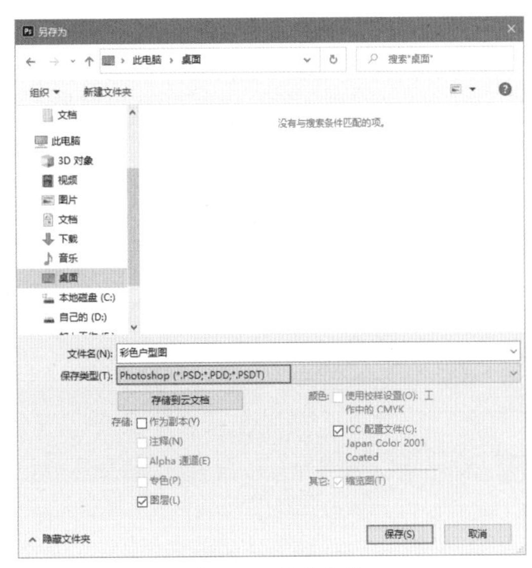

图 6-32 保存文件

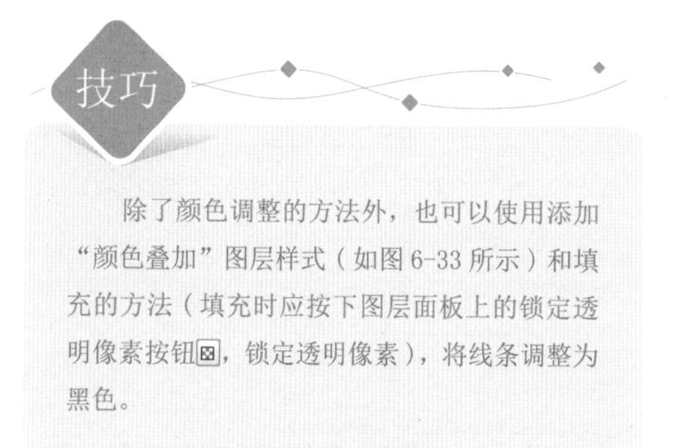

技巧

除了颜色调整的方法外，也可以使用添加“颜色叠加”图层样式（如图6-33所示）和填充的方法（填充时应按下图层面板上的锁定透明像素按钮⊠，锁定透明像素），将线条调整为黑色。

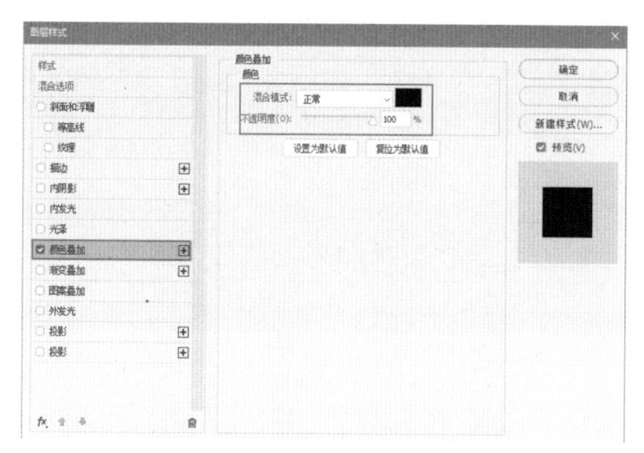

图6-33 “颜色叠加”参数设置

2. 合并家具和地面EPS图像

01 按Ctrl+O快捷键，打开“户型图-家具.eps”图形，使用相同的参数（如所示）进行栅格化，得到家具图形，如图6-34所示。

图6-34 家具图形

02 使用移动工具✥，按住Shift键拖动家具图形至墙体线图像窗口，墙体与家具图形自动对齐，将新图层重命名为“家具”，如图6-35所示。

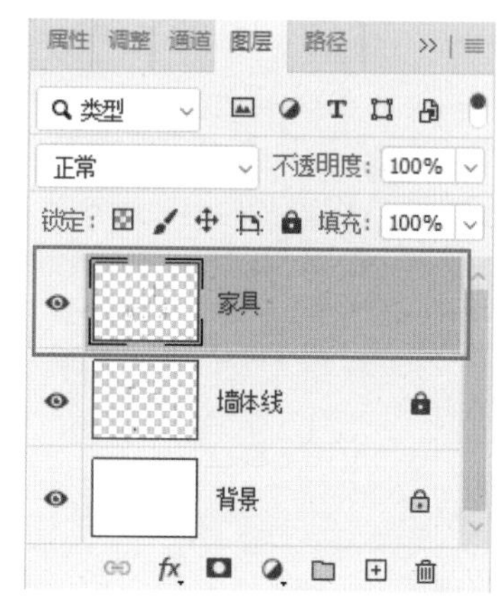

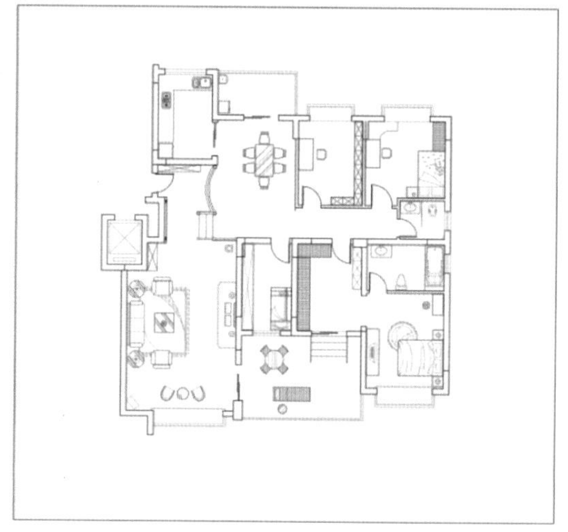

图6-35 调入家具图形

03 使用同样的方法栅格化“户型图-地面.eps”文件，按Shift键将其拖动复制到墙体线图像窗口，将新图层重命名为“地面”图层，此时图层面板和图像窗口如图6-36所示。

图6-36 调入地面图形

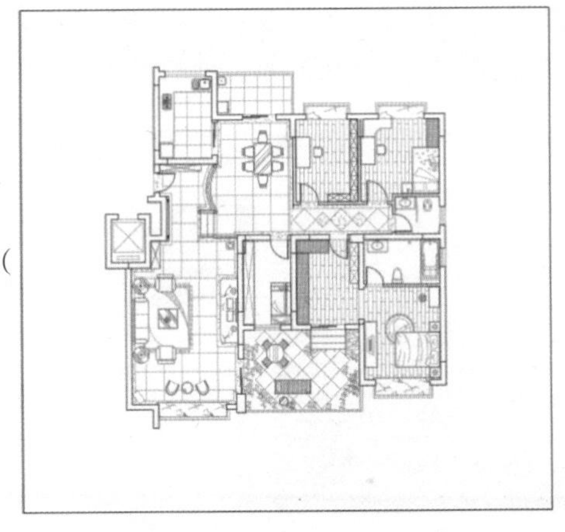

图 6-36 调入地面图形（续）

6.2.2　墙体的制作

01 按 Ctrl+Shift+N 组合键，新建“墙体”图层，如图 6-37 所示。

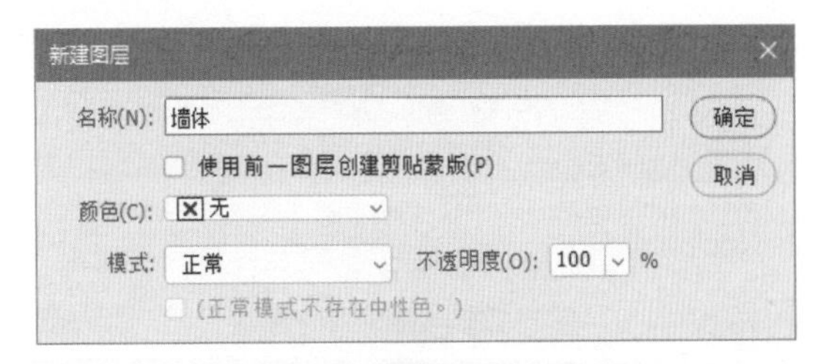

图 6-37 新建墙体图层

02 选择“墙体”图层。使用魔棒工具，在工具选项栏中设置参数，如图 6-38 所示。选择“对所有图层取样”选项，以便在所有可见图层中应用颜色选择，避免反复在“墙体”图层和“墙体线”图层之间切换。

图 6-38 设置魔棒工具参数

03 在墙体区域空白处单击，选择墙体区域，相邻的墙体可以按 Shift 键一次选择，如图 6-39 所示。

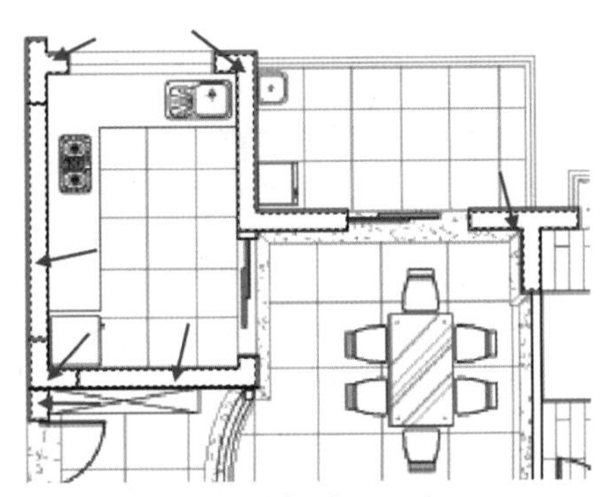

图 6-39 选择墙体区域

04 按 D 键，恢复显示前 / 背景色为默认的黑 / 白颜色，按 Alt+Delete 快捷键填充黑色，如图 6-40 所示。

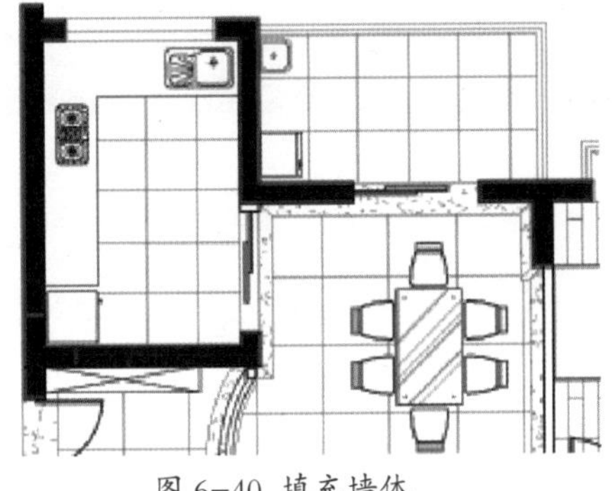

图 6-40 填充墙体

05 使用同样的方法，完成其他墙体的填充，如图 6-41 所示。

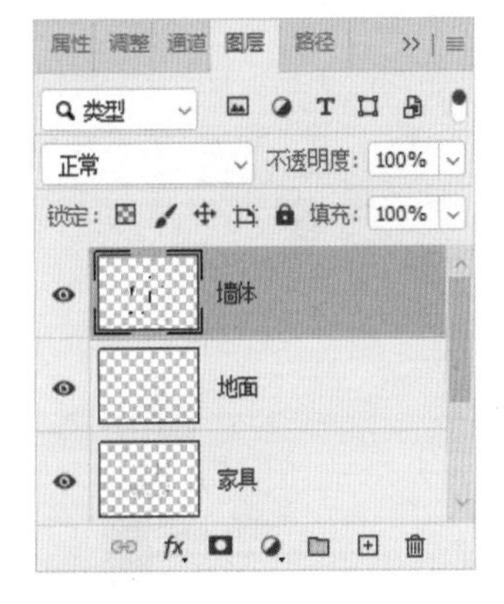

图 6-41 填充其他墙体

6.2.3 窗户的制作

户型图中的窗户一般使用青色填充表示。

01 新建“窗户”图层，并设置为当前图层，如图6-42所示。

图6-42 新建“窗户”图层

02 双击前景色色块，打开【拾色器】对话框，设置前景色参数为#3cc9d6，如图6-43所示。

图6-43 设置前景色参数

03 按Shift+G快捷键，切换至油漆桶工具，在工具选项栏中选择“所有图层”选项，如图6-44所示。

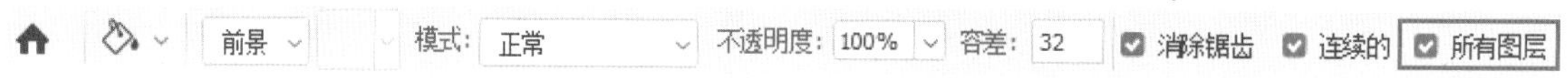

图6-44 设置工具选项栏

04 移动光标至墙体窗框位置，在窗框线之间空白区域单击鼠标左键，填充前景色，如图6-45所示。使用油漆桶工具，能够将填充范围限制在窗框线之间的空白区域。

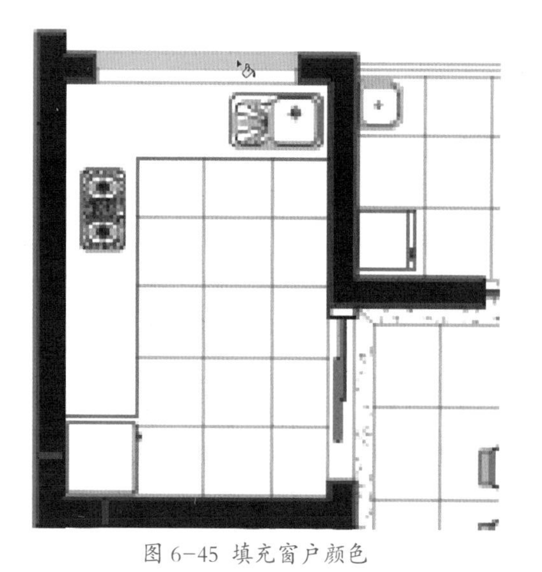
图6-45 填充窗户颜色

05 使用同样的方法填充其他窗框区域，如图6-46所示，完成窗户的制作。

图6-46 窗户最终结果

6.3 地面的制作

为了更好地表现整个户型的布局和各功能区域的划分，准确地填充地面就显得非常必要。

在填充地面时应注意两点，一是选择地面要准确，对于封闭区域可使用魔棒工具。未封闭区域则可以先绘制线条封闭，或结合矩形选框工具和多边形套索工具，封闭轮廓后再选择。

二是使用的填充材质要准确。例如卧室一般都使用木地板材质，突出温馨、浪漫的气氛，不宜使用色调较冷的大理石材质。在填充各空间的地面时，应使整体色调协调。

在制作地面图案时，这里推荐使用“图层样式”的图案叠加效果。因为该方法可以随意调节图案的缩放比例，而且可以方便地在各个图层之间复制。除此之外，还可以将样式以单独的文件进行保存，以备将来调用。

6.3.1　创建客厅地面

1.　创建客厅地面填充图案

客厅地面一般铺设 800×800 或 600×600 的地砖。为了配合整体效果，这里只创建接缝图案，并填充一种地砖颜色。

01 在图层面板中单击“创建新组”按钮，新建组，重命名为“客厅地面”。将与客厅地面相关的图层置于其中，方便管理。

02 选择“地面”图层。使用直线工具，设置选项栏中的工作模式为“像素”，设置粗细为 1 像素，如图 6-47 所示。

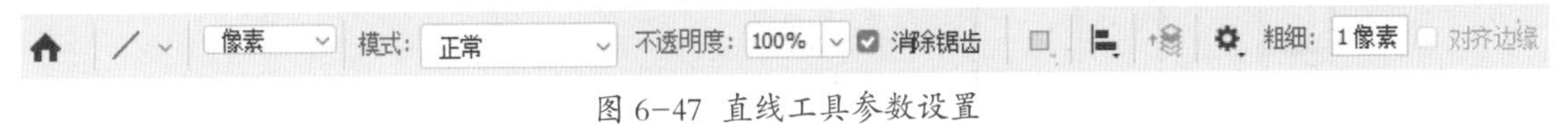

图 6-47　直线工具参数设置

03 设置前景色为黑色，沿客厅地砖分隔线绘制两条直线，如图 6-48 所示。

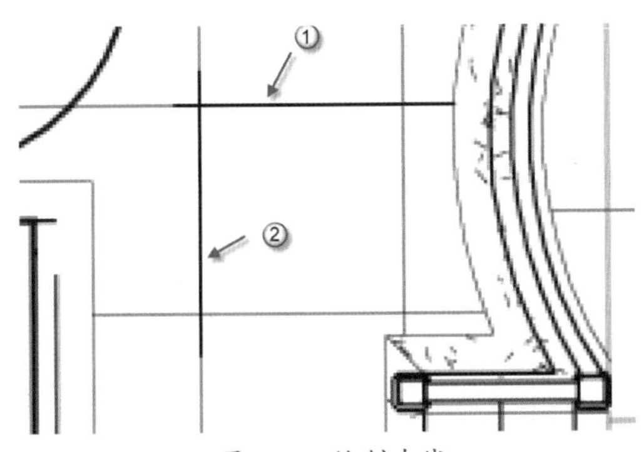

图 6-48　绘制直线

04 使用矩形选框工具，选择客厅地面一块地砖选区，如图 6-49 所示。

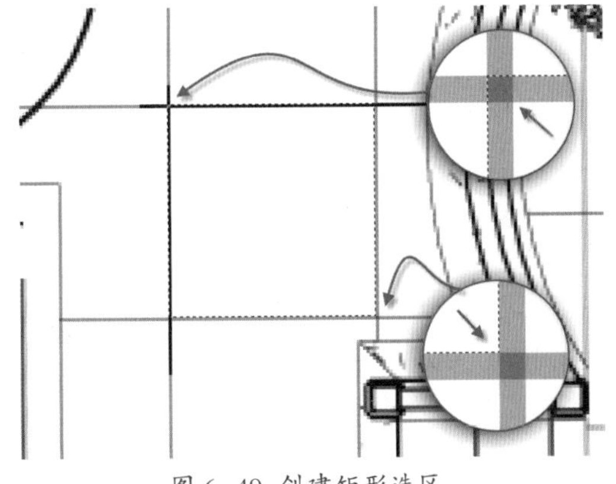

图 6-49　创建矩形选区

05 单击“背景”图层左侧的眼睛图标，关闭图层，隐藏白色背景，如图 6-50 所示。

图 6-50　关闭背景图层

06 执行“编辑”|“定义图案”命令，创建“800×800 地砖线”图案，如图 6-51 所示。地砖图案创建完成。

图 6-51　创建地砖线图案

2.　封闭客厅空间

01 为了便于选择各个室内区域，暂时隐藏“地面”和“家具”图层，如图 6-52 所示。

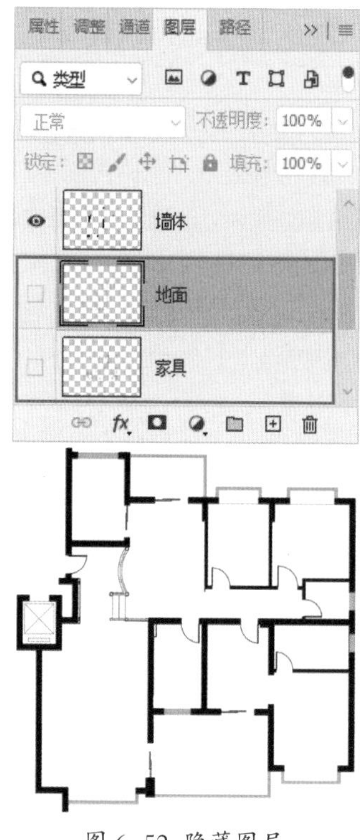

图 6-52 隐藏图层

02 客厅位于户型图的左侧，使用魔棒工具，移动光标至客厅区域后单击鼠标左键，会发现右侧的露台区域也会被同时选择。这是由于客厅右侧的推拉门为半开状态，使客厅区域未能完全封闭，如图 6-53 所示。

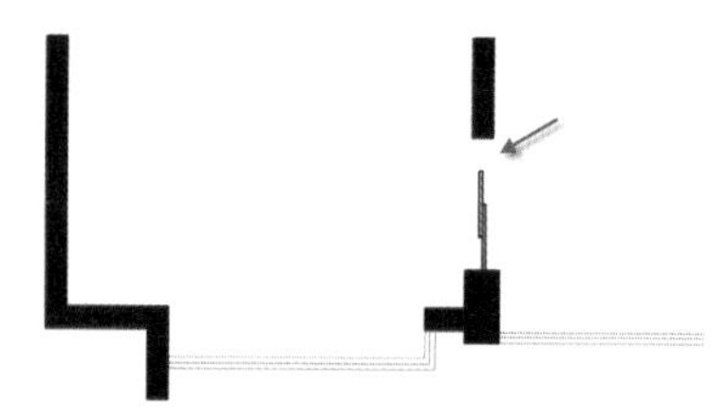

图 6-53 推拉门的半开状态

03 新建“封闭线”图层，使用直线工具，在推拉门位置绘制一条线，闭合区域，如图 6-54 所示。

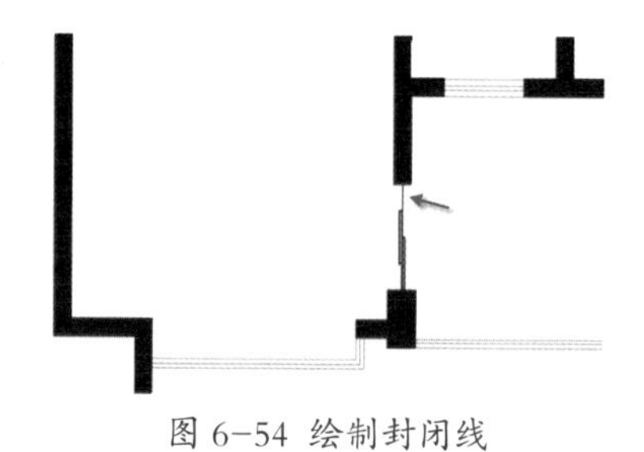

图 6-54 绘制封闭线

3. 创建客厅地面

01 再次使用魔棒工具，在客厅位置单击鼠标左键，创建客厅区域选区，如图 6-55 所示。

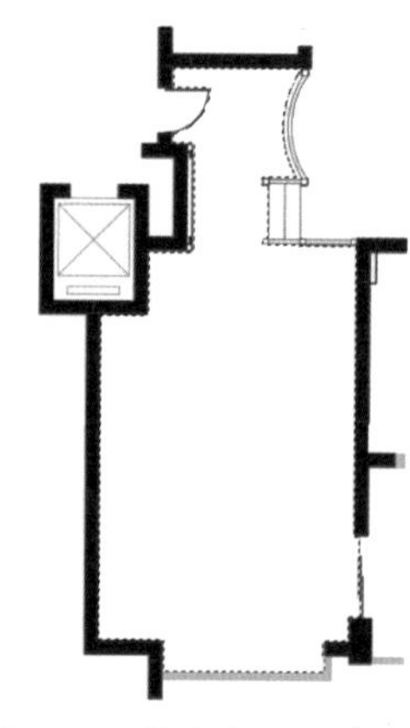

图 6-55 创建客厅区域选区

02 在“客厅地面”组下新建图层，命名为“客厅地面”，如图 6-56 所示。

03 选择“客厅地面”图层。设置前景色为 #f0f7bd，按 Alt + Delete 快捷键填充，得到如图 6-57 所示效果。

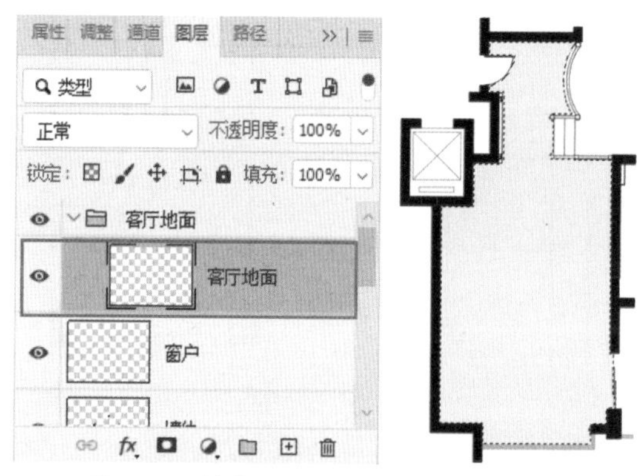

图 6-56 创建图层　　图 6-57 填充颜色

04 执行“图层”|“图层样式”|“图案叠加”命令，打开【图层样式】对话框，在“图案”列表框中选择前面自定义的“800×800 地砖线”图案，设置缩放为 100%，如图 6-58 所示。

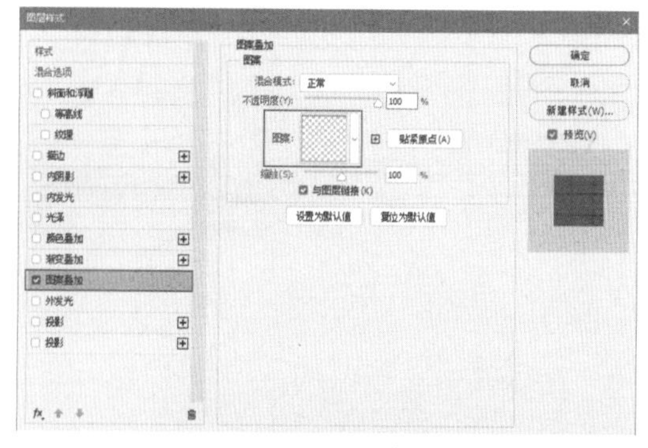

图 6-58 图案叠加参数设置

在设置图案叠加参数时，可以在图像窗口中拖动光标，调整填充图案的位置。

05 添加图案叠加图层样式效果如图 6-59 所示，客厅地面制作完成。

06 使用矩形选框工具，选择客厅入口大门区域，如图 6-60 所示，该区域也应该填充地砖图案。

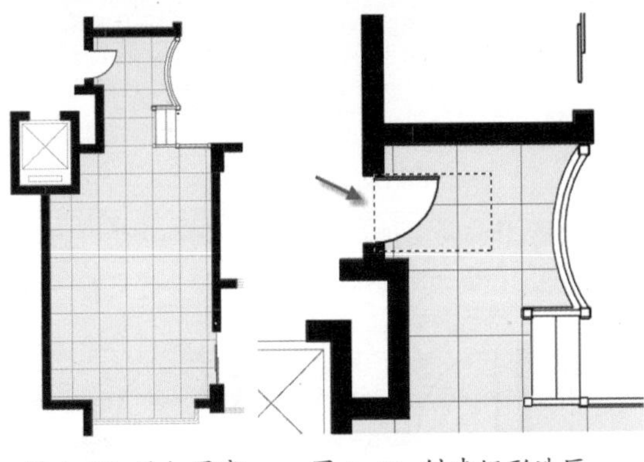

图 6-59 添加图案叠加的效果　　图 6-60 创建矩形选区

07 按 Alt+Delete 键，填充前景色，结果如图 6-61 所示。

08 选择“封闭线”图层。设置前景色为黑色，使用直线工具，在门开口位置绘制封闭线，如图 6-62 所示。封闭线用于分隔两种不同的地面材料。

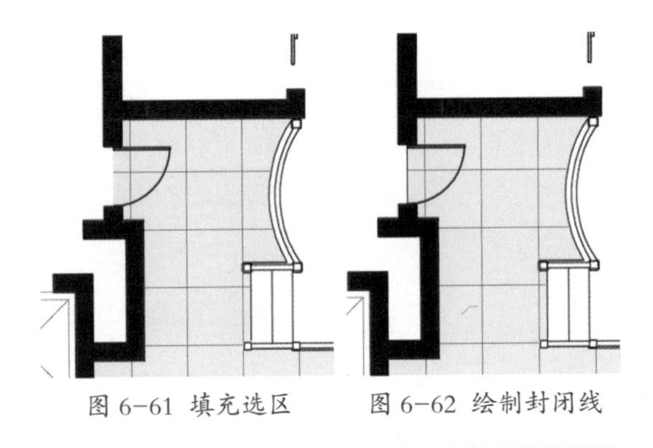

图 6-61 填充选区　　图 6-62 绘制封闭线

6.3.2　创建餐厅地面

01 选择“封闭线”图层。使用直线工具，在各门口和过道、餐厅分界区域绘制分隔线，如图 6-63 所示。

02 使用魔棒工具，在餐厅位置单击鼠标左键，选择餐厅区域，如图 6-64 所示。

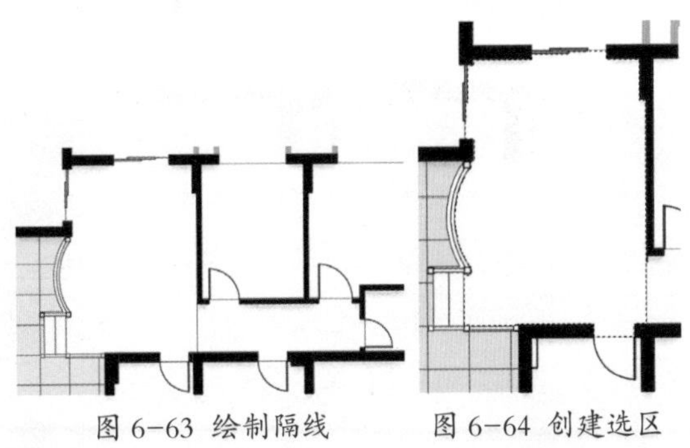

图 6-63 绘制隔线　　图 6-64 创建选区

03 新建“餐厅地面”图层。设置前景色为 #d7e4a9，按 Alt+Delete 快捷键，填充选区，如图 6-65 所示。

04 在图层面板中按 Alt 键拖动“客厅地面”图标至“餐厅地面”图层的上方，复制图层样式，得到相同的地砖分隔线图案，如图 6-66 所示。

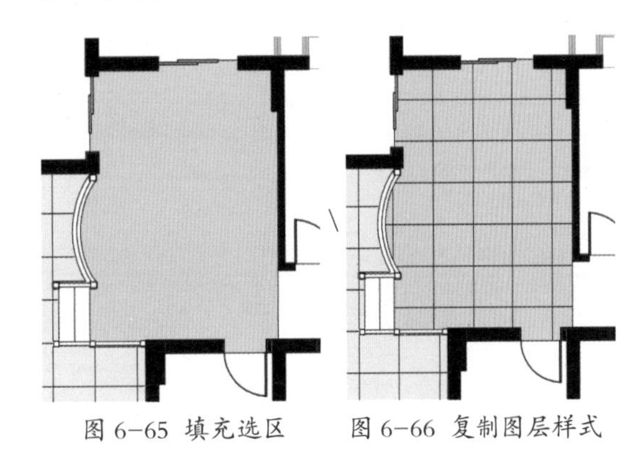

图 6-65 填充选区　　图 6-66 复制图层样式

6.3.3　创建过道地面

过道地面为大理石拼花，这里重点介绍地面拼花图案的制作方法。

01 新建“过道地面”图层。使用油漆桶工具，在过道地面填充与餐厅地面相同的颜色，如图 6-67 所示。

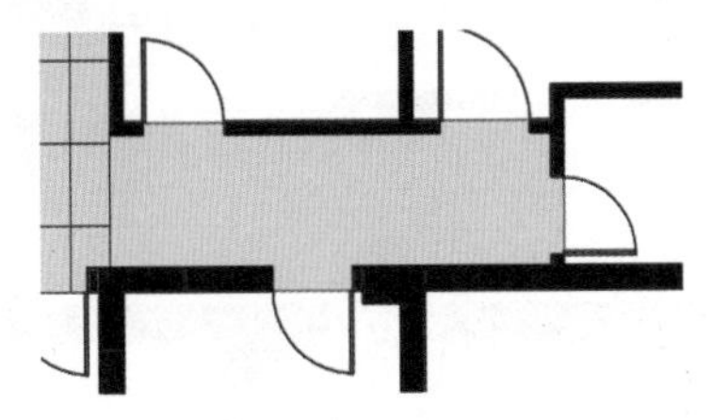

图 6-67 填充过道地面

02 重新显示“地面”图层。使用多边形套索工具，沿拼花图案绘制边界线，选择拼花图案区域，如图 6-68 所示。

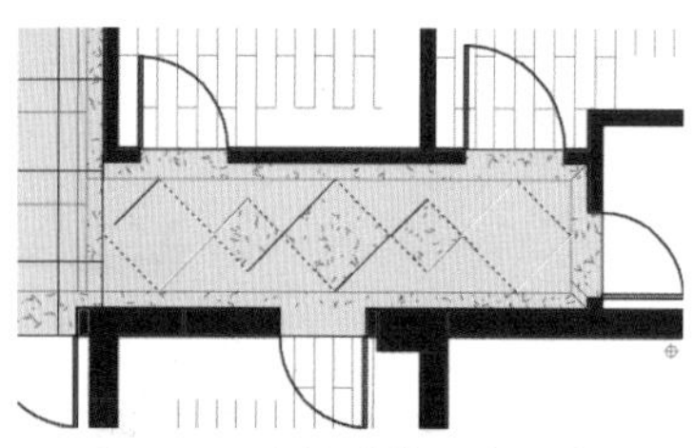

图 6-68 选择拼花图案区域

03 设置前景色为任一种颜色，按 Alt+Delete 快捷键，填充选区，如图 6-69 所示。

04 打开一张米黄色大理石纹理图像，如图 6-70 所示。按 Ctrl+A 快捷键，全选图像。按 Ctrl+C 快捷键，复制图像。

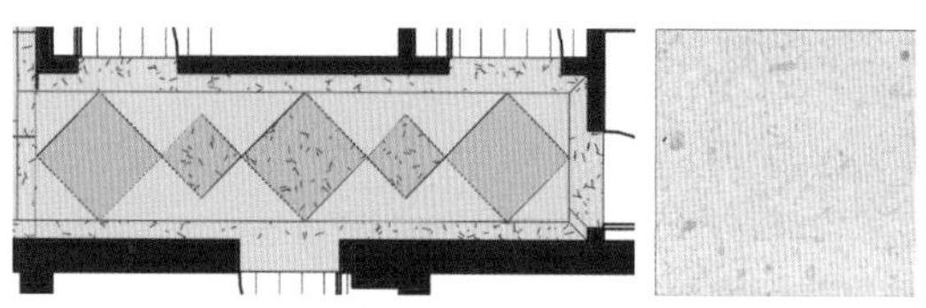

图 6-69 填充任意颜色　　图 6-70 打开图像

05 切换至户型图图像窗口。执行“编辑”|“选择性粘贴”|“贴入”命令，如图 6-71 所示。

编辑(E) 图像(I) 图层(L) 文字(Y)	
还原载入选区(O)	Ctrl+Z
重做(O)	Shift+Ctrl+Z
切换最终状态	Alt+Ctrl+Z
渐隐(D)...	Shift+Ctrl+F
剪切(T)	Ctrl+X
拷贝(C)	Ctrl+C
合并拷贝(Y)	Shift+Ctrl+C
粘贴(P)	Ctrl+V
选择性粘贴(I)	▶
清除(E)	

选择性粘贴子菜单	
粘贴且不使用任何格式(M)	
原位粘贴(P)	Shift+Ctrl+V
贴入(I)	Alt+Shift+Ctrl+V
外部粘贴(O)	

图 6-71 执行命令

06 得到一个以当前选区为蒙版的新建图层，重命名为“拼花”图层，如图 6-72 所示。

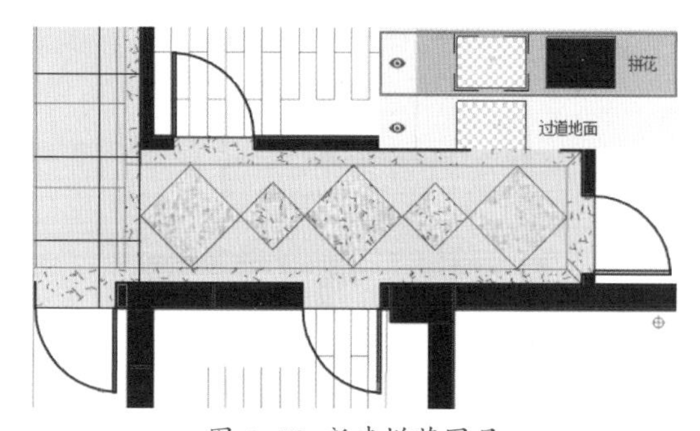

图 6-72 新建拼花图层

07 使用移动工具✥，将大理石图像调整至拼花区域。按 Ctrl+T 快捷键，可以调整大理石图案的尺寸。

08 执行“图层”|“图层样式”|“描边”命令，打开【图层样式】对话框。设置描边“大小”为 1 像素，位置为“内部”，描边颜色为黑色，如图 6-73 所示。

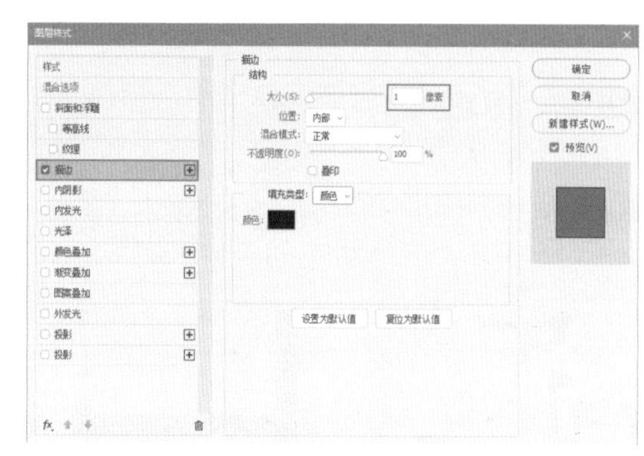

图 6-73 设置描边参数

09 隐藏“地面”图层，得到如图 6-74 所示的拼花图案效果。过道地面制作完成。

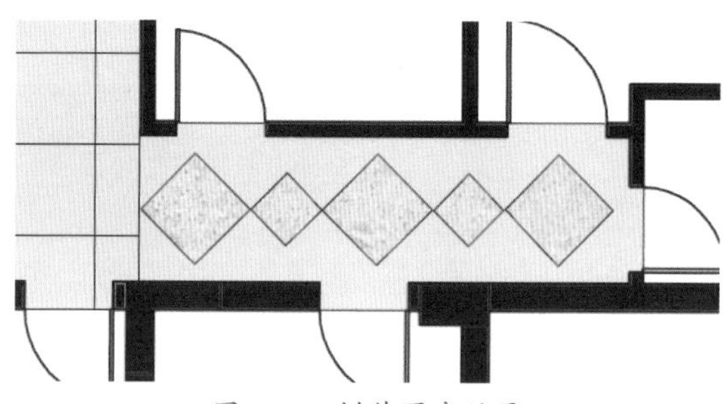

图 6-74 拼花图案效果

6.3.4 创建卧室和书房木地板地面

1. 定义木地板图案

01 在图层面板中单击“创建新组”按钮▭，新建组，重命名为“主卧室地面”。将与卧室地面相关的图层置于其中，方便管理。

02 显示“地面”图层并设置为当前图层，放大显示卧室木地板区域。

03 使用直线工具／，设置前景色为黑色，沿木地板分隔线绘制如图 6-75 所示的 4 条直线。

04 使用矩形选框工具⬚，在绘制的直线上方创建如图 6-76 所示的木地板图案选区。

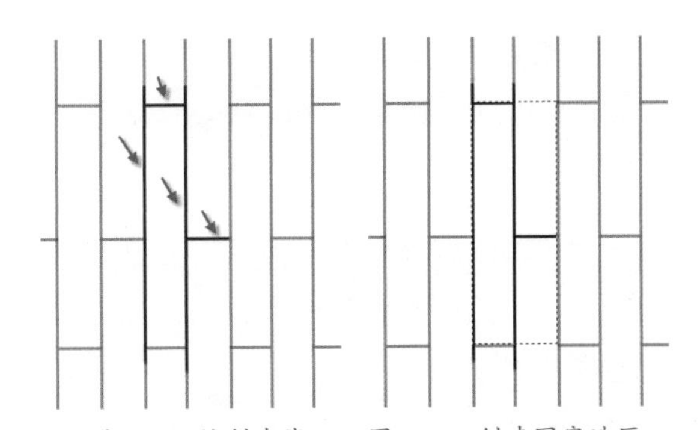

图 6-75 绘制直线　　图 6-76 创建图案选区

05 隐藏“背景”图层。执行“编辑”|“定义图案”命令，打开【图案名称】对话框，输入新图案的名称，如图 6-77 所示，单击“确定”按钮关闭对话框。

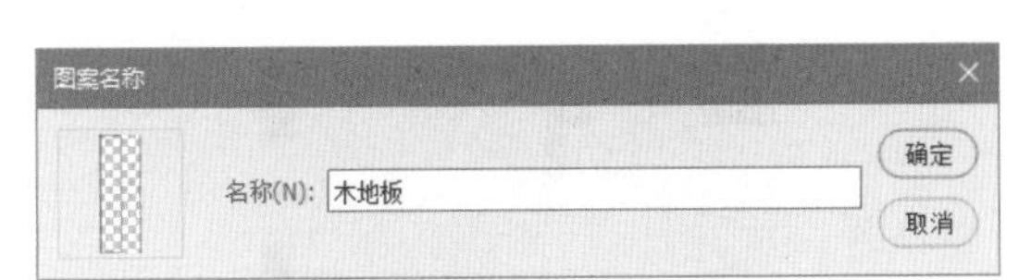

图 6-77 【图案名称】对话框

06 至此，木地板图案创建完成。

2. 制作木地板地面

01 新建“卧室地面”图层，如图 6-78 所示，重新显示背景图层。

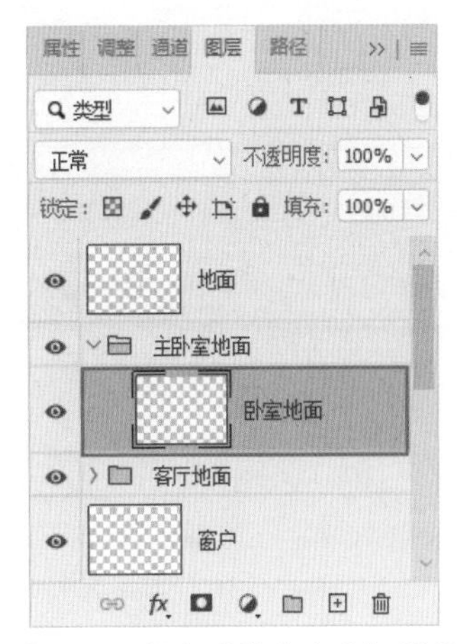

图 6-78 新建“卧室地面”图层

02 使用油漆桶工具，在工具选项栏中选择“所有图层”选项，如图 6-79 所示。

图 6-79 选择“所有图层”选项

03 设置前景色为 #f9cd8f，移动光标分别在书房、子女卧室、更衣室和主卧室区域单击鼠标左键，填充颜色如图 6-80 所示。

04 继续在三个门口区域单击鼠标左键，填充前景色，如图 6-81 所示。

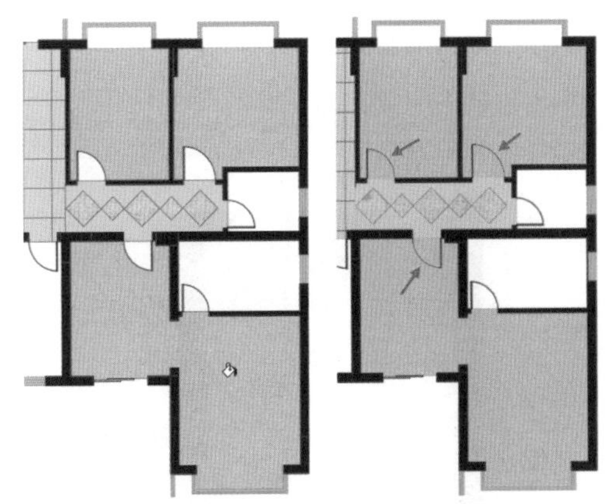

图 6-80 填充地面区域　　图 6-81 填充门口区域

05 执行“图层”|“图层样式”|“图案叠加”命令，打开【图层样式】对话框，选择前面创建的“木地板”图案为叠加图案，如图 6-82 所示，单击“贴紧原点”按钮调整图案的位置。

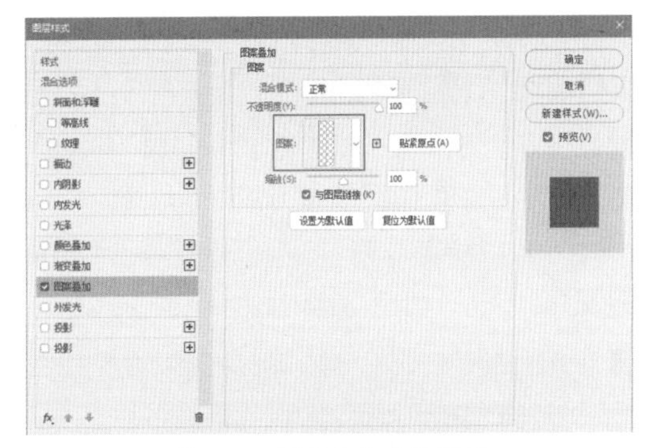

图 6-82 图层叠加参数设置

06 添加图案叠加图层样式效果如图 6-83 所示，木地板地面创建完成。

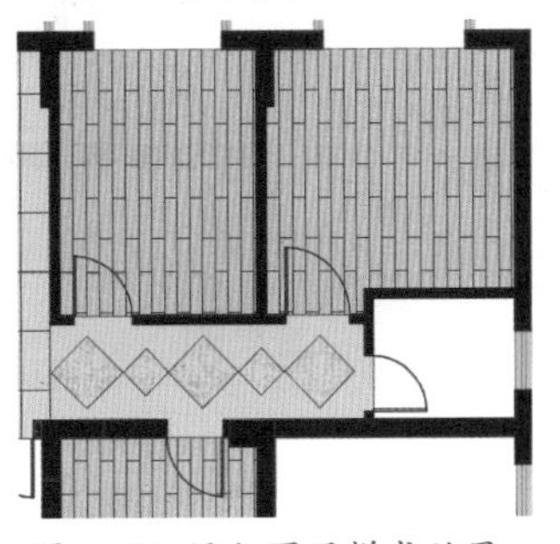

图 6-83 添加图层样式效果

6.3.5 创建卫生间和厨房地面

这里介绍使用纹理图像创建地面图案的方法。

1. 定义地砖图案

01 按 Ctrl+O 快捷键，打开配套资源提供的地砖图像文件，如图 6-84 所示。

图 6-84 打开地砖图像文件

02 按 Ctrl + A 键，全选图像，执行“编辑”|“定义图案”命令，创建“卫生间地砖”图案，如图 6-85 所示。

图 6-85 定义图案

2. 创建卫生间地面

01 在图层面板中单击“创建新组”按钮，新建组，重命名为“卫生间地面”。将与卫生间地面相关的图层置于其中，方便管理。

02 新建“卫生间地面”图层，如图 6-86 所示。

03 使用油漆桶工具，分别填充主卫和客厅卫生间地面区域，如图 6-87 所示。

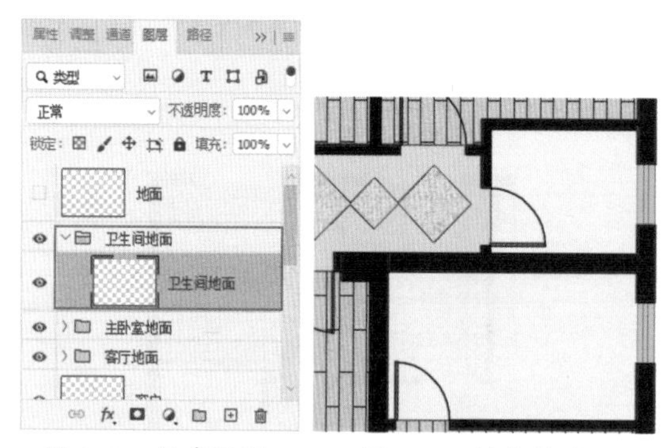

图 6-86 新建图层　　图 6-87 填充区域

04 执行“图层”|“图层样式”|“图案叠加”命令，打开【图层样式】对话框，选择前面自定义的“卫生间地砖”图案，如图 6-88 所示。

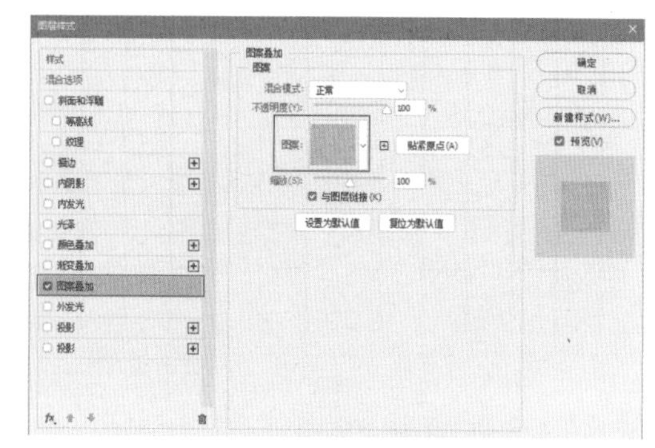

图 6-88 图案叠加参数设置

05 添加的卫生间地砖图案效果如图 6-89 所示。

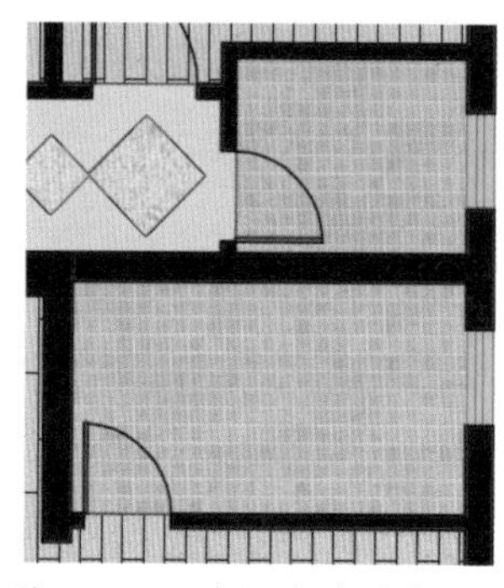

图 6-89 卫生间地砖图案效果

3. 创建厨房地面

厨房地面铺贴尺寸为 600×600 大小的地砖。制作这类地砖图案时，一种常用的方法是调用前面自定义的“800×800 地砖分隔线”图案，设置缩放比例为 75%，即得到“600×600 地砖”图案效果，如图 6-90 所示。该方法虽然方便快捷，但因为对分隔线进行了缩放，会得到模糊的分隔线条，影响了整体的美观，因此这里不予推荐。

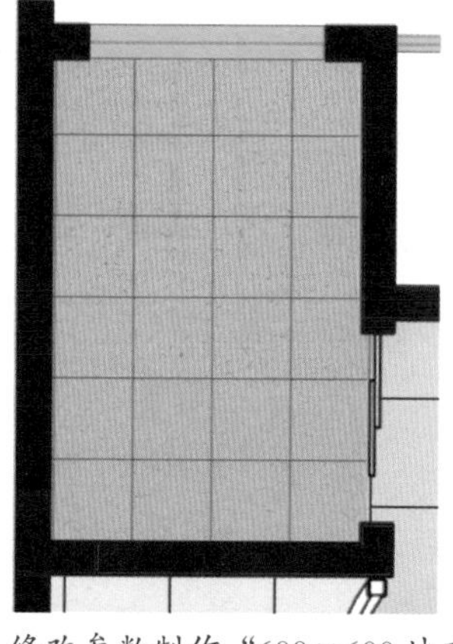

图 6-90 修改参数制作“600×600 地砖”图案

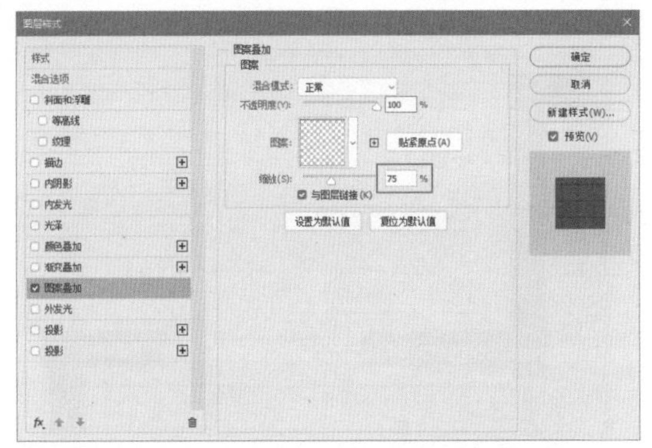

图 6-90　修改参数制作“600×600 地砖”图案（续）

01 使用前面介绍的方法，显示“地面”图层。使用直线工具，绘制 600×600 地砖分隔线，使用矩形选框定义图案选区，如图 6-91 所示。

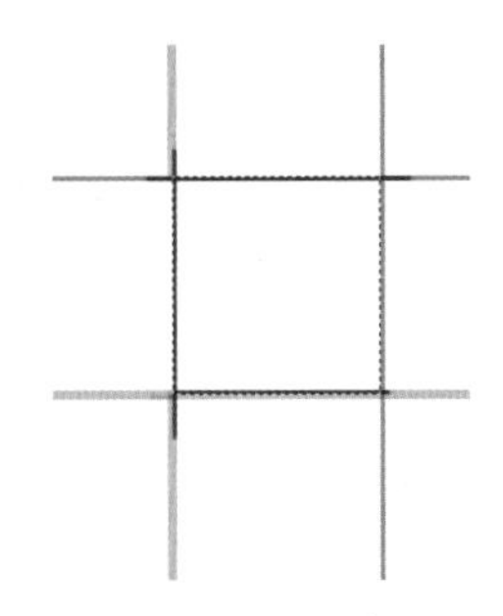

图 6-91　定义选区

02 隐藏“背景”图层，执行“编辑”|“定义图案”命令，创建“600×600 地砖线”图案，如图 6-92 所示。

图 6-92　创建“600×600 地砖线”图案

03 新建“厨房地面”图层。使用油漆桶工具，填充 #cfb9d0 颜色。添加图案叠加图层样式，设置叠加图案为“600×600 地砖线”，如图 6-93 所示。

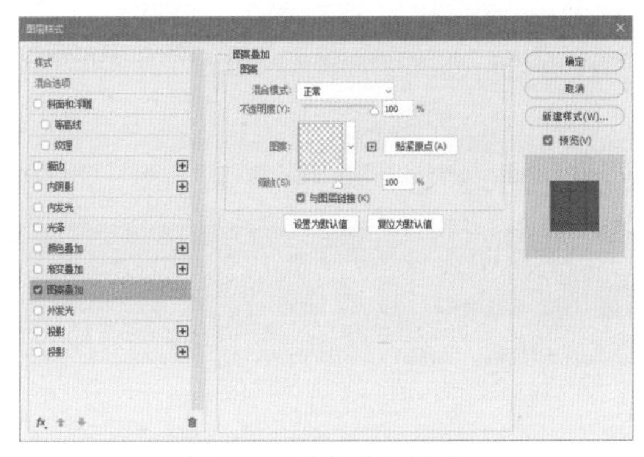

图 6-93　选择叠加图案

04 至此，得到如图 6-94 所示的厨房地面效果。

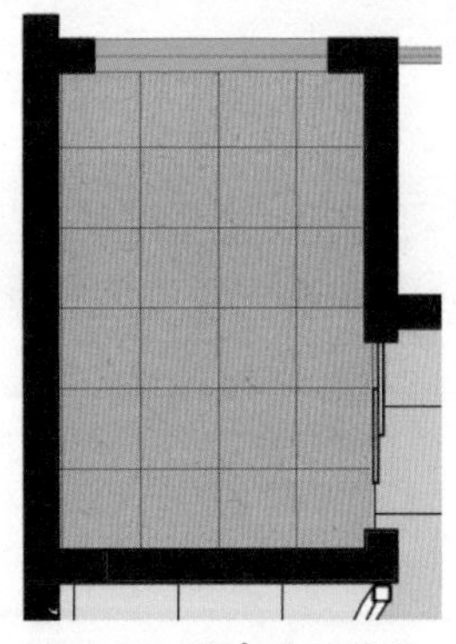

图 6-94　厨房地面效果

6.3.6　创建露台地面

该住宅有北向和南向两个露台，分别使用了不同的地砖图案，因此需要分别添加地砖图案。这里介绍使用“图层编组”的方法制作地砖图案。

1.　制作北向露台地面

01 新建“北露台地面”图层。使用油漆桶工具，在区域内填充任一种颜色，如图 6-95 所示。

02 打开一张地砖纹理图像，如图 6-96 所示。

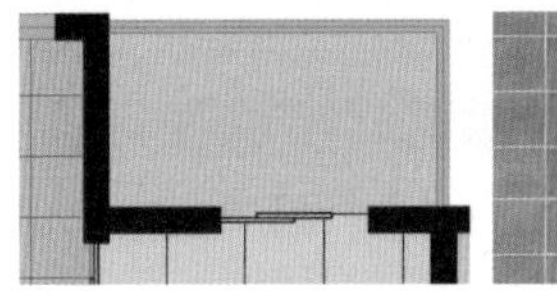

图 6-95　填充北向阳台地面

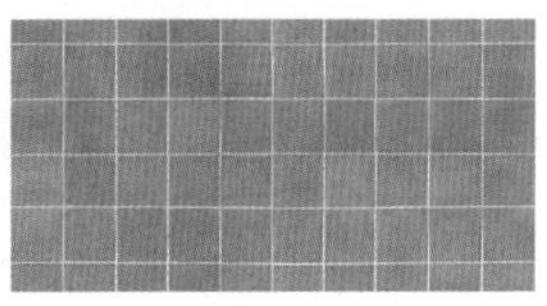

图 6-96　打开地砖纹理图像

03 使用移动工具，拖动复制纹理图像至户型图窗口。按 Ctrl+T 快捷键，调整图像大小和位置，如图 6-97 所示。调整图层的叠放次序，将地砖纹理图像移动至北露台地面图层的上方。

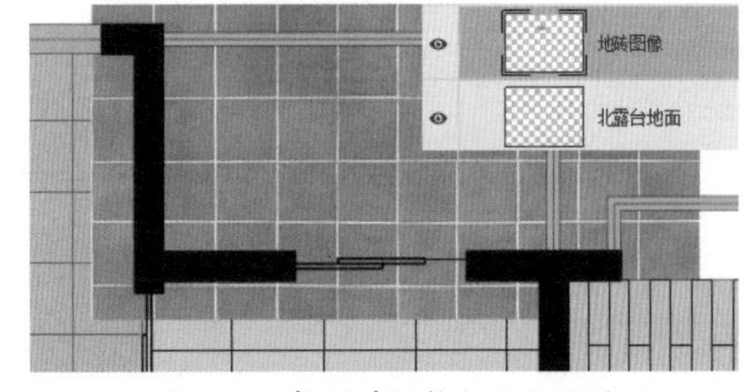

图 6-97　复制并调整大小和位置

04 执行“图层”|“创建剪贴蒙版”命令，或者按 Ctrl+Alt+G 快捷键，创建图层剪贴蒙版，如图 6-98

所示，露台地面外的地砖图像被隐藏。

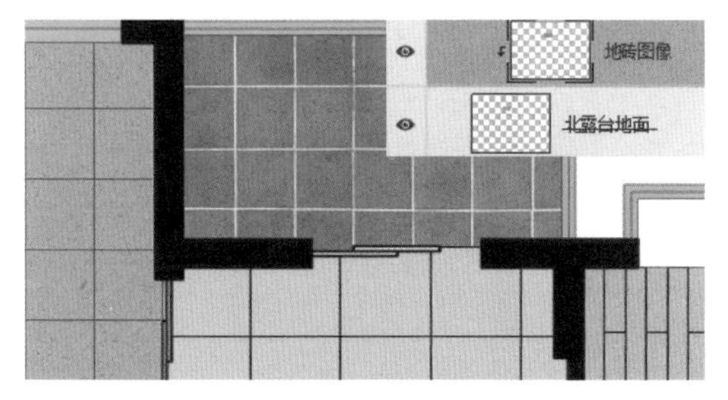

图 6-98 创建图层剪贴蒙版

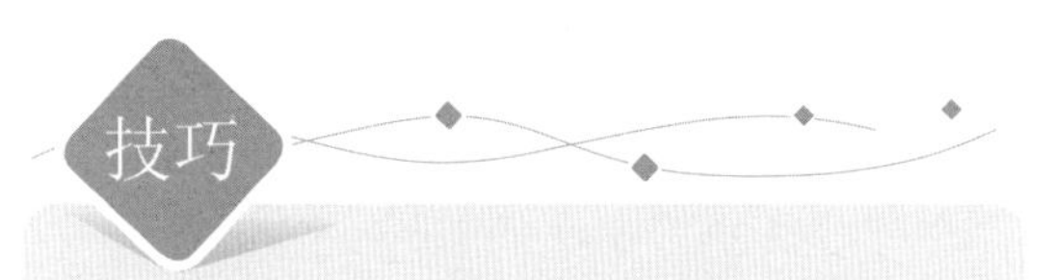

技巧

剪贴蒙版图层是 Photoshop 中的特殊图层，它利用下方图层的图像形状对上方图层图像进行剪切，从而控制上方图层的显示区域和范围，最终得到特殊的效果。

05 地砖纹理图像颜色过深，与户型图整体不协调，需要进行调整。执行“图像”|“调整”|“色相和饱和度”命令，或按 Ctrl+U 快捷键，打开【色相 / 饱和度】对话框，选择“着色”复选框，调整图像颜色参数如图 6-99 所示。

图 6-99 设置“色相 / 饱和度”参数

06 至此北露台地面创建完成，效果如图 6-100 所示。

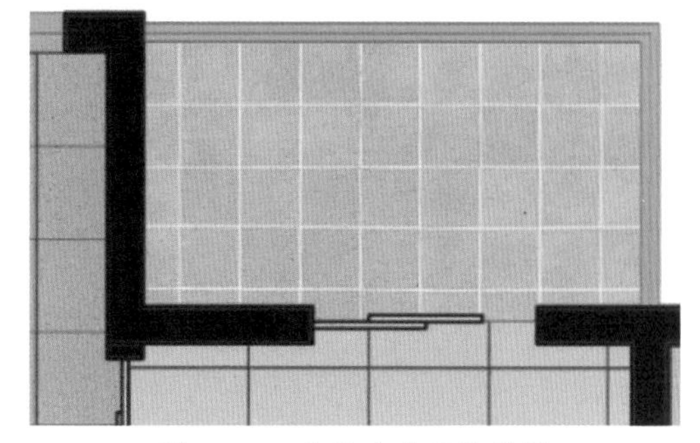

图 6-100 北露台地面的效果

2. 创建南露台地面

南露台地面使用“图案叠加图层样式”的方法制作。由于该露台地面使用了 45° 铺设地砖的方法，因此在定义图案时需要对原纹理图像进行调整。

01 首先定义地面图案。按 Ctrl+O 键，打开如图 6-101 所示的地砖图像。

02 使用移动工具，拖动复制纹理图像至户型图窗口。按 Ctrl+T 快捷键，进入变换模式。单击右键，在菜单中选择“旋转”命令，如图 6-102 所示。

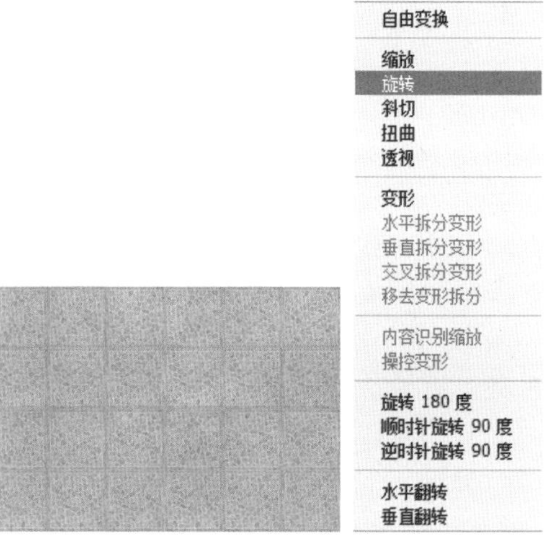

图 6-101 打开图像　　图 6-102 选择命令

03 在选项栏中输入角度值为 45，如图 6-103 所示。

X: 3096.00 像　Y: 3307.00 像　W: 100.00%　H: 100.00%　45.00 度　H: 0.00 度　V: 0.00 度　插值: 两次立方

图 6-103 输入角度值

04 调整地砖图像角度的结果如图 6-104 所示。

05 新建“南露台”图层。调整地砖图层的叠放次序，将地砖纹理图像移动至南露台图层的上方。

06 选择地砖图像，按 Alt 键复制多份，使得图像完全铺满露台区域，如图 6-105 所示。

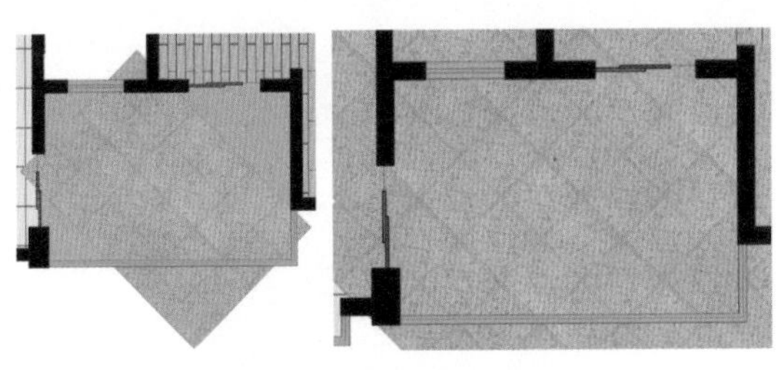

图 6-104 调整地砖图像角度　　图 6-105 复制图像

07 将地砖图层以及地砖拷贝图层合并。在合并后的图层上单击右键，在弹出的菜单中选择“创建剪贴蒙版”选项，创建剪贴蒙版，如图 6-106 所示，隐藏多余的地砖图像。

08 南露台地面的制作效果如图 6-107 所示。

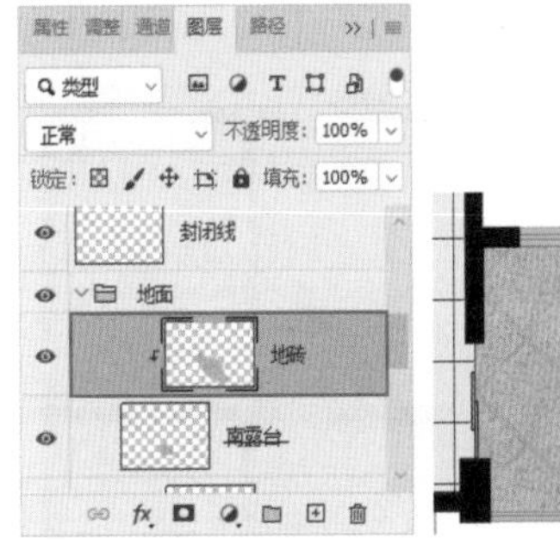

图 6-106 创建剪贴蒙版

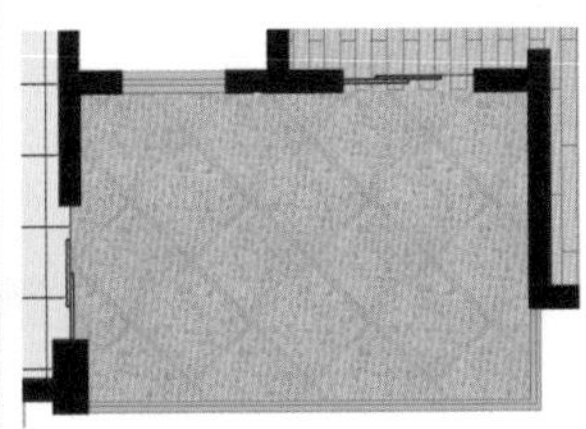

图 6-107 南露台地面效果

6.3.7 创建大理石窗台

为了开阔视野、增加空间感和采光，现代住宅大都采用了大面积的飘窗，在飘窗的窗台铺设了大理石材料。

01 新建“工人房”图层。设置前景色为 #acdba5，利用油漆桶工具，在工人房内填充颜色，如图 6-108 所示。

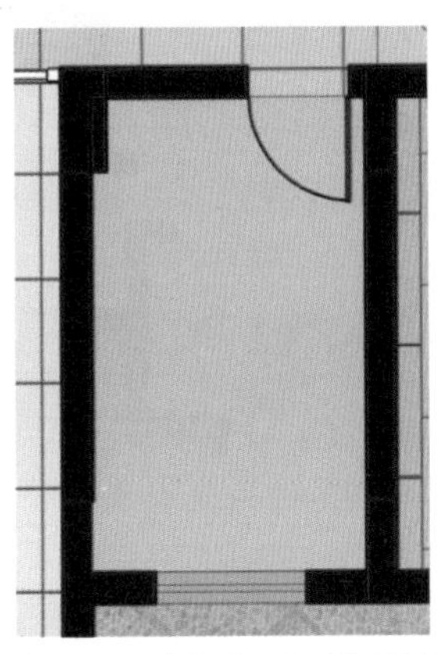

图 6-108 填充“工人房”区域

02 显示“家具”图层，新建“窗台”图层。选择如图 6-109 所示的 4 个窗台区域并填充颜色 #f4cf82。

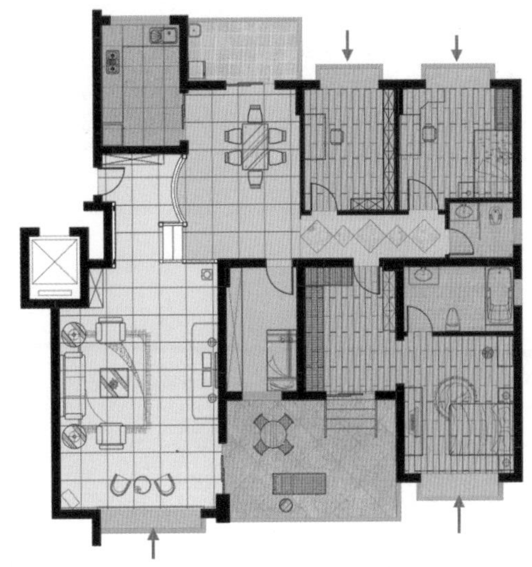

图 6-109 填充窗台区域

03 执行“图层”|“图层样式”|“颜色叠加”命令，打开【图层样式】对话框，设置叠加颜色为 #ffbe69，混合模式为“正片叠底”，如图 6-110 所示。

图 6-110 设置颜色叠加参数

04 选中“图案叠加”复选框，选择“花岗岩”图案，设置不透明度为 50%，如图 6-111 所示。

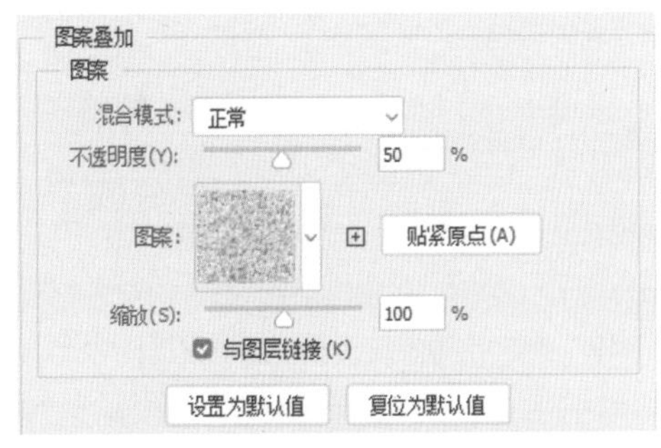

图 6-111 设置图案叠加参数

05 选择“描边”复选框，设置描边参数如图 6-112 所示，描边颜色设置为黑色，大小为 1 像素，位置为“内部”。

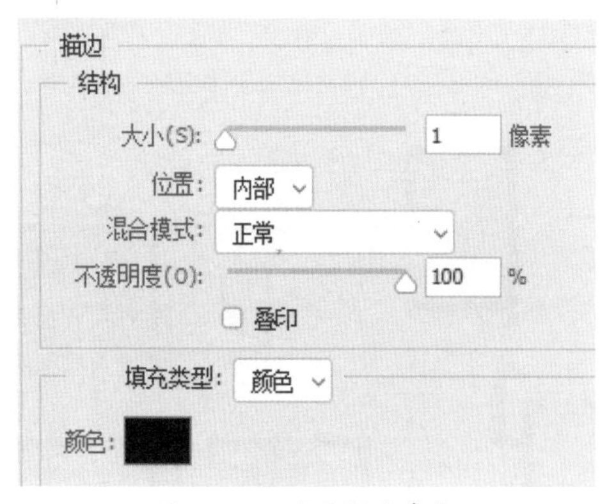

图 6-112 设置描边参数

06 拖动“地面”图层至图层面板“创建新图层”按钮⊞，复制得到“地面 拷贝”图层。调整图层叠放次序，将“地面 拷贝”图层移动至“窗台”图层的上方。按Ctrl+Alt+G快捷键，创建剪贴蒙版，为窗台添加大理石纹理效果，如图6-113所示。窗台台面创建完成。

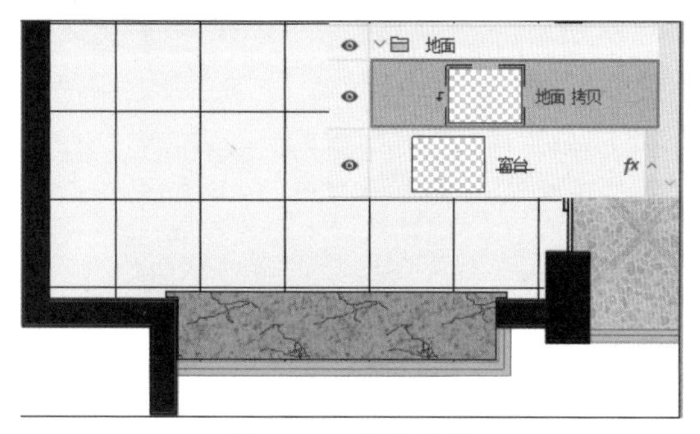

图 6-113 窗台效果

6.4 室内模块的制作和引用

在现代户型图的制作中，为了更生动、形象地表现和区分各个室内空间，表现装修效果，需要引入与实际生活密切相关的家具模块和装饰。

6.4.1 制作客厅家具

客厅内常见的室内家具有沙发、茶几、电视、电视柜、台灯、地毯等。在制作家具图形前，首先显示“家具”图层，帮助定位家具位置和确定家具尺寸大小。

1. 制作高柜子

01 单击图层面板中的“创建新组”按钮，新建一个组，重命名为“家具组”，如图6-114所示。

图 6-114 新建“家具组”图层

02 单击“家具组”图层左侧的眼睛图标，在图像窗口中显示家具图形，如图6-115所示。

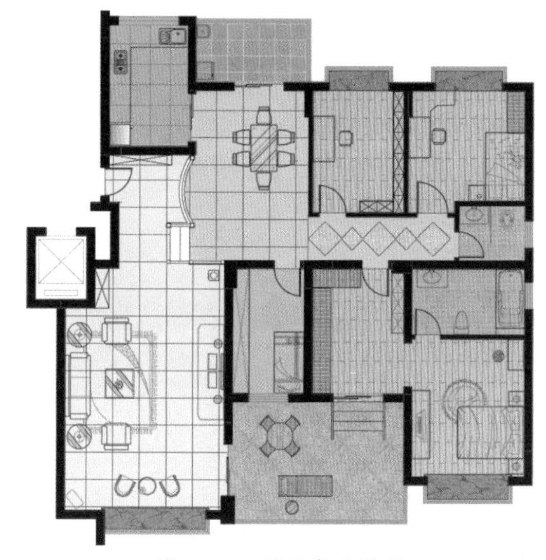

图 6-115 显示家具图形

03 新建“桌柜”图层。使用矩形选框工具，按Shift键选择进门位置的鞋柜和左侧的高柜子，如图6-116所示。

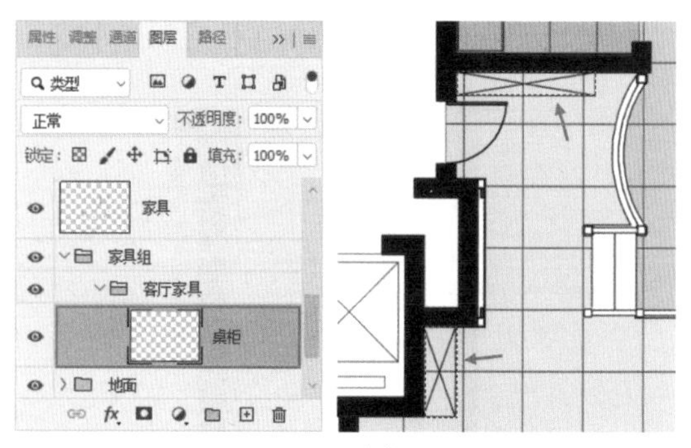

图 6-116 选择柜子

04 设置前景色为 #ffa763。按 Alt+Delete 快捷键，填充选区。按 Ctrl+D 快捷键，取消选择，得到如图 6-117 所示的效果。在确定家具颜色时，既要有对比，又要确保整体效果和谐统一。

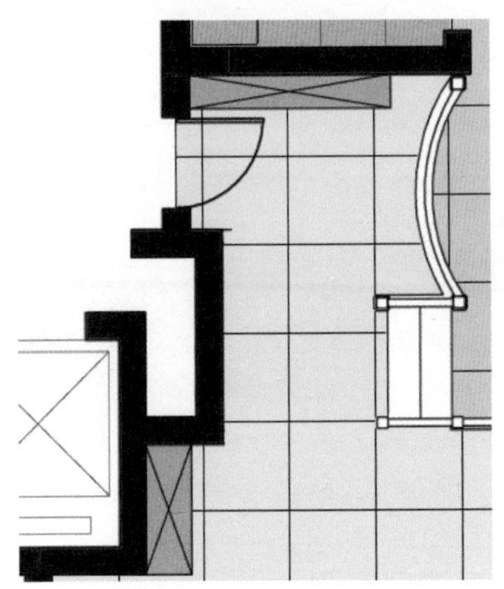

图 6-117 填充选区

05 执行“图层”|“图层样式”|“投影”命令，为柜子添加立体效果，参数设置如图 6-118 所示，“距离”和“大小”参数大小可根据户型图的实际情况灵活设置。

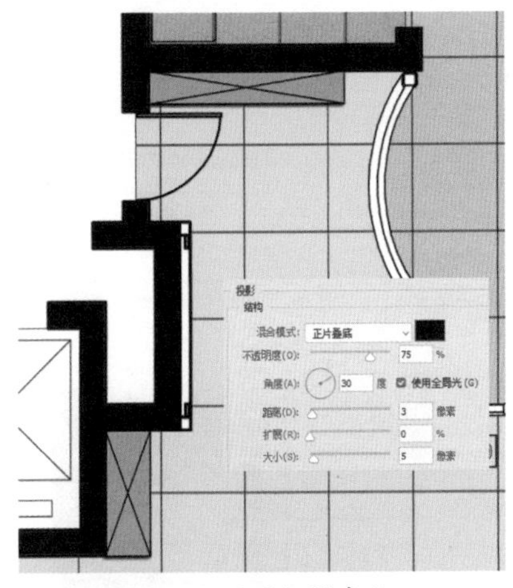

图 6-118 设置投影参数

06 立柜家具制作完成。

2. 制作电视柜及电器

01 选择“家具”图层。使用魔棒工具，取消工具选项栏“对所有图层取样”复选框的勾选，在电视柜区域单击鼠标左键，创建如图 6-119 所示的选区。音箱、DVD、壁挂电视等图形被排除在选区外，需要添加这些区域。

02 使用矩形工具，按 Shift 键拖动光标，添加电器图形至选区，得到完整的电视柜选区，如图 6-120 所示。

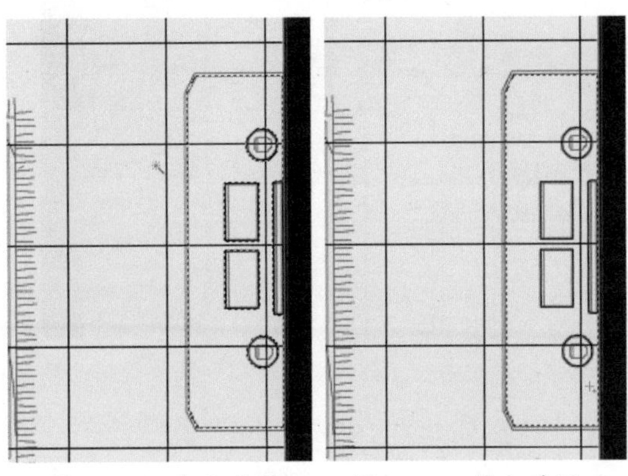

图 6-119 建立选区　　图 6-120 添加选区

03 打开米黄大理石图像。按 Ctrl+A 快捷键，全选图形。按 Ctrl+C 快捷键，复制图像。

04 切换至户型图图像窗口。执行“编辑”|“选择性粘贴”|“贴入”命令，得到以当前选区为蒙版的新建图层，如图 6-121 所示。按 Ctrl+T 快捷键，调整大理石图像尺寸。

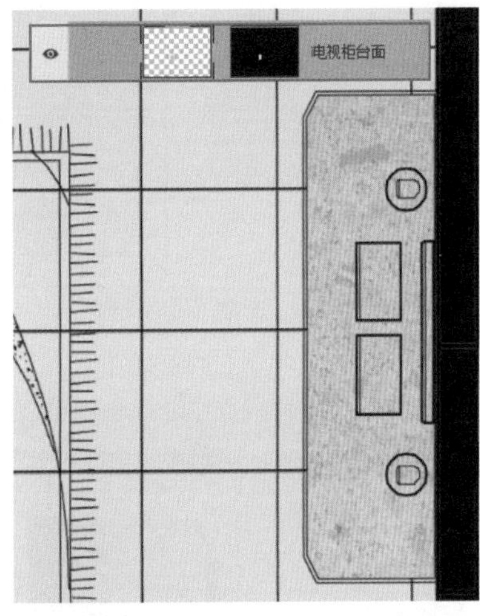

图 6-121 贴入大理石图像

05 执行“图层”|“图层样式”|“渐变叠加”命令，打开【图层样式】对话框。设置渐变参数如图 6-122 所示，制作电视柜靠墙边的阴影效果。选择“黑、白”渐变类型，调整“不透明度”为 50% 左右，设置混合模式为“线性加深”，在图像窗口中拖动光标可以调整渐变的位置，效果如图 6-122 所示。

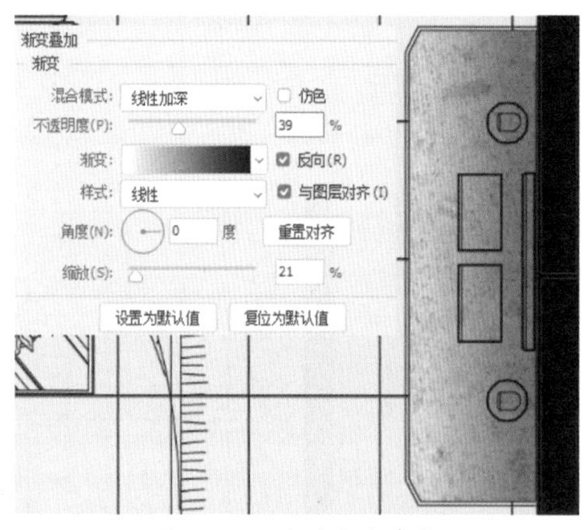

图 6-122 设置渐变参数

06 继续选中“投影”复选框，设置参数如图 6-123 所示，为电视柜添加投影图层效果，单击“确定”按钮关闭对话框。

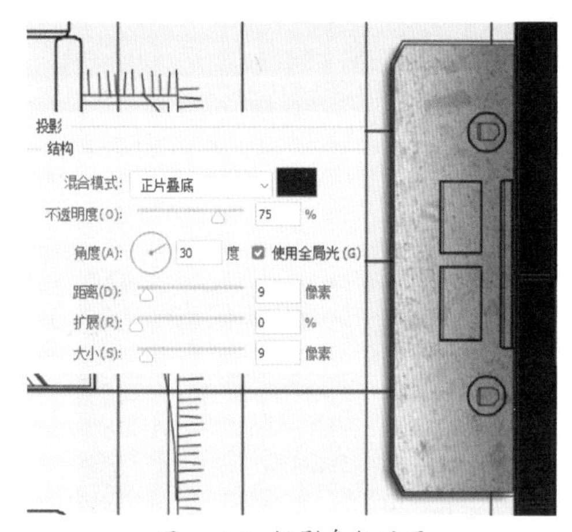

图 6-123 投影参数设置

07 新建“电器”图层。使用矩形选框工具和椭圆选框工具，在电视柜上方的壁挂电视机和 DVD、功放电器及扬声器上创建选区，如图 6-124 所示。

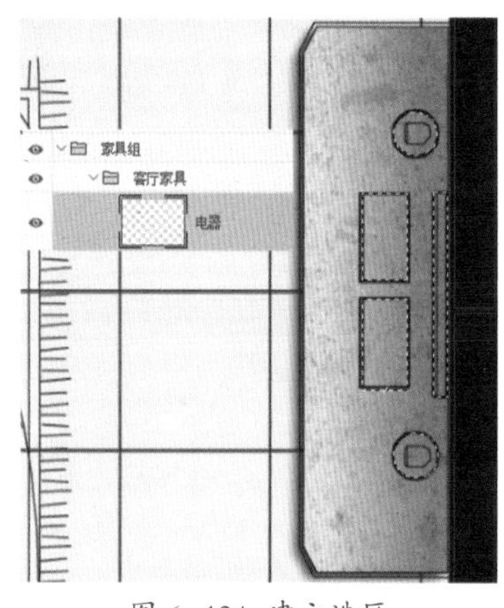

图 6-124 建立选区

08 选择渐变工具，在【渐变编辑器】对话框中设置参数，如图 6-125 所示。在选区内填充渐变，制作电器顶部的渐变效果，如图 6-126 所示。

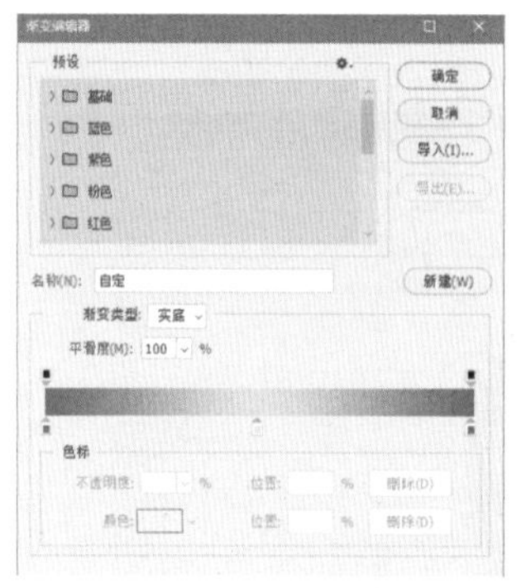

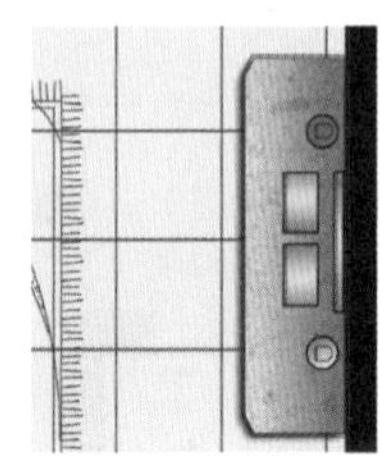

图 6-125 设置参数　　图 6-126 填充渐变

09 执行“图层”|“图层样式”|“投影”命令，打开【图层样式】对话框。设置投影参数如图 6-127 所示，制作电器的阴影效果，效果如图 6-128 所示。

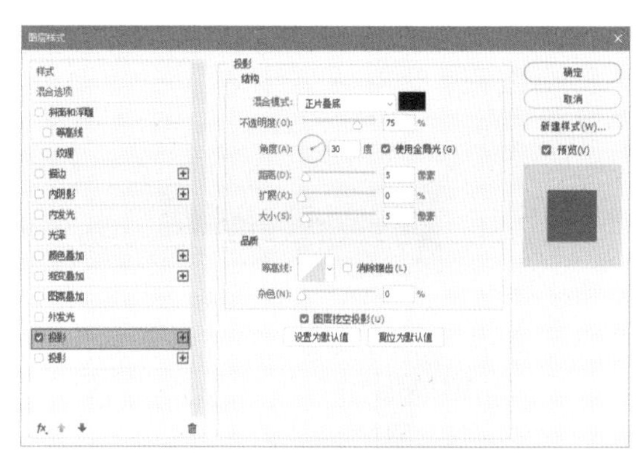

图 6-127 设置投影参数

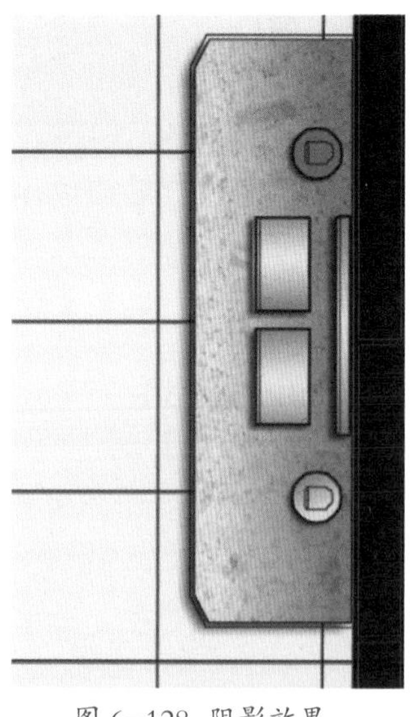

图 6-128 阴影效果

3. 调入沙发群模块

客厅沙发和地毯直接调用制作好的家具模块。

01 按 Ctrl+O 快捷键，打开配套资源提供的沙发模块，如图 6-129 所示。

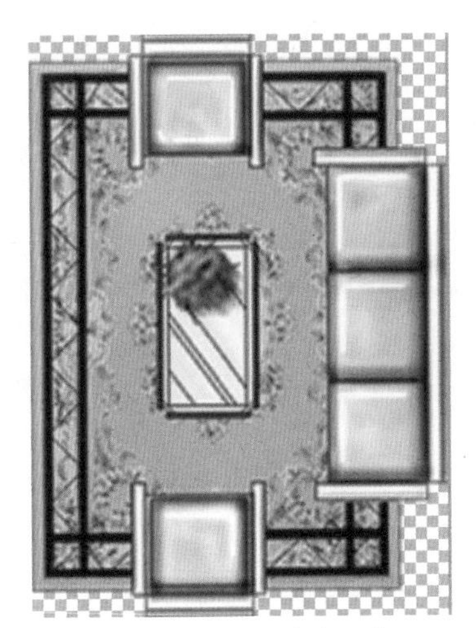

图 6-129 打开沙发图像

02 使用移动工具，拖动沙发至户型图窗口。执行“编辑”|“变换”|“水平翻转”命令，调整沙发的方向，并移动至客厅沙发位置，如图 6-130 所示。

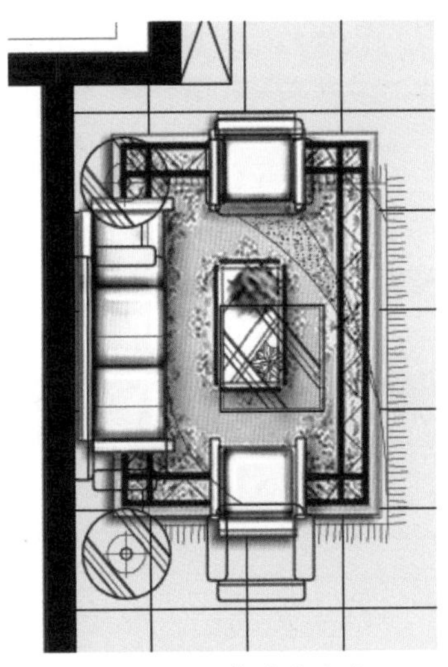

图 6-130 调整沙发方向

03 由于该沙发模块不是在 CAD 图形基础上着色制作的，因此与“家具”图层的 CAD 线框不能完全吻合。

04 选择“家具”图层，单击图层面板上的按钮，添加图层蒙版，如图 6-131 所示。

05 使用画笔工具，设置前景色为黑色，在沙发区域上涂抹，擦除该区域的沙发线框，如图 6-132 所示。

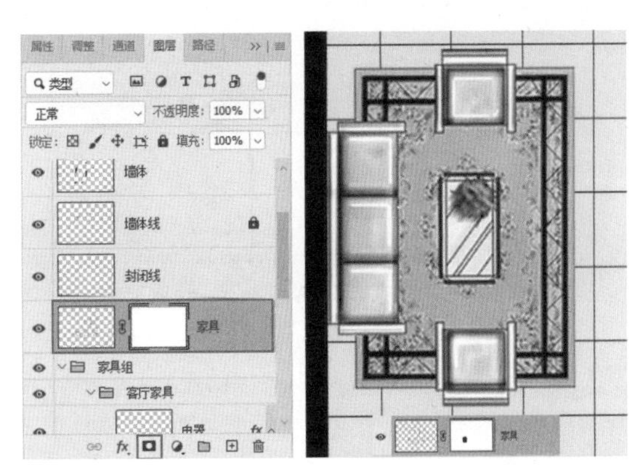

图 6-131 添加蒙版　　图 6-132 擦除沙发线框

06 打开配套资源提供的坐姿人物素材，添加至沙发上方。

07 执行“图层”|“图层样式”|“投影”命令，为客厅沙发添加投影图层效果，如图 6-133 所示。

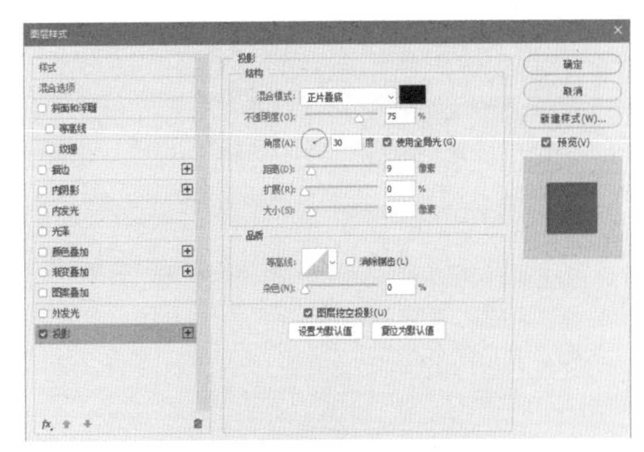

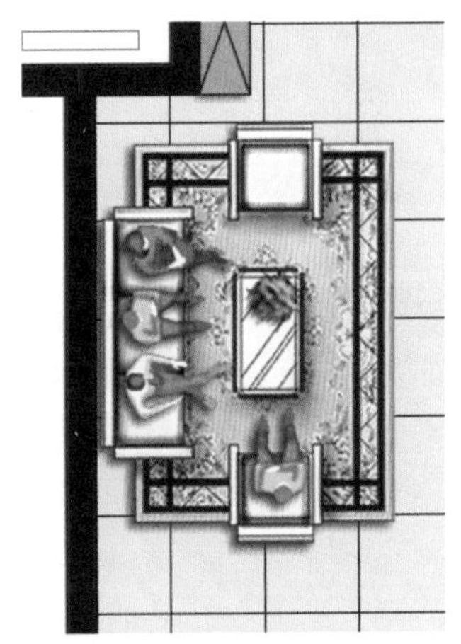

图 6-133 添加投影图层

4. 制作休闲椅和茶几

01 按 Ctrl+O 快捷键，打开配套资源提供的休闲椅素材，如图 6-134 所示。

02 使用移动工具，将休闲椅拖动复制至户型图窗口。按 Ctrl+T 快捷键，调整大小和方向如图 6-135

所示，最后按Enter键应用变换。

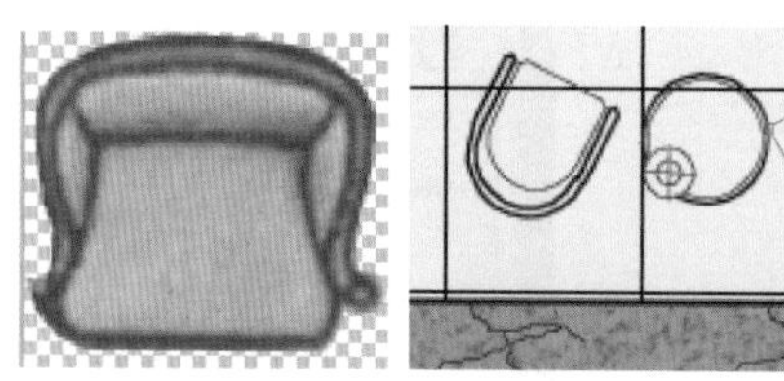

图 6-134 休闲椅　　图 6-135 调整椅子方向和大小

03 按住Ctrl键，单击当前图层缩览图，载入休闲椅选区，按Alt键向左侧拖动光标，复制得到另一把休闲椅图像。按Ctrl+T快捷键，调用“自由变换”命令，单击鼠标右键，在弹出的菜单中选择“水平翻转”命令，调整椅子的方向，得到圆茶几另一侧的座椅，如图6-136所示。

04 使用椭圆工具◯，按Shift键拖动光标，创建一个圆形茶几大小的正圆，如图6-137所示。

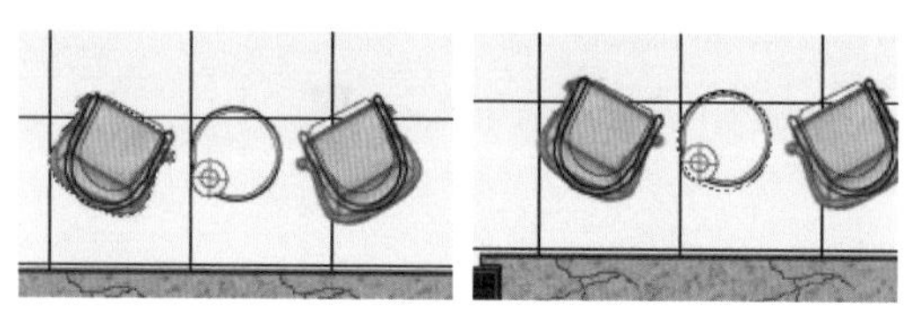

图 6-136 复制座椅　　图 6-137 创建正圆选区

05 设置前景色为#96cee8，背景色为白色。使用渐变工具■，从选区右上角至左下角拖动光标，填充“前景到背景”线性渐变，得到玻璃茶几效果，如图6-138所示。

06 执行“图层”|“图层样式”|“投影”命令，为座椅和茶几添加投影效果，加强立体感，如图6-139所示。

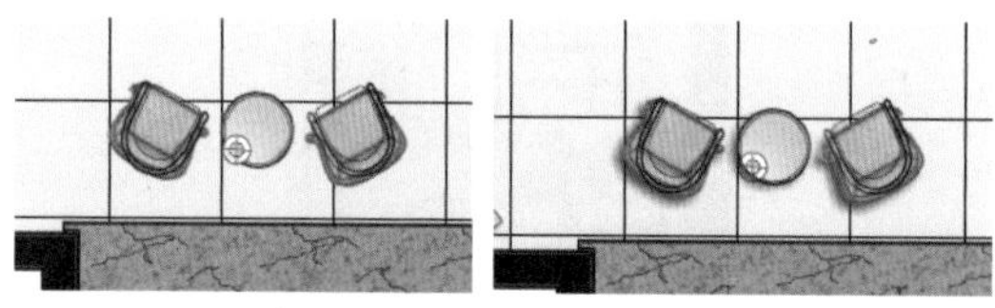

图 6-138 填充渐变　　图 6-139 添加投影效果

07 选择“家具”图层。单击蒙版缩览图，进入蒙版编辑状态。使用画笔工具✓，设置前景色为黑色，在休闲椅区域涂抹，隐藏休闲椅线框，如图6-140所示。

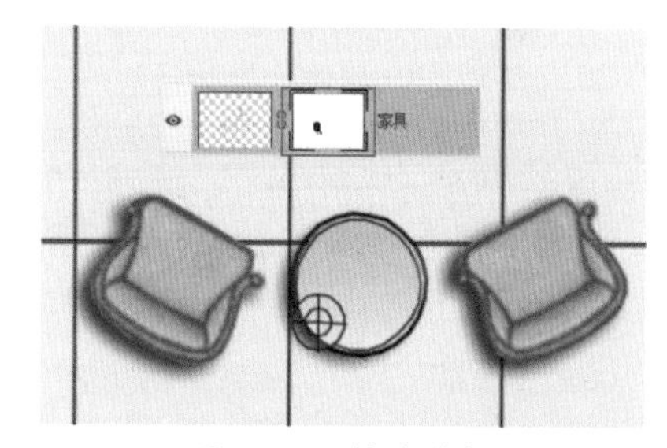

图 6-140 擦除线框

5. 制作台灯

台灯家具模块使用渐变工具和填充工具制作。

01 在休闲椅和茶几图层上方，新建“台灯”图层，如图6-141所示。

02 使用椭圆选框工具◯，按住Shift键拖动光标，创建台灯正圆选区，如图6-142所示。

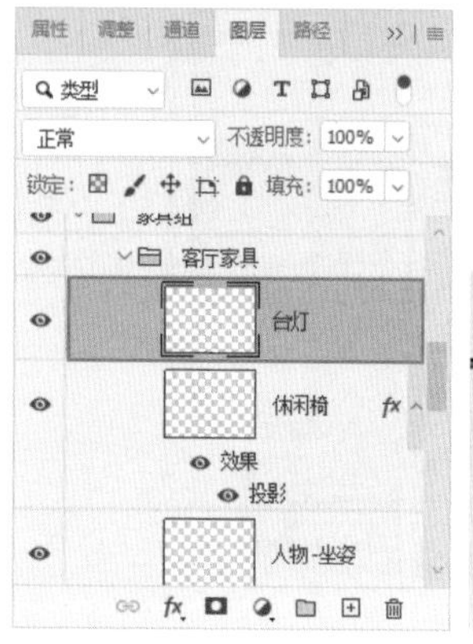

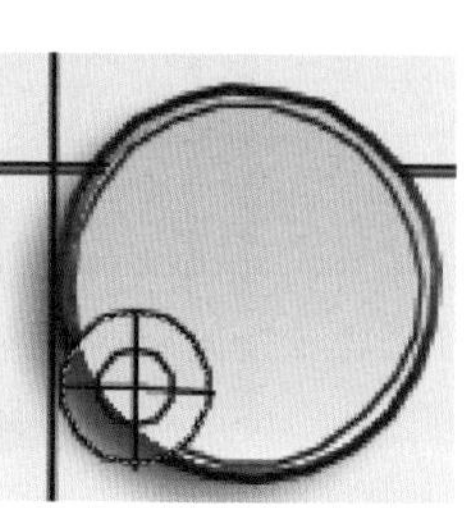

图 6-141 新建图层　　图 6-142 创建选区

03 设置背景色为#cbad9b，前景色为白色。单击渐变工具按钮■，在工具选项栏选择“径向渐变”按钮■。从圆形台灯中心向外拖动光标，填充径向渐变如图6-143所示。按Ctrl+D快捷键，取消选择。

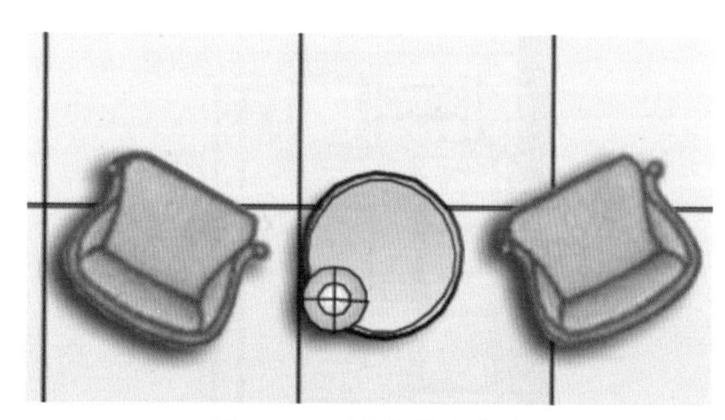

图 6-143 填充径向渐变

04 执行“图层”|“图层样式”|“投影”命令，为台灯添加投影效果。台灯制作完成。

6.4.2 制作餐厅家具

餐厅家具为六座餐桌，由餐桌和座椅组成。下面介绍餐厅家具的制作方法。

01 单击图层面板中的“创建新组”按钮■，新建一个组，重命名为“餐厅家具”，如图6-144所示。

02 在“餐厅家具”组中新建“餐厅玻璃”图层，如图6-145所示。

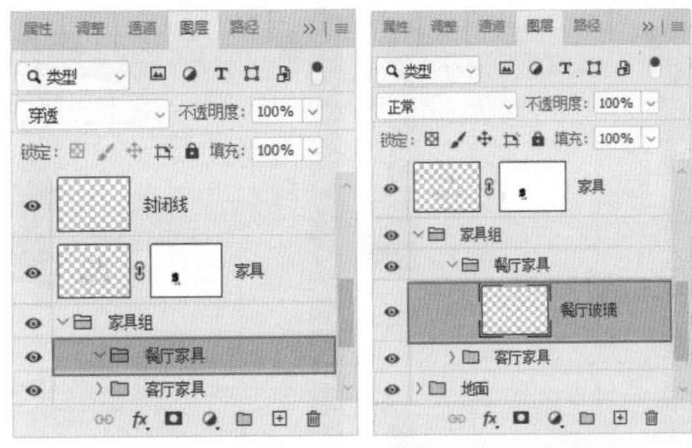

图 6-144 新建组　　图 6-145 新建图层

03 选择矩形选框工具，在餐桌上创建选区，如图 6-146 所示。

04 设置前景色为 #47c5ff，背景色为白色。单击渐变工具按钮，选择渐变方式为“从前景色到背景色”，如图 6-147 所示。

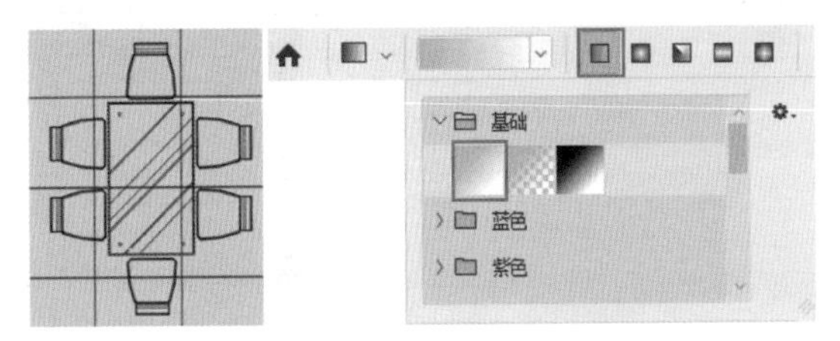

图 6-146 创建选区　　图 6-147 选择渐变方式

05 在玻璃区域填充蓝色到白色渐变，如图 6-148 所示。

06 最后添加“投影”图层样式，得到餐厅玻璃的效果，如图 6-149 所示。

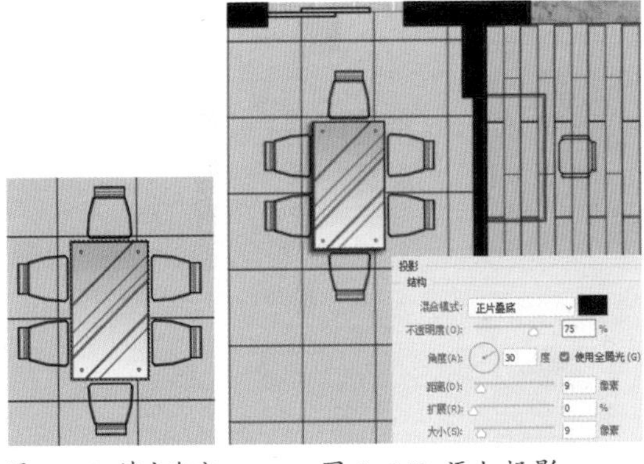

图 6-148 填充渐变　　图 6-149 添加投影

07 选择“家具”图层。使用魔棒工具，确认“对所有图层取样”复选框处于未勾选状态。按住 Shift 键，在餐厅椅子的坐垫位置单击鼠标左键，选择所有的坐垫区域，如图 6-150 所示。

08 新建“餐椅坐垫”图层。按 Alt+Delete 快捷键或 Ctrl+Delete 快捷键，在选区内填充任意颜色，如图 6-151 所示。

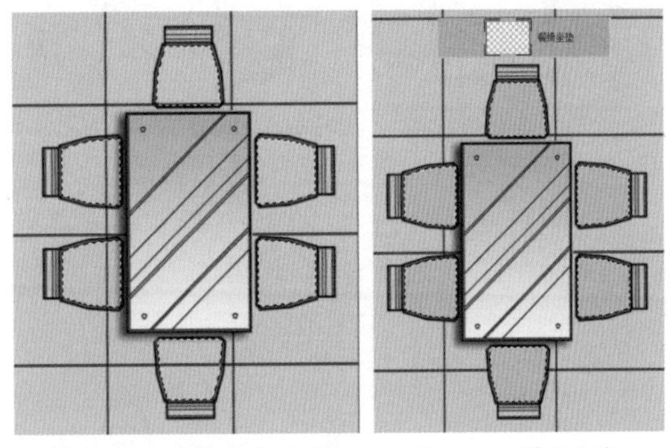

图 6-150 选择坐垫区域　　图 6-151 填充颜色

09 执行“图层”|“图层样式”|“图案叠加”命令，在图案列表中选择“木纹”图案，添加图案的效果如图 6-152 所示。

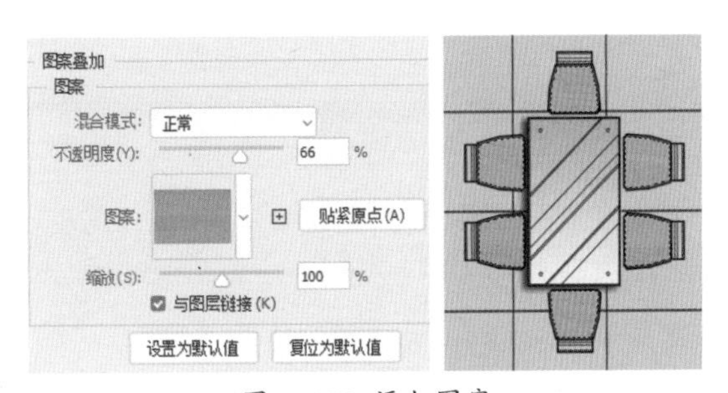

图 6-152 添加图案

10 选择“投影”复选框，添加投影图层样式，得到如图 6-153 所示的坐垫效果。

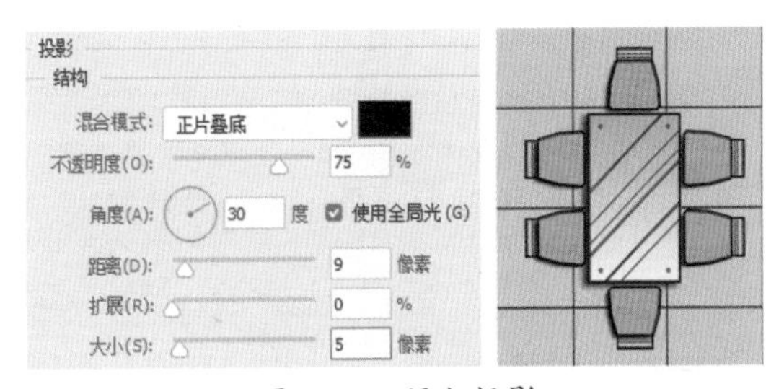

图 6-153 添加投影

11 再次选择“家具”图层。使用魔棒工具，选择餐椅靠背区域，如图 6-154 所示。

12 新建“餐椅靠背”图层。设置背景色为 #421c17，按 Ctrl+Delete 快捷键，填充选区，如图 6-155 所示。

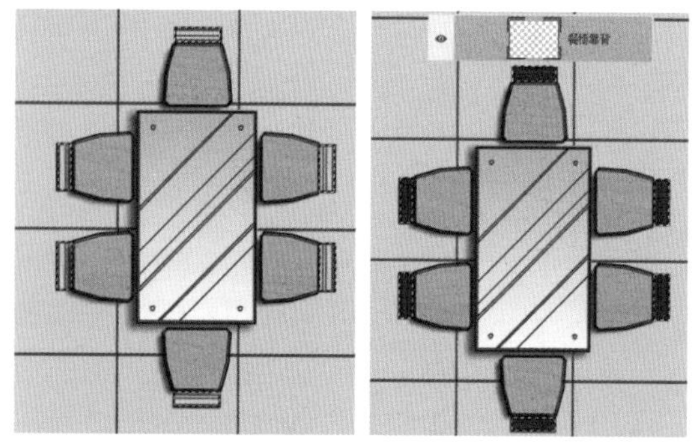

图 6-154 创建选区　　图 6-155 填充颜色

13 执行“图层”|“图层样式”|“投影”命令，添加投影效果，餐桌模块制作完成，如图 6-156 所示。

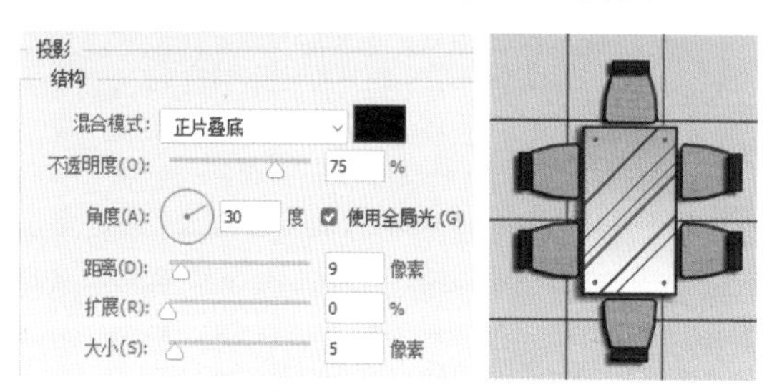

图 6-156 添加投影

6.4.3 制作厨房家具

厨房家具包括厨柜、煤气灶、洗菜盆、冰箱等，制作此类家具主要使用了“渐变”“填充”等工具。

1. 制作橱柜台面

01 单击图层面板中的“创建新组”按钮，新建一个组，重命名为“厨房家具”，如图 6-157 所示。

02 在“厨房家具”组中新建“橱柜台面”图层，如图 6-158 所示。

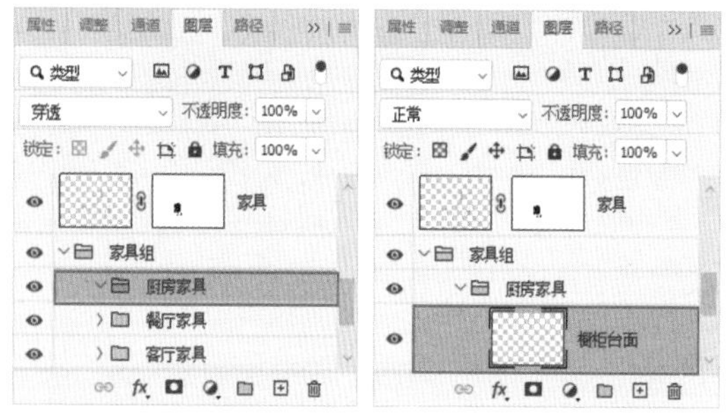

图 6-157 新建组　　图 6-158 新建图层

03 放大显示户型图厨房区域。使用矩形选框工具，按住 Shift 键选择 L 型的橱柜台面，如图 6-159 所示。

04 设置前景色为 #cdffc2，按 Alt+Delete 快捷键，填充选区，得到如图 6-160 所示的柜橱台面效果。

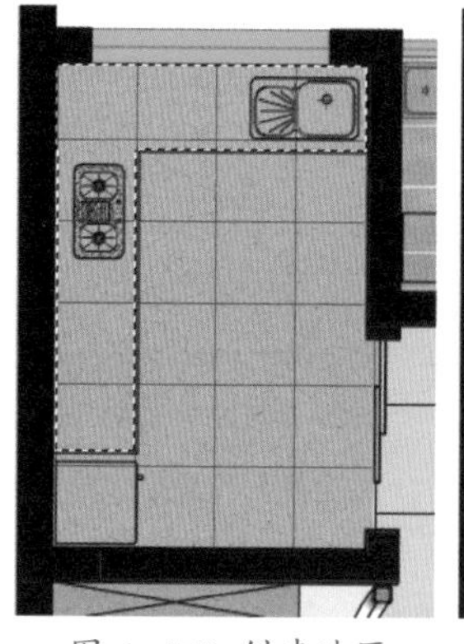

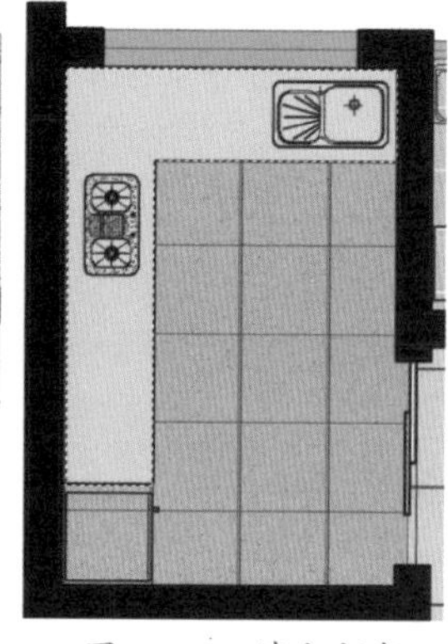

图 6-159 创建选区　　图 6-160 填充颜色

05 双击“橱柜台面”图层，打开【图层样式】对话框。选择“花岗岩”图案作为叠加图案，设置“缩放”为 50%，其他参数设置如图 6-161 所示。

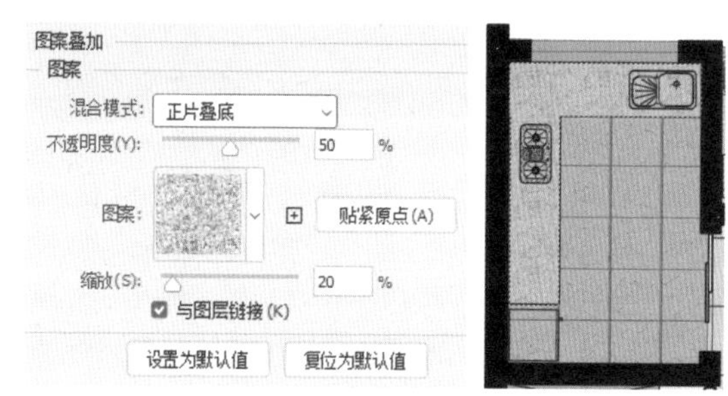

图 6-161 添加图案

06 在【图层样式】对话框中选择“投影”选项卡，设置属性参数，为台面添加投影图层效果，制作完成的台面效果如图 6-162 所示。

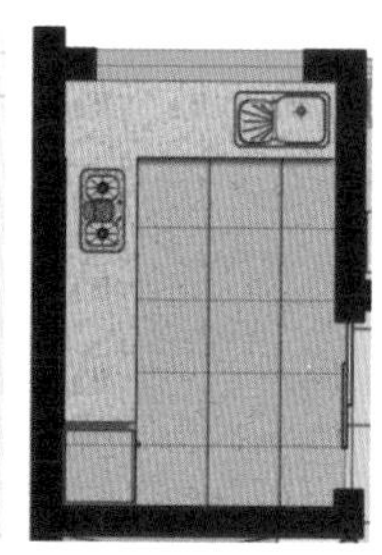

图 6-162 添加投影

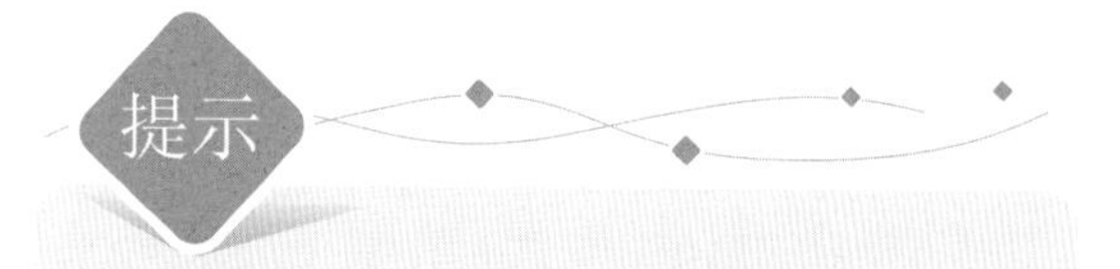

如果当前图案列表框中没有适用的图案，还可以自定义图案。首先打开一张纹理图片，再执行“编辑”|“定义图案”命令，即可自定义图案，并在【图层样式】对话框中调用。

2. 制作洗菜盆

洗菜盆模块可以直接在 AutoCAD 线框基础上进行着色得到。

01 新建“洗菜盆”图层。使用多边形套索工具，选择洗菜盆区域，如图 6-163 所示。

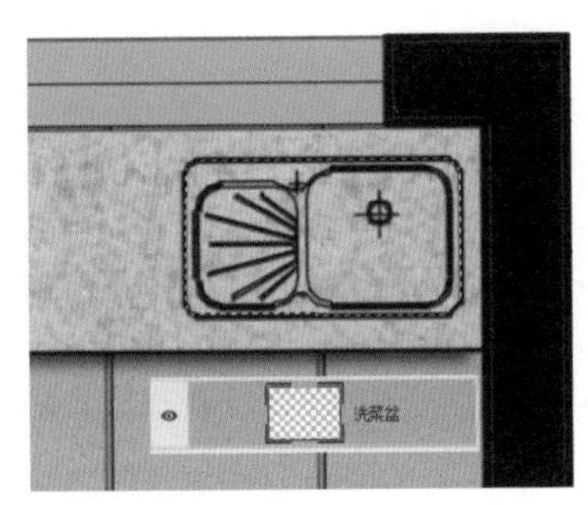

图 6-163 选择洗菜盆区域

02 使用渐变工具，在【渐变编辑器】对话框中设置参数，如图 6-164 所示。在选项栏中按下“线性渐变”按钮。

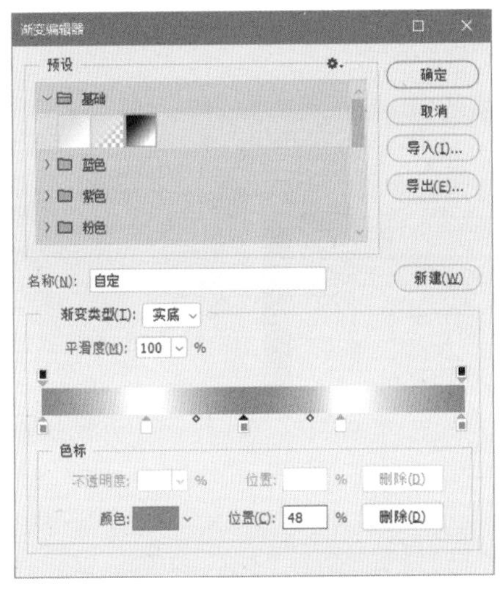

图 6-164 设置参数

03 从选区左下角至右上角绘制直线，填充线性渐变如图 6-165 所示，得到不锈钢洗菜盆的质感。

图 6-165 填充线性渐变

04 继续使用多边形套索工具，选择洗菜盆右侧的槽体。使用渐变工具，按下“径向渐变”按钮，选择“黑、白”渐变作为当前渐变。从槽体下水口位置向外拖动光标，填充径向渐变如图 6-166 所示，制作槽体底部的高低变化。

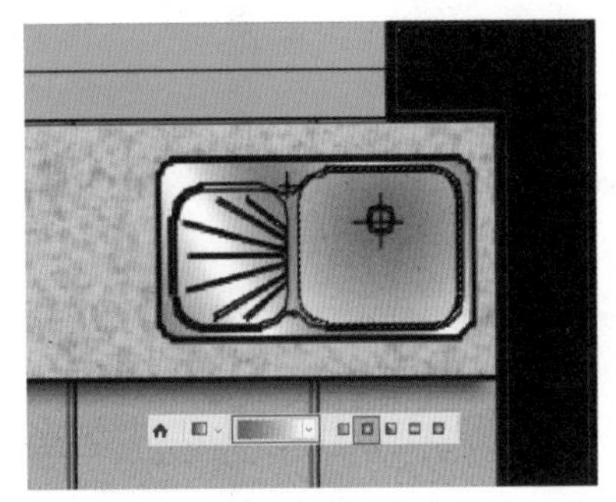

图 6-166 填充径向渐变

05 使用同样的方法制作左侧槽体底部高低变化，如图 6-167 所示。最后按 Ctrl+D 键，取消选择。

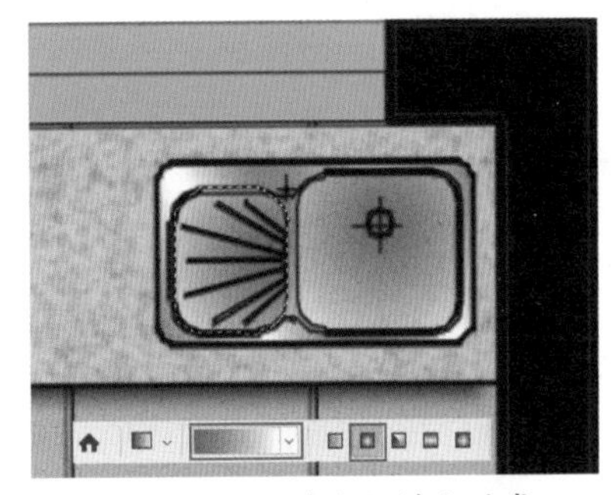

图 6-167 制作左侧槽盆质感

06 执行“图层”|“图层样式”|“投影”命令，为洗菜盆添加阴影效果。设置“距离”和“大小”参数为 2，减少投影的影响范围。洗菜盆模块制作完成，如图 6-168 所示。

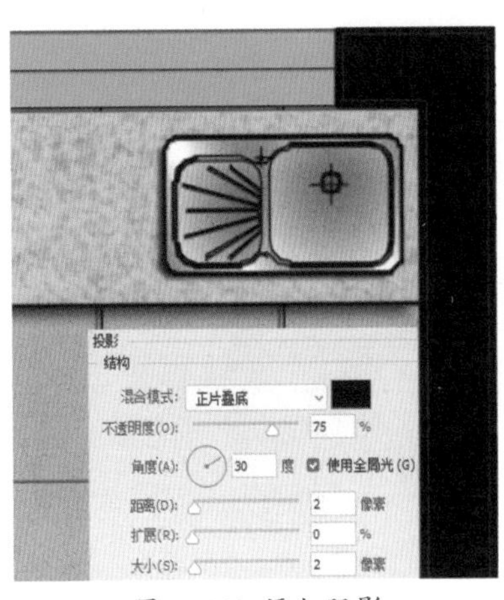

图 6-168 添加阴影

07 分别新建“煤气灶”图层和“冰箱”图层，如图 6-169 所示。

08 利用相同的方法，煤气灶、冰箱添加效果，如图 6-170 所示。

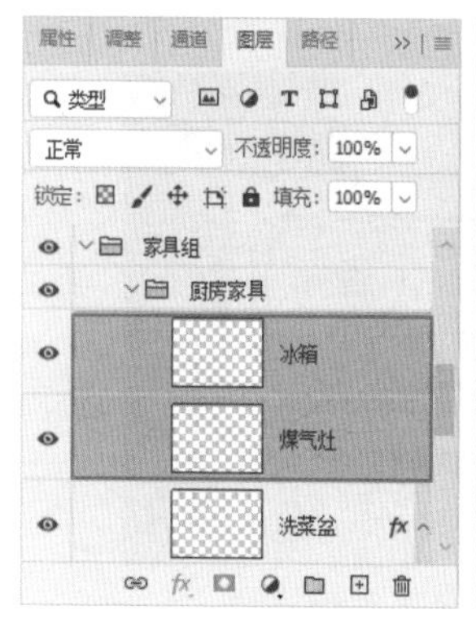

图 6-169 新建图层

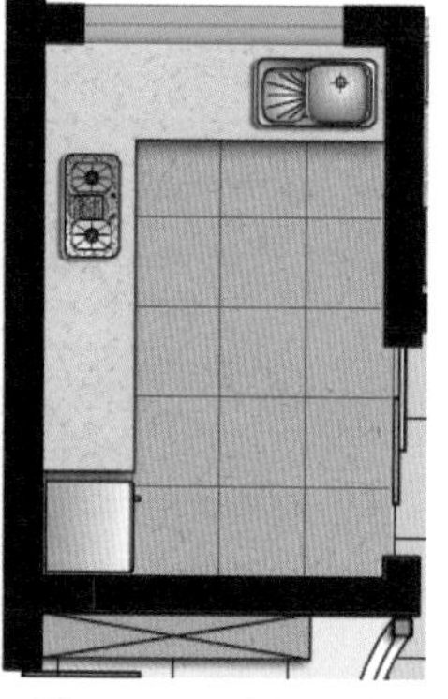

图 6-170 添加效果

3. 制作露台家具

该复式住宅有南、北两个露台。北露台是生活露台，家包括洗衣机和拖把池。南露台为休闲露台，包括休闲桌椅和绿化植物等。

洗衣机和拖把池的制作方法与洗菜盆基本相同，使用渐变工具进行着色即可，最终完成效果如图 6-171 所示。

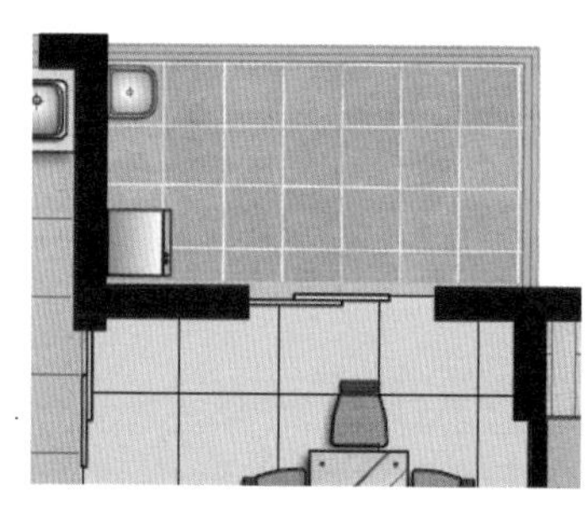

图 6-171 北露台效果

南露台家具为休闲桌椅和绿色植物，这些模块可以直接从配套资源提供的家具模块中调用，然后添加投影效果，如图 6-172 所示。本着“化繁为简”的原则，这里省去了 CAD 户型图中的鹅卵石装饰，保持户型图简洁、美观的整体效果。

图 6-172 南露台

下面重点讲解木质楼梯的制作方法，它由两侧的扶手和中间的踏板组成。

01 单击图层面板中的“创建新组”按钮，新建一个组，重命名为“露台家具”，如图 6-173 所示。

02 在“露台家具”组中新建“楼梯扶手”图层，如图 6-174 所示。

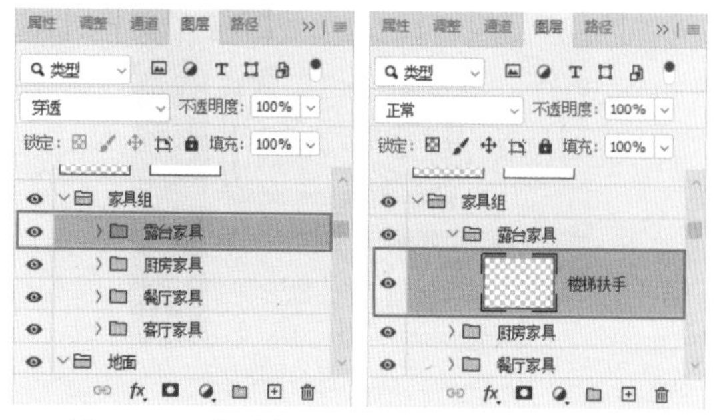

图 6-173 新建组　　图 6-174 新建图层

03 使用矩形选框工具，选择楼梯两侧扶手区域，如图 6-175 所示。

04 设置前景色为 #ffa763，按 Alt+Delete 键，在选区中填充木纹的颜色如图 6-176 所示。

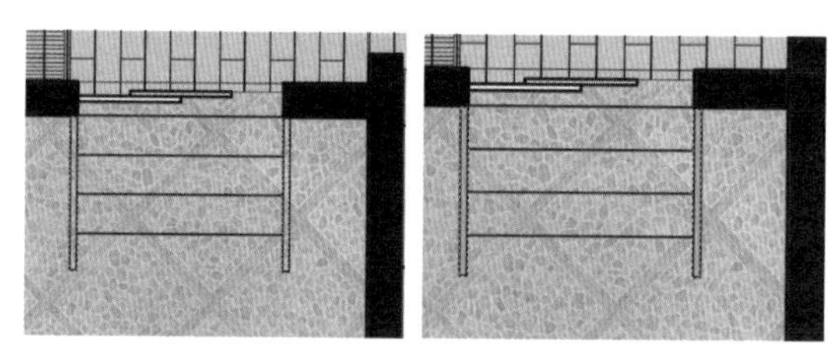

图 6-175 创建选区　　图 6-176 填充颜色

05 执行“图层”|“图层样式”|“投影”命令，打开【图层样式】对话框。取消“使用全局光”复选框的勾选，在图像窗口中拖动阴影至扶手中间的位置，其他阴影参数设置如图 6-177 所示。

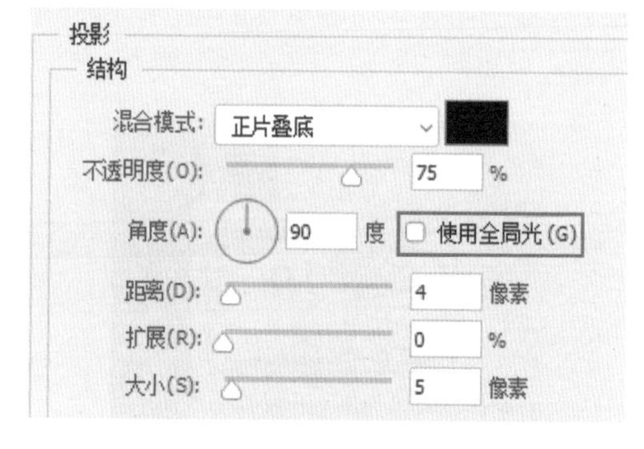

图 6-177 添加投影

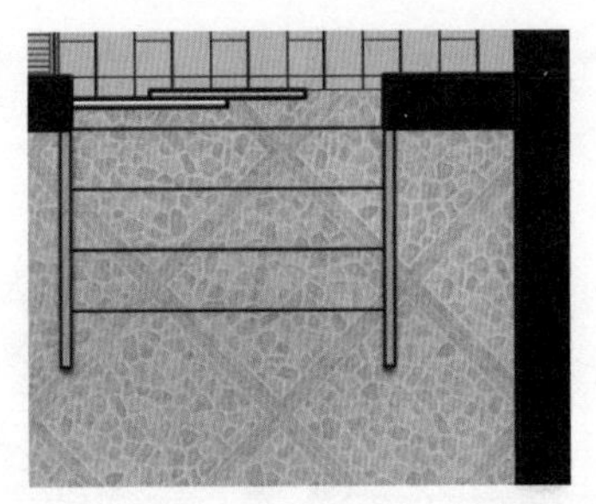

图 6-177　添加投影（续）

06 在“楼梯扶手”图层的下方新建“楼梯踏步”图层，选择三个踏步区域如图 6-178 所示。

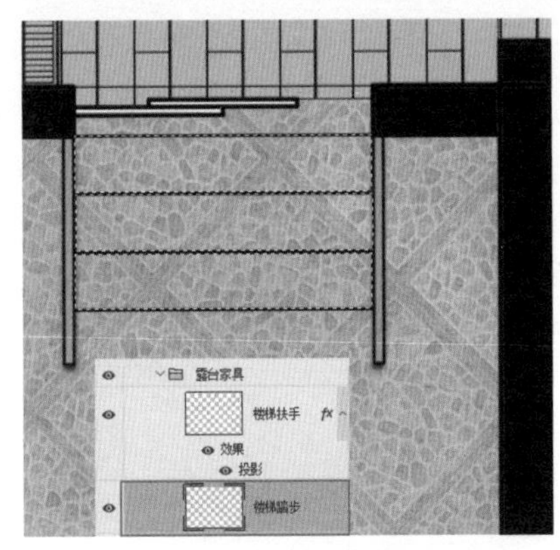

图 6-178　选择踏步区域

07 按 Alt+Delete 快捷键或 Ctrl+Delete 快捷键，在选区内填充任一种颜色，如图 6-179 所示。

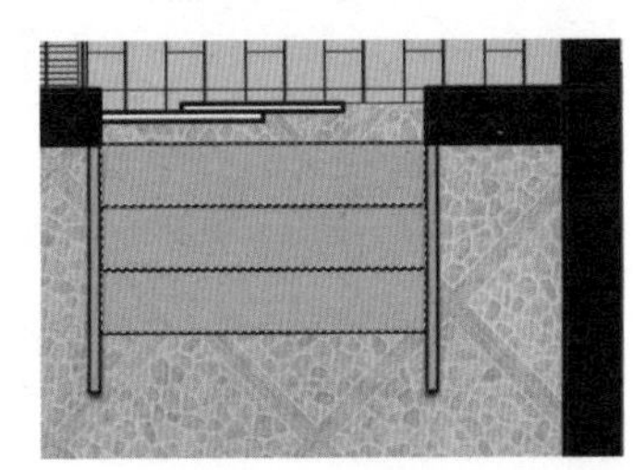

图 6-179　建立选区并填充颜色

08 执行“图层”|“图层样式”|“图案叠加”命令，打开【图层样式】对话框，选择木质图案为叠加图案，为踏步添加木质纹理，其他参数设置如图 6-180 所示。

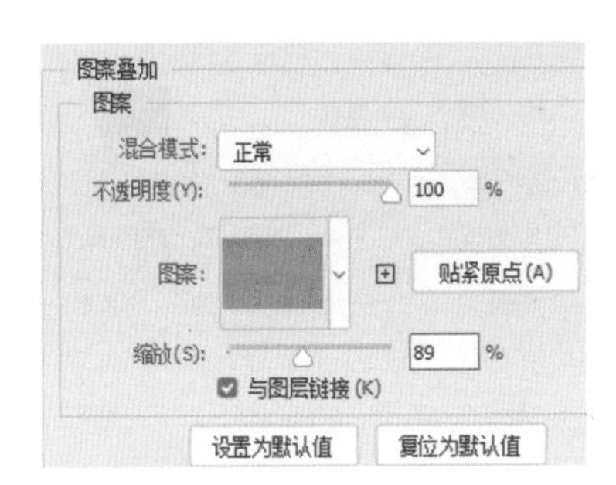

图 6-180　添加图案

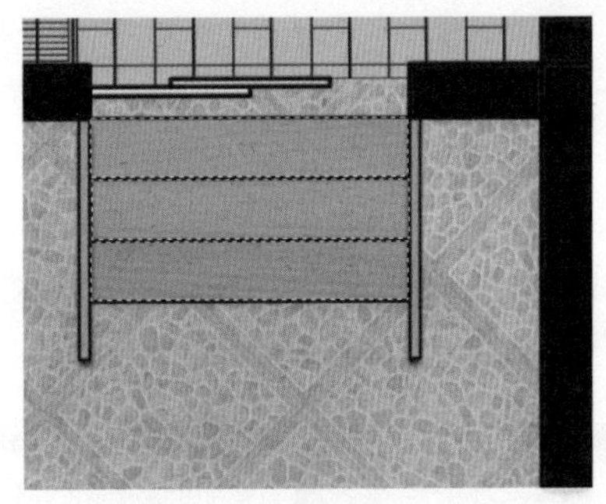

图 6-180　添加图案（续）

09 选择“渐变叠加”复选框，选择“黑、白”渐变为叠加渐变，角度为 90 度，其他参数设置如图 6-181 所示。

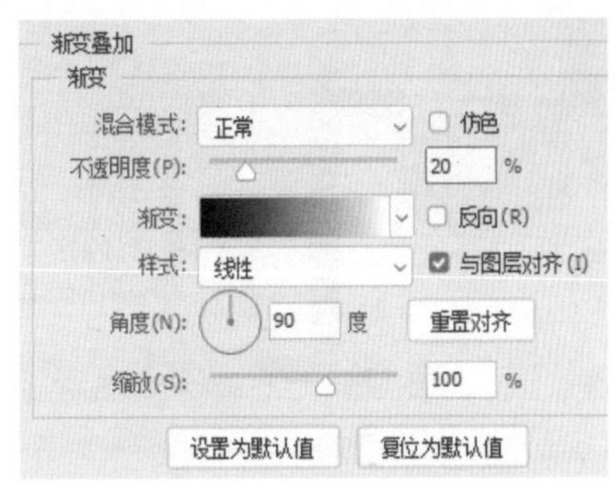

图 6-181　设置渐变参数

10 选择“投影”复选框，设置参数如图 6-182 所示，为踏步添加投影效果。

图 6-182　设置投影参数

11 最终得到如图 6-183 所示的踏步效果。

图 6-183　楼梯踏步的完成效果

6.4.4 制作卧室和卫生间家具

卧室一般有床、床头柜、梳妆台、电视机、电视柜、衣柜等家具。这里以主卧为例，介绍卧室家具的制作方法，最终完成效果如图6-184所示。卧室家具应以暖色调为主，以营造温馨、舒适的气氛。

图6-184 卧室家具最终效果

制作床和块毯

01 单击图层面板中的"创建新组"按钮，新建一个组，重命名为"卧室家具"。

02 打开配套资源提供的圆形块毯图像，如图6-185所示。

图6-185 打开块毯图像

03 将块毯图像拖动复制至卧室，按Ctrl+T快捷键，调整大小和位置如图6-186所示。

04 继续添加配套资源提供的床模块，将图层置于"块毯"图层的上方，得到正确的前后叠加效果，如图6-187所示。

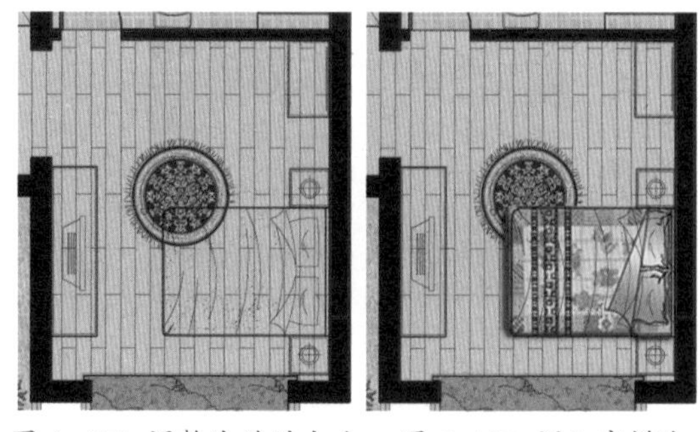

图6-186 调整块毯的大小　图6-187 调入床模块

05 新建"桌柜"图层。使用矩形选框工具，选择卧室电视机、床头柜、化妆台、衣柜区域，填充颜色#ffa763。执行"图层"|"图层样式"|"投影"命令，添加阴影效果，如图6-188所示。

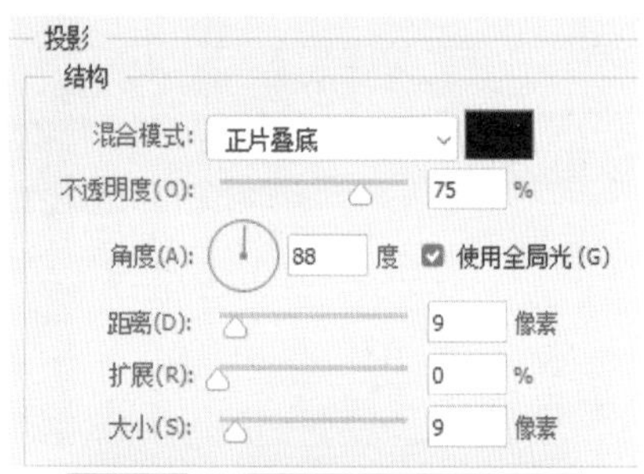

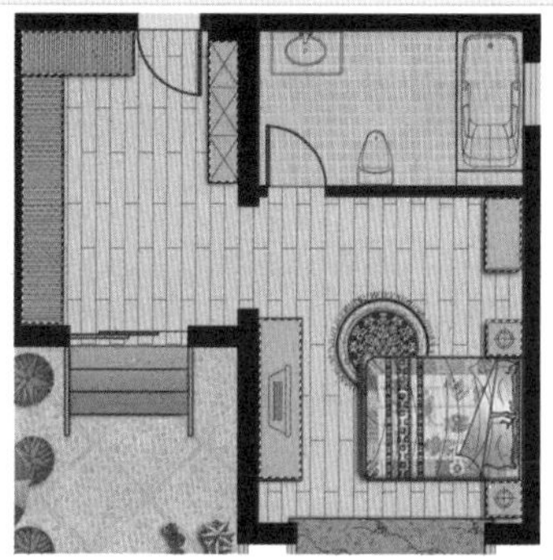

图6-188 制作桌柜家具

06 新建"台灯"图层。使用椭圆选框工具，选择床头柜的台灯区域，填充白色#ffffff。执行"图层"|"图层样式"|"投影"命令，添加阴影效果，如图6-189所示。

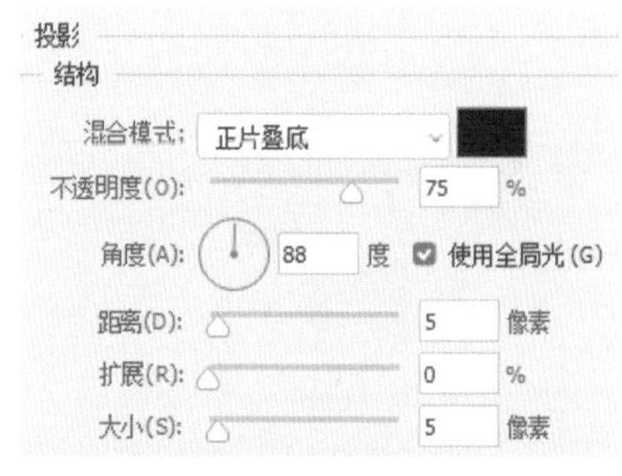

图6-189 台灯的制作效果

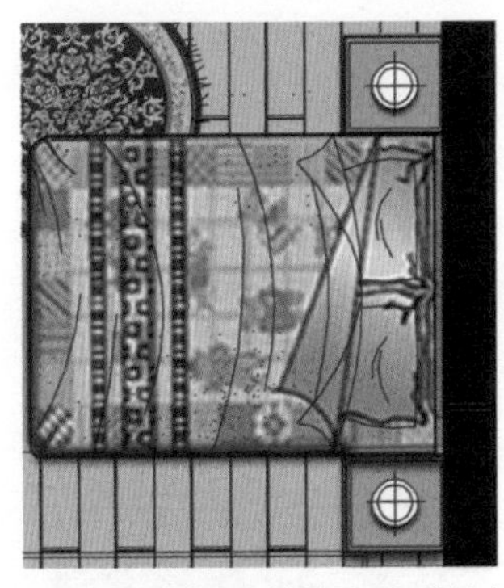

图 6-189　台灯的制作效果（续）

07 新建“电视机”图层。使用多边形套索工具，选择电视机区域，设置前景色为 #4e5369，背景色为 #707a9b。使用渐变工具，从选区左端至右端填充渐变。然后执行“图层”|“图层样式”|“投影”命令添加阴影效果，完成效果如图 6-190 所示。

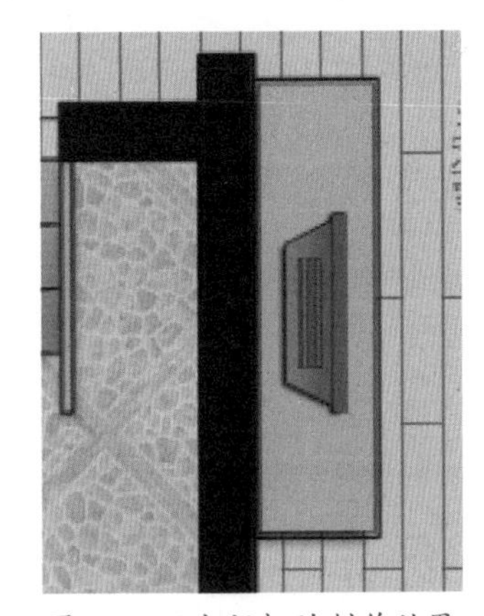

图 6-190　电视机的制作效果

书房、子女卧室家具的制作方法基本相同，这里不详细介绍了，最终完成效果如图 6-191 所示。其中桌面的台式计算机和笔记本模块为 3ds max 渲染得到。

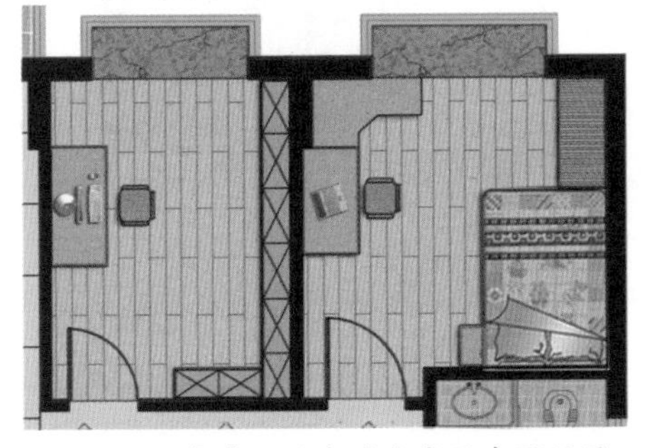

图 6-191　书房、子女卧室家具布置效果

卫生间家具包括蹲便器、浴缸、座便器、洗脸盆及台面等，制作方法与前面介绍的内容完全相同，最终完成效果如图 6-192 所示。

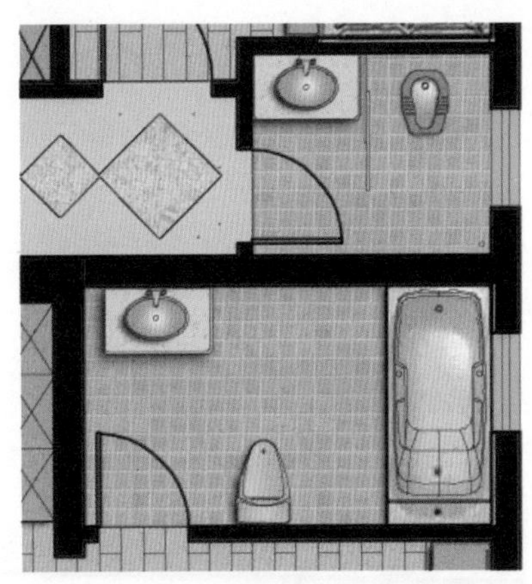

图 6-192　卫生间家具效果

6.5　添加绿色植物

打开配套资源提供的植物模块，将其添加至室内各角落位置，如图 6-193 所示，作为户型图的点缀。执行“图层”|“图层样式”|“投影”命令，为植物添加阴影效果，加强立体感。在复制植物时，应先选择对象，然后按 Alt 键拖动光标，确保在图层内部复制，减少 PSD 图像文件的大小。

图 6-193　添加植物模块

6.6　最终效果处理

为了方便客户阅读，在制作完成室内家具模块后，还需要添加文字说明，对各空间的尺寸和功能进行简介说明。

6.6.1 添加墙体和窗阴影

选择“墙体”图层，执行“图层”|“图层样式”|“投影”命令，为墙体图层添加投影效果，加强户型图整体的立体感，如图6-194所示。投影方向与室内家具投影方向一致。

选择“窗”图层为当前图层，执行【图层】|【图层样式】|【投影】命令，同样为窗添加投影效果。

图6-194 墙体添加投影效果

6.6.2 添加文字和尺寸标注

01 按Ctrl+O快捷键，打开“户型图-文字标注.eps”文件。按如图6-195所示设置参数对EPS文件进行栅格化。

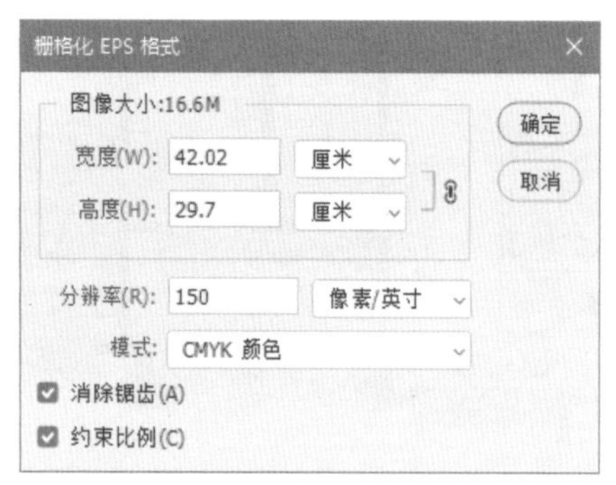

图6-195 【栅格化EPS格式】对话框

02 使用移动工具✥，按住Shift键拖动栅格化的文字标注至户型图图像窗口，使其两图像中心自动对齐，如图6-196所示。新图层重命名为“标注”图层。

图6-196 添加标注图层

03 按Ctrl+Shift+“]”快捷键，将“标注”图层调整至图层面板的最上方，使标注不被其他对象遮挡。

6.6.3 裁剪图像

选择工具箱裁剪工具ㄅ，在图像窗口中拖动光标创建裁剪范围框，然后分别调整各边界的位置，按Enter键，应用裁剪，如图6-197所示。

图6-197 裁剪图像

彩色户型图全部制作完成。

第7章 建筑立面图制作

建筑立面图是建筑表现常用的手段之一，直接在AutoCAD绘制的二维线框图基础上制作，具有制作速度快的优点。在建筑立面图中可以使用很多建筑表现元素，如墙砖材质、真实的配景、光线投影等，效果真实、逼真，在建筑方案投标中应用广泛。添加配景后的最终结果类似于3ds max制作的建筑透视图效果。

本章以一幢现代商住楼为例，介绍建筑立面图制作的整个流程和相关方法与技巧。

7.1 输出建筑立面 EPS 图形

01 启动 AutoCAD，打开配套资源提供的商住楼立面图，如图 7-1 所示。该立面图中包括了商住楼的多个立面，这里制作的是该建筑的北立面图。

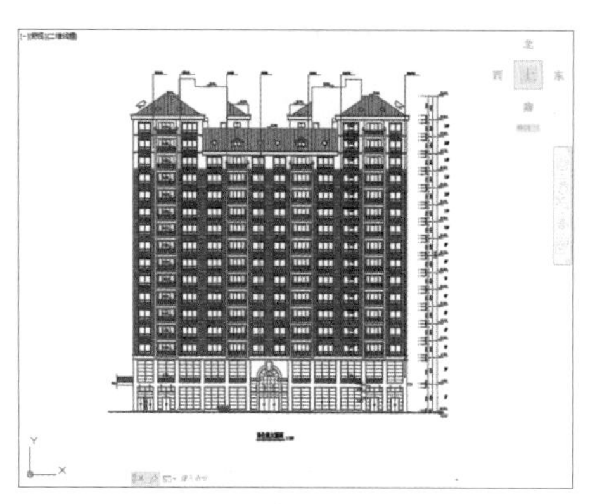

图 7-1 打开立面图

02 关闭轴线、尺寸标注、文字标注、填充等图层，隐藏无关内容。不能隐藏的图形可以直接选择删除，使图形显示如图 7-2 所示。

图 7-2 图形的显示效果

03 按 Ctrl+P 快捷键，打开【打印】对话框。选择“EPS 绘图仪 .pc3”打印机，其他参数设置如图 7-3 所示。

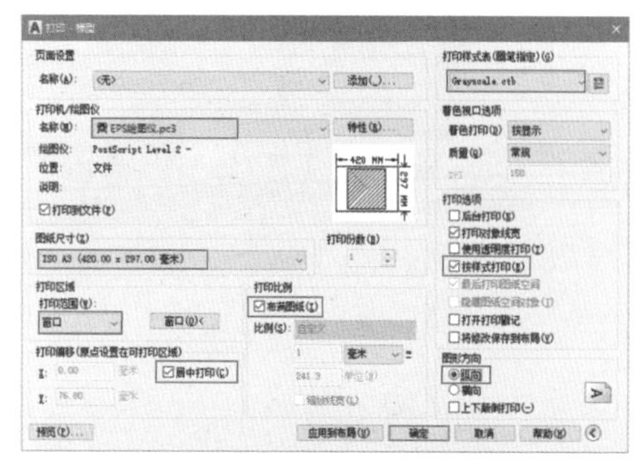

图 7-3 设置打印参数

04 单击“预览”按钮可以查看打印效果，如图 7-4 所示。

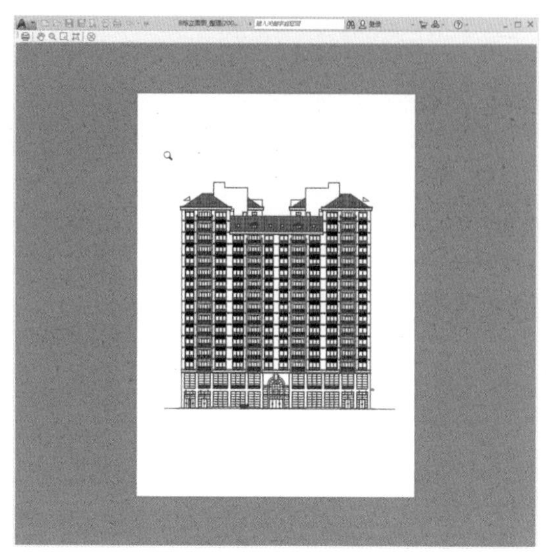

图 7-4 打印预览

05 确认无误后单击按钮，在【浏览打印文件】对话框中设置文件名称与文件类型，如图 7-5 所示。单击“保存”按钮，打印输出得到立面 EPS 文件。

图 7-5 【浏览打印文件】对话框

7.2 制作立面墙体

7.2.1 栅格化 EPS 文件

01 运行 Photoshop 软件，按 Ctrl+O 快捷键，在弹出的【打开】对话框中选择 AutoCAD 打印输出的商住楼立面图 EPS 文件。

02 在打开的【栅格化 EPS 格式】对话框中，根据需要设置合适的栅格化分辨率和模式，如图 7-6 所示。

这里设置分辨率为 150 像素 / 英寸，分辨率越大，得到的图像尺寸越大。

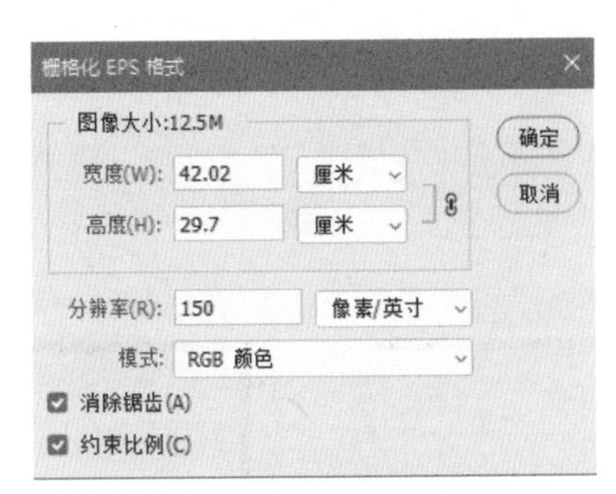

图 7-6　设置栅格化参数

03 栅格化图像的结果如图 7-7 所示，得到一张背景透明的位图图像。

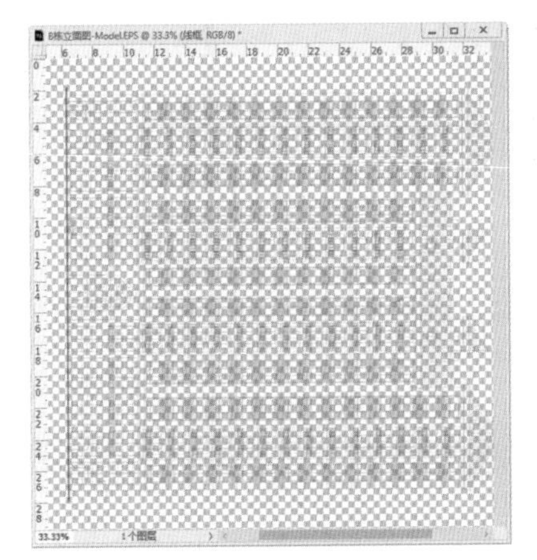

图 7-7　栅格化结果

04 重命名立面图线框所在的图层为“线框”图层，如图 7-8 所示。

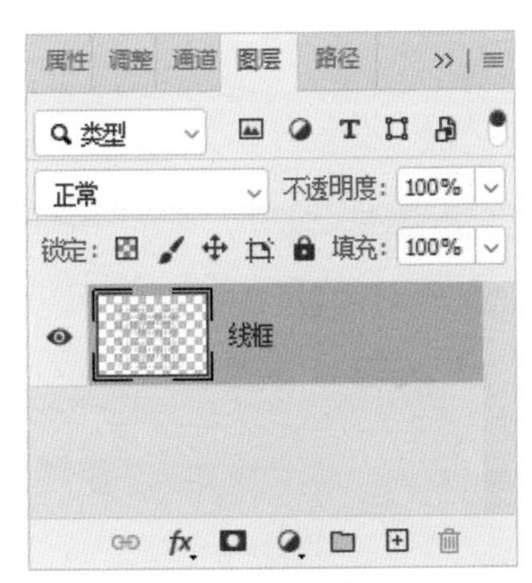

图 7-8　新建图层

05 执行“图像”|“图像旋转”|“逆时针 90 度”命令，旋转图像，纠正立面图的方向，如图 7-9 所示。

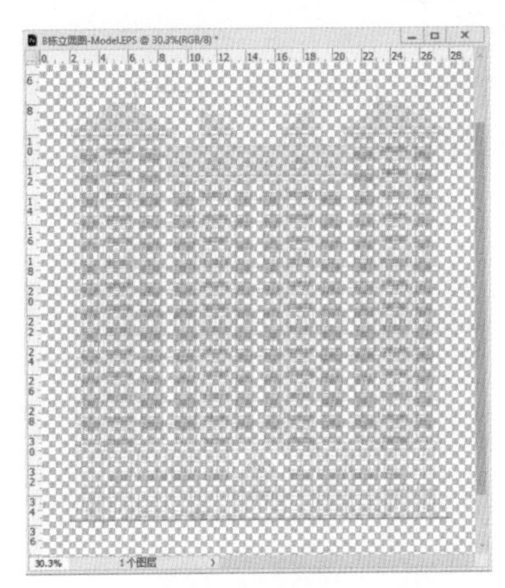

图 7-9　图像旋转

06 按 Ctrl+Shift+N 组合键，在“线框”图层下方新建一个图层。

07 按 D 键，恢复前 / 背景色为默认的黑 / 白颜色。按 Ctrl+Delete 快捷键在新建图层内填充白色，执行“图层”|“新建”|“图层背景”命令，创建白色背景图层，如图 7-10 所示。

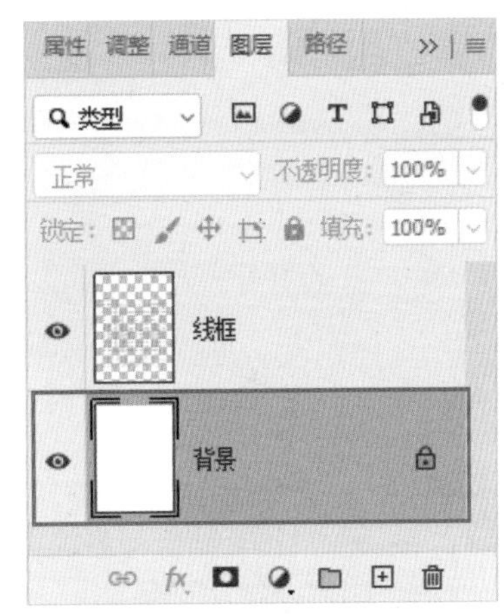

图 7-10　创建背景图层

08 使用裁剪工具，调整画布大小，如图 7-11 所示，为接下来制作配景准备空间。

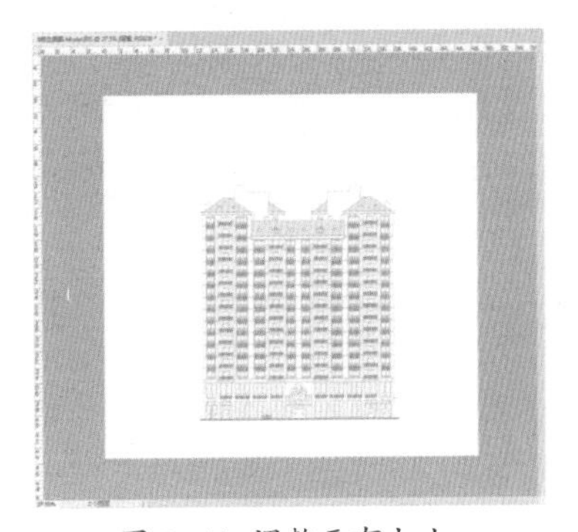

图 7-11　调整画布大小

查看建筑立面图可知，商住楼墙体共使用了3种墙体材质，1层和2层使用了深褐色外墙砖，3-13层使用了谷黄色小方砖，14-16层使用了乳白色小方砖。在制作立面墙体时，需要分别选择相应墙体区域填充颜色或纹理。

7.2.2 制作填充图案

商住楼底层和中间层分别使用了不同大小比例的外墙砖，需要分别创建填充图案。

1. 制作底层外墙砖图案

01 按Ctrl+N快捷键，打开【新建文档】对话框，设置参数如图7-12所示。

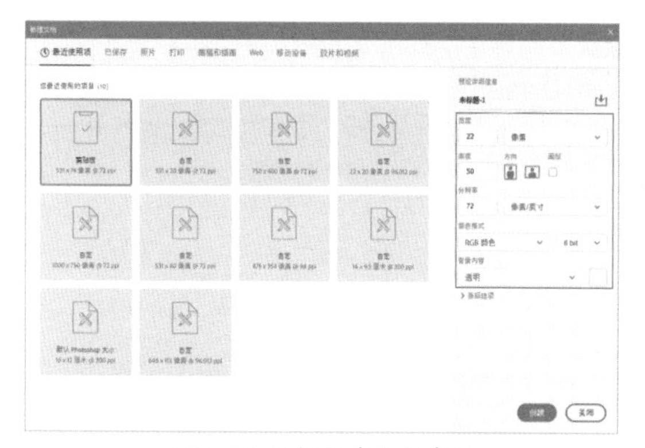

图7-12 设置新建文档参数

02 创建22×50像素大小，背景为透明的图像文件，如图7-13所示。

图7-13 新建图像文件

03 按Ctrl+R快捷键，在图像窗口中显示标尺。右击标尺，在弹出菜单中选择“像素”命令，将标尺单位设置为像素。

04 按Ctrl+“+”快捷键，放大显示图像。使用单行选框工具在画布上端建立一条1像素高的单行选区。使用单列选框工具，按住Shift键，在画布左端添加1像素宽的单列选区。按Alt+Delete快捷键，填充黑色，如图7-14所示。

05 按Ctrl+A快捷键，全选图像，如图7-15所示。

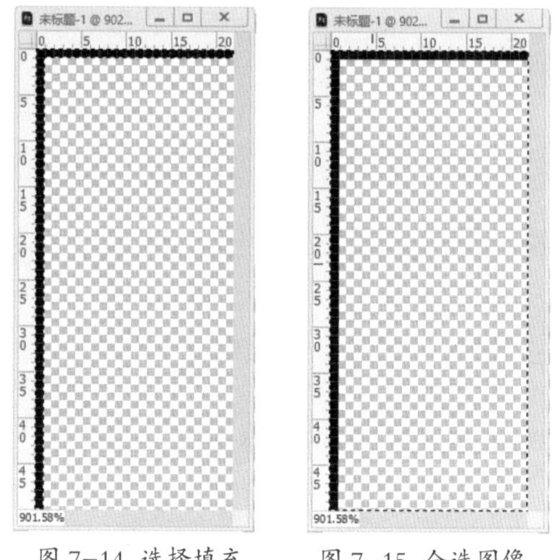

图7-14 选择填充 图7-15 全选图像

06 执行“编辑”|“定义图案”命令，创建“22×50外墙砖”图案，如图7-16所示。

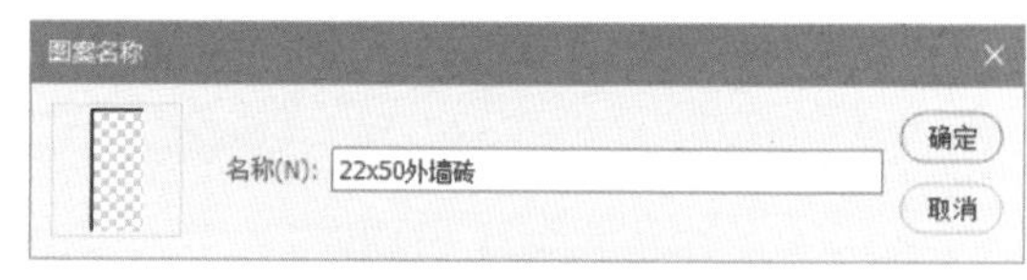

图7-16 设置图案名称

07 外墙砖图案创建完成。

2. 创建小方砖图案

01 按Ctrl + N快捷键，新建20×20像素大小，背景为透明的图像文件，如图7-17所示。

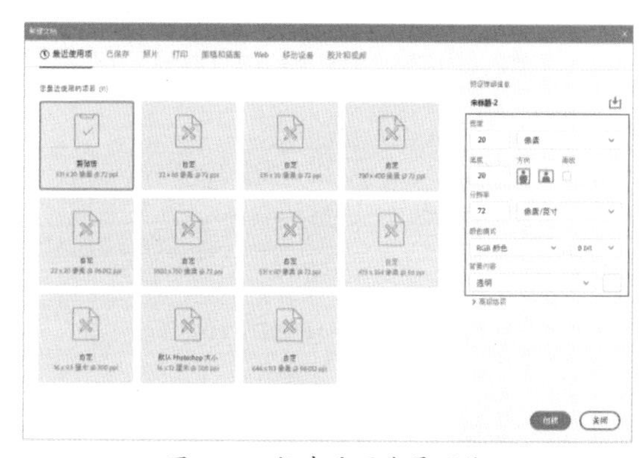

图7-17 新建透明背景图像

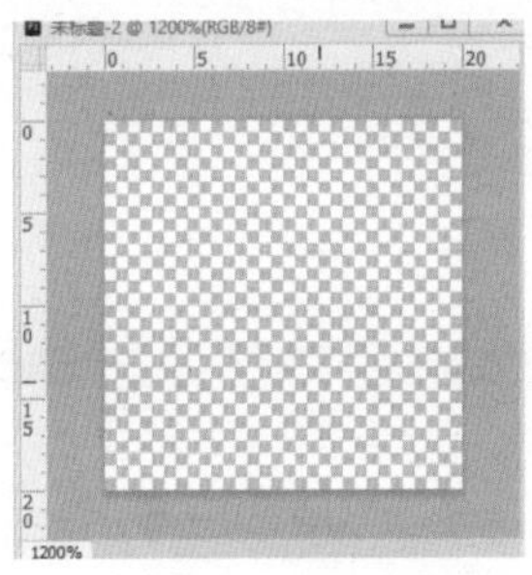

图 7-17　新建透明背景图像（续）

02 分别使用单行和单列选框工具，选择画布左端和顶端 1 像素宽区域，按 Alt+Delete 快捷键，填充黑色，如图 7-18 所示。

03 按 Ctrl+A 快捷键，全选图像，如图 7-19 所示。

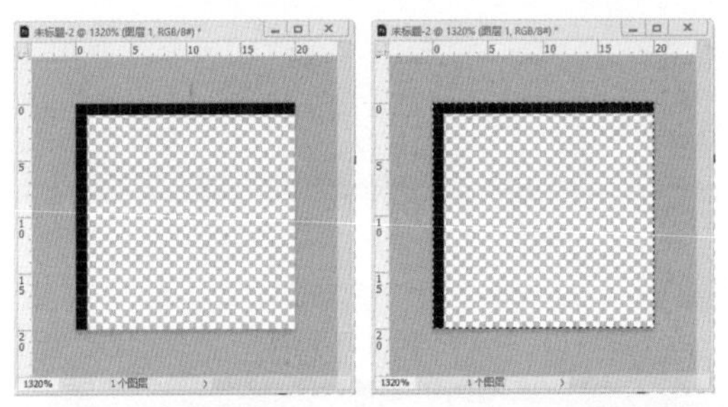

图 7-18　填充边线　　　　图 7-19　全选图像

04 执行“编辑”|“定义图案”命令，创建“20×20 小方砖”图案，如图 7-20 所示。商住楼谷黄色小方砖墙体和乳白色小方砖墙体将共用该图案制作墙砖分隔。

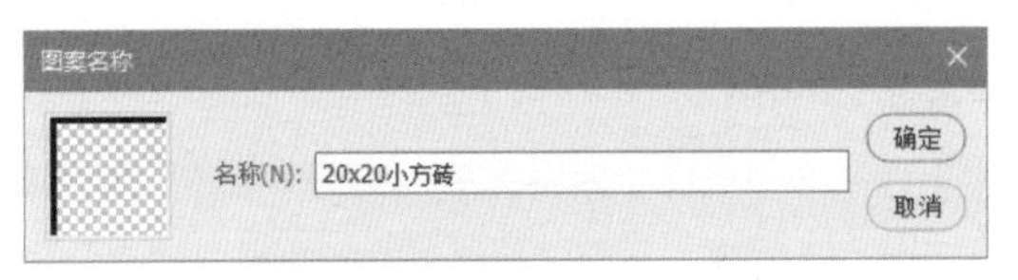

图 7-20　创建小方砖图案

7.2.3　创建墙体

1.　创建 1、2 层墙体

01 按 Ctrl+Shift+N 快捷键，创建“深褐色墙体”图层。使用矩形选框工具，选择一层和二层区域。如图 7-21 所示。

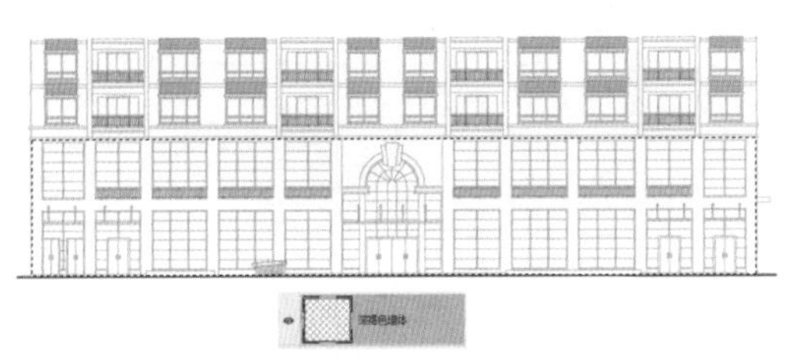

图 7-21　创建选区

02 设置前景色为深褐色，色值为 # 6e3904。按 Alt+Delete 快捷键填充图案，如图 7-22 所示。

图 7-22　填充颜色

03 执行“图层”|“图层样式”|“图案叠加”命令，打开【图层样式】对话框，选择前面创建的“22×50 外墙砖”图案作为叠加图案，设置缩放比例为 50%，如图 7-23 所示。

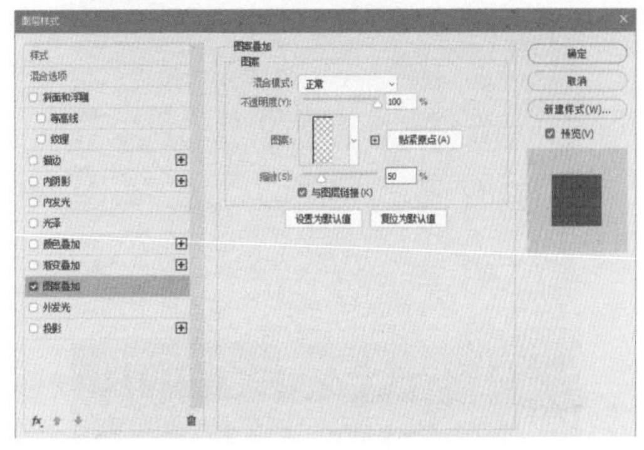

图 7-23　设置图案叠加参数

04 图案叠加效果如图 7-24 所示。

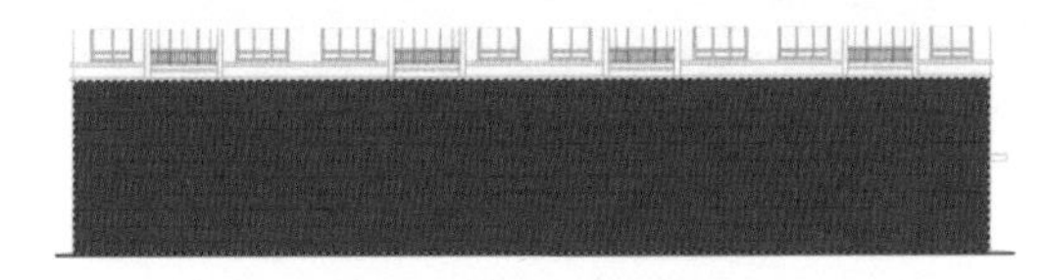

图 7-24　图案叠加效果

05 将“线框”图层移动至“深褐色墙体”的上方，在叠加图案之上显示线框。再新建名称为“外墙”的组，方便管理外墙的相关图层，如图 7-25 所示。

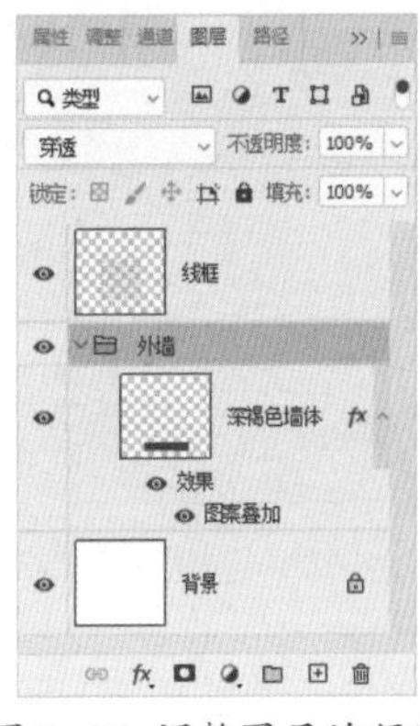

图 7-25　调整图层的顺序

图 7-25 调整图层的顺序（续）

2. 创建 3 ～ 14 层墙体

01 新建“谷黄色墙体”图层。使用矩形选框工具 ，选择 3~13 层墙体，设置前景色为 #ffbd68。按 Alt+Delete 快捷键填充图案，如图 7-26 所示。

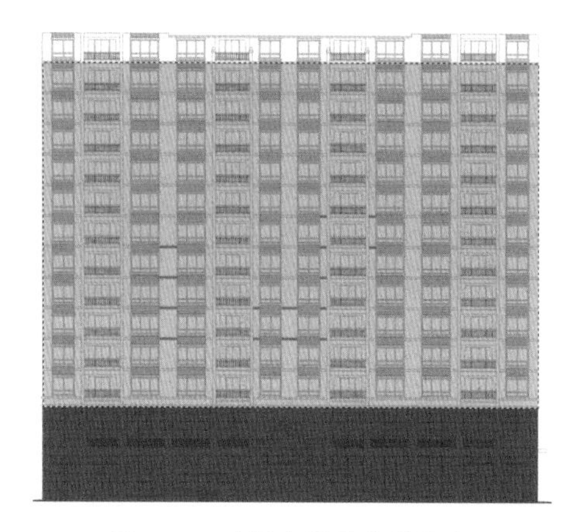

图 7-26 选择中间墙体并填充

02 执行“图层”|“图层样式”|“图案叠加”命令，打开【图层样式】对话框，选择“20×20 小方砖”图案作为叠加图案，设置缩放比例为 50%，如图 7-27 所示。谷黄色小方砖墙体创建完成。

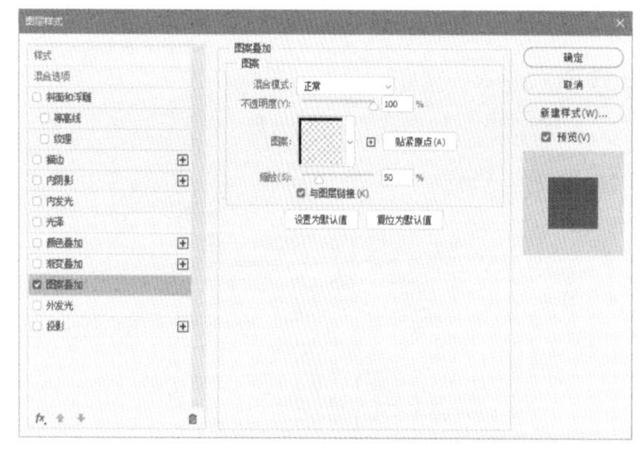

图 7-27 设置图案叠加参数

3. 创建 14 ～ 16 层墙体

01 新建“乳白色墙体”图层。使用矩形选框工具 和魔棒工具 ，选择 14~16 层墙体区域，如图 7-28 所示。按 Ctrl+Delete 快捷键，填充白色。

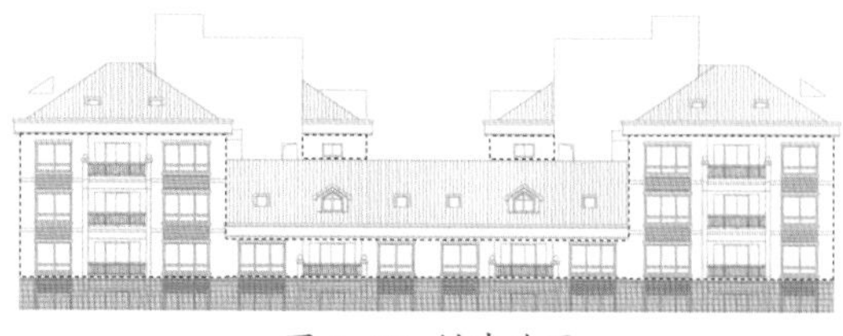

图 7-28 创建选区

02 在“谷黄色墙体”图层的上方单击鼠标右键，在弹出菜单中选择“拷贝图层样式”命令。再在“乳白色墙体”图层的上方单击鼠标右键，选择“粘贴图层样式”命令，复制“20×20 小方砖”图案叠加图层样式，结果如图 7-29 所示。

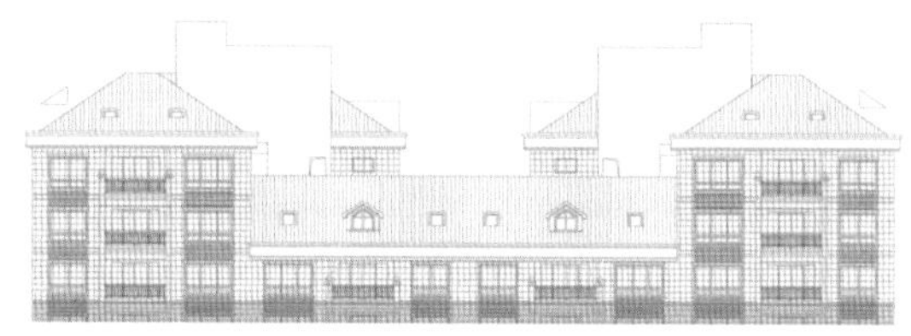

图 7-29 小方砖图案叠加效果

03 至此，乳白色小方砖墙体制作完成。

7.3 制作窗户和门

7.3.1 制作窗户和门玻璃

窗户和门应在墙体图层的上方创建，否则会被墙体遮挡而不可见。

01 为了方便选择和编辑图形，单击“墙体”图层左侧的眼睛图标 ，暂时隐藏所有墙体图层。

02 新建“窗户”组，并在组下创建“玻璃”图层，如图 7-30 所示。

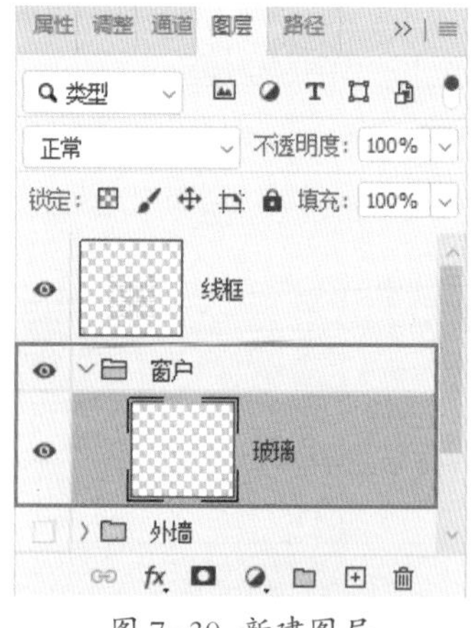

图 7-30 新建图层

03 使用矩形选框工具，选择整个窗户和门区域，设置前景色为 # 9ddeff。按 Alt+Delete 快捷键，填充前景色，如图 7-31 所示。

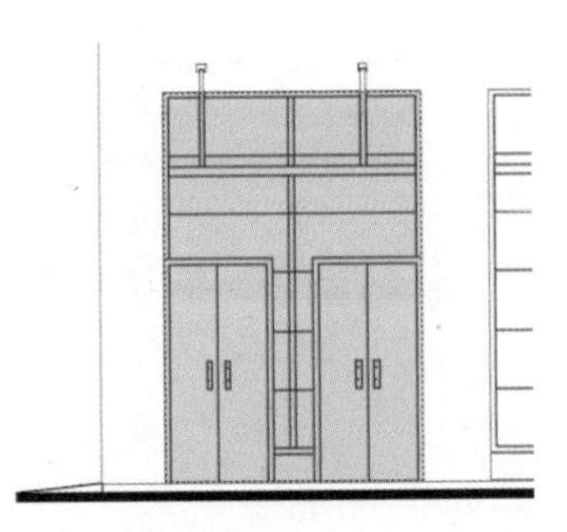

图 7-31　选择并填充

04 继续选择其他门和窗玻璃区域，填充 # 9ddeff 颜色，结果如图 7-32 所示。

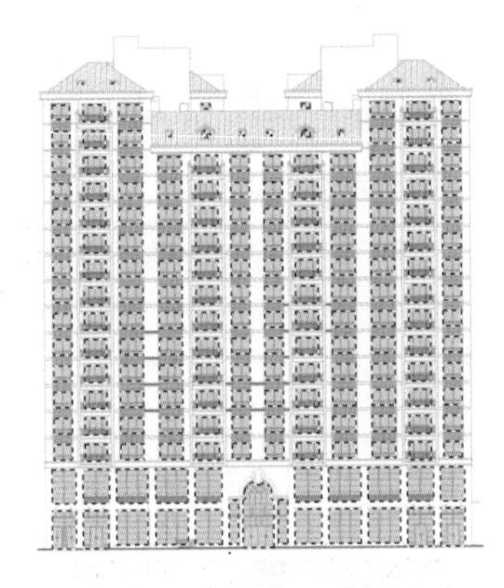

图 7-32　填充其他玻璃区域

7.3.2　制作窗框和门框

01 在“玻璃”图层的上方新建“门窗框”图层。按 Shift 键，使用矩形选框工具，选择窗框和门框区域，设置前景色为 #274c24。按 Alt+Delete 快捷键，填充前景色，得到绿色的门框和窗框，如图 7-33 所示。

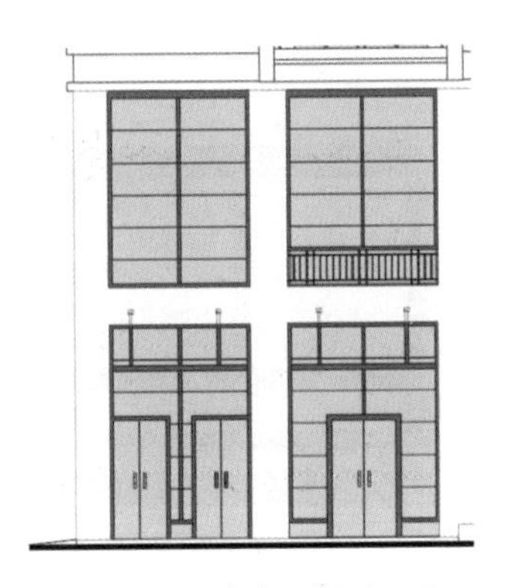

图 7-33　选择并填充窗框和门框

02 使用同样的方法，制作其他门框和窗框，如图 7-34 所示。

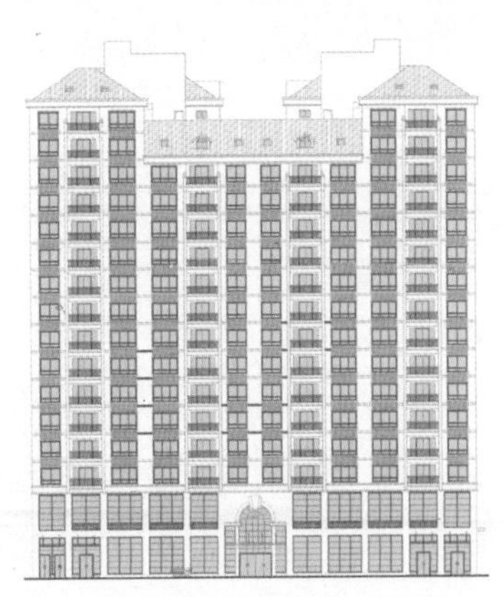

图 7-34　填充其他窗框和门框区域

7.3.3　制作窗户投影

1.　制作平窗阴影

商住楼一、二层为大玻璃落地窗，位于墙体内部，凸出的墙体会在窗户上产生投影，使立面富有立体感。

01 在“门窗框”图层上方新建“门窗投影”图层。使用矩形选框工具，在玻璃上方和左侧各建立一个矩形选区。设置前景色为黑色，按 Alt+Delete 快捷键，在选区内填充黑色。更改图层的“不透明度”为 75%，得到墙体在玻璃上的投影效果，如图 7-35 所示。

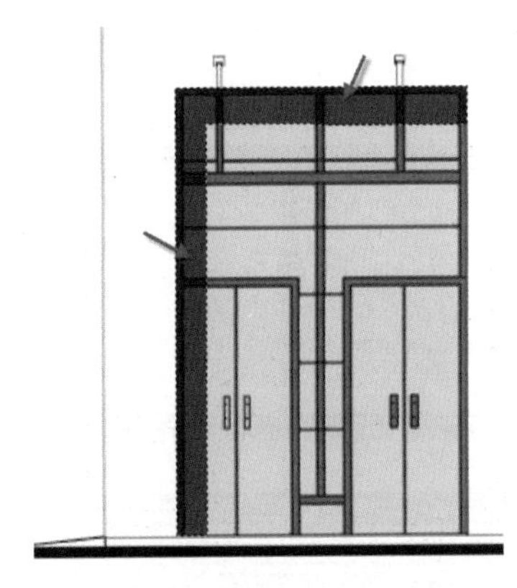

图 7-35　选择并填充黑色

02 使用同样的方法，制作一、二层墙体在其他玻璃上的投影，结果如图 7-36 所示。

图 7-36　制作其他玻璃上的投影

2. 制作飘窗及其投影

飘窗又称“凸窗”，是目前比较流行的窗户形式。这种窗户一般呈矩形或梯形向室外凸出。飘窗三面都安装玻璃，即便在室内，也可以享受更充足的光线和开阔的视野。

飘窗由窗台板、窗框和玻璃组成，在立面图还需要表现出飘窗在墙体上的投影，如图7-37所示。窗框及玻璃前面已经创建完成，这里仅介绍窗台板及投影的制作。

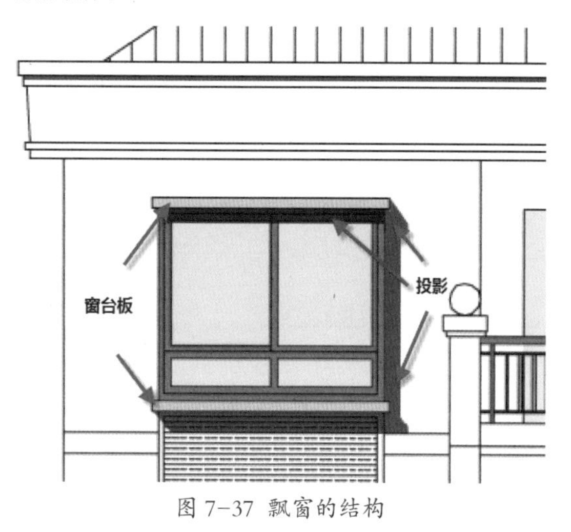

图7-37 飘窗的结构

01 新建“窗台板”图层。使用魔棒工具，选择窗台板，并填充颜色#cbcbcb，如图7-38所示。

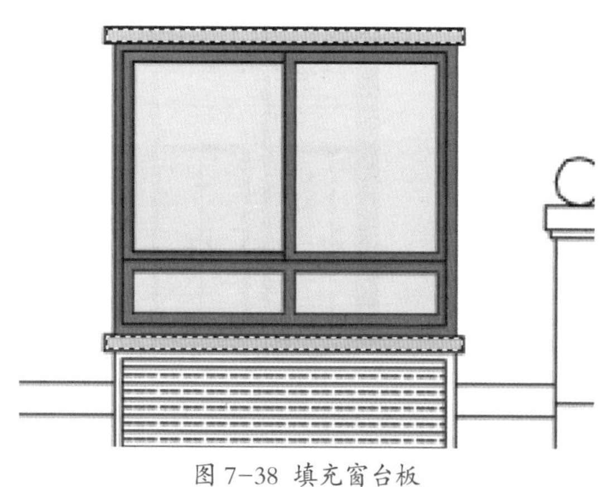

图7-38 填充窗台板

02 按住Ctrl键，并单击图层面板上的按钮，在“窗台板”图层下方新建“飘窗投影”图层。设置前景色为黑色，按Alt+Delete快捷键，填充前景色。使用移动工具，按Shift键，沿右下角45°方向移动光标至如图7-39所示位置。

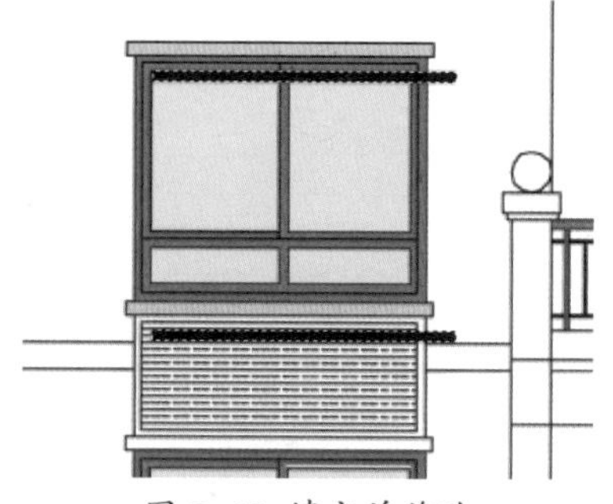

图7-39 填充并移动

03 使用多边形套索工具，创建如图7-40所示四边形区域。

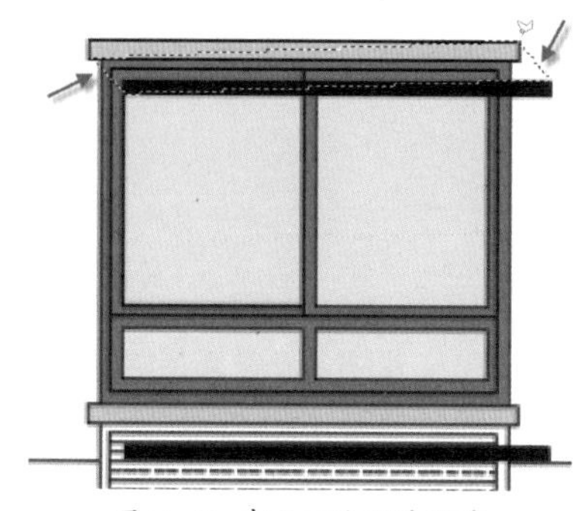

图7-40 建立四边形选区域

04 设置前景色为黑色，按Alt+Delete快捷键填充颜色，得到飘窗上窗台板的投影，如图7-41所示。

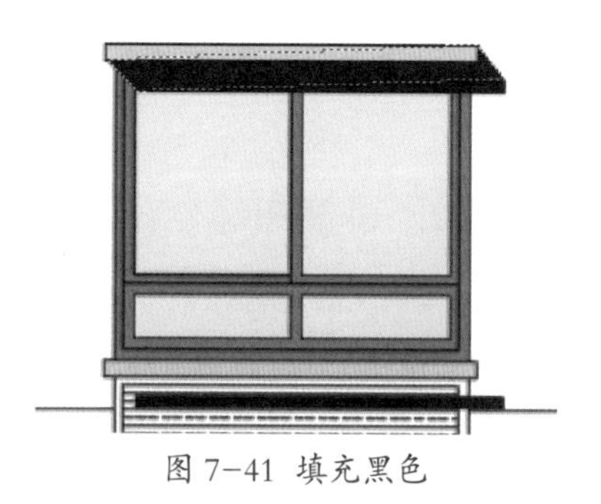

图7-41 填充黑色

05 使用同样的方法制作下窗台板的投影，如图7-42所示。

图7-42 选择并填充

06 使用矩形选框工具，创建如图 7-43 所示选区并填充黑色，制作飘窗窗体在墙体上的投影。

图 7-43 制作窗体投影

07 设置“飘窗投影”图层的“不透明度”为 75%，得到逼真的飘窗投影效果，如图 7-44 所示。

图 7-44 设置图层不透明度

08 使用同样的方法制作其他飘窗及阴影，相同的飘窗可以直接复制。

7.4 制作阳台

商住楼的阳台为立柱式外凸阳台，阳台两侧有支撑立柱，如图 7-45 所示。在制作立面图时，需要表现阳台和立柱在墙体上的投影效果。

图 7-45 外凸阳台结构

7.4.1 制作阳台立柱和围栏

1. 制作阳台立柱及投影

01 新建“阳台”图层。综合使用多种选择工具选择阳台立柱区域，填充颜色 #cbcbcb，如图 7-46 所示。

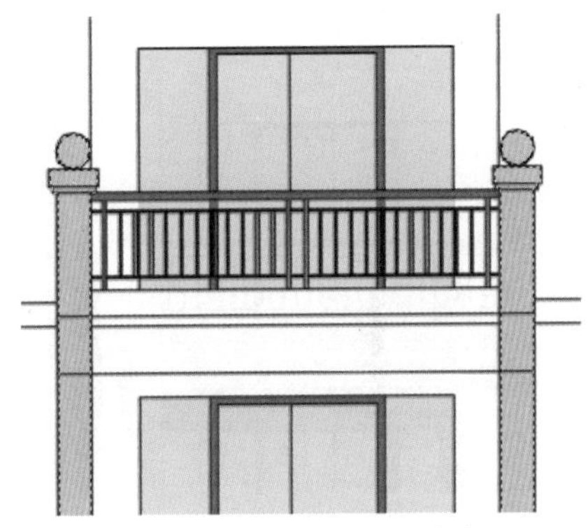

图 7-46 选择阳台立柱并填充

02 按住 Ctrl 键，并单击图层面板上的按钮，在“阳台”图层下方新建“阳台立柱投影”图层。

03 设置前景色为黑色，按 Alt+Delete 快捷键填充颜色。使用移动工具，按 Shift 键向右下角方向拖动光标，如图 7-47 所示。

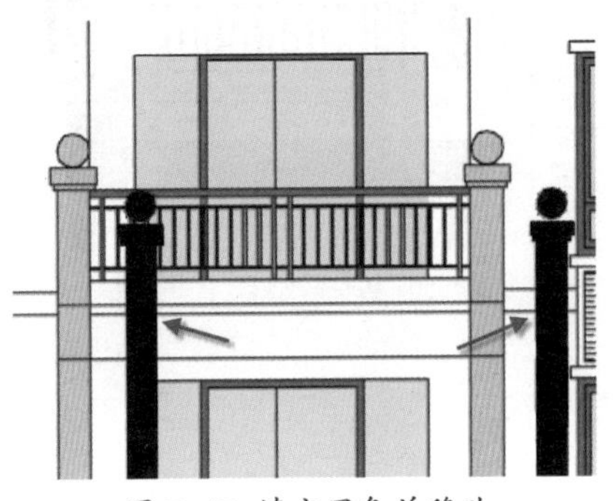

图 7-47 填充黑色并移动

04 更改图层的“不透明度”为 75%，得到阳台立柱在墙体上的投影效果。

2. 制作阳台围栏及投影

01 下面制作阳台板在墙体上投影。选择“阳台”图层，选择阳台围栏，并填充颜色 #cbcbcb，如图 7-48 所示。

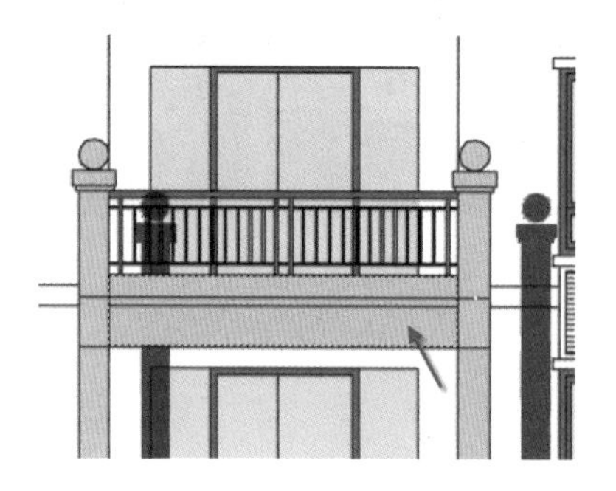

图 7-48 填充阳台围栏

02 新建“阳台投影”图层。在选区内填充黑色，按住 Shift 键，沿右下角 45° 方向移动，调整位置如图 7-49 所示，更改图层的“不透明度”为 75%。

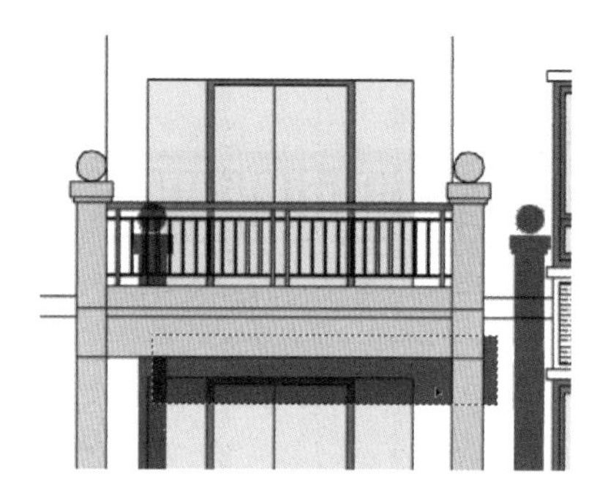

图 7-49 填充黑色并移动

03 根据投影规律，使用多边形套索工具，创建如图 7-50 所示多边形选区，并填充黑色。

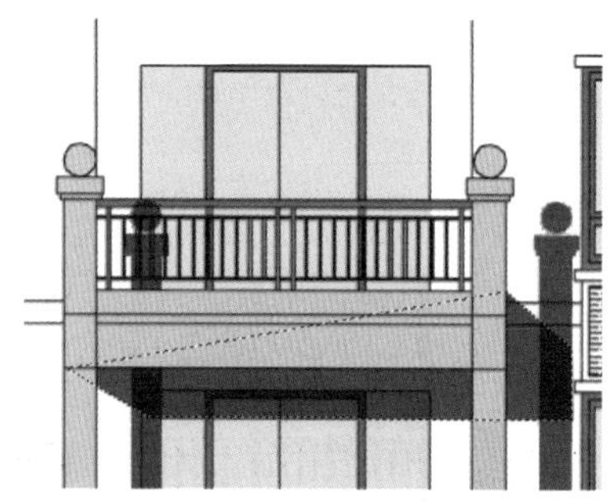

图 7-50 建立多边形选区并填充

04 按住 Ctrl 键，同时单击“阳台立柱投影”图层的缩览图，载入立柱投影选区。按 Delete 键清除重复的填充，如图 7-51 所示。

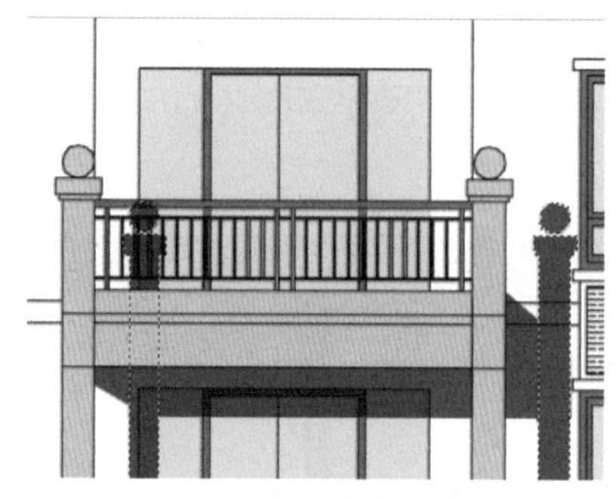

图 7-51 清除重复的填充

3. 制作围栏自身投影

01 选择“阳台”图层。使用矩形选框工具，创建如图 7-52 所示选区。

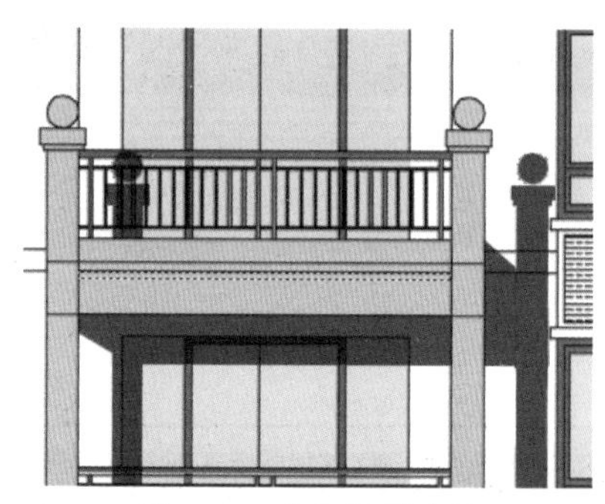

图 7-52 建立矩形选区

02 执行“编辑”|“填充”命令，或按下 Shift+F5 快捷键，打开【填充】对话框，设置填充颜色为“黑色”，“不透明度”为 75%，如图 7-53 所示。

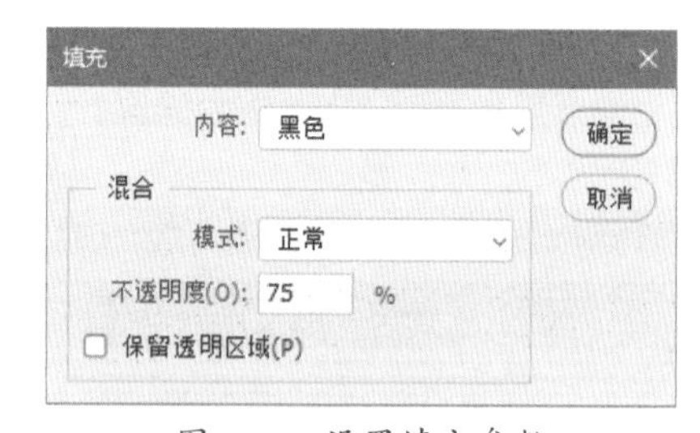

图 7-53 设置填充参数

03 单击“确定”按钮，得到如图 7-54 所示的填充效果。

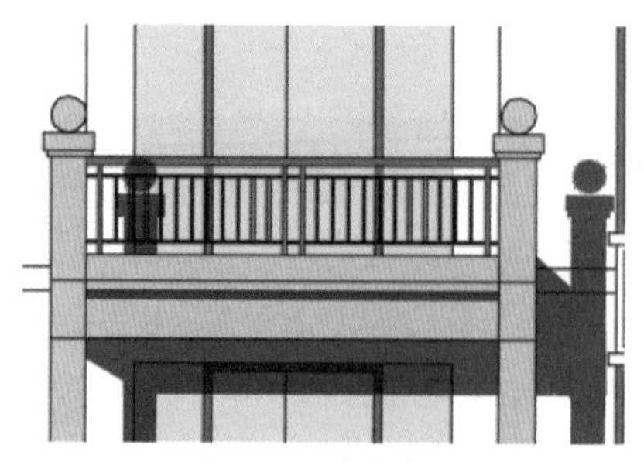

图 7-54 填充效果

04 使用同样的方法制作如图 7-55 所示的投影，表现围栏各部分之间的层次关系。

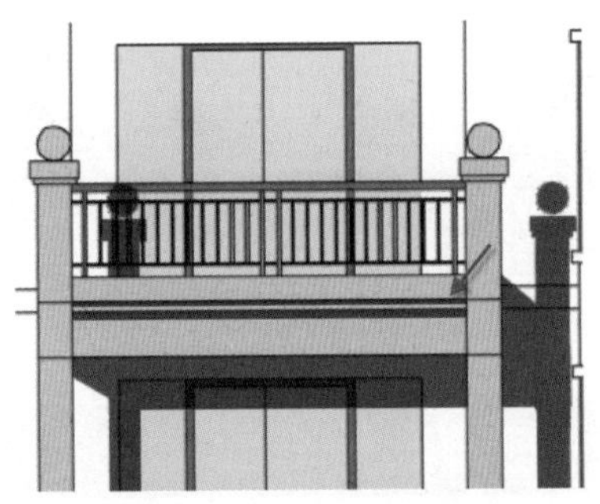
图 7-55　填充其他围栏投影

05 按 Ctrl+Alt+T 组合键，开启“复制变换”。使用移动工具，按住 Shift 键向下拖动光标，复制围栏至下层阳台位置，如图 7-56 所示，按 Enter 键应用变换。

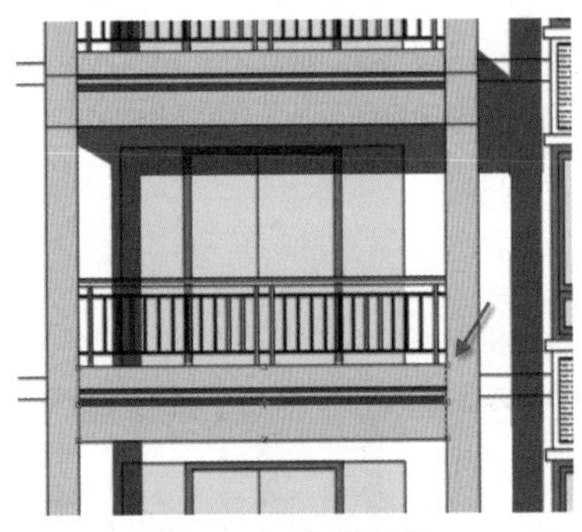
图 7-56　复制变换

06 按 Ctrl+Alt+Shift+T 组合键多次，重复“复制变换”，得到其他各层的阳台围栏。

07 商住楼各阳台结构完全相同，使用复制的方法，可以得到其他阳台立面。

7.4.2　制作阳台栏杆

阳台栏杆直接使用颜色填充制作即可。新建“阳台栏杆”图层，使用矩形选框工具，选择栏杆区域，填充颜色 #396f35，如图 7-57 所示。

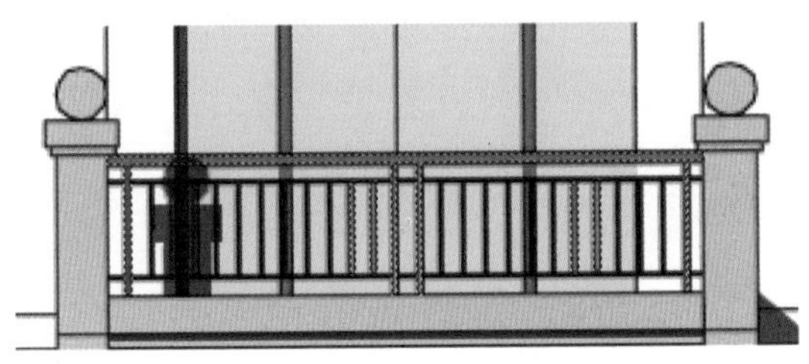
图 7-57　创建栏杆选区并填充颜色

7.5　制作屋顶

如图 7-58 所示，屋顶由瓦面、老虎窗和屋檐组成，下面分别介绍各部分的制作方法。

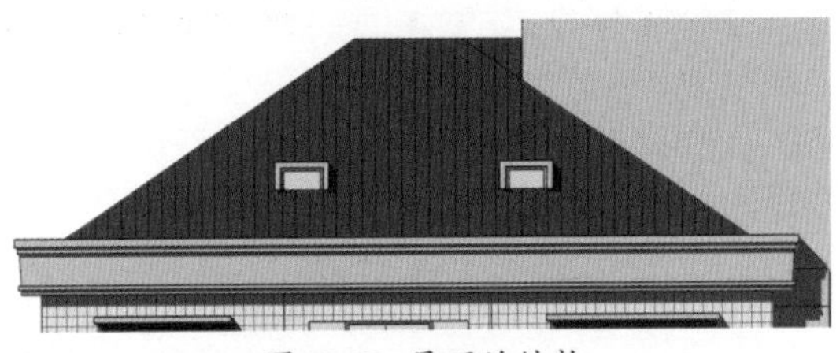
图 7-58　屋顶的结构

1.　制作屋檐及投影

01 在图层面板中新建“屋顶”组，并在该组下新建“屋檐”图层。使用多边形套索工具，选择屋檐区域。屋檐使用的是白色外墙漆，这里直接填充颜色 #cbcbcb，如图 7-59 所示。

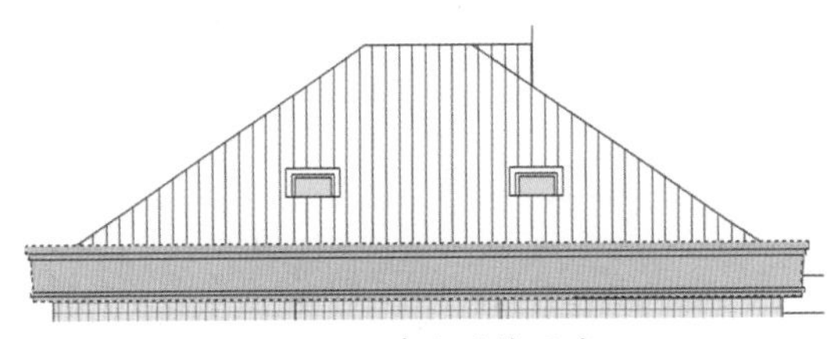
图 7-59　填充屋檐区域

02 使用矩形选框工具，创建矩形选区，并填充 75% 黑色，创建屋檐自身的投影，如图 7-60 所示。

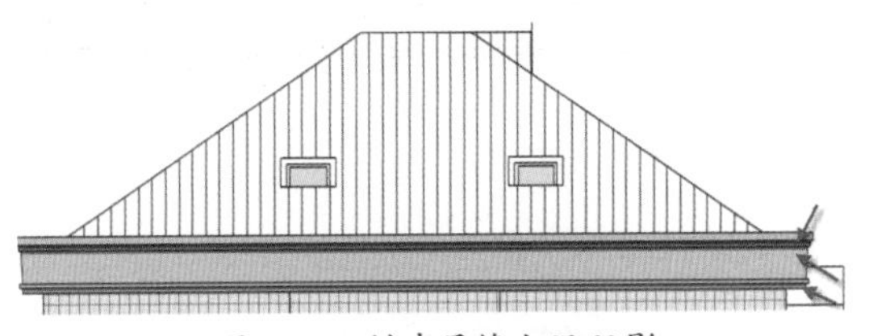
图 7-60　创建屋檐上沿阴影

03 按住 Ctrl 键，并单击图层面板上的按钮，在“屋檐”图层的下方新建“屋檐投影”图层。按住 Ctrl 键，单击“屋檐”图层的缩览图，载入屋檐选区。设置前景色为黑色，按 Alt+Delete 快捷键填充颜色。

04 更改图层的“不透明度”为 75%，使用移动工具，按住 Shift 键沿右下角 45° 方向移动，得到屋檐在墙体上的投影，如图 7-61 所示。

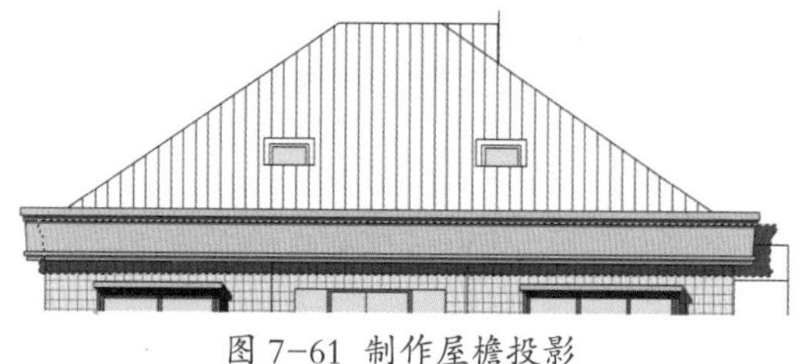

图 7-61 制作屋檐投影

05 选择删除左侧多余阴影，如图 7-62 所示，该位置没有墙体，不会产生投影。

06 使用多边形套索工具，创建如图 7-63 所示选区，并填充黑色，补全屋檐在墙体上的投影。屋檐及投影制作完成。

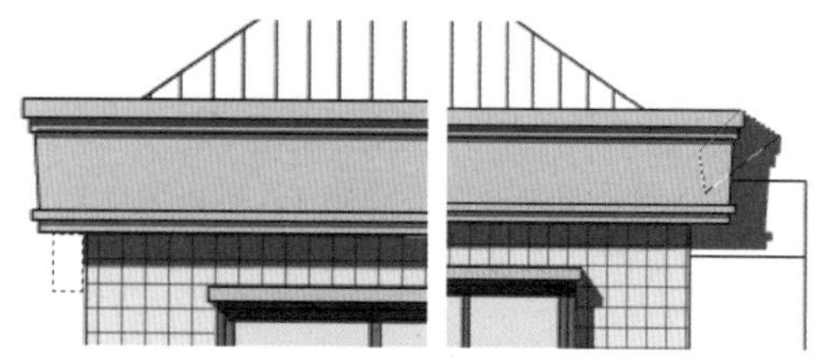

图 7-62 删除左侧多余阴影　图 7-63 补齐右侧阴影

2. 制作瓦顶

商住楼使用的是橙色油毡瓦，新建“瓦顶”图层，使用多边形套索工具，选择瓦顶区域，并填充颜色 #ad6212 即可，如图 7-64 所示。

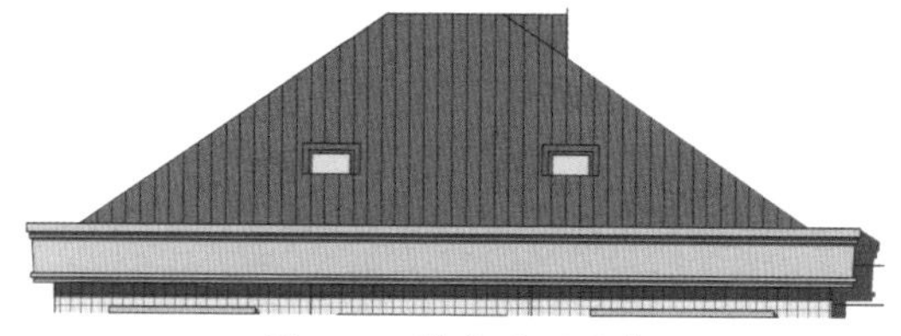

图 7-64 填充瓦顶区域

老虎窗立面的制作方法与阳台基本相同，最终完成效果如图 7-65 所示。

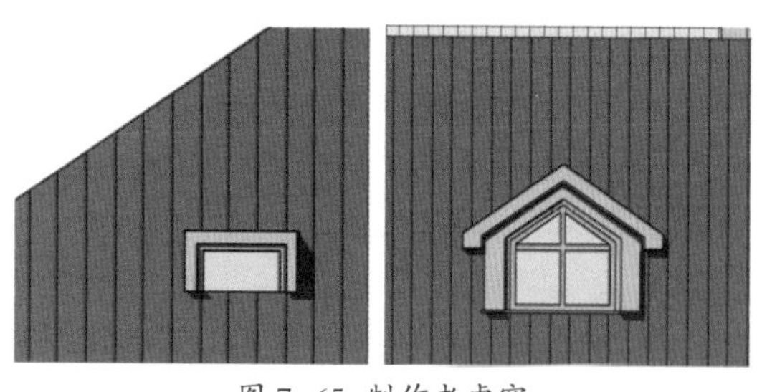

图 7-65 制作老虎窗

使用同样的方法制作其他窗顶，最终完成的屋顶效果如图 7-66 所示。

图 7-66 制作其他屋顶

7.6 制作其他立面部分

在制作墙体、窗户、门、阳台、屋顶等主体结构后，还需要制作层间线、大门等辅助构件。

7.6.1 制作层间线

为了整体美观，墙体各层之间设置了外墙层间线，材料为“深灰色小方砖”。新建“层间线”图层，选择墙体层间线区域，并填充颜色 #c7c7c7，得到如图 7-67 所示层间线效果。因为层间线宽度较窄，不需要另行添加叠加图案。

图 7-67 墙体层间线效果

7.6.2 制作大门和雨蓬

商住楼大门为欧式大门，由雨蓬等多个构件组成，使用前面介绍的方法，根据其外观特征制作相应的投影效果。

如图 7-68 所示为大门和雨蓬立面效果，如图 7-69 所示为侧门和雨蓬立面效果。

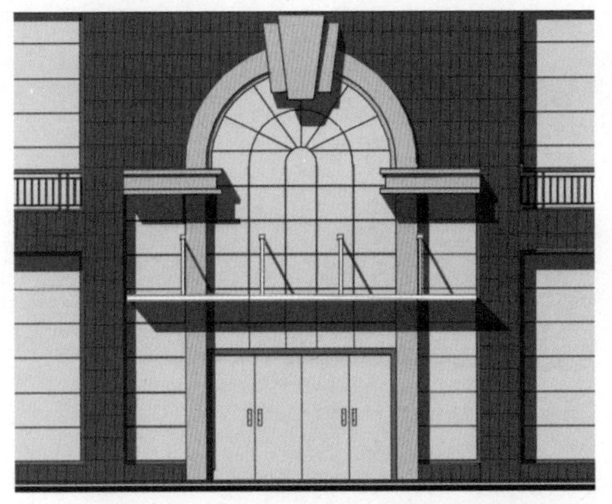

图 7-68　欧式大门和雨蓬立面效果

图 7-69　侧门和雨蓬立面效果

7.6.3　制作其他部分

继续制作商住楼其他立面结构，包括空调百叶护栏、地面扶手等，最终完成的商住楼立面效果如图 7-70 所示。

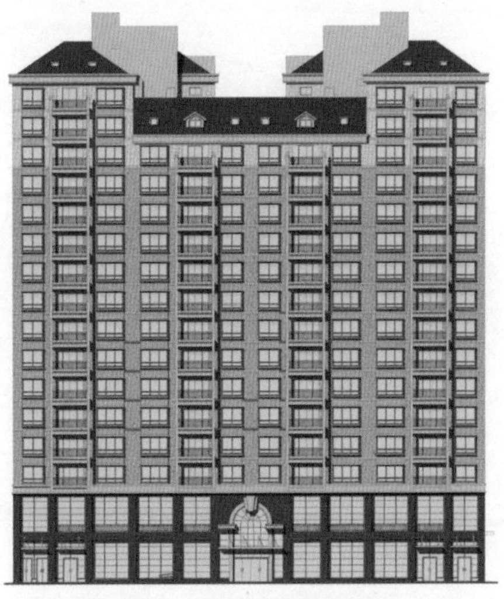

图 7-70　最终完成效果

如图 7-71 所示为建筑与配景合成的效果，添加了配景后，整个立面效果更为逼真和生动。有关配景的合成方法请参考本书后面的章节。

图 7-71　配景合成效果

第8章

彩色总平面图制作

彩色总平面图通常又称为二维渲染图，主要用来展示大型规划设计方案，如屋顶花园、城区规划、大型体育场馆等。早期的建筑规划设计图制作较为简单，大都使用喷笔、水彩与水粉等工具手工绘制。引入计算机技术后，规划图的表现手法日趋成熟、多样，引入真实的草地、水面、树木，使得制作完成的彩色总平面图形象生动、效果逼真。

8.1　总平面图的制作流程

绘制彩色总平面图主要分为三个阶段，包括 AutoCAD 输出平面图、各种模块的制作和后期合成处理。在 Photoshop 中对平面图进行着色时，应掌握一定的前后次序关系，最大程度地提高工作效率。

8.1.1　AutoCAD 输出平面图

二维线框图是整个总平面图制作的基础，因此制作平面图的第一步就是根据建筑师的设计意图，使用 AutoCAD 软件绘制整体的布局规划，包括各组成部分的形状、位置、大小等，这也是保障最终平面图的正确和精确程度的关键。有关 AutoCAD 的使用方法，本书不作介绍，读者可参考相关的 AutoCAD 的相关书籍。

绘制完成后，执行“文件”|“打印”命令，参考本书第五章介绍的方法，将线框图输出为 EPS 格式的文件。

8.1.2　各种模块的制作

总平面图的常见元素包括草地、树木、灌木、房屋、广场、水面、马路、花坛等。掌握了这些元素的制作方法，也就基本掌握了彩色总平面图的制作。这个过程主要由 Photoshop 来完成，使用的工具包括选择、填充、渐变、图案填充等。在制作水面、草地、路面时也会使用到一些图像素材，如大理石纹理、地砖纹理、水面图像等。

8.1.3　后期合成处理

制作各素材模块之后，彩色总平面图的大部分工作也就基本完成了。最后便是对整个平面图进行后期的合成处理，如复制树木、制作阴影，加入配景，对草地进行精细加工，使整个画面和谐、自然。

8.2　花园住宅小区总平面

本节通过某大型住宅小区实例，讲解使用 Photoshop 制作彩色总平面图的方法、流程和相关技巧，最终完成效果如图 8-1 所示。

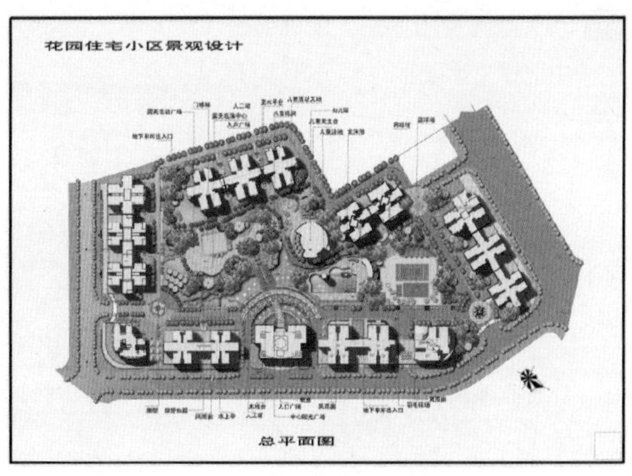

图 8-1 彩色总平面图

8.2.1　在 AutoCAD 中输出 EPS 文件

为了方便 Photoshop 处理，应该在 AutoCAD 中分别输出建筑、植物和文字的 EPS 文件，然后在 Photoshop 中合成。

在最终的彩色总平面图中，这些打印输出的图线将会保留。使用图线的好处如下。

- 所有的物体可以在图线下面来做，一些没有必要做的物体可以少做或不做，节省了很多时间。
- 物体之间的互相遮挡可以产生独特的效果。
- 图线可以遮挡一些物体因选取不准而产生的错位和模糊，使边缘看起来很整齐，使图形看起来整齐、美观。

01 启动 AutoCAD，按 Ctrl+O 快捷键，打开“加州总平面 .dwg”文件，如图 8-2 所示。

图 8-2 打开 CAD 文件

02 首先隐藏文字图层。鼠标单击任意文字，在图层列表中选择文字图层，如图 8-3 所示。

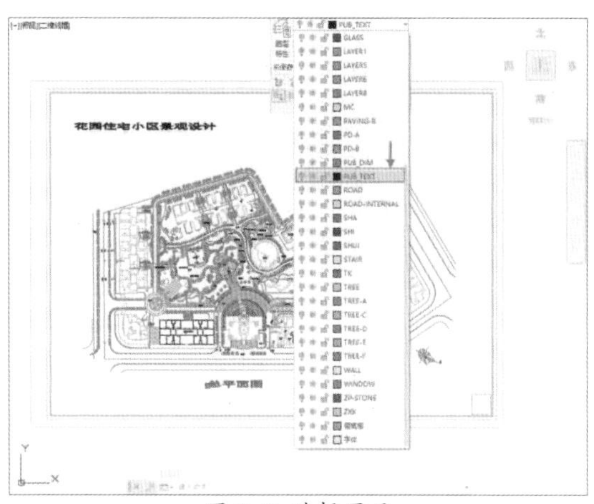

图 8-3 选择图层

03 单击图层前面的黄色“灯泡”按钮，关闭 PUB_TEXT 图层，如图 8-4 所示。

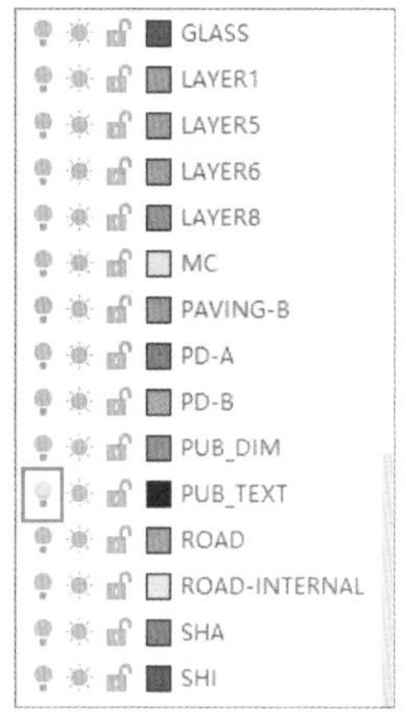

图 8-4 关闭图层

04 按 Ctrl+P 快捷键，打开【打印】对话框，如图 8-5 所示。

图 8-5 【打印】对话框

05 在“打印机 / 绘图仪”的名称下拉菜单中，选择“EPS 绘图仪”，在“图纸尺寸”选框中，选择“ISO A3（420.00×297.00 毫米）”尺寸。

06 在“打印样式表”下拉列表中，选择“acad”样式，然后单击编辑样式按钮，打开【打印样式表编辑器】对话框。选择所有颜色打印样式，设置颜色为黑色、实心，如图 8-6 所示。

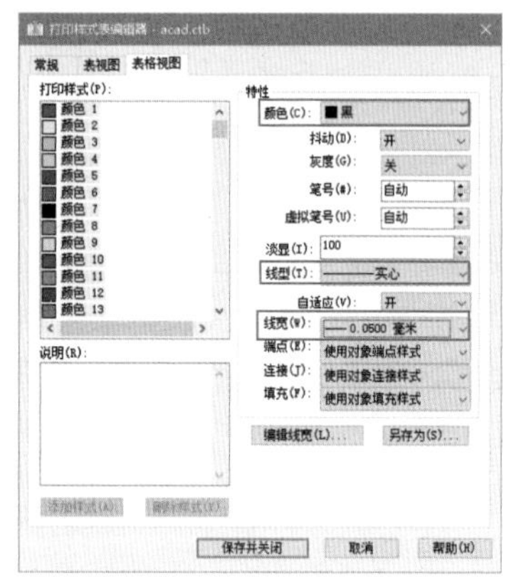

图 8-6 编辑打印样式

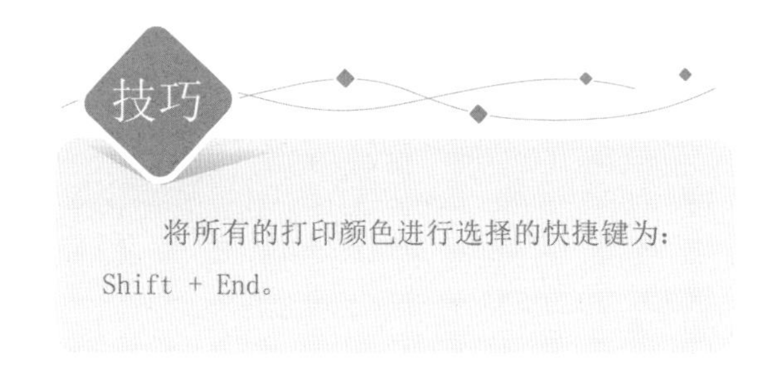

技巧

将所有的打印颜色进行选择的快捷键为：Shift + End。

07 单击“保存并关闭”按钮，退出【打印样式编辑器】对话框。继续设置打印参数，勾选“居中打印”和“布满图纸”选项，这样可以保证打印的图形文件在图纸上居中布满显示，具体参数设置如图 8-7 所示。

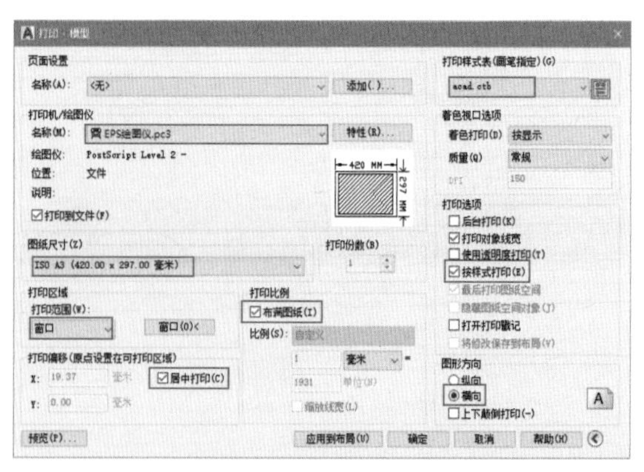

图 8-7 设置打印参数

08 单击“窗口”按钮命令，在绘图窗口中分别拾取矩形的两个角点，指定打印输出的范围，如图 8-8 所示，使用 acad.ctb 颜色打印样式控制打印效果。

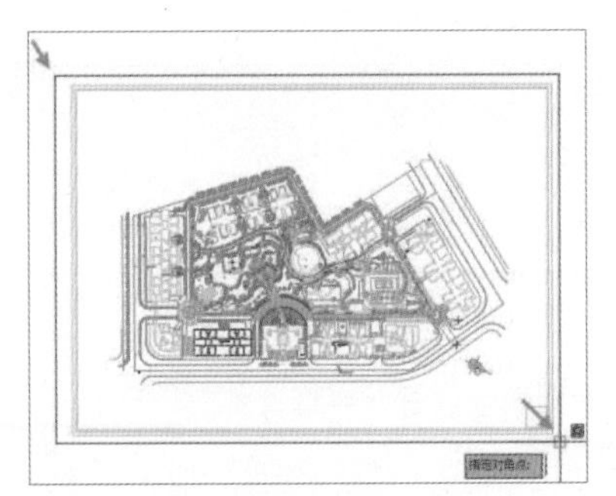

图 8-8　指定打印范围

09 单击左下角的“预览”按钮，预览打印效果，如图 8-9 所示。

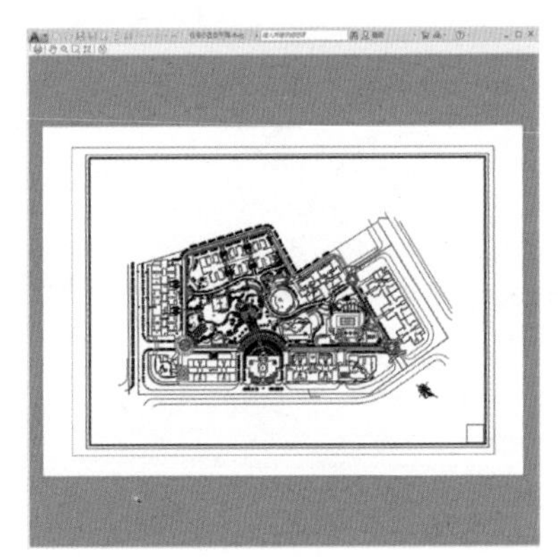

图 8-9　预览打印效果

10 如果满意预览效果，单击按钮，打开【浏览打印文件】对话框，指定打印输出的文件名和保存位置，如图 8-10 所示。最后单击“保存”按钮开始打印输出文件，建筑和道路图形被打印输出至指定的文件夹中。

图 8-10　【浏览打印文件】对话框

11 关闭除文字以外的图层，将文字单独输出为“文字图层 .eps”文件。

12 关闭除建筑以外的图层，将建筑图层单独输出为“建筑图层 .eps”文件。

8.2.2　栅格化 EPS 文件

1.　栅格化 EPS 文件

01 运行 Photoshop 软件，按 Ctrl+O 快捷键，打开 AutoCAD 打印输出的“加州总平面 - 模型 .eps”图形。

02 在打开的【栅格化 EPS 格式】对话框中，根据需要设置合适的图像大小和分辨率，如图 8-11 所示。

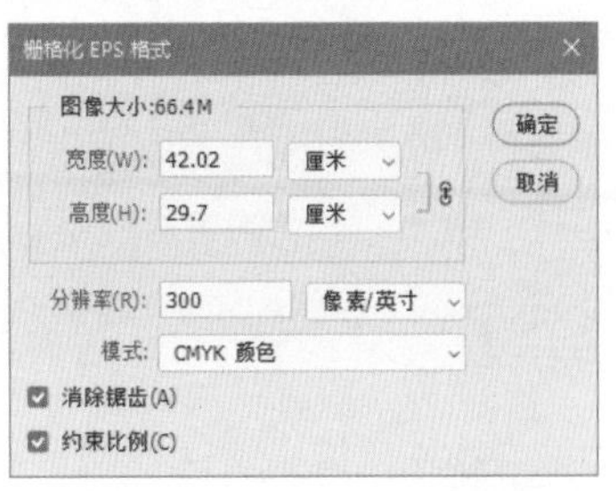

图 8-11　设置栅格化参数

03 单击“确定”按钮，开始进行栅格化处理，得到一个透明背景的线框图像，将“线框”图层重命名为“总平面图”，如图 8-12 所示。

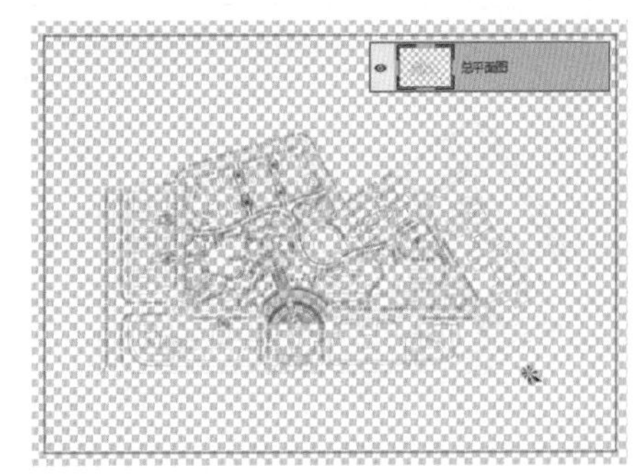

图 8-12　重命名图层

04 按住 Ctrl 键，单击图层面板上的按钮，在当前图层的下方新建一个图层。按 D 键恢复前 / 背景色为默认的黑 / 白颜色，按 Ctrl + Delete 快捷键，填充白色，得到一个白色背景，便于查看线框，如图 8-13 所示。

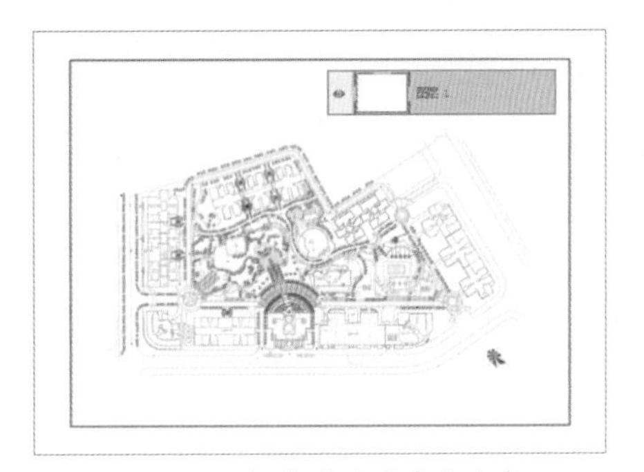

图 8-13　新建图层并填充白色

05 选择填充白色的图层。执行“图层”|“新建”|“背景图层”命令，将填充图层转换为“背景”图层，如图 8-14 所示。

图 8-14 转换图层

06 按 Ctrl+S 快捷键，保存图像为“加州总平面 .psd”文件。

2. 合并建筑和文字图像

01 继续按 Ctrl+O 快捷键，以同样的参数栅格化“建筑 .eps”“绿化区线稿 .eps”“文字 .eps”文件。

02 使用移动工具 ✥，按住 Shift 键，拖动建筑图层至彩平图像窗口。重命名图层为“建筑”，便于识别。可以关闭“总平面图”图层观察操作效果，如图 8-15 所示。

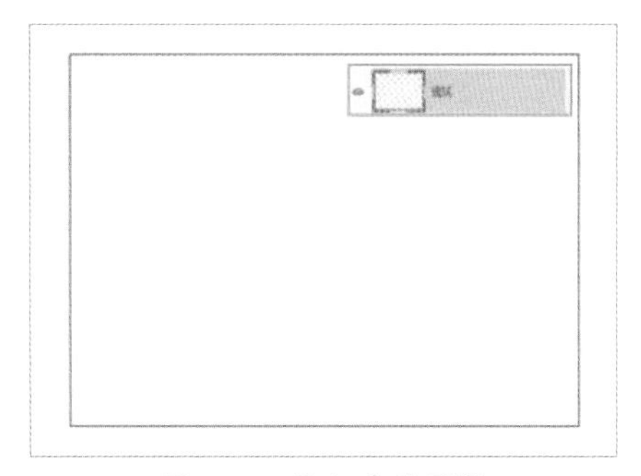

图 8-15 添加建筑图像

03 继续添加绿化区线稿至彩平图，结果如图 8-16 所示。

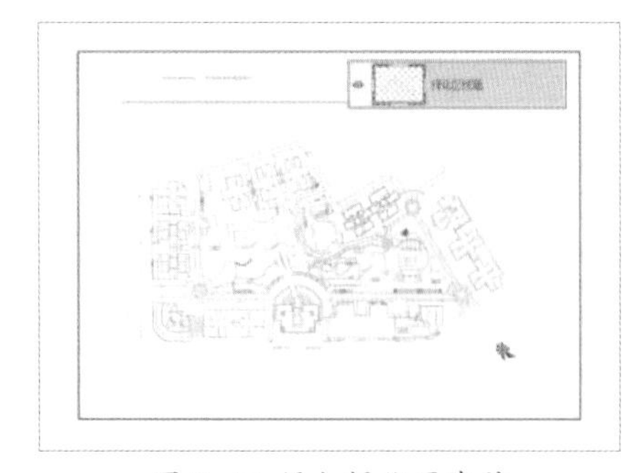

图 8-16 添加绿化区线稿

04 再将文字添加至彩平图，结果如图 8-17 所示。

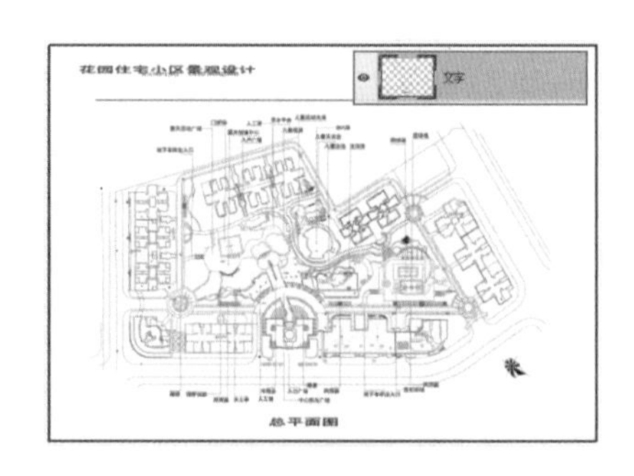

图 8-17 添加文字

05 使用裁切工具 ⌗，裁掉多余的空白区域，结果如图 8-18 所示。减少图像文件的大小，节省系统内存和磁盘空间。

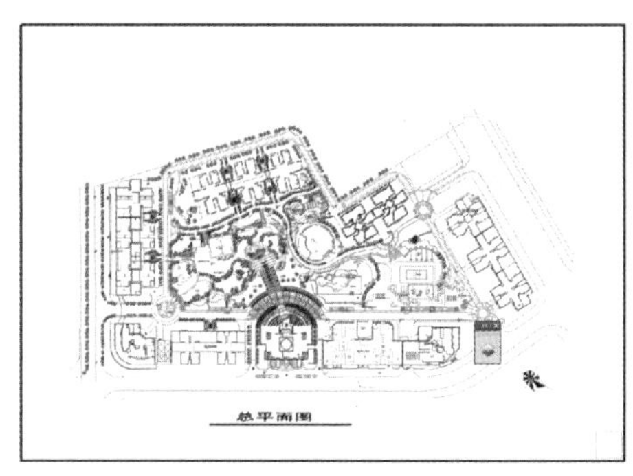

图 8-18 裁切图像

8.2.3 划分层次

在彩色平面图中，最重要的就是路面、绿化区、建筑这三个方面的层次划分。将这三个区域划分之后，后面的处理就显得非常有序。路面为最底层，绿化区居于中间层，建筑线条置于图层的顶层，使建筑轮廓看起来清晰明了，接下来具体学习。

01 打开“加州总平面 .psd”文件，在图层面板中调整图层的位置，如图 8-19 所示，方便创建并观察图形。选择“总平面图”图层，首先要做的工作就是检查轮廓线是否完全闭合。

图 8-19 调整图层的位置

02 使用魔棒工具，设置参数如图 8-20 所示。

图 8-20 设置魔棒工具参数

03 单击线稿中的路面规划区域，创建选区，如图 8-21 所示。

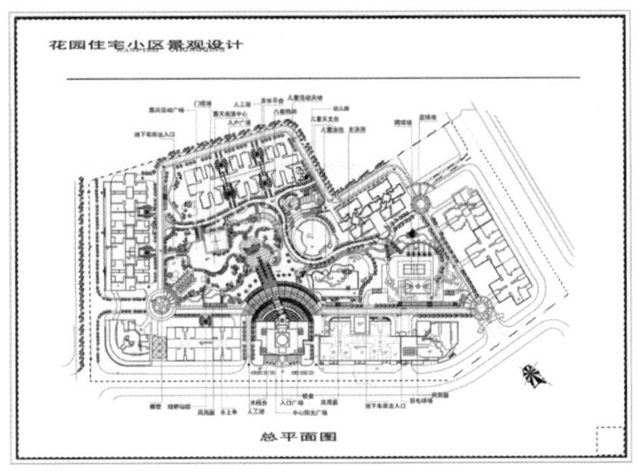

图 8-21 创建选区

04 然后单击工具箱中的“以快速蒙版模式编辑”按钮，查看选区，如图 8-22 所示。

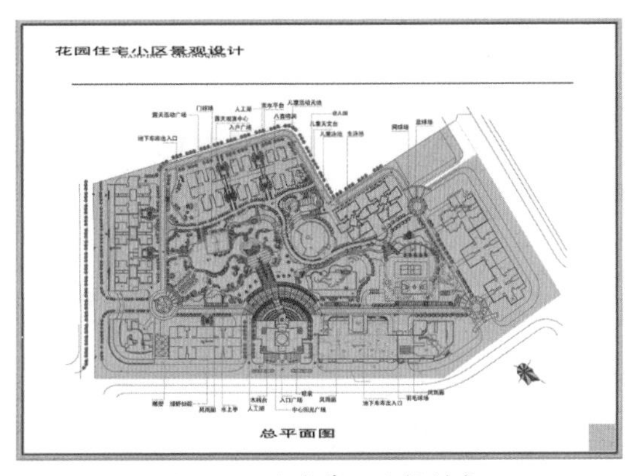

图 8-22 快速蒙版编辑模式

05 通过蒙版查看选区，可以看出路面区域和背景区域是完全相通的，均以白色显示，画面中红色蒙版显示的区域表示这些区域将不会被编辑。此时可以采取线条封闭的方法将马路和背景区域进行分隔。

06 首先退出“快速蒙版编辑”模式，快捷键为 Q 键。

07 新建一个图层，命名为“封闭直线”。再使用直线工具，设置直线的粗细为 1 像素，在需要进行封闭的马路终端，使用直线工具单击马路的两个端点，进行连接。

08 封闭效果如图 8-23 所示。

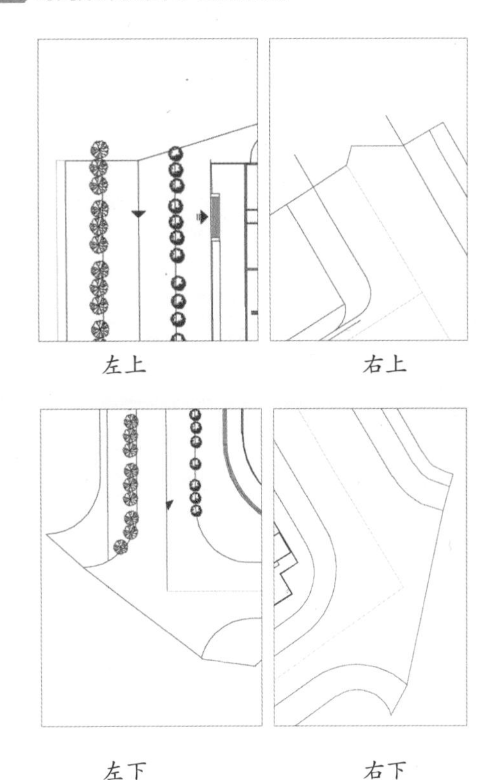

图 8-23 封闭马路终端

09 选择“封闭直线”图层与“总平面图”图层，在图层上单击右键，在菜单中选择“合并图层”选项，合并两个图层。

10 选择魔棒工具，在平面图中创建选区。按 Q 键，进入快速蒙版编辑模式，此时可以发现，背景区域已经与平面图区域独立为两个部分，如图 8-24 所示。

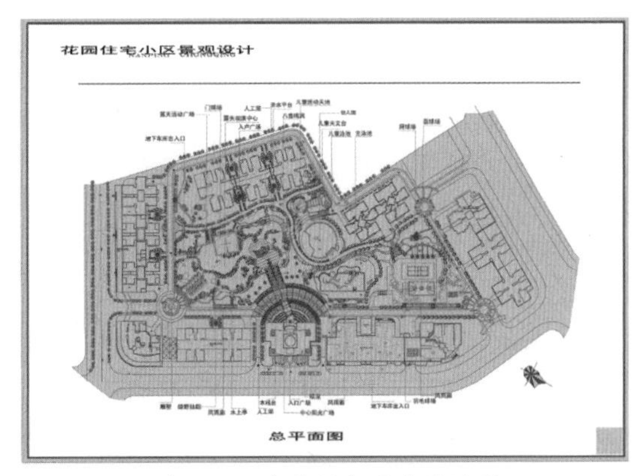

图 8-24 查看闭合区域的效果

11 再使用魔棒工具，设置参数如图 8-25 所示。

图 8-25 设置魔棒工具参数

12 逐一对马路区域进行单击，选择马路划分区域，通过“快速蒙版编辑”模式查看选取范围，如图 8-26 所示。

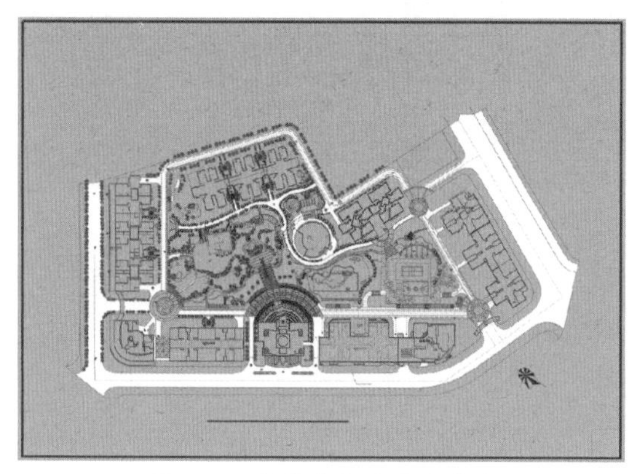

图 8-26 查看建立选区的范围

13 按 Q 键，退出“快速蒙版编辑”模式。执行“选择”|“存储选区”命令，将该选区存储为“马路”通道，如图 8-27 所示，便于随时调用该选区。

图 8-27 存储选区

14 新建一个图层，重命名为“马路”，如图 8-28 所示。单击前景色色块，打开【拾色器】对话框，设置前景色为深灰色，色值参数为 #858a8d，设置背景色为白色。

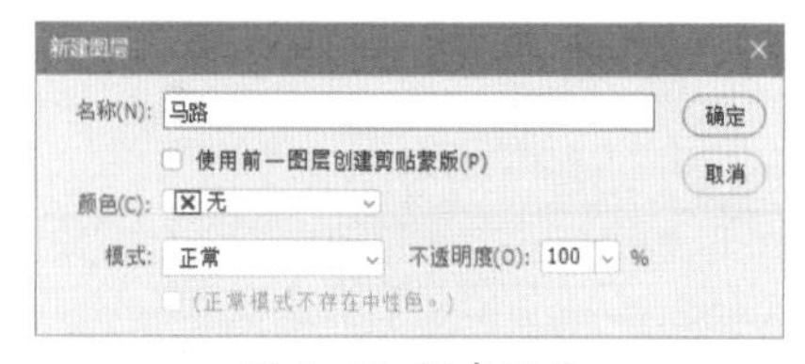

图 8-28 新建图层

15 按 Alt+Delete 快捷键，快速填充前景色，为马路创建一个基本色，如图 8-29 所示。

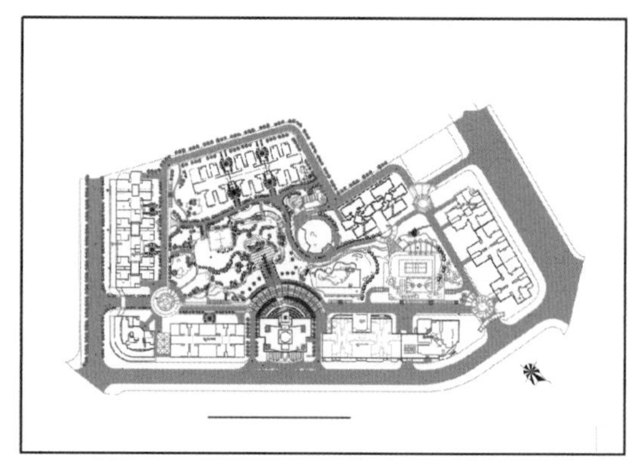

图 8-29 填充颜色

16 新建“色块”组，并将“马路”图层置于其中，如图 8-30 所示，方便管理图层。

图 8-30 创建组

17 选择“总平面图”图层，利用魔棒工具，选择草地范围。按 Q 键，在蒙版编辑模式中观察建立选区的结果，如图 8-31 所示。

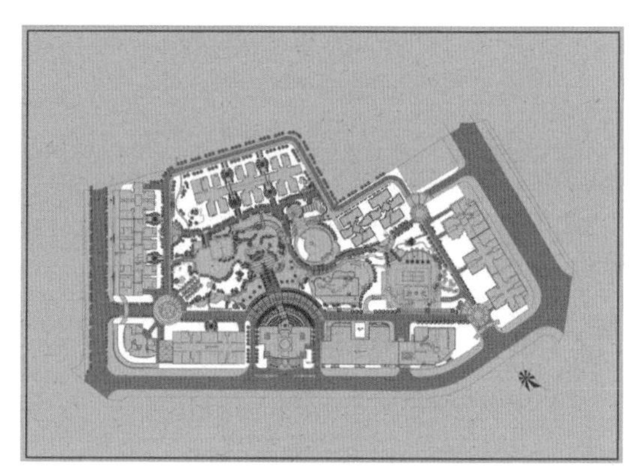

图 8-31 建立选区

18 新建一个图层，重命名为“草地”，如图 8-32 所示。单击前景色色块，打开【拾色器】对话框，设置前景色为深灰色，色值参数为 #82b933，设置背景色为白色。

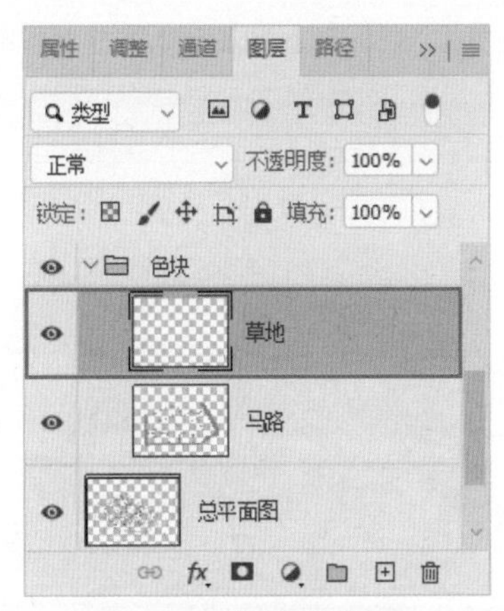

图 8-32　新建图层

19 按 Alt+Delete 快捷键，快速填充前景色，为草地创建一个基本色，如图 8-33 所示。

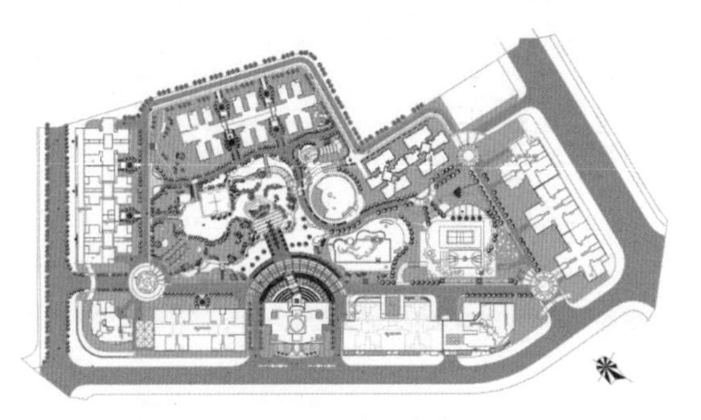

图 8-33　填充颜色

20 选择“总平面图”图层，利用魔棒工具，选择水面范围。按 Q 键，在蒙版编辑模式中观察建立选区的结果，如图 8-34 所示。

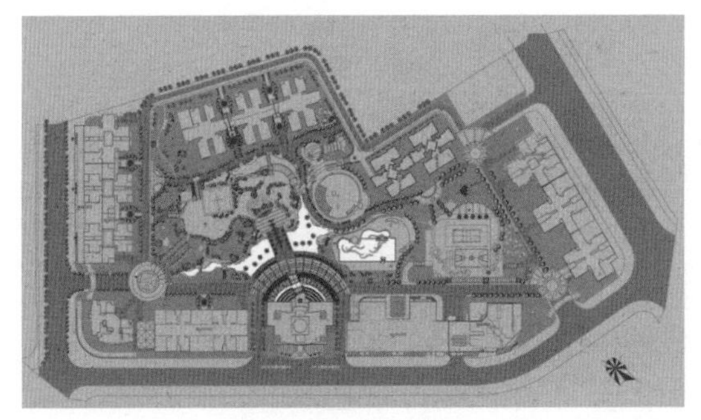

图 8-34　建立选区

21 新建一个图层，重命名为“水面”。单击前景色色块，打开【拾色器】对话框，设置前景色为深灰色，色值参数为 #516fae，设置背景色为白色。

22 按 Alt+Delete 快捷键，快速填充前景色，为水面创建一个基本色，如图 8-35 所示。

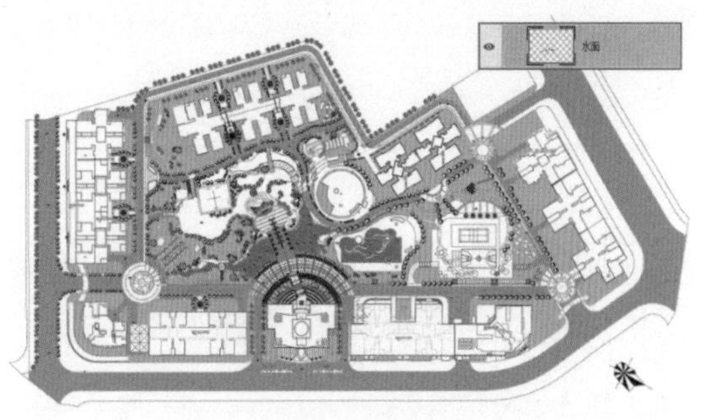

图 8-35　填充颜色

23 利用魔棒工具，创建露天广场选区。在蒙版编辑模式中观察建立选区的结果，如图 8-36 所示。

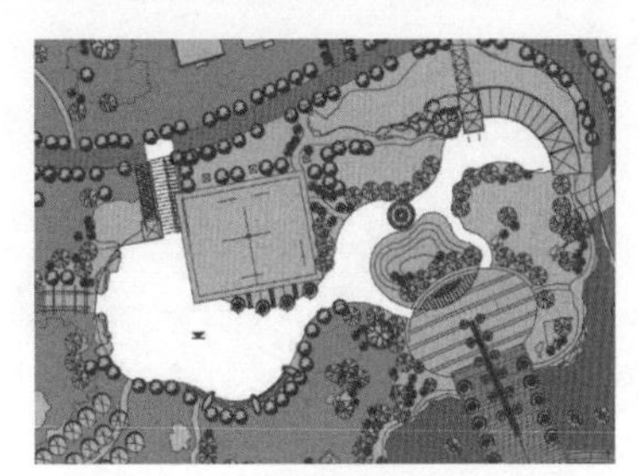

图 8-36　建立选区

24 新建一个图层，重命名为“露天广场”。设置前景色为 #e8a9da，为选区填充前景色，如图 8-37 所示。

图 8-37　填充颜色

25 利用魔棒工具，创建铺地选区。在蒙版编辑模式中观察建立选区的结果，如图 8-38 所示。

26 新建一个图层，重命名为“铺地”。设置前景色为 #f9cb69，为选区填充前景色，如图 8-39 所示。

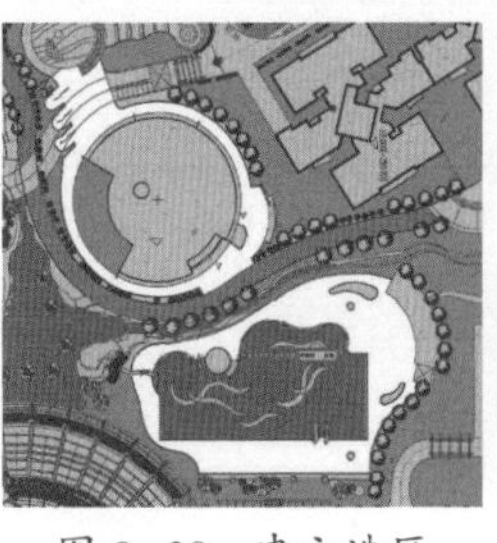

图 8-38　建立选区

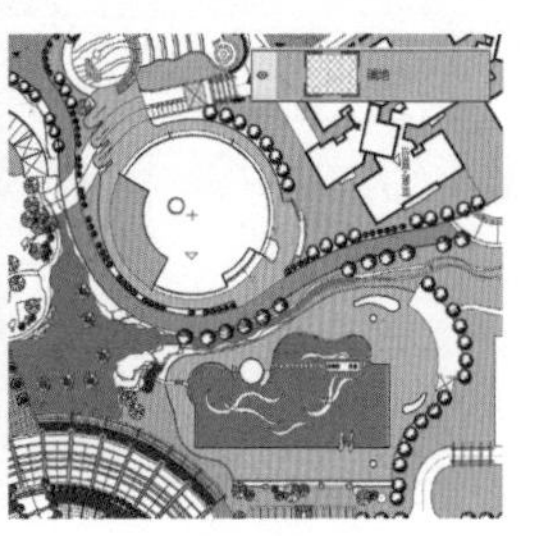

图 8-39　填充颜色

27 利用魔棒工具，创建建筑选区。在蒙版编辑模式中观察建立选区的结果，如图 8-40 所示。

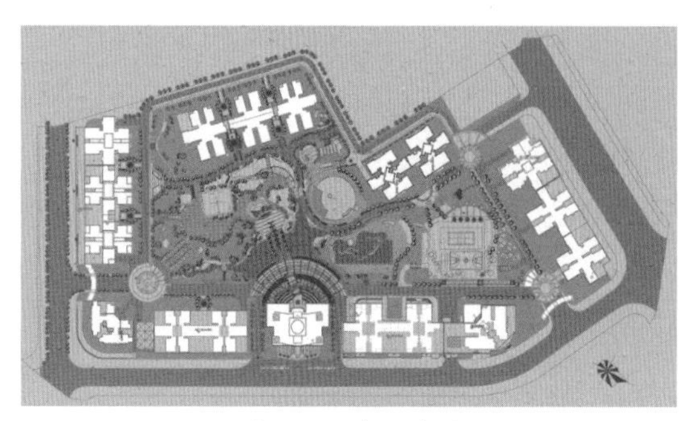

图 8-40 建立选区

28 新建一个图层，重命名为“建筑”。设置前景色为 #fbf8d1，为选区填充前景色，如图 8-41 所示。

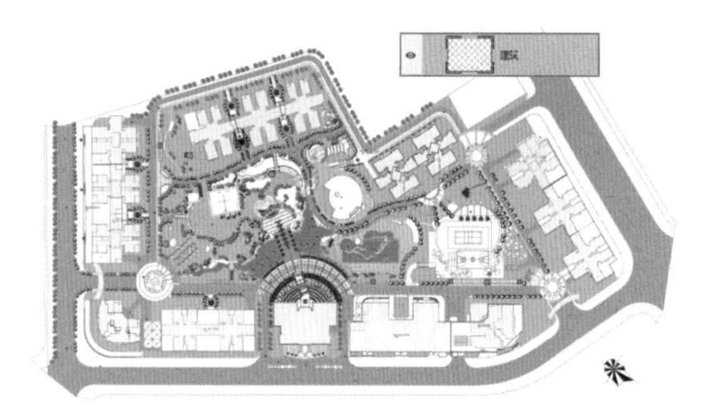

图 8-41 填充颜色

29 利用魔棒工具，创建建筑选区。新建一个图层，重命名为“地面”。设置前景色为 #d0d0ce，为选区填充前景色，如图 8-42 所示。

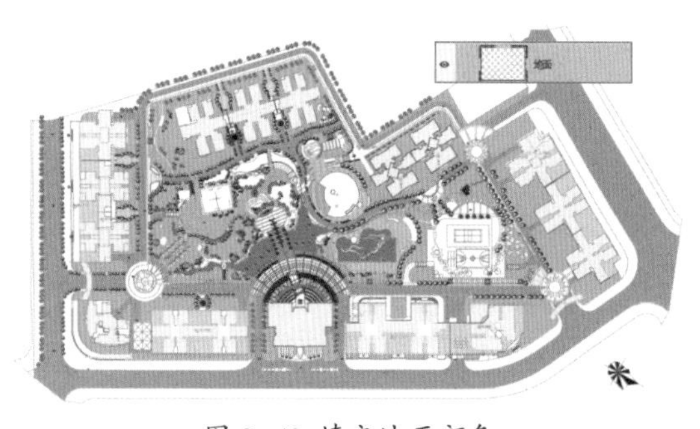

图 8-42 填充地面颜色

30 利用魔棒工具，创建人行道选区。新建一个图层，重命名为“人行道”。设置前景色为 #f7e2cd，为选区填充前景色，如图 8-43 所示。完成划分色块的操作。

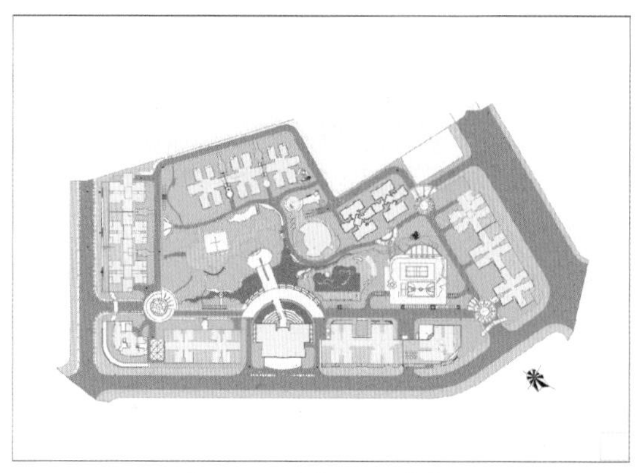

图 8-43 填充人行道选区

8.2.4 添加图例

通过前面层次分区的处理，该彩色平面图已经初具雏形。为了表现彩色平面图的植被关系，接下来给总平面图添加各式图例。

添加图例的一般顺序为，先布置主干道，再布置干道，再细分绿化带。要注意颜色的层次和图例大小比例的协调。

01 首先打开配套资源给定的“图例 .psd”文件素材，如图 8-44 所示。

02 选择如图 8-45 所示的图例，将其添加到主干道的两侧。

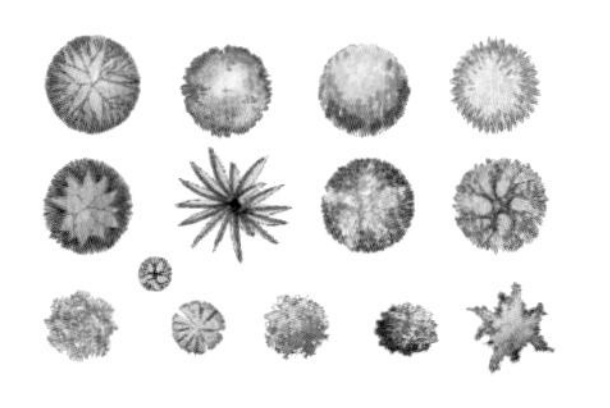

图 8-44 打开文件

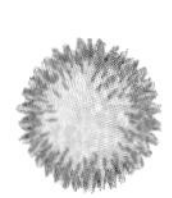

图 8-45 选择图例

03 使用移动工具✥，将图例拖动至当前效果图窗口。按 Ctrl+T 快捷键，调整图例的大小，放置到如图 8-46 所示的位置。

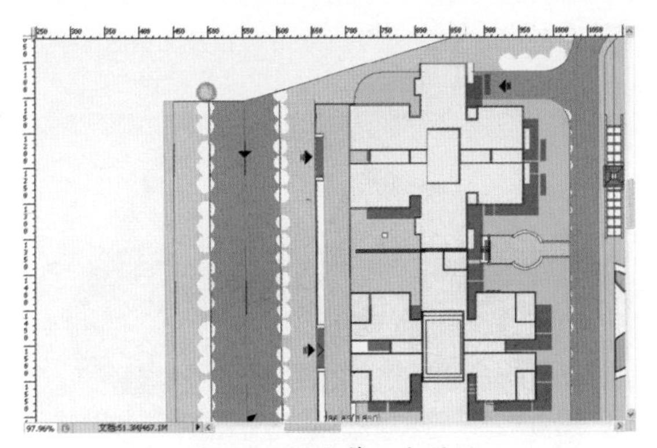

图 8-46　添加第一个图例

04 根据“总平面”图层的线稿，添加图例，如图 8-47 所示。

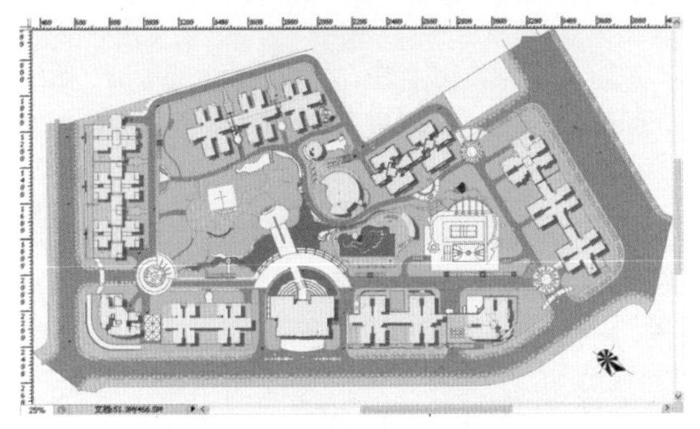

图 8-47　添加主干道图例

彩平面是一种空间关系的简单表达，里面的图例仍然和建筑一样存在着投影效果，所以需要给该图例制作阴影。由于该平面图会牵涉到很多这样的图例阴影制作，所以在这里介绍一种简单的方法，为不同的图层快速地制作阴影效果。

动作面板是建立、编辑和执行动作的主要场所，选择“窗口”|“动作”命令，在图像窗口中显示动作面板如图 8-48 所示。

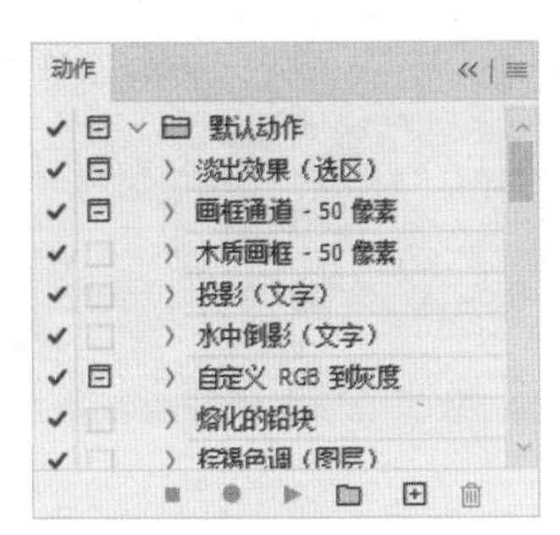

图 8-48　动作面板

软件本身自带了一些动作，只要选择相应的动作，然后单击“播放”按钮，软件就会自动按照原来动作的每一步设置的参数、命令等进行操作。当然也可以自己新建动作，并可以为动作命名，便于查找。单击“记录”按钮，后面每一步骤的操作将被自动记录下来。当操作完成之后，再单击“停止”按钮，这样动作就被保存了，并存于动作面板中。需要的时候，只要选择该动作，单击“播放”按钮即可，非常快捷、方便。

下面就以布置“主干道树”图例为例，学习动作的记录和应用。

01 选择图例所在的图层，打开动作面板。单击“新建”按钮，弹出新建动作命名窗口，可以选择默认的命名，也可以自定义名称。在这里命名为“制作影子”，如图 8-49 所示。单击“记录”按钮，开始记录动作。

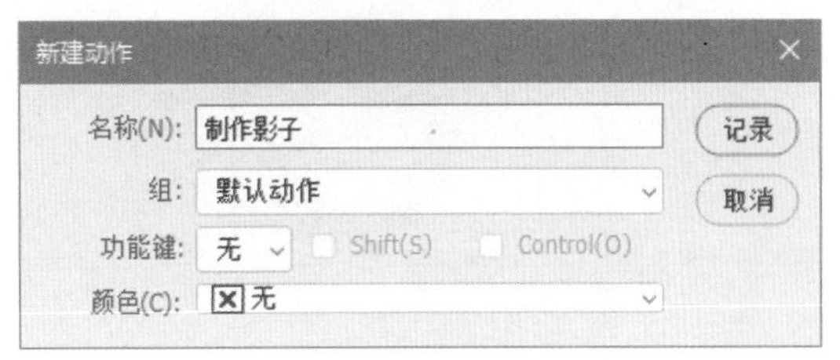

图 8-49　设置动作名称

02 按 Ctrl+J 快捷键，拷贝“主干道树”图层至新的图层，得到该拷贝图层。

03 按 Ctrl +“[”键，将该图层下移一层。再按 Ctrl+M 快捷键，打开【曲线】对话框，设置参数如图 8-50 所示，使图像变成黑色。

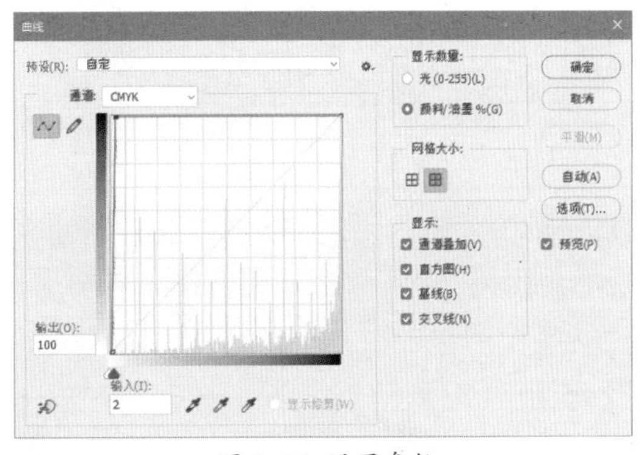

图 8-50　设置参数

04 根据建筑的投影方向，按方向键向右、向下分别移动 2 个单位。

05 设置图层的“不透明度”为 80%，添加影子前后的对比效果如图 8-51 所示。

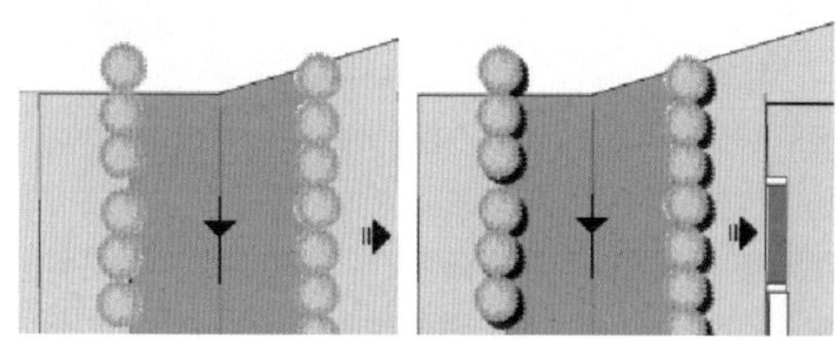

图 8-51 添加影子前后对比

06 单击动作面板下方的“停止”按钮，完成动作的记录。动作面板中新增动作如图 8-52 所示，该动作就可用于其它图层的影子制作了。

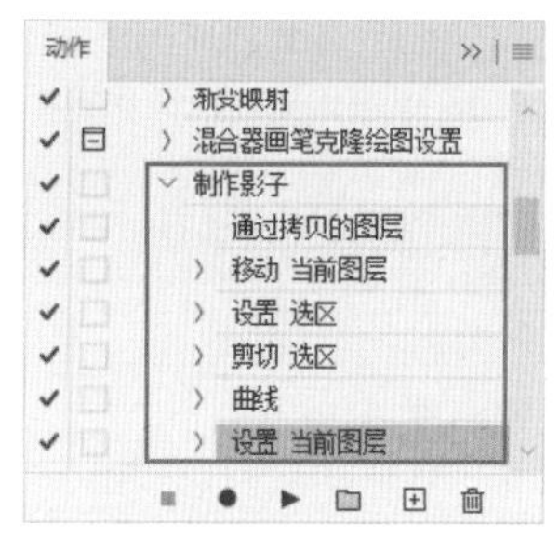

图 8-52 新增动作

07 继续添加“次干道树”图例，效果如图 8-53 所示。

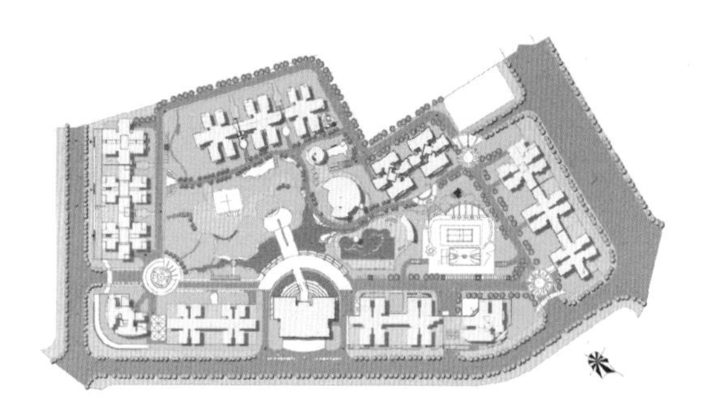

图 8-53 新增图例

08 选择“次干道树”图层。按 F9 键，展开动作面板，选择“制作影子”动作，单击“播放”按钮，执行该动作，效果如图 8-54 所示。

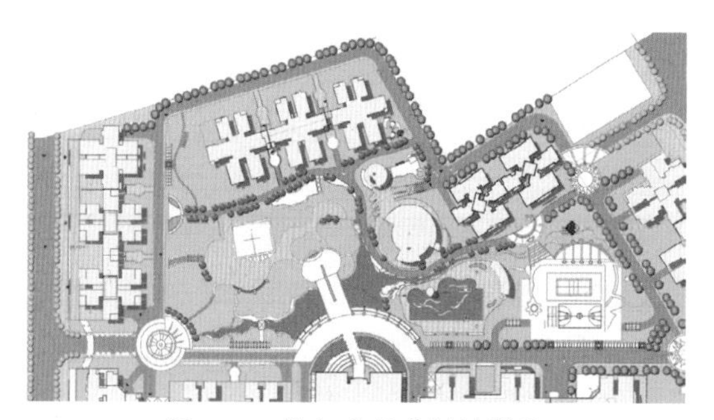

图 8-54 添加次干道树的影子

09 用同样的方法添加其余图例，以及图例的影子，添加效果如图 8-55 所示。

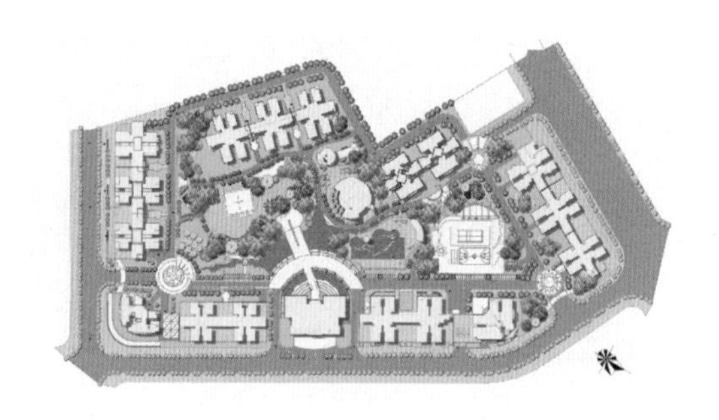

图 8-55 添加树木图例

8.2.5 制作铺装

在总平面图的设计中，马路、草地的周围一般是由地砖铺砌而成的人行道。制作时只需要选择合适的地砖纹理，然后填充图案即可。

本例中有广场、人行道等多种铺地。制作时先定义图案，然后使用填充工具或图案叠加图层样式制作。

下面学习常用的制作铺地的方法。

1. 定义图案制作铺装

在制作铺装的时候，仅有系统自带的图案是远远不能满足需要的。这里介绍利用图像定义图案制作铺装效果的方法。

01 在前面我们对效果图进行了分区处理。首先选择“铺装 1 色块”图层，按住 Ctrl 键，单击该图层缩览图，将其载入选区，如图 8-56 所示。可以看出主要是马路两侧的人行道。

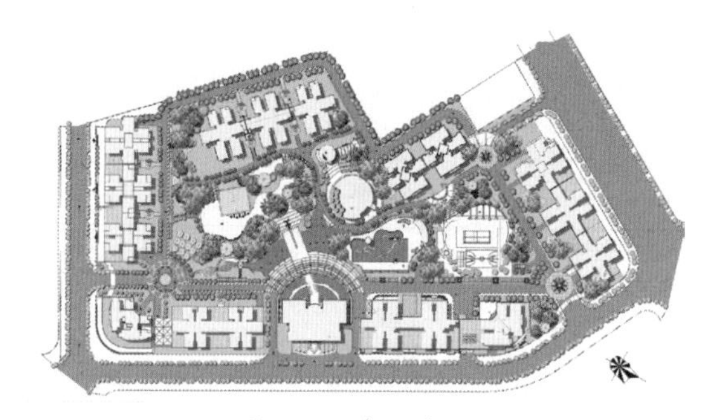

图 8-56 载入选区

02 双击图层的缩览图，打开图层样式面板。在样式列表中选择“图案叠加”样式，展开“图案叠加”样式面板。在图案列表中选择 “纹理拼贴”图案，如图 8-57 所示。

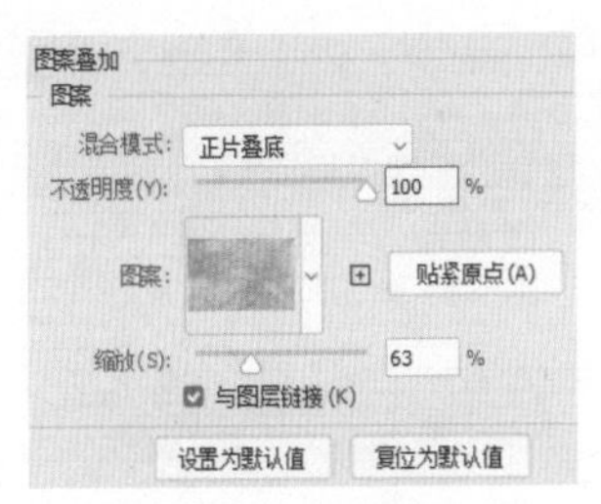

图 8-57　选择图案

03 设置混合模式为“正片叠底”，缩放比例设置为 63%，单击“确定”按钮，效果如图 8-58 所示。

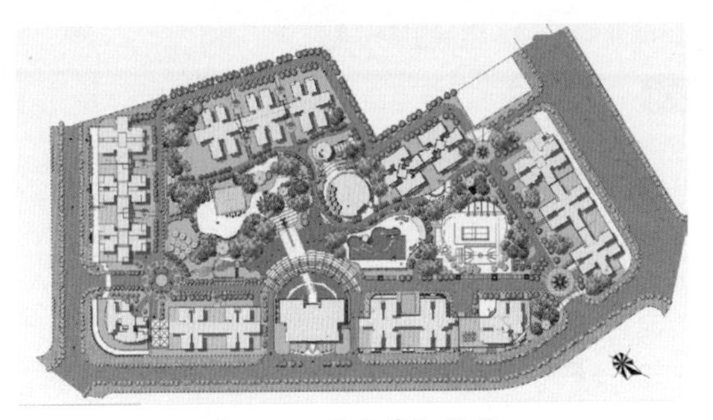

图 8-58　图案叠加效果

04 选择“铺装 3 色块”。

05 打开配套资源给定的铺装素材，如图 8-59 所示，选择其中的“点格铺装”如图 8-60 所示。

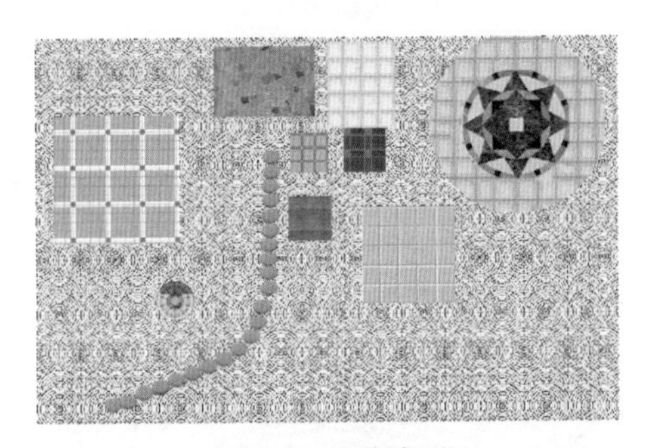

图 8-59　铺装素材

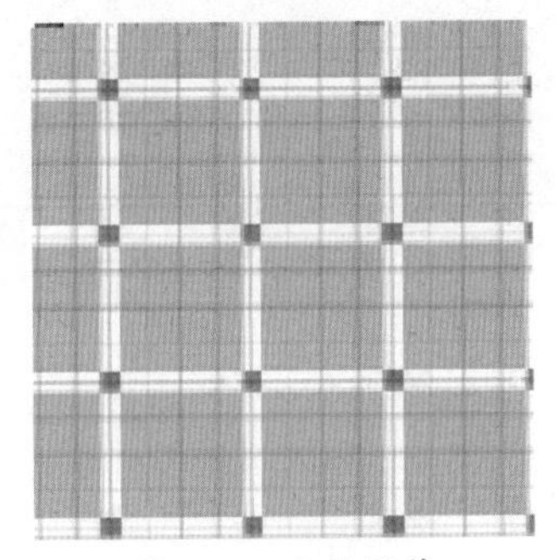

图 8-60　点格铺装

06 使用矩形选框工具⬚，选择该素材的一个重复元素，如图 8-61 所示。

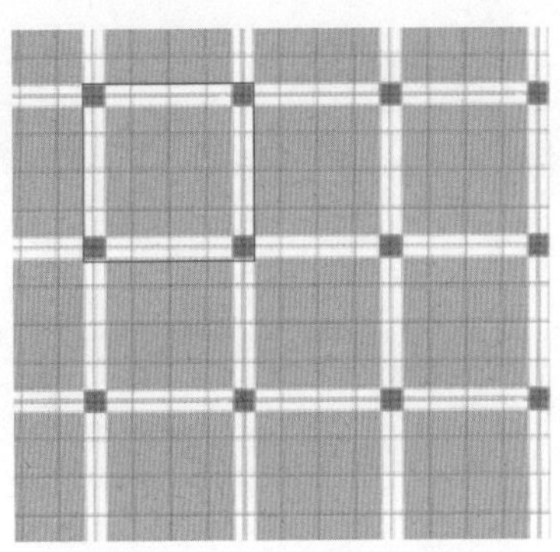

图 8-61　选择单个图案元素

07 执行“编辑”|“定义图案”命令，将该图案命名为“点格铺装”，如图 8-62 所示。

图 8-62　定义图案

08 回到彩平面文件窗口，展开图层面板，将“铺装 3 色块”载入选区，如图 8-63 中红线框包围的区域所示。

图 8-63 载入选区

09 双击“铺装 3 色块”图层的缩览图，打开图层样式面板。同样在图层样式中勾选“图案叠加”选项，在图案列表中选择刚定义的“点格图案”，设置参数如图 8-64 所示。

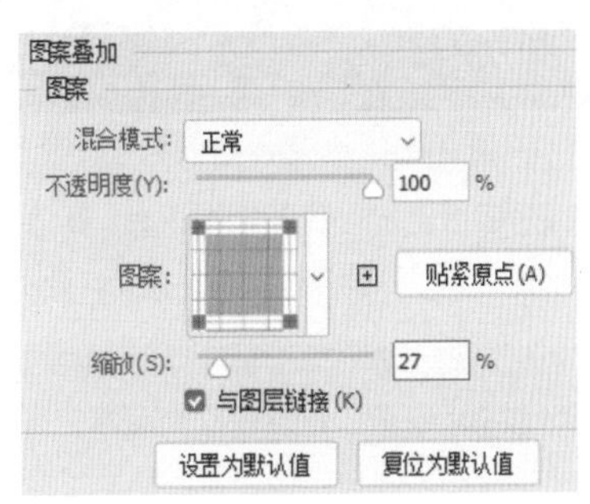

图 8-64　图案叠加参数设置

10 添加效果如图 8-65 所示。

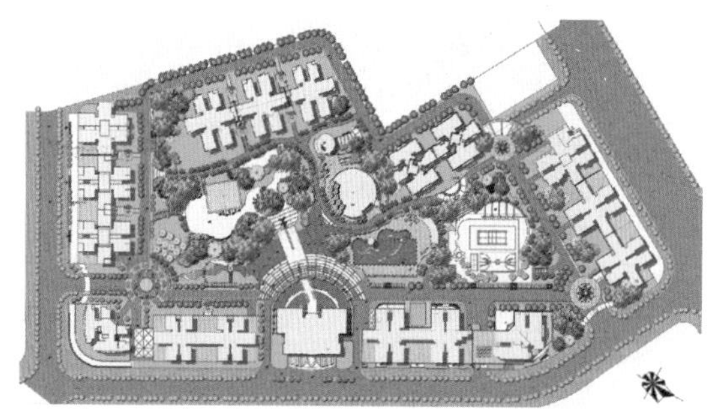

图 8-65 图案叠加效果

11 同样的方法制作其余的铺装效果，效果如图 8-66 所示。

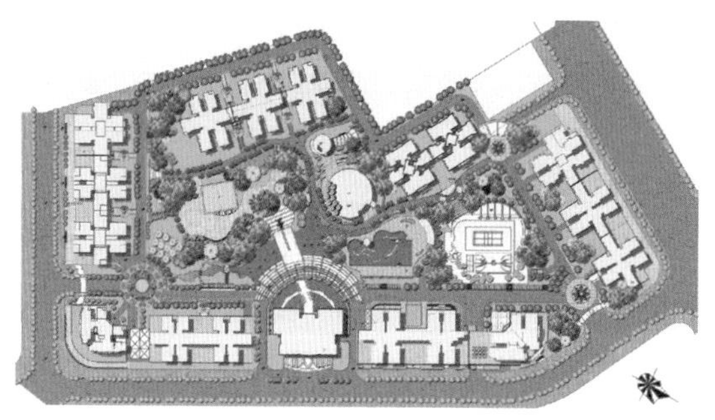

图 8-66 铺装完成效果

2. 填充法制作水景广场铺装效果

在制作之前，首先来看完成效果，如图8-67所示。色彩缤纷的广场丰富了效果图的色彩，打破沉闷的纯绿色气氛，另外生动的墙砖铺装和木质小桥使得效果图更显活泼，接下来学习制作。

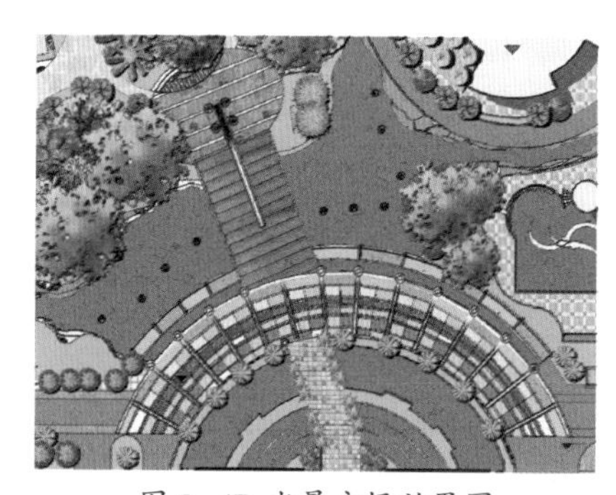

图 8-67 水景广场效果图

01 单击图层面板上的创建新组按钮 ，新建一个组，命名为“水景广场”，便于与其他的图层区别和管理。

02 按 Ctrl+O 快捷键，打开配套资源提供的砖墙图像文件，如图 8-68 所示，将其定义为图案。

图 8-68 砖墙图像

03 选择“总平面”图层，使用魔棒工具，单击砖墙铺装的区域，将其进行选择。

04 按 Ctrl+Shift+N 组合键，新建一个图层，填充任意颜色。双击该图层的缩览图，打开图层样式面板。勾选“图案叠加”样式，在图案列表中选择“砖墙铺装”图案，设置参数如图 8-69 所示。

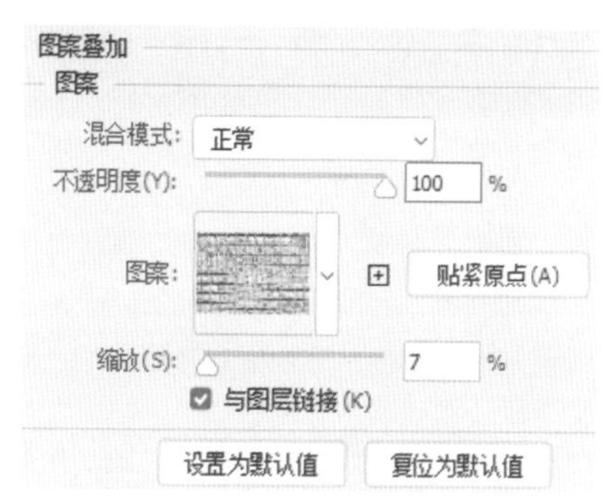

图 8-69 设置参数

05 单击“确定”按钮，得到如图 8-70 所示的铺装效果。

06 继续选择“总平面”的线稿图层，使用魔棒工具，间隔选取选区。

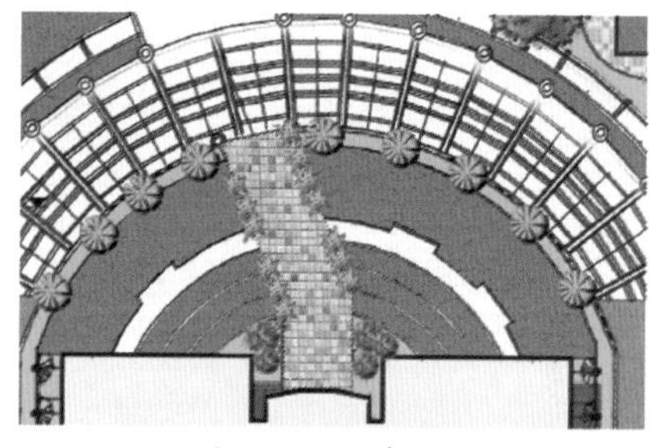

图 8-70 铺装效果

07 新建一个图层，设置前景色为粉红色，色值参数为 #edaece，填充颜色，如图 8-71 所示。

图 8-71 填充广场砖

08 使用同样的方法填充其余方砖，通过填充不同的颜色，制作五彩缤纷的广场砖效果，如图 8-72 所示。

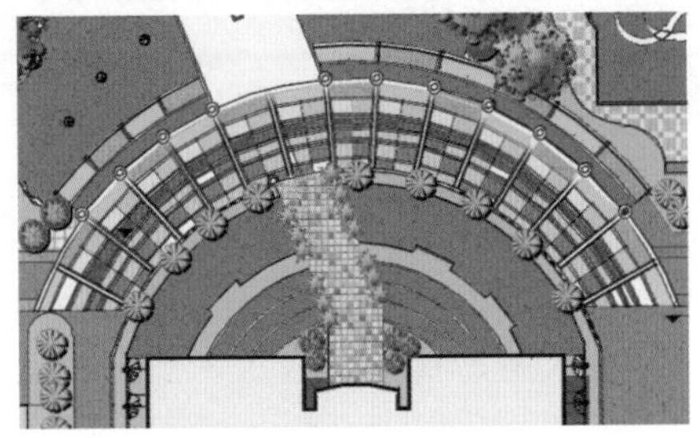

图 8-72 广场砖的铺贴效果

09 继续打开“SH109.jpg”木纹图像文件，如图 8-73 所示。

图 8-73 木纹图像

10 将其复制、粘贴到效果图中，制作小木桥的效果。

11 按 Ctrl+T 快捷键，调用“变换”命令，在工具选项栏中设置参数，如图 8-74 所示。

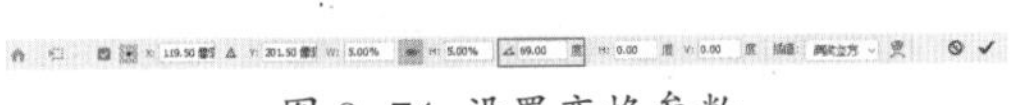

图 8-74 设置变换参数

12 按 Enter 键应用变换，将该图层复制一层，将小桥全部覆盖，再合并这两个图层，重命名为“木桥”。

13 选择“图层 1”线稿，使用魔棒工具，单击桥面部分，将桥面区域进行选择，再回到“木桥”这个图层，单击图层面板下方的“添加图层蒙版”按钮，将多余的木纹素材隐藏，效果如图 8-75 所示。

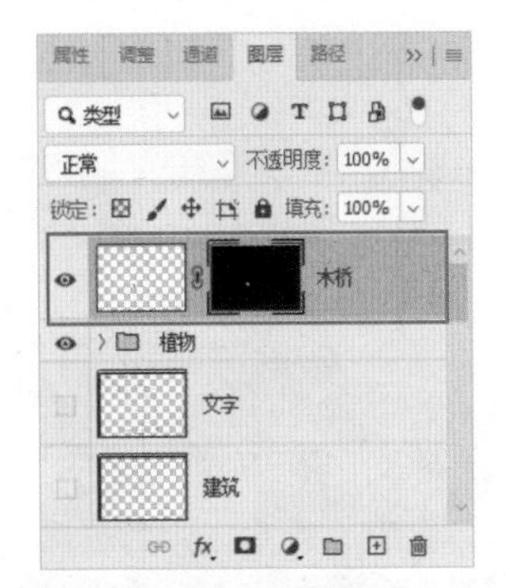

图 8-75 小木桥效果

8.2.6 制作水面

水对人有怡心养性的作用，还能调节气温、净化空气环境。为了迎合人们返璞归真的生活理想和傍水而居的普遍愿望，许多建筑开发商都在住宅景观设计中引入了水景景观设计。开凿人工河道，搭建亭、桥、廊、榭等水边建筑，构筑叠水、溪流、瀑布、喷泉、水池等水景景观，勾勒出一幅人与环境和谐融洽的美好画卷。

水面制作有颜色填充、渐变、水面图像等多种方法，但无论使用何种方法都应表现出水边岸堤在水面上的投影，水面的质感和光感变化，如图 8-76 所示为几种水面效果。

图 8-76 水景效果

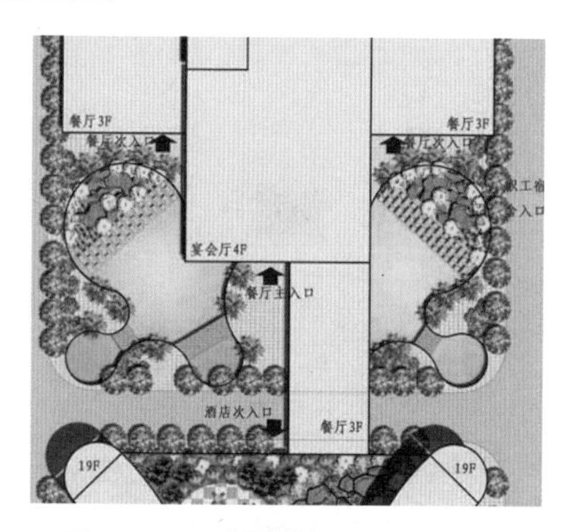

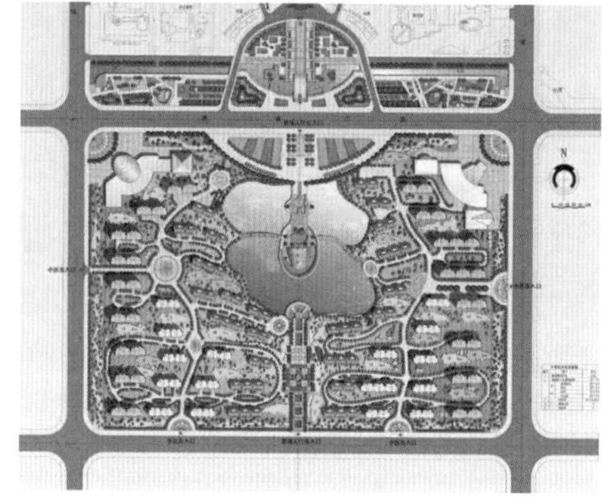

图 8-76 水景效果（续）

01 首先打开合适的水面素材，如图 8-77 所示，将其添加到效果图中。

图 8-77 水面素材 1

02 按 Ctrl+T 快捷键，调用“变换”命令，将图像缩放至与水池同等大小，如图 8-78 所示。

图 8-78 缩放素材

03 将“水面”图层载入选区，单击图层面板下方的“添加图层蒙版”按钮，将多余素材进行隐藏，如图 8-79 所示。

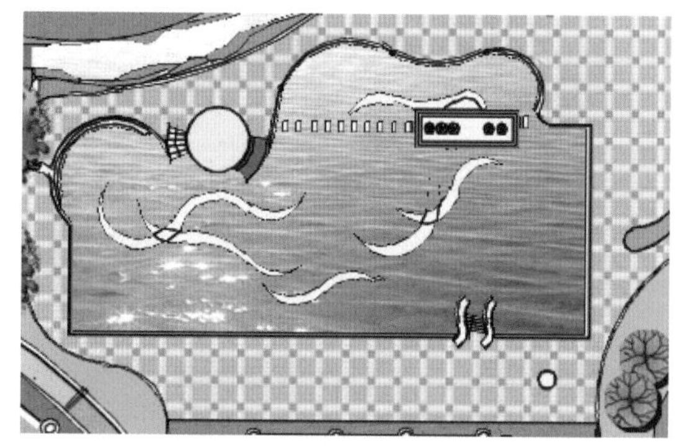

图 8-79 添加蒙版

04 由于整个彩色平面图的颜色偏暗，没有亮点，在这里将水面作为亮点的表现对象，需要对水面进行一个调整，使其凸现出来。

05 按 Ctrl+U 快捷键，打开【色相 / 饱和度】对话框，设置参数如图 8-80 所示。通过调整色相参数，使得水面的颜色偏青色，和效果图的色调比较协调。同时提高饱和度和明度，使得颜色看起来鲜艳、明亮，效果如图 8-81 所示。

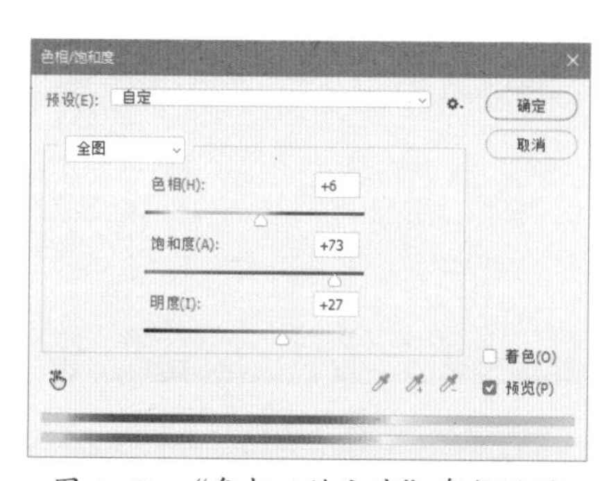

图 8-80 “色相 / 饱和度”参数设置

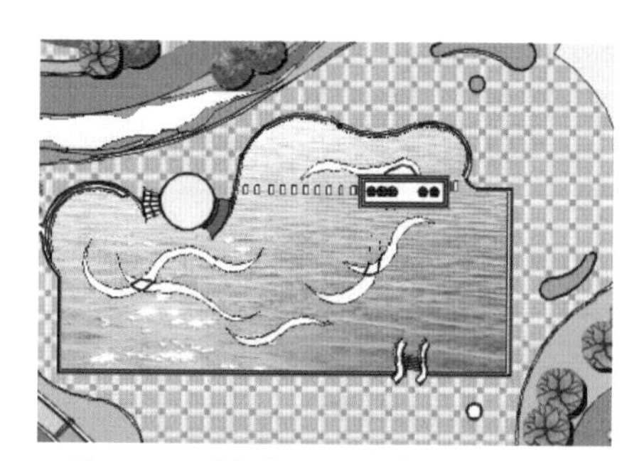

图 8-81 “色相 / 饱和度”调整效果

06 再打开一张水面素材，如图 8-82 所示，用来制作其余水面效果。

图 8-82　水面素材 2

07 同样，我们将其添加至彩色平面图中，为其添加图层蒙版，如图 8-83 所示。

图 8-83　添加水面素材的效果

08 按 Ctrl+U 快捷键，打开【色相 / 饱和度】对话框，调整参数如图 8-84 所示。

图 8-84　设置色相 / 饱和度参数

09 添加这个真实的水面素材以后，水面的纹理质感得到了体现，美中不足的是水面的明暗关系模糊。根据光线的方向可以确定，水面应该表现为左侧光线明亮，右侧稍偏暗，所以采取“新建渐变图层”的方法来解决这一问题。

10 新建一个图层，设置前景色为蓝色，色值参数参数为 #75c3ed，设置背景色为白色。

11 使用渐变工具，拖动光标填充渐变，如图 8-85 所示。

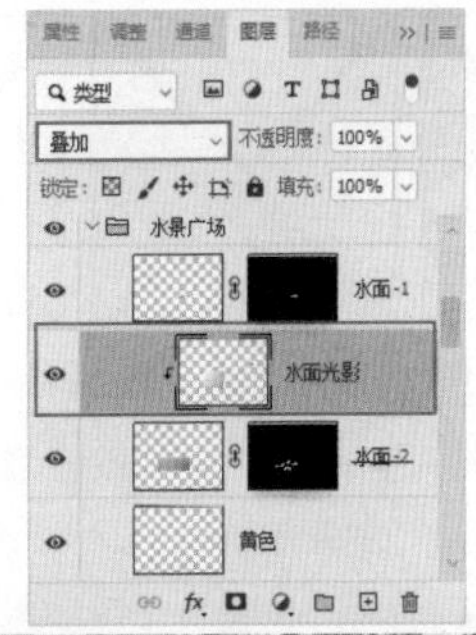

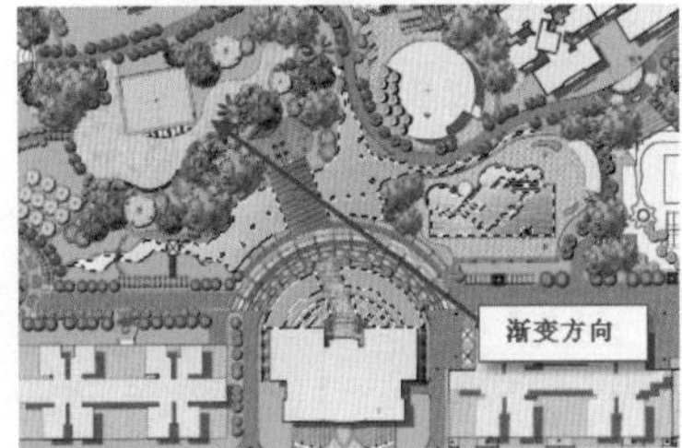

图 8-85　填充渐变

12 更改图层混合模式为“叠加”，完成水面的制作。

8.2.7　制作玻璃屋顶

在制作玻璃屋顶之前，首先要假设光线的方向，这样才可以确定玻璃屋顶的亮面和暗面。这里假设光线是从左上角照射过来的，那么玻璃的亮面就在左边。

01 根据光线的方向，将玻璃屋顶划分为四个区域，如图 8-86 所示。分别为各区域填充颜色，模拟玻璃屋顶的质感及光照效果。

02 选择“总平面”图层，使用魔棒工具，选择 1 区，这是玻璃屋顶最暗的一面。

03 新建图层，命名为“亭子 1”。设置前景色为蓝色，色值参数为 #4070a0，按 Alt+Delete 快捷键，快速填充前景色，如图 8-87 所示。

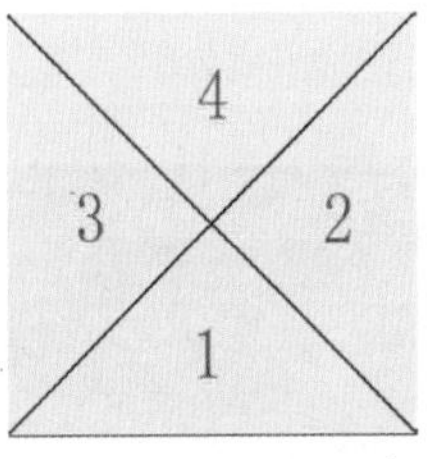

图 8-86　划分区域　　图 8-87　填充 1 区

04 根据颜色亮暗变化，区域 2 的色值参数为 #77a5d8，它的颜色稍微要比区域 1 的亮。区域 3 的色值参数为 #e1effa。区域 4 的色值参数为 #b6cae2，最后的填充效果如图 8-88 所示。

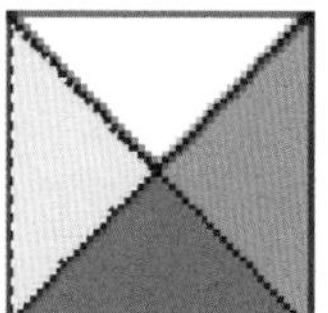

图 8-88 填充区域颜色

05 使用矩形选框工具⬚，将玻璃屋顶全部框选。按住 Alt 键拖动光标，复制得到另外的屋顶。更改图层的“不透明度”为 90%，如图 8-89 所示，模拟玻璃半透明的质感。

06 最后的填充效果如图 8-90 所示。

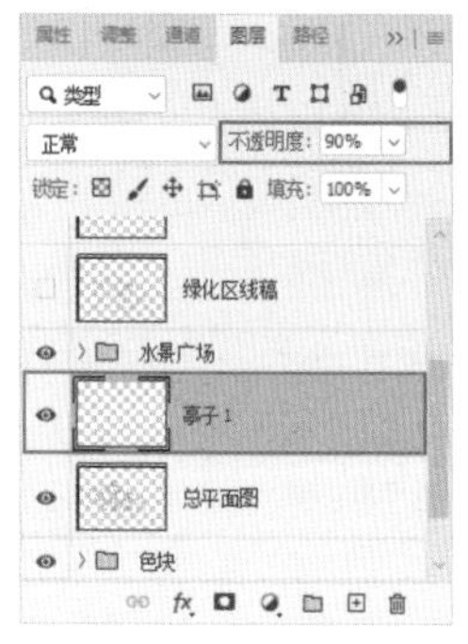

图 8-89 设置不透明度

图 8-90 玻璃屋顶填充效果

8.2.8 细化草地

制作草地的方法较多，可以使用草地纹理图像、颜色填充、渐变填充或者使用滤镜制作，或者几种方法同时使用。草地在建筑红线内外一定要区分色相、明度和饱和度，不然颜色会因缺少变化而显得呆板。

对于比较大的彩色平面图，尽量不要使用一块真实的草地图片来代替颜色填充，这样虽然草地图片看起来很真实，但是整体不协调，还会加大内存消耗。

如图 8-91 所示为几种草地的制作效果。

使用草地纹理制作

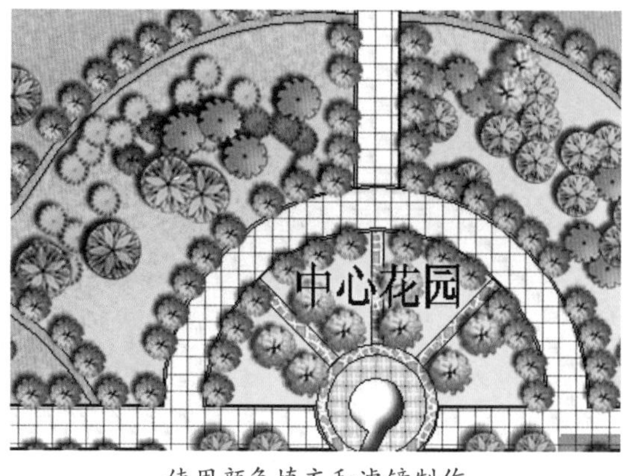

使用颜色填充和滤镜制作

图 8-91 草地制作效果

接下来学习草地的细化处理。

01 选择“草地色块”图层，将其载入选区。

02 执行“滤镜”|“杂色”|“添加杂色”命令，设置杂色参数如图 8-92 所示。

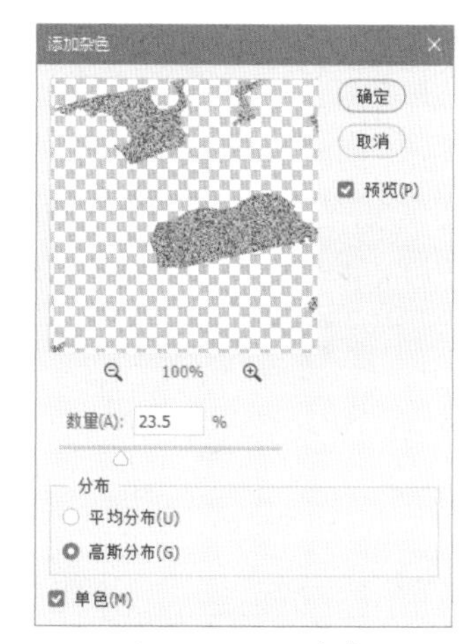

图 8-92 添加杂色

03 可以查看草地添加杂色效果之后，体积感得到增强，效果如图 8-93 所示。

图 8-93 杂色效果

04 再执行“滤镜”|“模糊”|“动感模糊”命令，设置参数如图 8-94 所示。

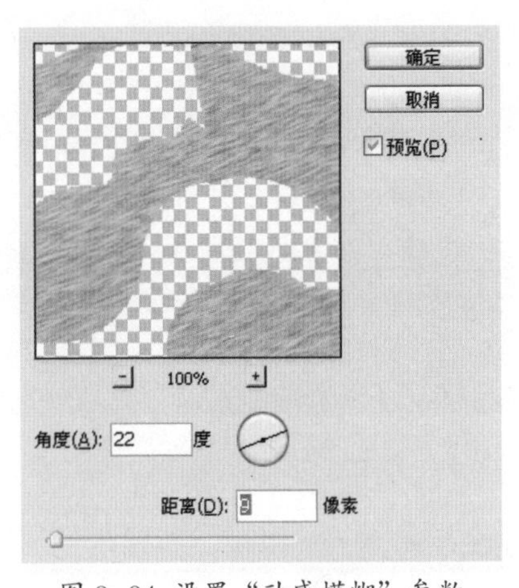

图 8-94 设置“动感模糊”参数

05 单击“确定”按钮，效果如图 8-95 所示。

图 8-95 “动感模糊”效果

06 制作草地的纹理后，继续提亮某些草地区域，制作草地的层次感。首先使用画笔工具，设置参数如图 8-96 所示。

图 8-96 画笔工具参数设置

07 在“草地色块”图层的上方新建图层，命名为“光点”。设置前景色为黄色，色值参数为 #f4e927，进行光点绘制，如图 8-97 所示。

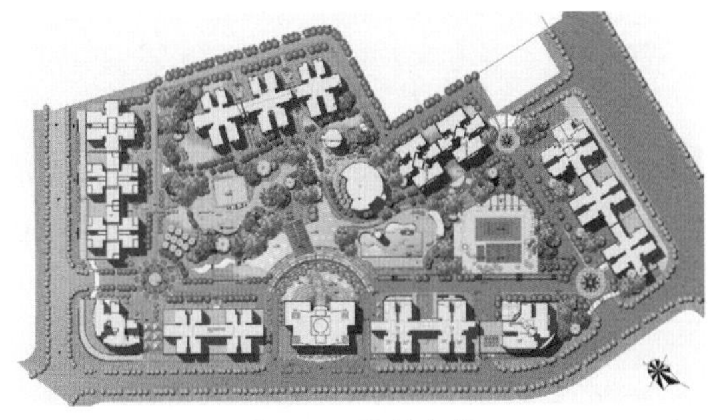

图 8-97 绘制光点

08 更改图层的混合模式为“叠加”，“不透明度”为 70% 左右，效果如图 8-98 所示。

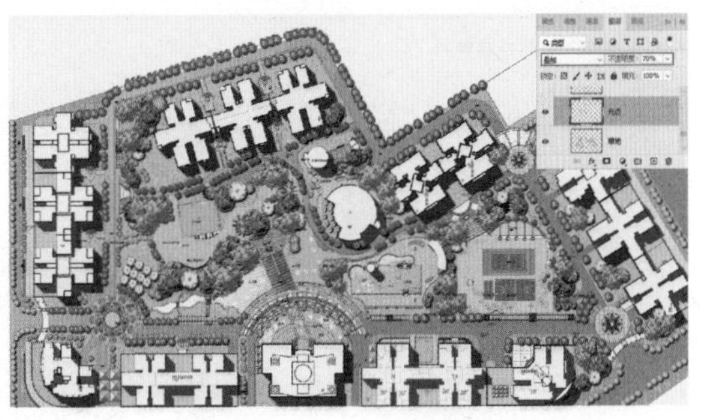

图 8-98 光点“叠加”效果

09 为了体现彩色平面图“左亮右暗”的光线效果，继续完善草地的明暗效果。新建一个图层，命名为“渐变”图层。

10 按 D 键，恢复系统默认的颜色设置。然后将“草地色块”载入选区，创建一个从右下角往左上角的渐变，如图 8-99 所示。

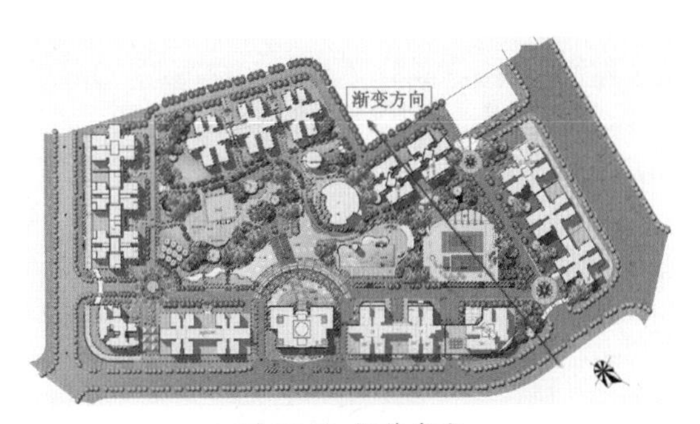

图 8-99 拉伸渐变

11 更改图层的混合模式为“叠加”，“不透明度”为 50%，效果如图 8-100 所示。

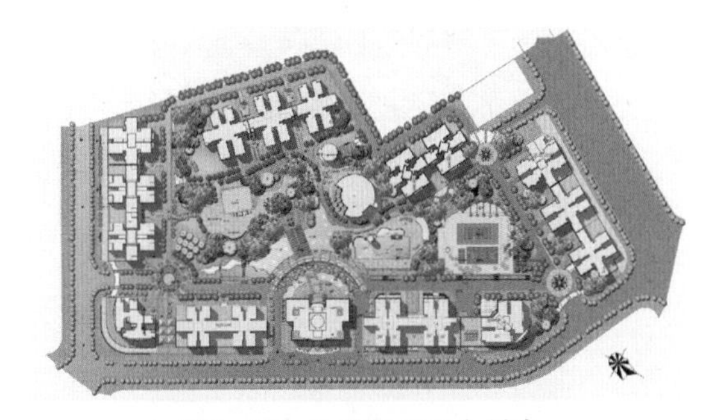

图 8-100 更改图层混合模式

12 最后再完善画面，补充一些细节素材，在这里就不细述了。

13 打开“文字 .eps”文件，进行栅格化处理。

14 按 Ctrl+A 快捷键，全选图像。回到彩色平面图，按 Ctrl+Shift+ V 快捷键，进行中心对齐粘贴。将该图层重命名为“文字”，置于图层的最顶层，最后完成效果如图 8-101 所示。

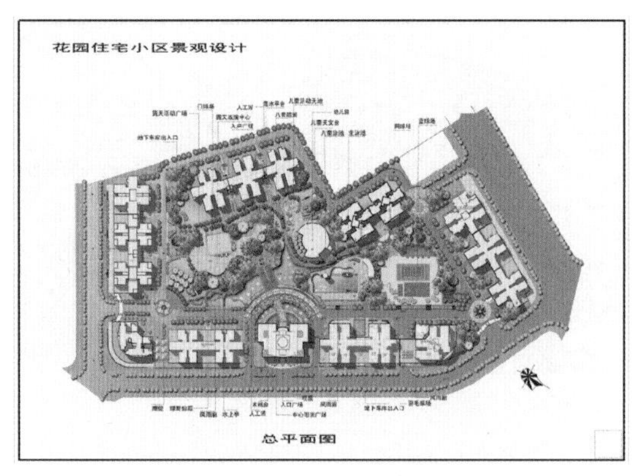

图 8-101 彩色总平面图最终效果

8.3 月亮岛旅游区大型规划总平面图

随着我国经济的发展和人们生活水平的提高，旅游业得到了迅猛的发展。旅游消费潜力巨大，全国各地都在因地制宜地开发各类旅游区，以吸引更多的旅游者。

本节制作如图 8-102 所示的月亮岛旅游区规划总平面图。

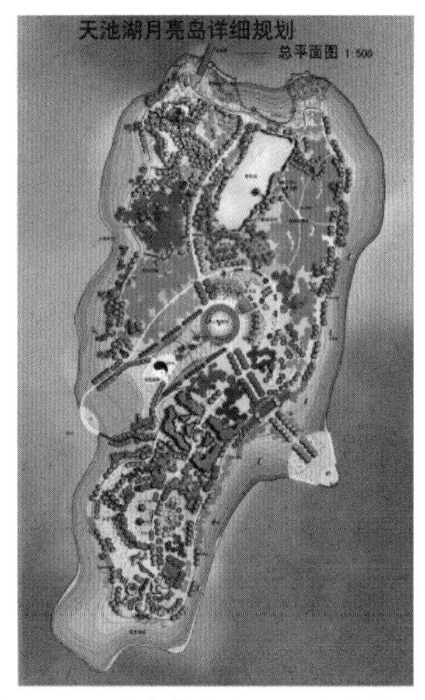

图 8-102 月亮岛旅游区规划总平面图

8.3.1 栅格化 EPS 文件

1. 栅格化 EPS 文件

01 运行 Photoshop 软件，按 Ctrl+O 快捷键，打开 AutoCAD 打印输出的“天池湖月亮岛总平面 -model.eps”图形。系统弹出【栅格化 EPS 格式】对话框，在对话框中根据需要设置合适的图像大小和分辨率，如图 8-103 所示。

02 单击“确定”按钮，开始栅格化处理。得到一个透明背景的线框图像，将线框图层重命名为“总平面图”，如图 8-104 所示。

图 8-103 设置参数

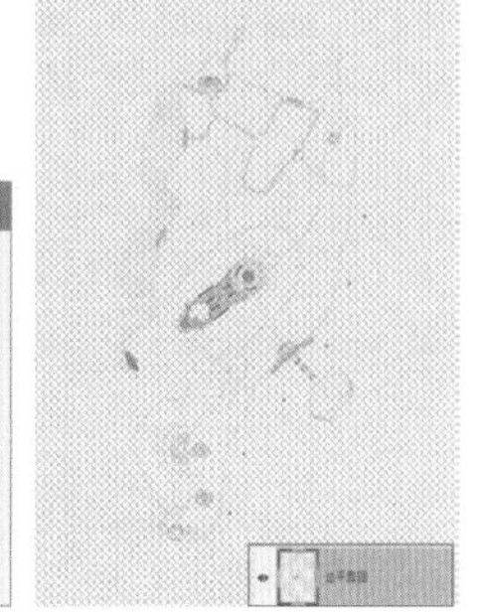

图 8-104 栅格化图像

03 按住 Ctrl 键，并单击图层面板下的⊞按钮，在当前图层的下方新建一个图层。按 D 键恢复前 / 背景色为默认的黑 / 白颜色，按 Ctrl + Delete 快捷键，填充白色，得到一个白色背景，如图 8-105 所示。方便于查看线框，如图 8-106 所示。

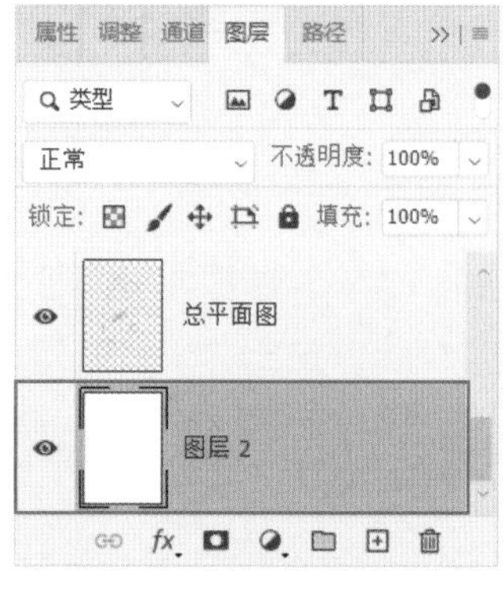

图 8-105 新建图层并填充白色

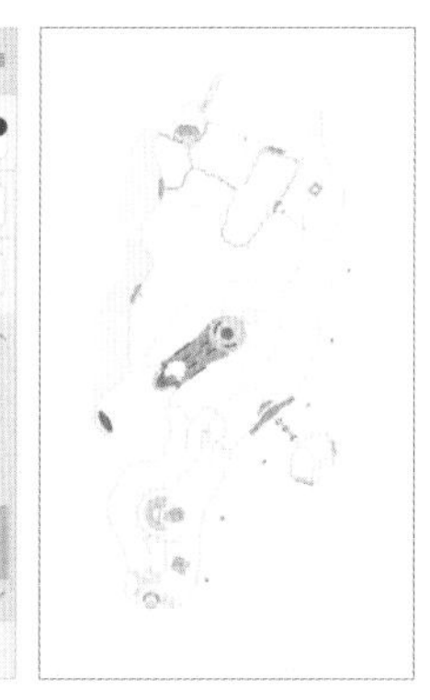

图 8-106 线框图

04 选择填充白色的图层为当前图层。执行“图层”|“新建”|“背景图层”命令，将填充图层转换为“背景”图层。

05 按 Ctrl+S 快捷键，保存图像为“天池湖月亮岛总平面 .psd”。

2. 拼合图像

01 继续按 Ctrl+O 快捷键，以同样的参数栅格化“植物 .eps”和“文字 .eps”等文件。

02 使用移动工具，按 Shift 键分别拖动植物图层和文字图层至彩平图像窗口。重命名新建图层，便于识别。在建立图层时，可以右击鼠标，在出现的菜单中为图层设置一种颜色，这样能更好地管理每个图层，如图 8-107 所示。

03 通过相同的方法，以同样的参数栅格化“等高线 .eps”和“外围线 .eps”等文件。使用裁剪工具，裁剪多余的空白区域，结果如图 8-108 所示。减少图像文件的大小，节省系统内存和磁盘空间。

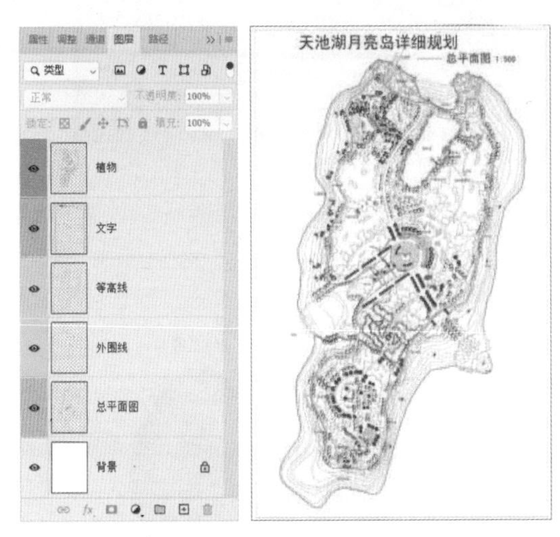

图 8-107 设置图层颜色　　图 8-108 裁剪图像

8.3.2 制作草地

草地制作的方法较多，可以使用草地纹理图像、颜色填充、渐变填充或者使用滤镜制作，甚至几种方法同时使用。

01 打开“天池湖月亮岛总平面 .psd”文件，选择“总平面”图层，首先要做的工作就是检查线稿中的轮廓线是否完全闭合。

02 暂时隐藏“文字”和“植物”等图层，新建“草地”图层。使用魔棒工具，设置参数如图 8-109 所示。

图 8-109 设置魔棒工具参数

03 用魔棒选取线稿中的草地规划区域，得到选区，单击图层面板中的“创建新图层”按钮，新建“草地”图层。在【拾色器】对话框中设置前景色参数，如图 8-110 所示。按 Alt+Delete 快捷键，快速填充前景色，给草地赋予一个基本色，如图 8-111 所示。

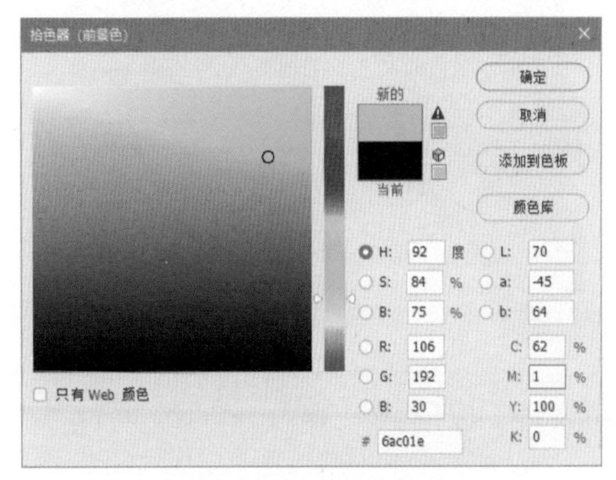

图 8-110 设置前景色

图 8-111 填充前景色

04 草地部分以绿色色块与其他元素进行了简单的区分。使用同样的方法，再划分绿化区域和建筑区域，以及铺装和水面区域，简单地以色块进行划分，色值参数参考配套资源中的 PSD 源文件，最后效果如图 8-112 所示。

整个草地使用单一的颜色制作，会使草地极不真实，需要添加一些颜色变化和纹理。

05 执行“滤镜”|“杂色”|“添加杂色”命令，打开【添加杂色】对话框，设置参数如图 8-113 所示。

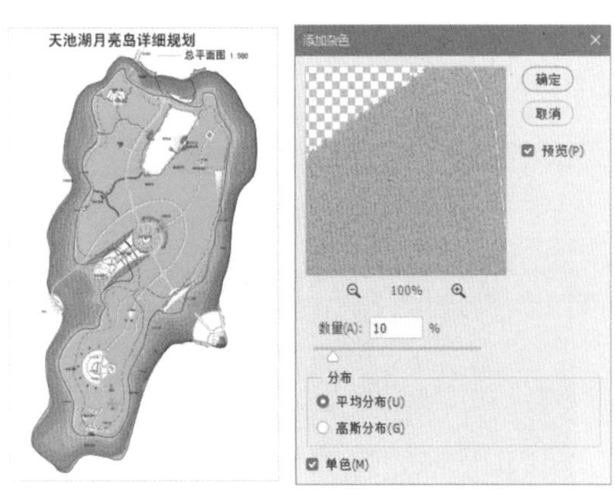

图 8-112 填充色块　图 8-113 【添加杂色】对话框

06 执行“滤镜”|“模糊”|“高斯模糊”命令，打开【高斯模糊】对话框，设置模糊参数如图 8-114 所示。

图 8-114 “高斯模糊”对话框

07 使用加深工具和减淡工具，调整草地的颜色和光感。本岛四周为海，水域面积比较大，要将靠近水面区域的草地调亮一些。其他地方的草地调整得稍微暗一些，从而形成光感和颜色的对比，使草地颜色富于变化。

08 新建一个图层，使用画笔工具，设置前景色如图 8-115 所示。选择“草地”图层，在合适的位置涂抹。

图 8-115 设置前景色

09 更改图层的混合模式为“叠加”，效果如图 8-116 所示。

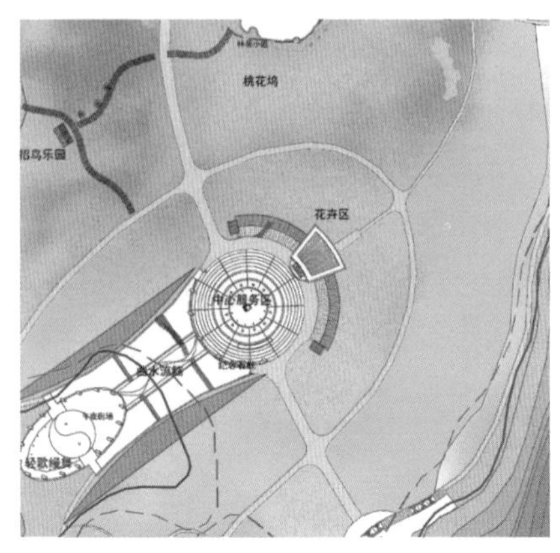

图 8-116 更改图层混合模式

10 重复使用上述方法制作草地颜色渐变效果，结果如图 8-117 所示。

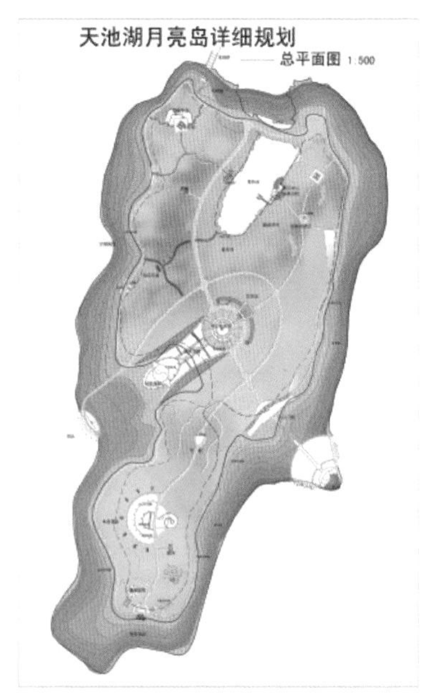

图 8-117 草地颜色渐变效果

8.3.3 制作铺地

在总平面图的设计中，楼房、马路、草地周围的地面一般都是地砖铺装而成的人行铺地，制作时只需选择合适的地砖纹理，然后进行图案填充即可。

1. 使用图层样式制作铺地

本小岛有小广场、林荫小道等人行铺地，制作时先定义图案，然后使用填充工具或图案叠加图层样式制作。

下面制作通向中心服务区的铺砖，来学习铺地的制作方法。

01 按 Ctrl +O 快捷键，打开如图 8-118 所示的广场砖图像。

图 8-118 打开图像

02 按 Ctrl +A 快捷键，全选图像。执行“编辑”|“定义图案”命令，打开【图案名称】对话框，创建“广场砖”图案，如图 8-119 所示。

图 8-119 创建图案名称

03 单击“总平面”图层，使用魔棒工具，选取广场区域。创建“铺地”图层。按 Alt+Delete 键或 Ctrl+Delete 键，在选区内填充任意颜色，如图 8-120 所示。

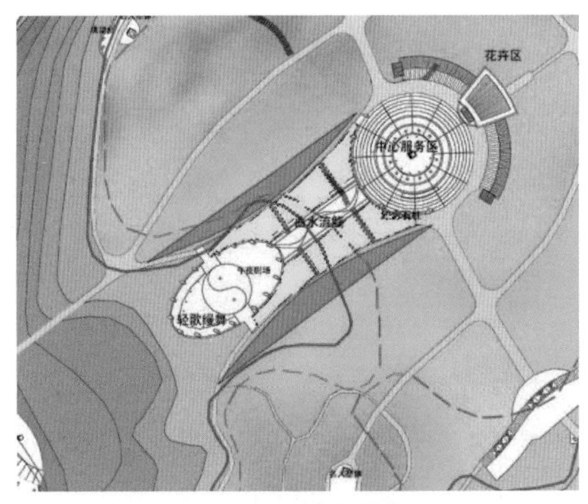

图 8-120 填充颜色

04 执行“图层”|“图层样式”|“图案叠加”命令，打开【图层样式】对话框。在“图案”列表中选择前面定义的“广场砖”图案，根据需要设置“缩放”比例，如图 8-121 所示。

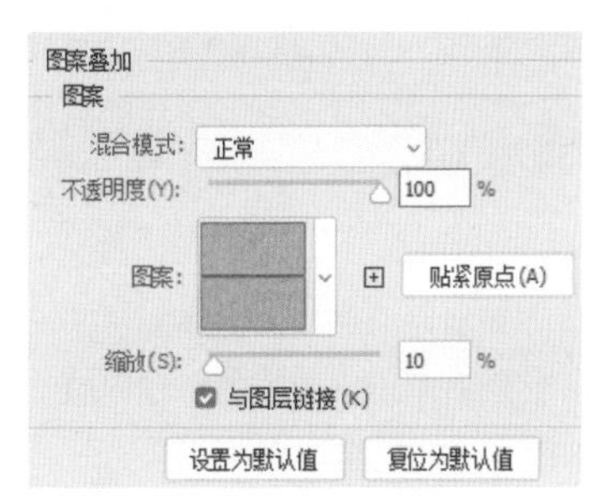

图 8-121 设置图案填充参数

05 制作完成的铺地效果图 8-122 所示。

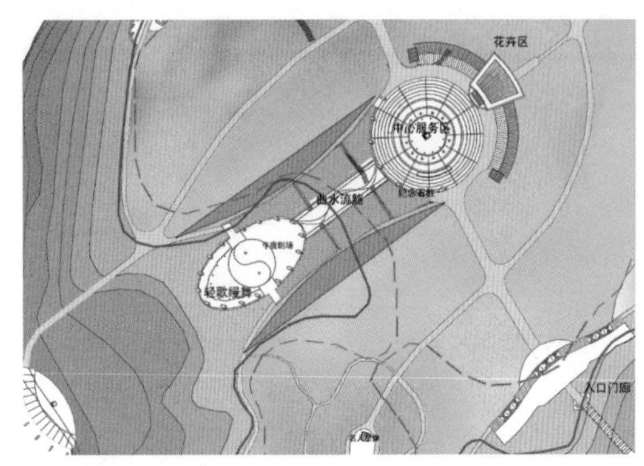

图 8-122 图案铺地效果

2. 填充法制作广场铺装效果

对于小面积的铺地，可以填充颜色表示，如图 8-123 所示。色彩缤纷的广场丰富了效果图的色彩，打破沉闷的纯绿色气氛，使得效果图更显活泼。

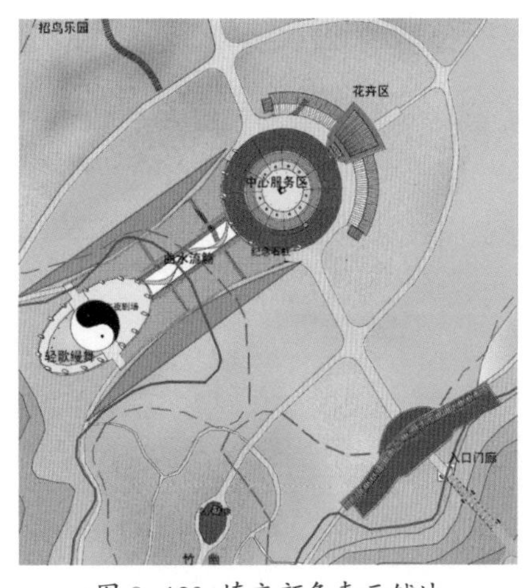

图 8-123 填充颜色表示铺地

8.3.4 制作水面

自古以来，中国人选择居住地的一个重要原则就是依山傍水。人们之所以会有亲水的情感，可以从生理学和心理学两个层面来了解。随着生活水平的提高，人们对居住和游玩的环境也有了更高的要求。不仅仅要求环境“绿草蔓如丝”“花蝶俱不息”，更希望闲暇时徜徉在“小桥流水”“杨柳依依”的湖泊之中。

水面制作有颜色填充、渐变等多种方法。无论使用何种方法都应表现出水面的质感和光感变化。下面首先制作垂钓池的水面效果。

01 新建“垂钓池”图层。使用魔棒工具，选择垂钓池水面区域。按 Alt+Delete 快捷键，填充淡蓝色 #4cd7f4，如图 8-124 所示。按 Ctrl +D 快捷键，取消选择。

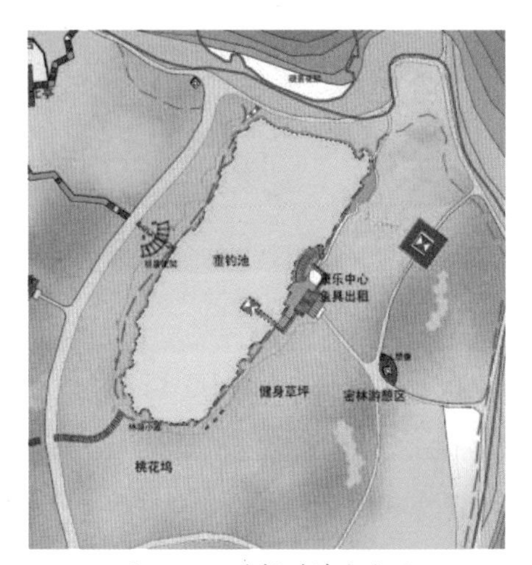

图 8-124 选择并填充水面

02 使用画笔工具，设置前景色为 #4ac1e3，在水面涂抹，表现水面颜色的变化如图 8-125 所示。

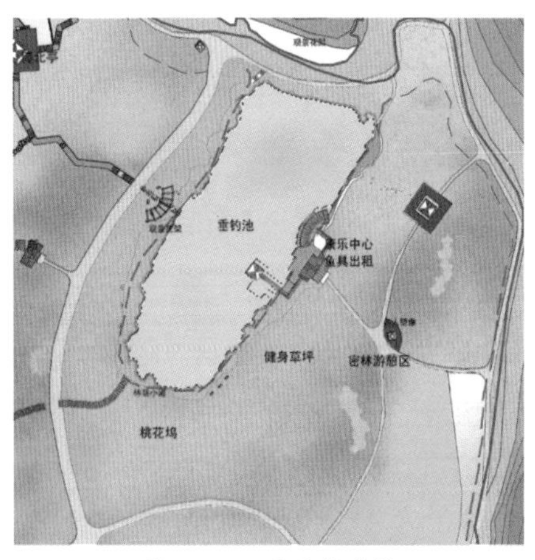

图 8-125 用画笔涂抹

03 使用加深工具和减淡工具，设置“曝光度”为 20%，对水面亮度进行调整，如图 8-126 所示。水面中心区域一般稍微亮一些，周围区域要暗一些。

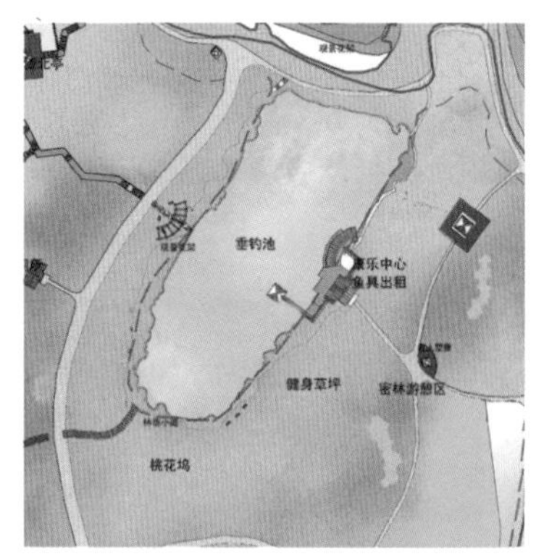

图 8-126 使用加深和减淡工具调整光感

04 执行“滤镜”|“杂色”|“添加杂色”命令，打开【添加杂色】对话框，设置参数如图 8-127 所示，模拟水面波光粼粼的效果。

图 8-127 【添加杂色】对话框

05 单击图层面板上的“添加图层样式”按钮，在弹出的下拉菜单中选择“内阴影”选项，如图 8-128 所示。打开【图层样式】对话框，调整内阴影“距离”和“大小”的参数值，如图 8-129 所示，加强投影效果。最后设置图层样式为“变暗”模式。

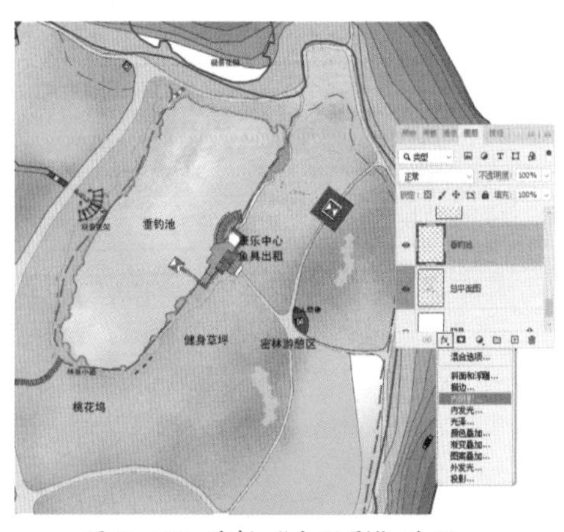

图 8-128 选择“内阴影”选项

图 8-129 设置内阴影参数

06 制作完成的水面效果如图 8-130 所示。使用相同的方法制作环岛的海面，如图 8-131 所示。

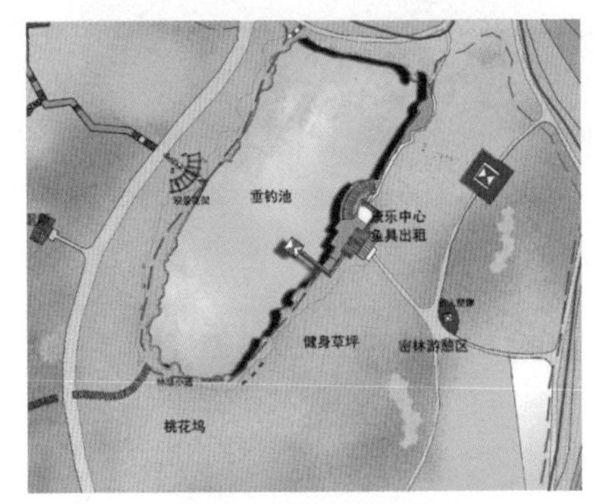

图 8-130 水面效果

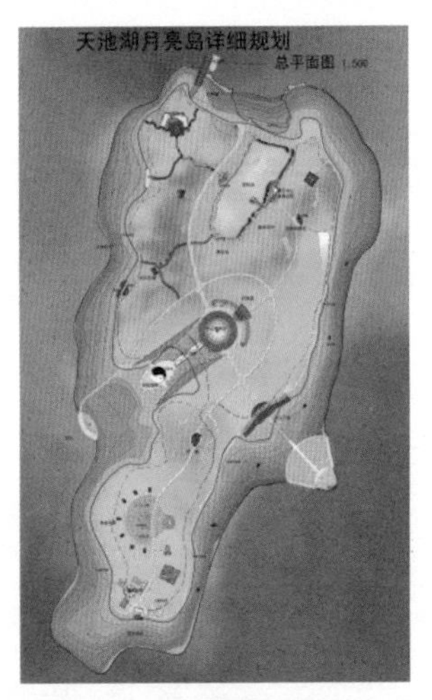

图 8-131 海面效果

8.3.5　添加小品图例

通过前面层次分区的处理，彩色平面图基本完成，接下来给总平面图添加小品图例。

01 新建“小品”图层，并设置为当前图层。

02 使用魔棒工具，选择需要填充的区域，对图案进行填充。单击图层面板上的“添加图层样式”按钮fx，在弹出的下拉菜单中选择“投影”选项。打开【图层样式】对话框，调整投影“距离”和“大小”的参数值，如图 8-132 所示，效果如图 8-133 所示。

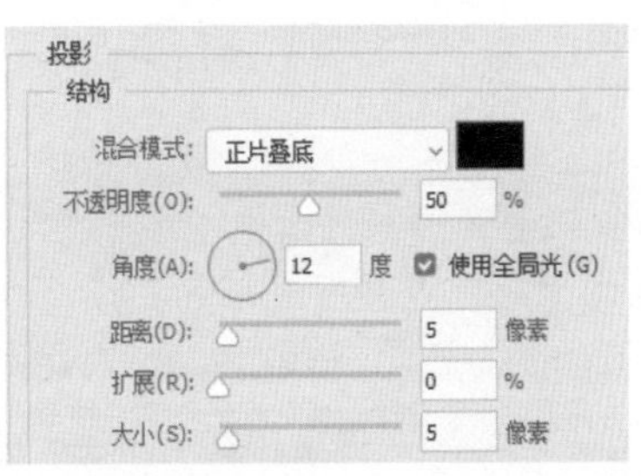

图 8-132 设置投影参数

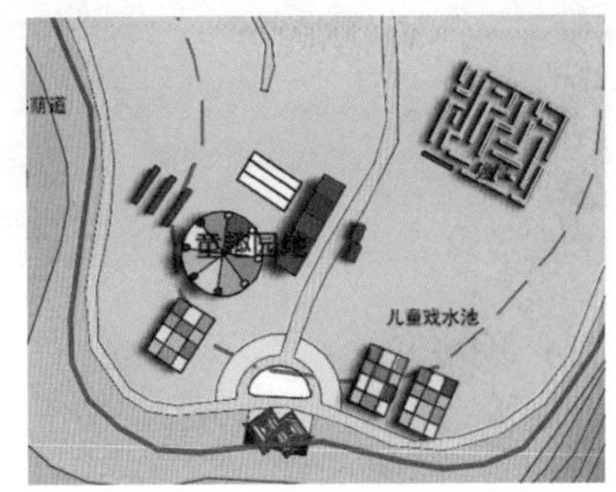

图 8-133 添加阴影效果

03 打开配套资源中的“经典平面资料.psd”文件素材，如图 8-134 所示。

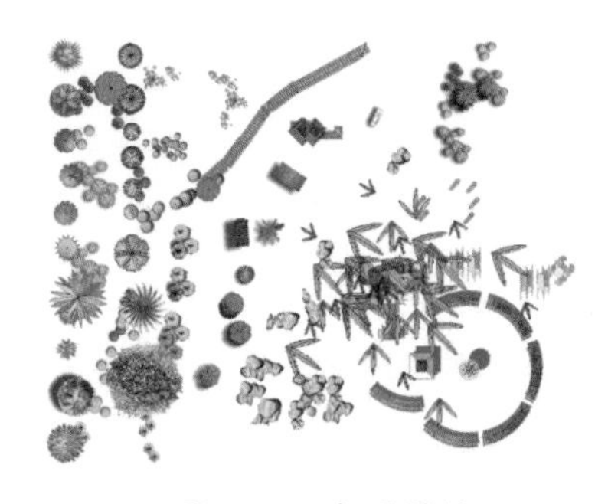

图 8-134 打开图例

04 选择如图 8-135 的图例，使用移动工具，将其拖动至总平面图窗口，放置到如图 8-136 所示的位置。

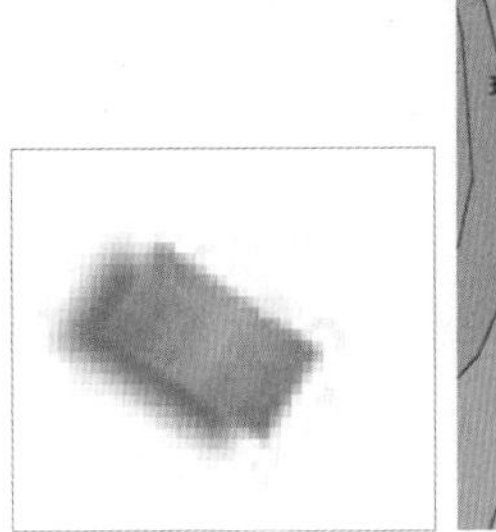

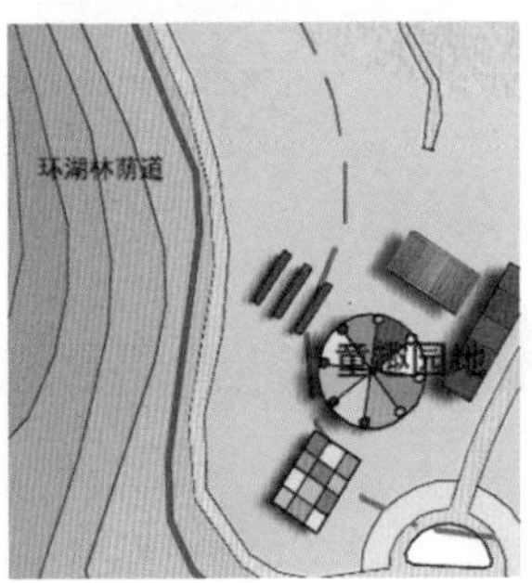

图 8-135 选择的图例　　图 8-136 添加图例

05 使用相同的方法添加其他小品图例，如图 8-137 所示。

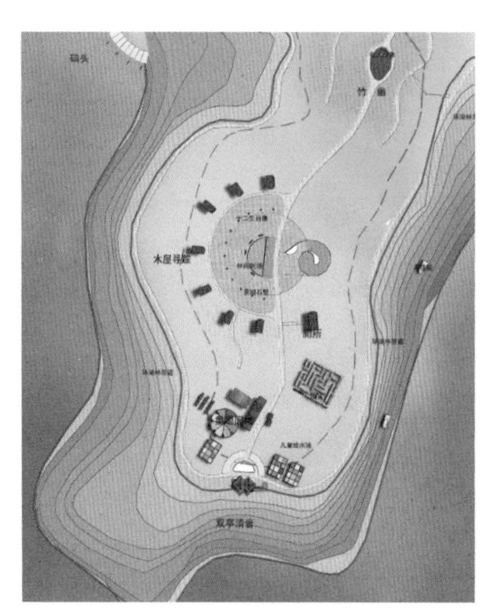

图 8-137 添加其他图例

8.3.6 植物的添加

01 单击“植物”图层前的按钮👁，将隐藏的植物图层打开。使用前面介绍的填充方法，对地被植物进行填充，如图 8-138 所示。

02 单击图层面板上的“创建新组”按钮🗀，新建一个组，命名为“灌木”，方便图层的区别和管理。

03 按 Ctrl+O 快捷键，打开“经典平面资料 .psd”素材文件。使用套索工具和移动工具，将植物调入到场景中，如图 8-139 所示。

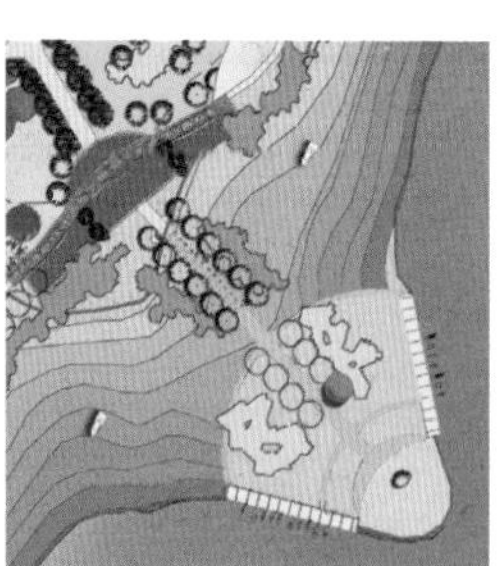

图 8-138 填充地被植物　图 8-139 添加第一个植物

04 根据“总平面”图层的线稿，添加其他植物图例，如图 8-140 所示。

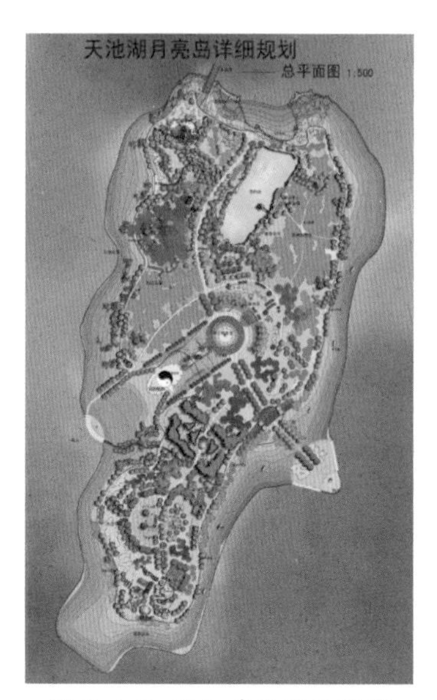

图 8-140 添加其他植物图例

8.3.7 图像的整体调整

01 在可见图层的最上方新建“阳光”图层，设置前景色为 #f4e000。使用画笔工具，设置工具选项栏参数，如图 8-141 所示。

图 8-141 设置画笔参数

02 使用画笔在图中合适位置涂抹，如图 8-142 所示。

图 8-142 用画笔涂抹

03 设置图层的混合模式为“亮光”，并设置“填充”参数为 50，制作如图 8-143 所示的阳光效果。

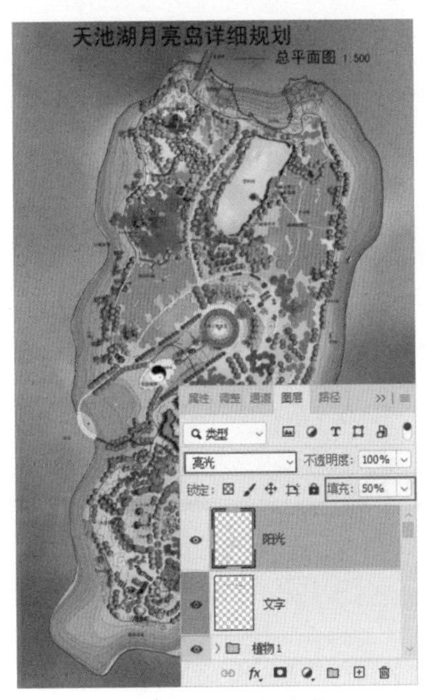

图 8-143　阳光效果

04 单击图层面板中的“创建新的填充或调整图层”按钮，如图 8-144 所示。在弹出的下拉菜单中选择“照片滤镜”选项，在弹出的“照片滤镜”面板中设置参数，如图 8-145 所示。

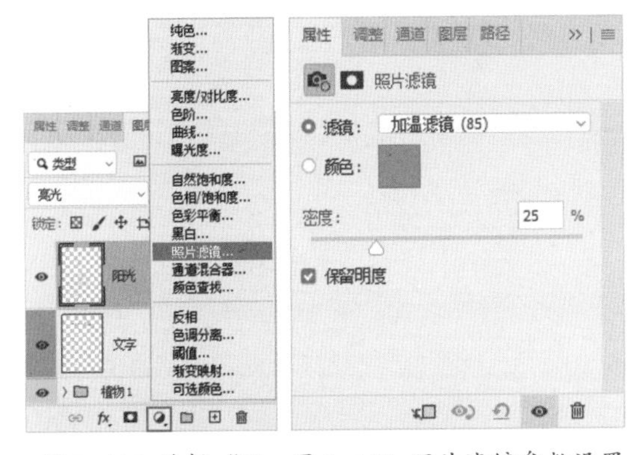

图 8-144　选择“照片滤镜”命令　图 8-145　照片滤镜参数设置

05 回到最顶层，按 Ctrl+Alt+Shift+E 组合键，盖印可见图层，将该图层命名为“盖印层”。

06 将盖印图层置为当前图层，选择“图像”|“调整”|“去色”命令，将图像进行去色处理，效果如图 8-146 所示。

图 8-146　图像去色效果

07 在图层面板中将“盖印层”图层的混合模式改为“柔光”，并设置“不透明度”为 70%，如图 8-147 所示。

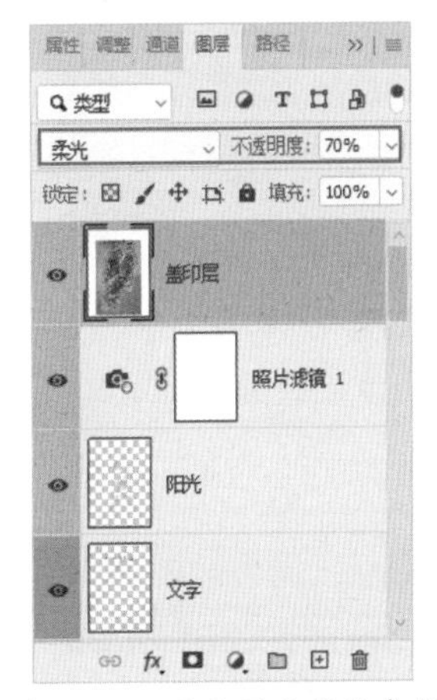

图 8-147　设置图层属性参数

至此，月亮岛旅游区大型规划总平面图制作完成。

第9章 室内效果图后期处理实战

与室外效果图的后期处理不同，室内效果图在后期处理时添加的配景一般较少。主要工作是调整效果图颜色、亮度和色调，特别是当场景灯光不是很理想时，往往需要很多的处理步骤。

由于家装和工装的设计定位、服务对象和侧重点不同，因此本章分别从家装和工装两个角度介绍室内效果图的后期处理方法。

9.1　家装效果图后期处理

家装设计以家庭住宅室内空间为对象，以创造一个舒适的家庭生活空间，满足工作、学习和休息的需要为目的。家装效果图的后期处理，力求强调效果图的功能特点。

9.1.1　把握室内效果图的颜色

色彩是人们在室内环境中最为重要的视觉感受，同时也是室内设计中最为生动、活跃的因素，给人们留下室内环境的第一印象。

在对家居空间进行后期处理之前，应根据主体构思，确定一个住宅室内环境的主色调。例如作为会客、娱乐的场所，客厅多为中性色调。卧室作为私密性很强的空间，更多的强调房主的个人偏好，一般设置为紫色或是暖色调，突出温馨、舒适的感觉。

如图 9-1 所示的简约客厅 3ds max 渲染效果偏冷，偏暗，不符合家装客厅的设计定位。作为家居空间，应以暖色调为主，以营造出温馨、舒适的气氛。后期处理效果如图 9-2 所示。

图 9-1　3ds max 渲染效果

图 9-2　后期处理效果

1.　整体颜色和色调调整

01 按 Ctrl+J 快捷键拷贝图层，下面的调整步骤都将在该拷贝图层上进行，以避免破坏原图像。当调整有误时，仍然可以拷贝原图像重新进行调整。

02 按 Ctrl+B 快捷键，打开【色彩平衡】对话框，为图像添加红色和黄色色调，如图 9-3 所示，颜色偏差得到极大的改善。

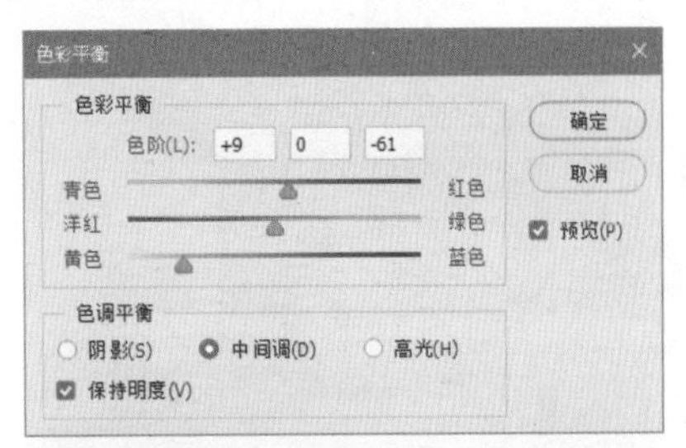

图 9-3　调整色彩平衡

03 按 Ctrl+L 快捷键，打开【色阶】对话框，调整亮调滑块，如图 9-4 所示。扩展图像色调范围，增加图像亮度。

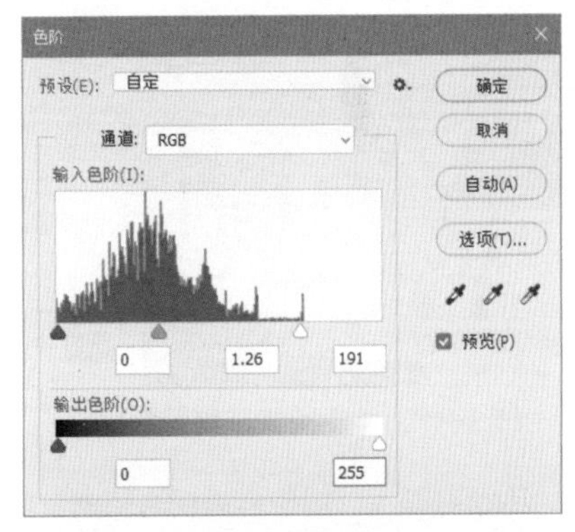

图 9-4　调整色阶

经过上述调整后，图像质量得到极大的改善，下面分别调整各个材质区域。纠正局部图像的颜色和色调问题。

2. 局部材质调整

01 打开配套资源提供的材质通道图像，如图9-5所示。

图 9-5 材质通道图像

02 使用移动工具✥，按住Shift键，将材质通道图像拖动复制到效果图窗口。重命名新图层为“通道”，将图层移动至“背景 拷贝”图层的下方。

03 暂时隐藏“背景 拷贝”图层，确认“通道”图层为当前图层。使用魔棒工具，取消工具选项栏“连续”复选框的勾选，在背景墙的区域单击鼠标左键，选择该材质区域，如图9-6所示。

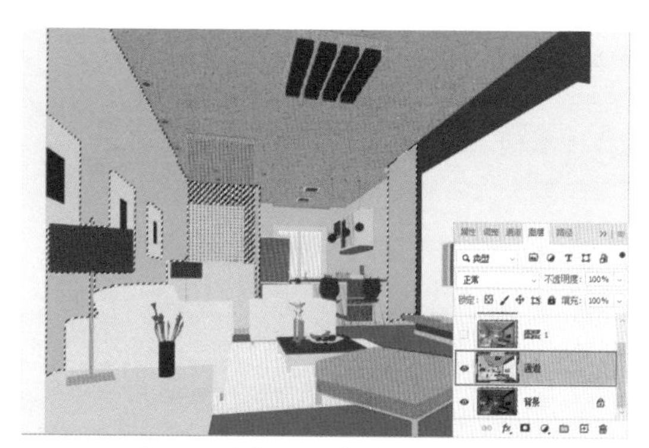

图 9-6 选择沙发背景墙材质区域

04 显示并选择“背景 拷贝”图层。按Ctrl+B快捷键，打开【色彩平衡】对话框，调整背景墙材质的颜色参数，如图9-7所示。

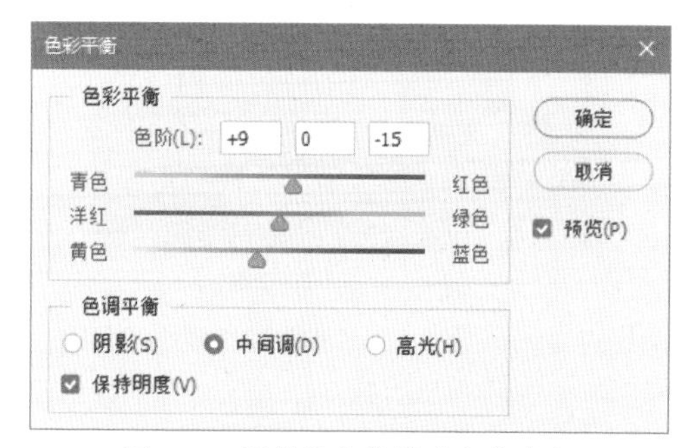

图 9-7 调整沙发背景墙颜色参数

图 9-7 调整沙发背景墙颜色参数（续）

05 选择电视背景墙材质区域，调整颜色参数如图9-8所示。

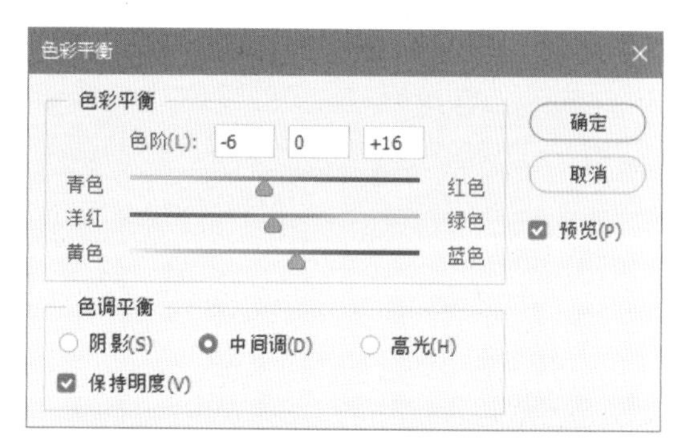

图 9-8 调整电视背景墙颜色

06 选择黄色沙发材质区域，调整颜色如图9-9所示。

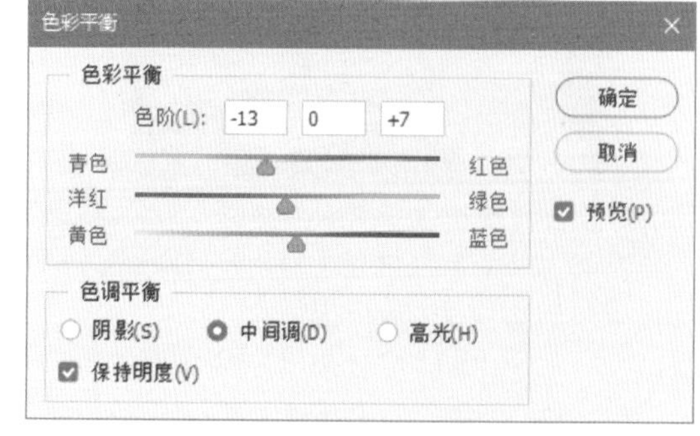

图 9-9 调整黄色沙发材质

图 9-9　调整黄色沙发材质（续）

07 选择白色单人沙发材质区域，按 Ctrl+M 快捷键，打开【曲线】对话框。设置参数如图 9-10 所示，提高白色单人沙发材质亮度。

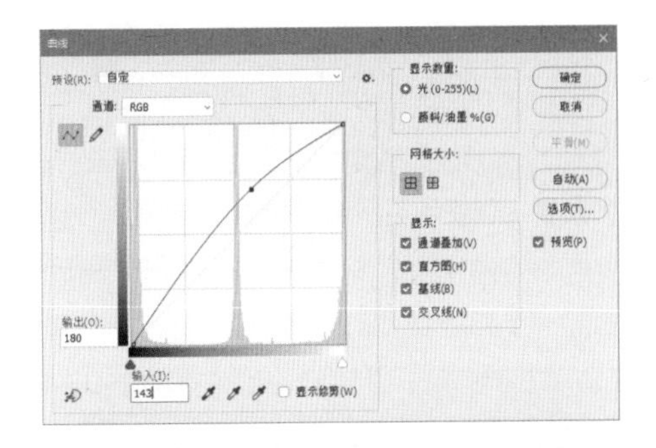

图 9-10　调整白色单人沙发材质亮度

08 使用多边形套索工具，选择吊顶的灯带区域。按 Shift+F6 快捷键，打开【羽化选区】对话框，设置“羽化半径”为 5 像素，对选区进行羽化。

09 按 Ctrl+B 快捷键，打开【色彩平衡】对话框，恢复灯带本来的颜色，如图 9-11 所示。

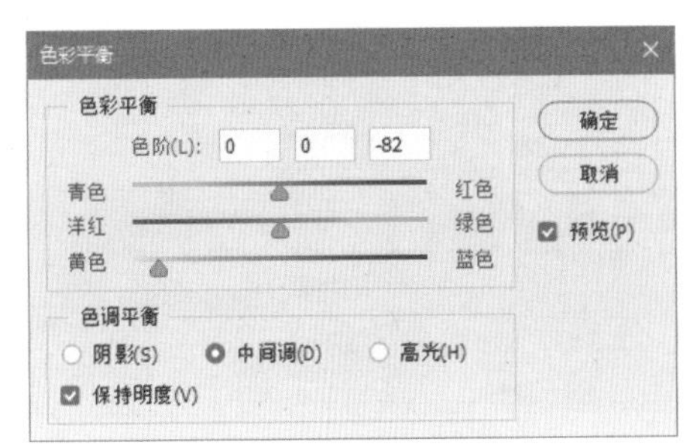

图 9-11　调整灯带颜色

图 9-11　调整灯带颜色（续）

在实际工作过程中，读者可以根据需要对各区域材质进行更细致的颜色和色调调整。

3.　整体最终调整

01 执行“滤镜”|“锐化”|“USM 锐化”命令，打开【USM 锐化】对话框，设置参数如图 9-12 所示，使图像看起来更为清晰。

02 按 Ctrl+J 快捷键，拷贝图像，得到“背景拷贝 2”图层。执行“滤镜”|“模糊”|“高斯模糊”命令，设置参数如图 9-13 所示，对“背景拷贝 2”图层进行模糊处理。

图 9-12　设置“锐化”参数

图 9-13　设置“模糊”参数

03 按 Ctrl+M 快捷键，打开【曲线】对话框。将曲线向上弯曲，提高图像的亮度，如图 9-14 所示。

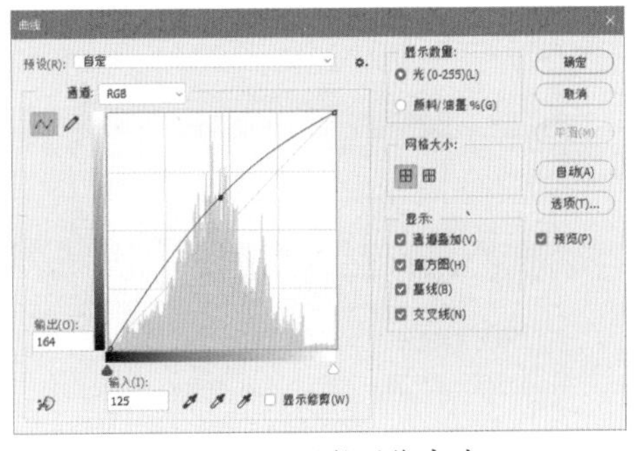

图 9-14　调整图像亮度

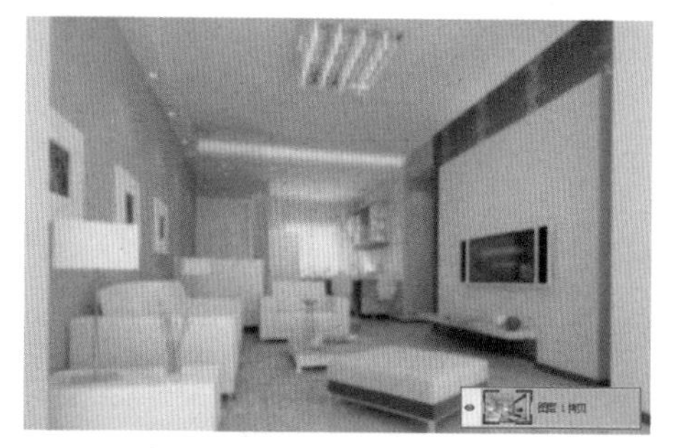

图 9-14　调整图像亮度（续）

04 设置“背景 拷贝 2”图层为“叠加”混合模式，降低图层的“不透明度”，如图 9-15 所示，增强图像的亮度和材质质感。

图 9-15　增强图像的亮度和材质质感

05 执行“图层”|“拼合图像”命令，合并所有图层。

06 执行“图像”|“调整”|“亮度 / 对比度”命令，增强图像的亮度和对比度，如图 9-16 所示，完成室内客厅效果图的最终调整。

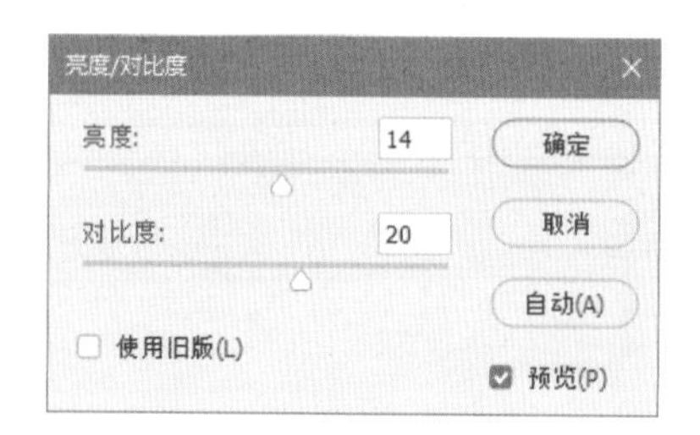

图 9-16　调整亮度和对比度（1）

图 9-16　调整亮度和对比度（续）

9.1.2　为室内效果图添加配景

为了减少 3ds max 建模和渲染的工作量，提高工作效率，很多室内效果图的配景都需要在 Photoshop 后期处理时添加，如植物、生活用品和装饰品等。添加室内配景需要使用到 Photoshop 的变换和颜色调整功能，使添加的配景与室内透视关系、颜色协调一致。

图 9-17 和图 9-18 所示为休闲室添加配景前后的对比，添加配景后的休闲室，更为真实、生动和富有情趣。

图 9-17　添加配景前

图 9-18　添加配景后

1.　整体调整颜色和色调

仔细观察如 9-17 所示的休闲室效果，会发现图像明显偏灰、偏暗。在添加配景之前，需要对整体颜色和色调进行调整。

01 运行 Photoshop 软件，打开 3ds max 渲染输出的“休闲室 .tga”文件。

02 执行“图层”|“新建调整图层”|“色阶”命令，分别将暗调和亮调滑块向中间移动，如图 9-19 所示。增加图像的色调范围，增强对比度。

03 执行“图层”|“新建调整图层”|“亮度 / 对比度”命令，设置参数如图 9-20 所示，增加图像亮度和对比度。

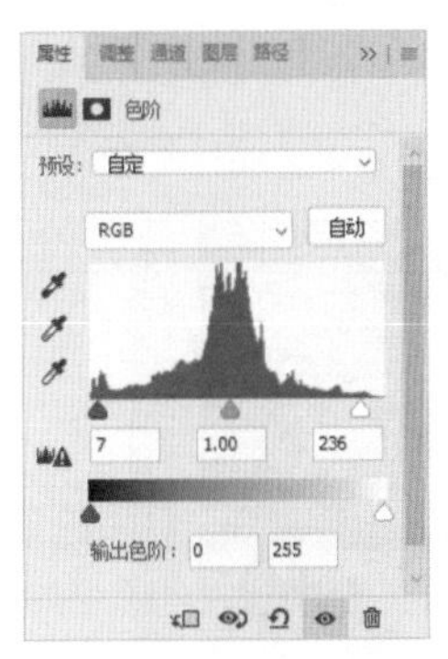

图 9-19　“色阶”参数设置

图 9-20　“亮度 / 对比度”参数设置

04 执行“图层”|“新建调整图层”|“色彩平衡”命令，分别选择“阴影”和“高光”单选项，设置参数如图 9-21 和图 9-22 所示。在阴影区域增加冷色调，在高光区域增加暖色调，增强图像冷暖色调对比，使效果图颜色更为生动。

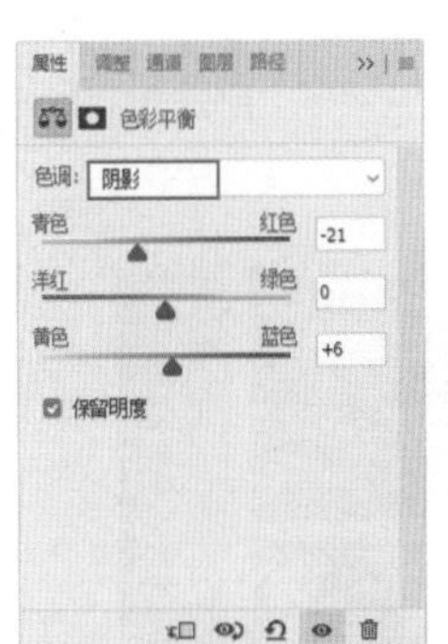

图 9-21　“阴影”参数设置

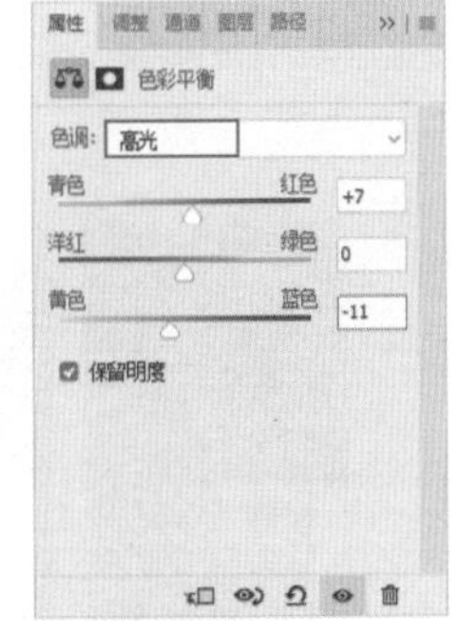

图 9-22　“高光”参数设置

05 图像颜色调整效果如图 9-23 所示，在图层面板中得到三个颜色调整图层。

图 9-23　图像颜色调整效果

使用调整图层可以在不破坏原图像的前提下自由调整图像颜色和色调，而且还可以在整个后期处理的过程中，随时更改调整参数。

2.　添加室外环境

01 切换至通道调板，按住 Ctrl 键单击 Alpha 1 通道，载入通道选区，如图 9-24 所示。

图 9-24　载入通道选区

02 按 Ctrl+Shift+I 组合键，反向选择当前选区，得到室外环境区域，如图 9-25 所示。

图 9-25 反向选择当前选区

03 打开一幅环境图片，如图 9-26 所示。按 Ctrl+A 快捷键，全选图像。按 Ctrl+C 快捷键，复制图像至剪贴板。

图 9-26 打开环境图片

04 切换至休闲室效果图窗口。执行“编辑”|“选择性粘贴”|“贴入”命令，得到以当前选区为蒙版的新建图层，多余的环境图像被隐藏。

05 按 Ctrl+T 快捷键开启“自由变换”，调整环境图像的方向和大小，使透视角度与效果图保持一致，如图 9-27 所示。

图 9-27 贴入图像

3. 添加阳台植物

01 打开配套资源提供的“植物 1”和“植物 2”素材，如图 9-28 所示。

植物 1　　植物 2

图 9-28 植物素材

02 使用移动工具，将植物 1 素材拖动至画面中并拷贝一份。按 Ctrl+T 快捷键，分别调整大小、方向和位置，如图 9-29 所示。

图 9-29 复制植物素材 1

03 为两个植物图层添加图层蒙版。使用画笔工具，选择阳台躺椅和阳台推拉门，在选区内填充黑色，隐藏该区域植物图像，得到植物位于躺椅和门框后侧的效果，如图 9-30 所示。

图 9-30 添加图层蒙版

04 使用同样的方法继续添加其他植物配景，如图 9-31 所示。

图 9-31　添加阳台其他植物

4.　添加挂画和照片

01 打开配套资源提供的挂画和照片素材，如图 9-32 所示。

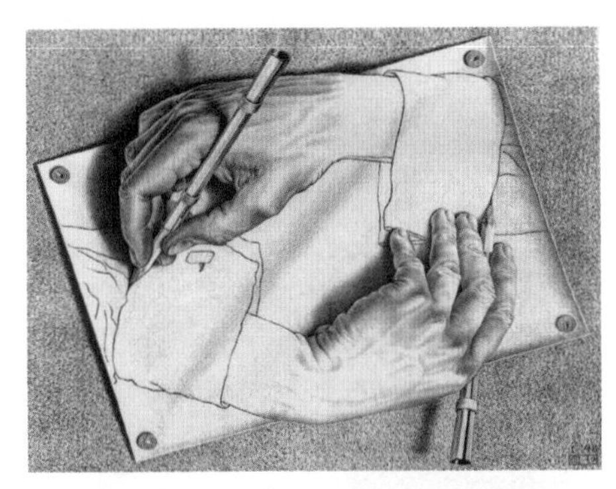

图 9-32　挂画和照片素材

02 使用移动工具 ，将挂画素材拖动复制至效果图窗口。按 Ctrl+T 快捷键，调整挂画大小如图 9-33 所示。

03 按住 Ctrl 键，分别拖动变换框的 4 个对角点至画框的四个角点，扭曲变换挂画，使挂画透视方向与画框保持一致。变换完成后，按 Enter 键应用变换，如图 9-34 所示。

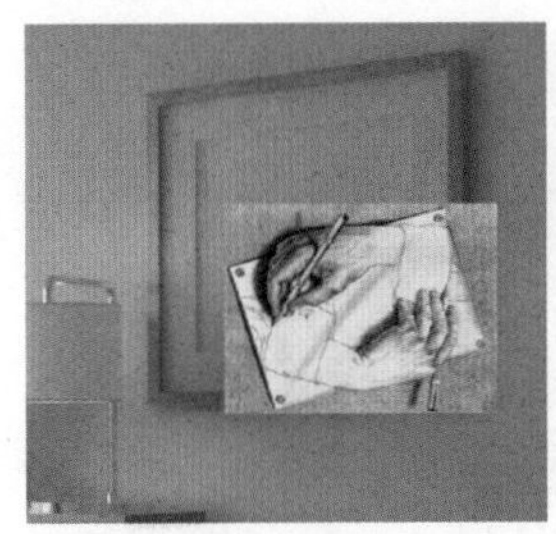

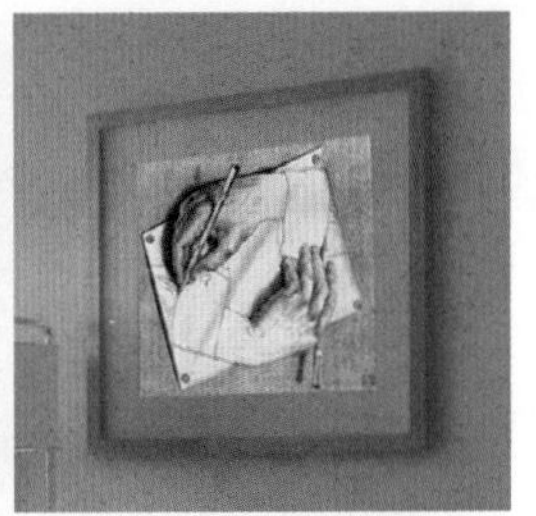

图 9-33　调整挂画大小　　图 9-34　扭曲变换

04 挂画的颜色太亮，与室内环境不够协调，需要进行调整。按 Ctrl+U 快捷键，打开【色相 / 饱和度】对话框，调整参数如图 9-35 所示，降低挂画的饱和度和亮度。

图 9-35　“色相 / 饱和度”参数设置

05 挂画的调整效果如图 9-36 所示，得到了比较好的合成效果。

06 使用同样的方法在桌子上添加相框照片，如图 9-37 所示。

图 9-36　挂画的调整效果　图 9-37　添加相框照片

5.　添加室内干花装饰

01 按 Ctrl+O 快捷键，打开干花图像素材。按住 Ctrl 键，单击通道调板“Alpha 1”通道，载入通道选区，干花图像被选中。

02 使用移动工具 ，将选择的干花图像复制到效果图窗口。按 Ctrl+T 快捷键，调整大小。旋转度和位置，如图 9-38 所示。

03 下面制作阴影和倒影，使干花与地面结合更为自然。按Ctrl+J快捷键，拷贝图层。按Ctrl+“[”快捷键，将拷贝图层移动至原图层的下方。

04 按Ctrl + T快捷键，开启“自由变换”。右击鼠标并选择“垂直翻转”命令，调整图像的方向。按住Ctrl键，拖动变换框的控制点，使倒影的方向与原图像保持方向一致，如图9-39所示，按Enter键确定变换。

图9-38 添加干花素材

图9-39 变换图像

05 执行“滤镜”|“模糊”|“高斯模糊”命令，打开【高斯模糊】对话框，设置参数如图9-40所示，对倒影进行模糊处理。

图9-40 设置参数

06 设置参数完成后，单击“确定”按钮，模糊效果如图9-41所示。

图9-41 模糊效果

07 使用渐变工具，在选项栏中单击渐变条，打开【渐变编辑器】对话框，设置参数，如图9-42所示

图9-42 设置参数

08 单击“确定”按钮，然后添加图层蒙版，并填充黑白渐变，使倒影逐渐消失，降低图层的“不透明度”为50%，减少倒影的强度，如图9-43所示。

图9-43 添加图层蒙版并填充渐变

09 再次复制“干花”图层，使用同样的方法制作干花在地面上的阴影效果，如图9-44所示，使干花配景与地面结合自然。

图9-44 添加倒影

6. 添加书本和装饰品

01 按 Ctrl+O 快捷键，打开书本和装饰品素材，如图 9-45 所示。

图 9-45 打开素材

02 使用移动工具 ，将装饰品图像复制到效果图窗口。按 Ctrl+T 快捷键，调整大小和位置。

03 选择图像，按 Ctrl+U 快捷键，打开【色相 / 饱和度】对话框，设置参数如图 9-46 所示。

图 9-46 设置参数

04 降低装饰品的饱和度以及明度，编辑结果如图 9-47 所示。

图 9-47 编辑结果

05 使用移动工具 ，将书本图像复制到效果图窗口。按 Ctrl+T 快捷键，调整大小和位置。

06 选择图像，按 Ctrl+U 快捷键，打开【色相 / 饱和度】对话框，设置参数如图 9-48 所示。

图 9-48 设置参数

07 调整书本在窗口中的显示效果，如图 9-49 所示。

图 9-49 书本显示效果

08 书本覆盖了桌面上推拉门的倒影，所以应该为书本添加倒影，增加其真实性。选择多边形套索工具 ，选择阴影部分，并将其“羽化半径”设置为 3，创建选区如图 9-50 所示。

图 9-50 创建选区

09 按 Ctrl+U 快捷键，打开【色相 / 饱和度】对话框，设置参数如图 9-51 所示。

图 9-51 设置参数

10 单击“确定”按钮，为书本添加推拉门的倒影，结果如图 9-52 所示。

图 9-52 添加倒影效果

9.1.3 别墅客厅后期处理综合实例

在分别介绍了室内效果图颜色调整和配景的添加方法之后，接下来以一个别墅客厅后期处理的综合实例，全面讲解这些知识和方法的综合运用技巧。

如图 9-53 和图 9-54 所示为别墅客厅处理前后的效果对比。

图 9-53 别墅客厅渲染效果

图 9-54 别墅客厅后期处理效果

1. 整体效果调整

如图 9-53 所示的客厅整体色调比较丰富，但颜色偏冷，在调整局部材质前，首先设置图像的整体颜色。

01 运行 Photoshop 软件，打开别墅客厅渲染图像。按 Ctrl+J 快捷键拷贝图层，保留原图像作为备份。

02 按 Ctrl+B 快捷键，打开【色彩平衡】对话框，设置参数如图 9-55 所示。

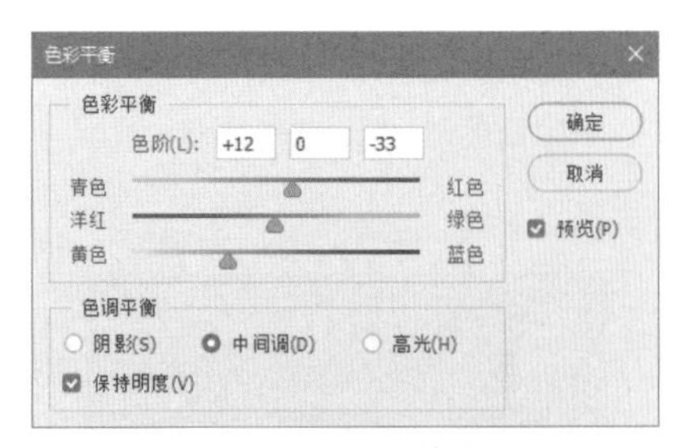

图 9-55 设置参数

03 单击“确定”按钮，为图像增加红色和黄色色调，调整图像的色温，营造客厅的气氛，如图 9-56 所示。

图 9-56 增加图像暖色调

2. 添加窗外背景

01 按 Ctrl+O 快捷键，打开配套资源提供的树林图像，如图 9-57 所示。

图 9-57 打开树林图像

02 按 Ctrl+A 快捷键，全选图像。按 Ctrl+C 快捷键，复制图像至剪贴板。

03 切换到效果图窗口，按 Shift 键，用魔棒工具，选择窗玻璃材质区域，如图 9-58 所示。

图 9-58 选择窗玻璃材质区域

04 执行“编辑”|“选择性粘贴”|“贴入”命令，将剪贴板图像贴入当前选区，得到以当前选区为蒙版的新建图层，玻璃外的背景图像被隐藏，如图 9-59 所示。按 Ctrl+T 快捷键，调整背景图像大小和位置。

图 9-59　贴入图像

05 树木背景颜色偏绿。按 Ctrl+B 快捷键，打开【色彩平衡】对话框，设置如图 9-60 所示。

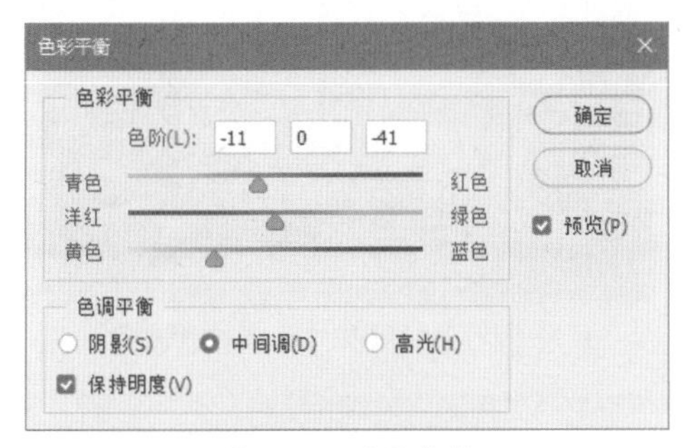

图 9-60　设置参数

06 新建一个图层，设置前景色为白色。使用画笔工具，在工具选项栏中设置图层的“不透明度”为 20% 左右，选择“柔边圆”，在落地窗位置绘制半透明白色图像，如图 9-61 所示。

图 9-61　绘制白色图像

07 按 Alt 键，拖动“树林背景”图层蒙版至白色图像图层，创建一个和“树林背景”同样的图层蒙版，玻璃区域外的白色图像被隐藏，模拟出阳光在树林里照射产生的雾效，如图 9-62 所示，同时也制作了树林背景的层次和景深。

图 9-62　复制图层蒙版

3.　玻璃材质调整

玻璃材质的主要特性是透明和反射，只有模拟出了这两种玻璃材质特性，玻璃才会显得真实。本客厅场景有落地窗玻璃、阳台护栏玻璃几种。由于受到渲染器的限制，没有体现玻璃的反射效果，需要在后期处理过程中创建。

首先模拟落地窗玻璃反射。

01 按 Ctrl+Alt+Shift+E 组合键，盖印当前可见图层，得到一个当前所有图层的合并图层，如图 9-63 所示，重命名图层为“玻璃反射”。

图 9-63　盖印当前可见图层

02 确认“玻璃反射”图层为当前图层。按↑键，将图层向上、向右移动，以便在玻璃区域能看到室内沙发、椅子等反射的内容。按 Alt 键复制“树林背景”图层蒙版，设置图层的“不透明度”为 30%，体现玻璃的反射效果，如图 9-64 所示。

图 9-64　复制图层蒙版

03 使用画笔工具，设置前景色为黑色，在工具选项栏中设置“不透明度”为20%。单击图层蒙版缩览图，进入蒙版编辑状态，在落地窗上端拖动光标，隐藏该区域反射图像，如图9-65所示。

图 9-65 编辑图层蒙版

04 打开配套资源提供的窗帘图像，如图9-66所示。

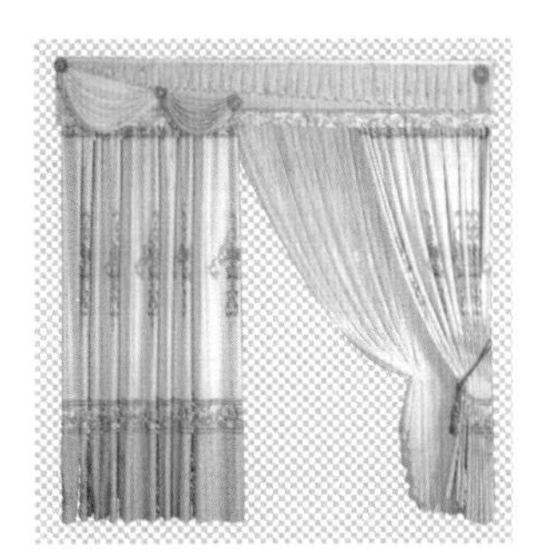

图 9-66 打开窗帘图像

05 执行“编辑”|“变换”|“水平翻转”命令，调整窗帘的方向。按Ctrl+T快捷键，调整大小和位置，并将其压扁。使用多边形套索工具，选择并删除多余的图像，如图9-67所示。

图 9-67 添加窗帘

06 设置该图层的“不透明度”为90%，单击“添加图层蒙版”按钮，为窗帘图层添加图层蒙版。使用画笔工具，设置前景色为黑色，“不透明度”为17%，在白色纱帘位置拖动光标，制作纱帘半透明的效果。

07 按Ctrl+J快捷键，拷贝窗帘图层。按→键多次，将窗帘向右移动，降低图层的“不透明度”，制作窗帘在玻璃中的反光效果。

08 使用矩形选框工具，在一层落地窗玻璃区域创建一个矩形选区并填充白色，如图9-68所示。

图 9-68 填充选区

09 添加图层蒙版并降低图层的“不透明度”，制作底层玻璃的反光效果，如图9-69所示。

图 9-69 降低图层的“不透明度”

下面制作二层阳台玻璃的反射。

10 首先制作玻璃反射内容。选择图层面板最顶端的图层，按Ctrl+Alt+Shift+E组合键，盖印当前可见图层。

11 使用矩形选框工具，选择落地窗区域。按Ctrl+Shift+I组合键，反向选择当前选区，按Delete键清除图像，如图9-70所示。二层护栏玻璃反射的内容主要是落地窗图像。

图 9-70 清除多余图像

12 根据反射的规律，执行“编辑”|“变换”|“水平翻转”命令，调整反射图像的方向。按Ctrl+T快捷键，开启“自由变形”，按住Ctrl键，向下拖动变换框右侧中间的控制点，斜切变换图像如图9-71所示。

图 9-71　斜切变换图像

13 在右键菜单中选择“变形”命令，进入“变形变换”模式。在工具选项栏中选择“拱形”类型，调整合适的“弯曲”参数值，得到如图 9-72 所示的变形效果，使反射图像与玻璃形状基本一致。

图 9-72　拱形变形

14 暂时隐藏反射图像图层，使用套索或钢笔工具选择二层玻璃区域，然后重新显示图层，如图 9-73 所示。

图 9-73　选择玻璃区域

15 单击“添加图层蒙版”按钮，以当前选区创建图层蒙版，玻璃外的图像被隐藏，如图 9-74 所示。

图 9-74　添加图层蒙版

16 单击蒙版缩览图，进入蒙版编辑状态。使用画笔工具，设置前景色为黑色，在工具选项栏中设置“不透明度”为 10% 左右。在玻璃中间区域拖动光标，降低该区域的反射强度，模拟更为逼真的反射效果，因为玻璃的高光区域反射较弱，如图 9-75 所示。

图 9-75　编辑图层蒙版

17 单击图层缩览图，进入图层图像编辑状态。按 Ctrl+M 快捷键，打开【曲线】对话框，将曲线向下弯曲，降低反射图像亮度，设置参数如图 9-76 所示，使反射效果更明显。

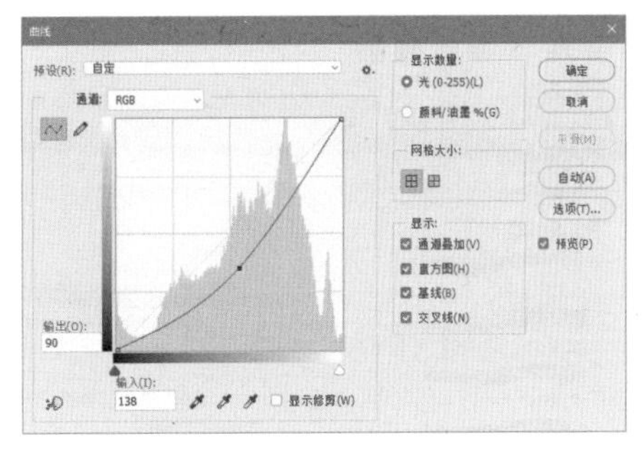

图 9-76　参数设置

18 按 Ctrl+B 快捷键，打开【色彩平衡】对话框，调整反射图像的颜色，设置参数如图 9-77 所示。

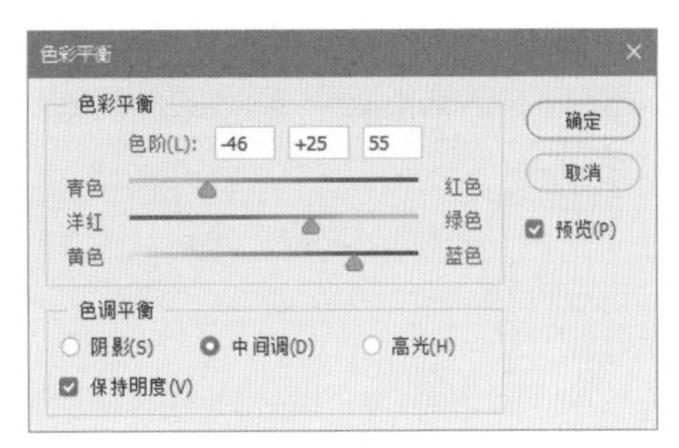

图 9-77　参数设置

19 最后调整图层的不透明度为 50%，完成制作二层阳台玻璃的反射效果。

20 使用同样的方法，制作图像右侧阶梯护栏玻璃的反射效果，如图 9-78 所示。

图 9-78 制作阶梯护栏玻璃效果

4. 灯光光效制作

图 9-53 所示效果图的灯光效果非常平淡，下面使用专用的光效画笔进行调整。

01 按 B 键，切换到画笔工具 。按 F5 键，显示画笔面板。单击面板右上角的选项按钮 ，在菜单中选择“导入画笔”命令，如图 9-79 所示。

图 9-79 画笔面板

02 在打开的【载入】对话框中选择配套资源提供的“灯光笔刷 .abr”画笔文件，如图 9-80 所示。

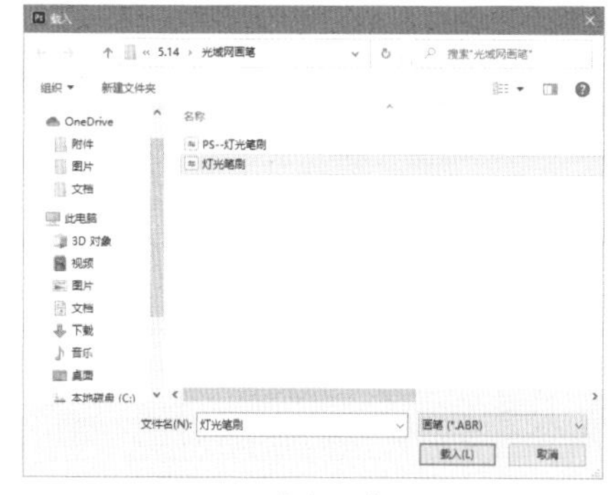

图 9-80 【载入】对话框

03 拖动画笔列表框的滚动条，选择载入的“筒灯 1”画笔形状，如图 9-81 所示。

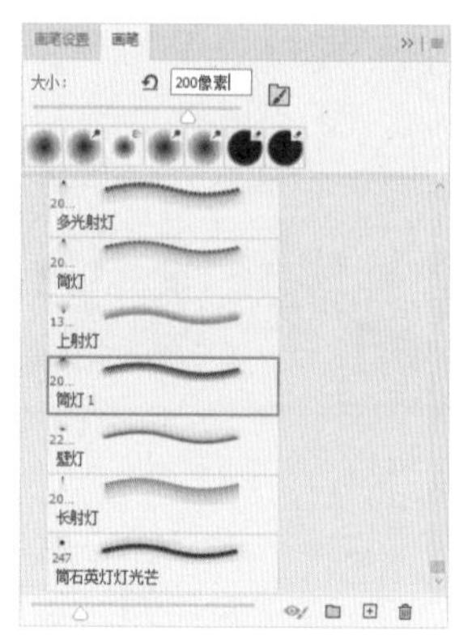

图 9-81 选择筒灯画笔

04 新建一个图层，重命名为“筒灯”。使用画笔工具 ，设置前景色为白色，按“[”键调整画笔到合适大小，然后单击鼠标，绘制筒灯灯光效果如图 9-82 所示。

图 9-82 绘制筒灯灯光效果

05 按 Ctrl+T 快捷键，开启“自由变换”，扭曲变换图像如图 9-83 所示。使灯光光效与原灯光相吻合，最后按 Enter 键应用变换，并设置“不透明度”为 30。

06 按住 Ctrl 键，并单击图层缩览图。选择光效图像，按 Alt 键拖动光标复制，得到另外两盏筒灯，如图 9-84 所示。按住 Ctrl 键，再次单击“筒灯”图层缩览图，载入三个筒灯选区，并暂时隐藏该图层。

图 9-83 扭曲变换图像　　图 9-84 复制筒灯

07 选择“背景 拷贝”图层。按 Ctrl+M 快捷键，打开【曲线】对话框，设置参数如图 9-85 所示，提高该区域图像亮度，制作筒灯的照射效果。

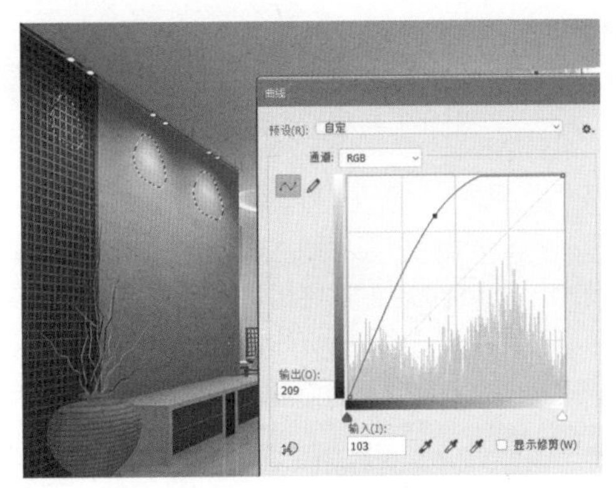

图 9-85 设置参数

08 使用同样的方法，制作沙发背景墙的筒灯光效，如图 9-86 所示。

图 9-86 制作沙发背景墙的筒灯光效

5. 墙体材质调整

01 使用多边形套索工具，选择如图 9-87 所示的墙体材质区域。

02 选择减淡工具，在墙体靠窗的区域拖动光标，制作墙体阳光的照射效果，光线强度向内逐渐减弱，如图 9-88 所示。

图 9-87 选择墙体材质区域

图 9-88 制作墙体阳光照射效果

6. 添加配景

使用前面介绍的方法，为室内添加盆栽、沙发抱枕、挂画、植物、装饰瓶等配景素材，如图 9-89 所示，并制作相应的阴影和倒影效果。

图 9-89 添加配景

7. 最终调整

01 选择图层面板最顶端的图层，按 Ctrl+Alt+Shift+E 组合键，盖印当前所有可见图层。

02 执行“滤镜”|“模糊”|“高斯模糊”命令，打开【高斯模糊】对话框，设置模糊半径为 5 像素，如图 9-90 所示，单击“确定”按钮。

图 9-90 高斯模糊

03 按 Ctrl+M 快捷键，打开【曲线】对话框，将控制曲线向上弯曲，提高图像亮度，如图 9-91 所示。

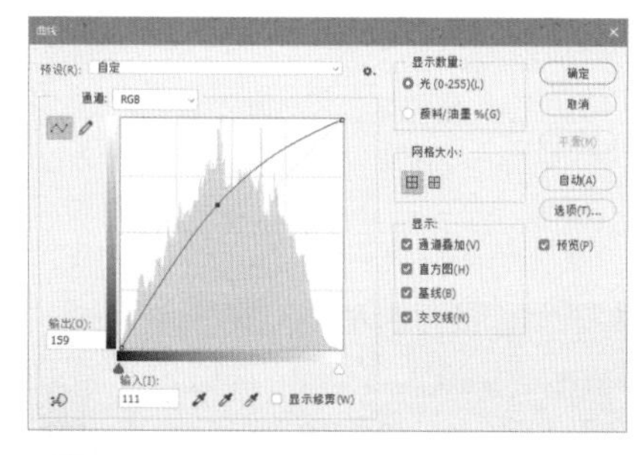

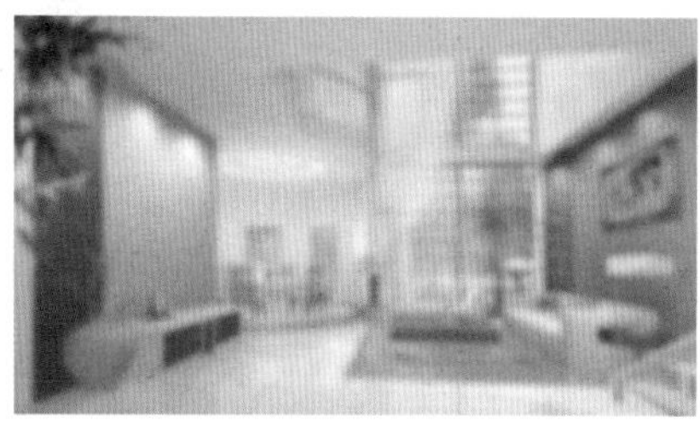

图 9-91 提高图像亮度

04 设置图层混合模式为“叠加”，“不透明度”为30%，将当前图层与下方图像进行混合，加强颜色和光感，得到如图 9-92 所示的效果。

图 9-92 设置图层属性

05 执行“图层”|“拼合图像”命令，合并所有图层。

06 执行“滤镜”|“锐化”|“USM 锐化”命令，打开【USM 锐化】对话框，设置参数如图 9-93 所示，对图像进行锐化处理，加强清晰度，最终完成别墅客厅效果图的后期处理。

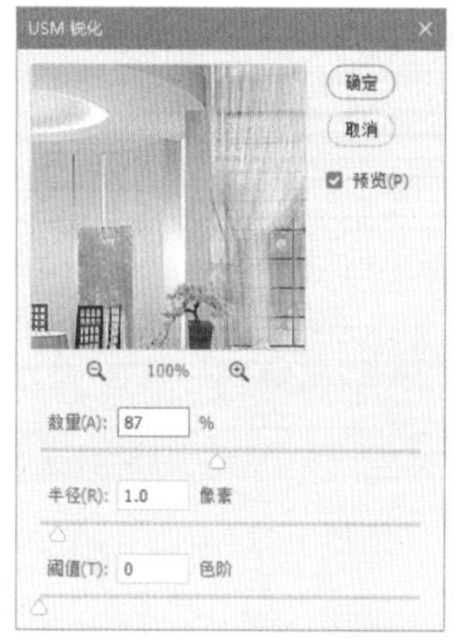

图 9-93 设置参数

9.2 工装效果图后期处理

工装泛指有一定规模的公共场所设施的装饰工程，例如商场、饭店、酒店、写字间、银行大厅等。与家装相比，工装专业分工较细。在进行工装效果图后期处理时，应该根据空间的使用功能和建筑风格考虑不同的处理方法。例如行政大厅要体现其严肃性，酒店大厅应营造出富丽堂皇的效果，办公空间则要体现出严谨和井然有序。

9.2.1 酒店大堂效果图后期处理

本例宾馆大堂效果图的设计制作追求的是高贵典雅、富丽堂皇的视觉效果，所有的处理内容，包括室内墙壁、地板、顶棚、装饰墙的颜色，以及添加的吊灯、射灯等装饰灯光，大都以金黄色调为主，以渲染氛围、烘托气氛。

这里以如图 9-94 所示的酒店大堂为例，重点讲解通过颜色和色调调整，营造酒店大堂气氛的方法，如图 9-95 所示为后期处理结果。

图 9-94 酒店大堂渲染效果

图 9-95 酒店大堂后期处理结果

仔细观察如 9-94 所示的酒店大堂渲染效果，色调偏暗、颜色偏冷，需要在提高亮度的同时，增加暖色调。

01 调整图像的亮度。按 Ctrl+L 快捷键，打开【色阶】对话框，设置参数，为图像增加高光，如图 9-96 所示。

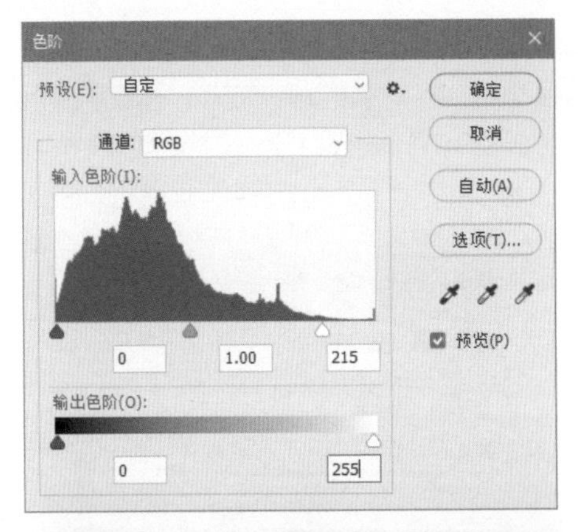

图 9-96　调整色阶

02 执行“图像”|“调整”|“亮度/对比度”命令，将“亮度”和“对比度”滑块向右拖动，如图 9-97 所示，增加图像的亮度和对比度。

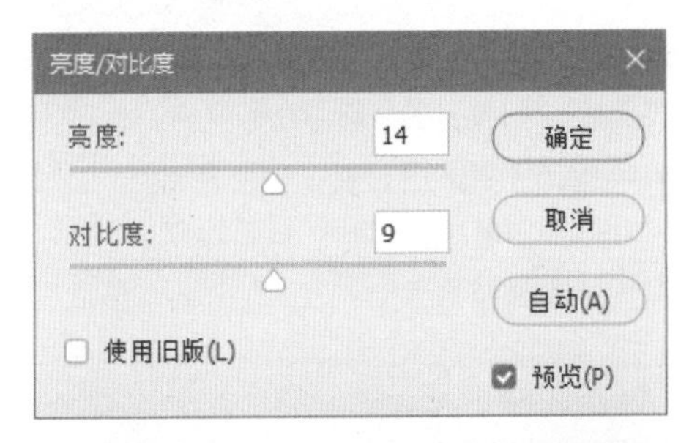

图 9-97　调整亮度和对比度

03 执行“图像”|“调整”|“照片滤镜”命令，打开【照片滤镜】对话框，选择“加温滤镜 (85)”，设置“浓度”为 40%，如图 9-98 所示，为整个图像添加暖色调。

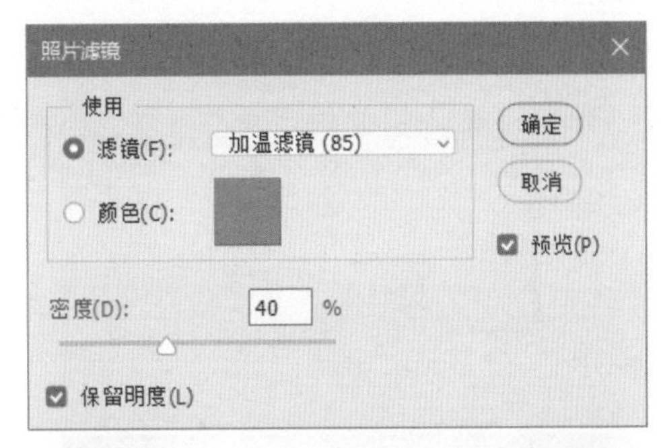

图 9-98　调整照片滤镜

04 执行“图像”|“调整”|“色彩平衡”命令，或直接按 Ctrl+B 快捷键，打开【色彩平衡】对话框，继续为图像增加红色和黄色暖色调，如图 9-99 所示。

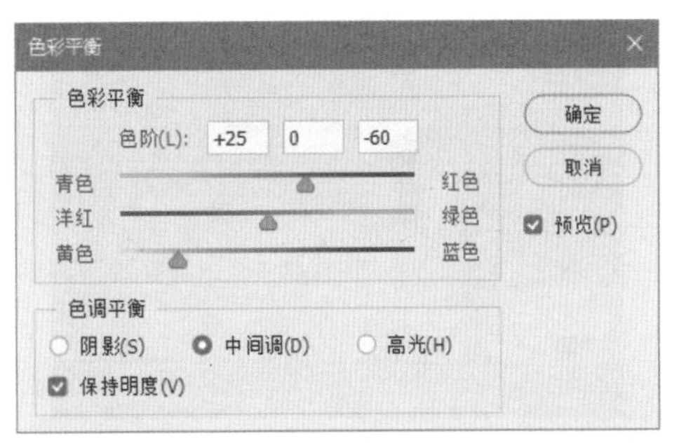

图 9-99　调整色彩平衡

05 执行“图像”|“调整”|“曲线”命令，或按下 Ctrl+M 快捷键，打开【曲线】对话框，将控制曲线向上弯曲，增加图像的亮度和明暗层次，如图 9-100 所示，酒店大堂金碧辉煌的效果就调整出来了。

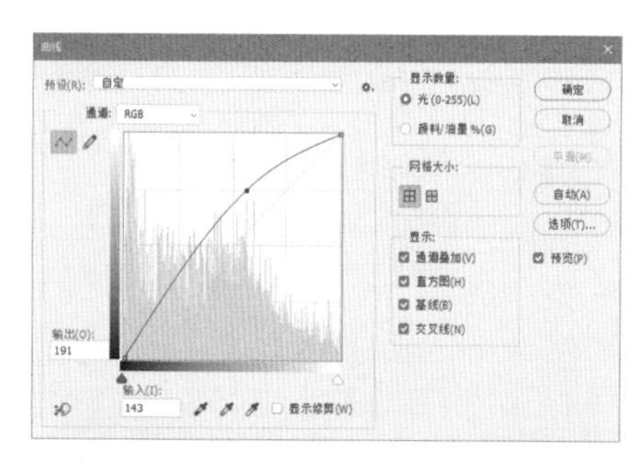

图 9-100　调整曲线

9.2.2　餐厅包间后期处理

包间是工装设计常见的空间形式。本餐厅的包间为中式风格，由于灯光布置原因，画面平淡，缺乏亮点，如图 9-101 所示。

图 9-101　3ds max 渲染效果

如图 9-102 所示为 Photoshop 后期处理效果，通过制作灯带和吊顶的光效和质感，添加花瓶艺术装饰和制作镜子的反射效果，使包间装饰效果得到很大的改观。

图 9-102　Photoshop 后期处理结果

1. 整体调整

01 执行“图层”|“新建调整图层”|“色彩平衡”命令，打开【色彩平衡】对话框，调整参数如图 9-103 所示，纠正图像的色偏。

图 9-103　调整色彩平衡

02 使用画笔工具，设置前景色为黑色，设置工具选项栏中的“不透明度”为 20%。在吊顶位置涂抹，消除色彩平衡调整效果对该区域的影响。最后设置图层的“不透明度”为 70%，降低色彩平衡调整效果的强度，如图 9-104 所示。

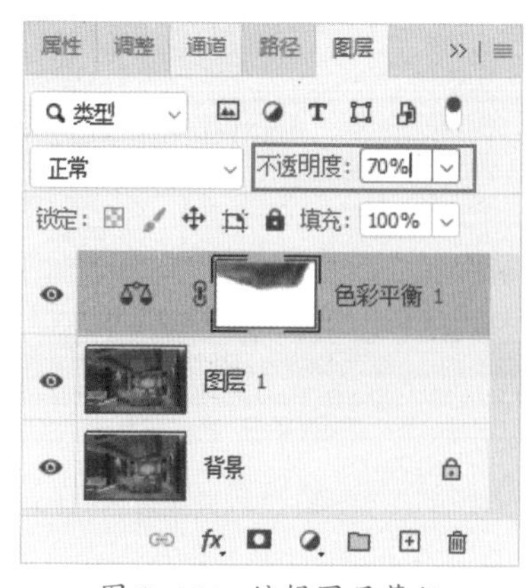

图 9-104　编辑图层蒙版

图 9-104　编辑图层蒙版（续）

03 执行“图层”|“新建调整图层”|“色阶”命令，将暗调滑块向左移动，增强图像的高光，如图 9-105 所示。

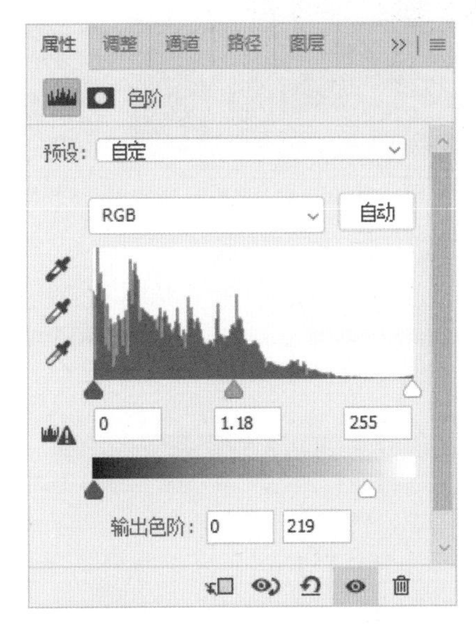

图 9-105　色阶调整

2.　制作灯光特效

01 使用多边形套索工具，选择包厢吊灯区域。选择“背景”图层为当前图层，按 Ctrl+J 快捷键，将吊灯图像拷贝至新建图层，如图 9-106 所示。

图 9-106　复制吊灯图像至新建图层

02 按 Ctrl + O 快捷键，打开如图 9-107 和图 9-108 所示的金箔纸图像。

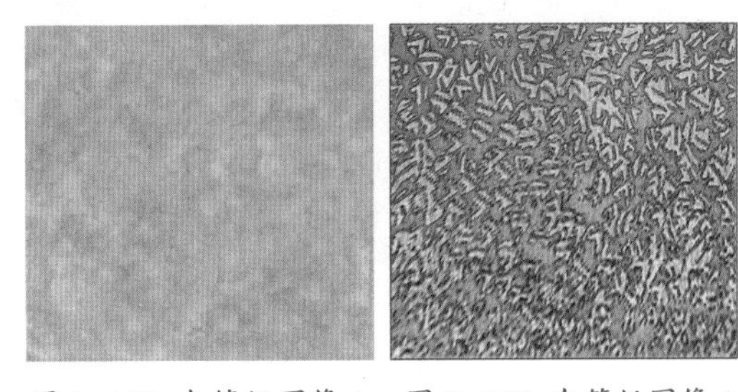

图 9-107　金箔纸图像 1　图 9-108　金箔纸图像 2

03 按 Ctrl + T 快捷键，开启“自由变换”。按住 Ctrl 键，拖动变换框的角点，扭曲变换金箔纸图像如图 9-109 所示，最后按下 Enter 键应用变换。

图 9-109　扭曲变换金箔纸图像

04 将金箔纸图像2拖动复制到效果图窗口，执行同样的透视变换。设置图层为“叠加”混合模式，“不透明度”为50%左右，得到如图9-110所示的效果。吊顶灯槽颜色和质感更为丰富。

图9-110 添加金箔纸2

05 新建一个图层，重命名为“灯带”图层。按住Ctrl键，单击“金箔纸2”图层缩览图，载入图层选区。设置前景色为白色，按Alt+Delete快捷键填充颜色，如图9-111所示。

图9-111 填充白色

06 执行“选择”|“修改”|“收缩”命令，打开【收缩选区】对话框，设置“收缩量”为15像素，如图9-112所示。

图9-112 【收缩选区】对话框

07 按Ctrl+F6组合键，打开【羽化选区】对话框，设置羽化半径为10像素，如图9-113所示。

图9-113 【羽化选区】对话框

08 按Delele键，清除选区内的白色填充。设置图层为“叠加”混合模式，得到如图9-114所示的吊顶光带效果。按Ctrl+D快捷键，取消选择。

图9-114 设置图层属性

下面制作吊灯的光效。

09 选择“吊灯”图层。按Ctrl+L快捷键，打开【色阶】对话框，调整参数如图9-115所示，提高吊灯图像的亮度。

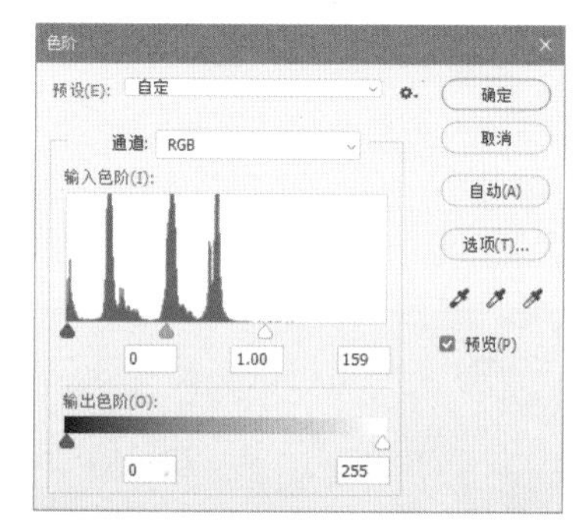

图9-115 调整吊灯图像的亮度

10 按 Ctrl+O 快捷键，打开如图 9-116 所示的灯罩图像和图 9-117 所示的皮纹图像。

图 9-116 灯罩图像

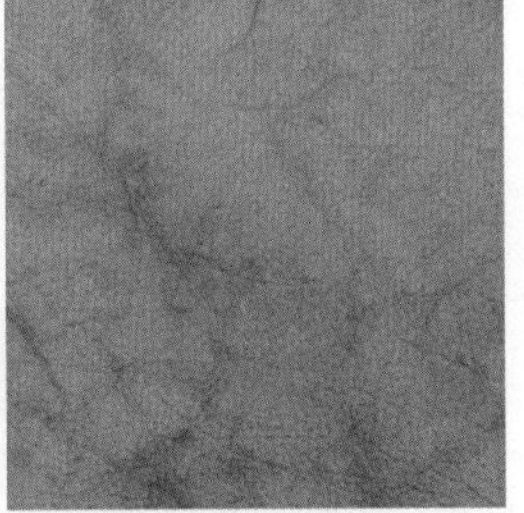

图 9-117 皮纹图像

11 将灯罩纹理图像拖动复制到效果图窗口。按 Ctrl+T 快捷键，调用“变换”命令。按 Ctrl 键，拖动变换框角点，扭曲变换图像如图 9-118 所示。

图 9-118 扭曲变换图像

12 使用同样的方法，将灯罩图像和皮纹图像扭曲变换，置于如图 9-119 所示的 4 个灯罩面，制作灯罩表面的纹理效果。

图 9-119 制作灯罩表面的纹理效果

13 在“灯罩 2”图层的上方新建一个图层，设置图层的混合模式为“叠加”。使用画笔工具，设置前景色为白色，设置工具选项栏中“不透明度”为 20%，如图 9-120 所示。

图 9-120 设置参数

14 在吊灯图像上涂抹，制作吊灯的亮光效果，如图 9-121 所示。

图 9-121 制作吊灯的亮光效果

15 继续新建图层，设置图层的混合模式为“叠加”。使用画笔绘制白色，制作其他吊灯的亮光效果，如图 9-122 所示。

图 9-122 制作其他吊灯的亮光效果

3. 制作背景装饰墙

01 按 Ctrl+O 快捷键，打开纹理图像。

02 按 Ctrl+L 快捷键，打开【色阶】对话框，设置参数如图 9-123 所示。

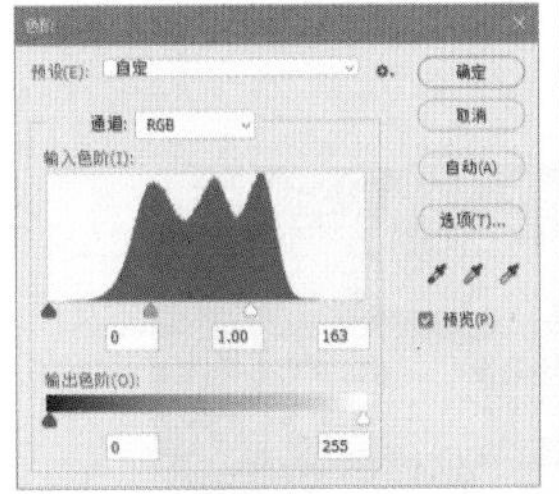

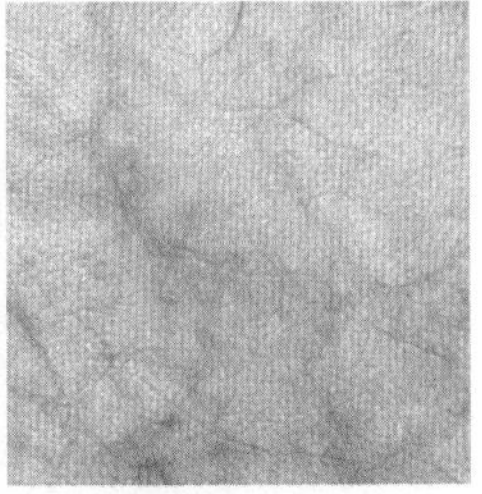

图 9-123 设置参数

03 按 Ctrl+U 快捷键，打开【色相 / 饱和度】对话框，设置参数如图 9-124 所示。

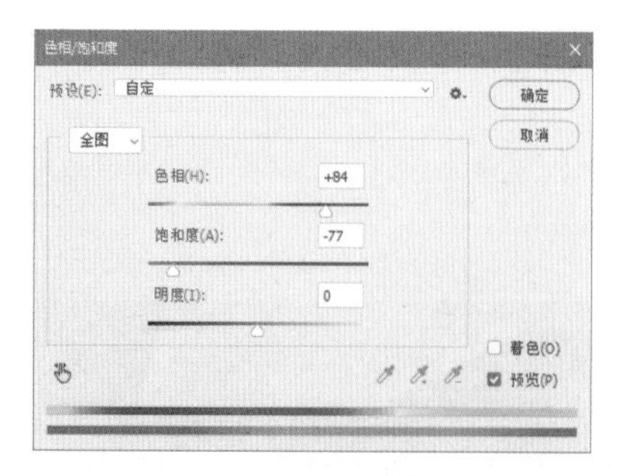

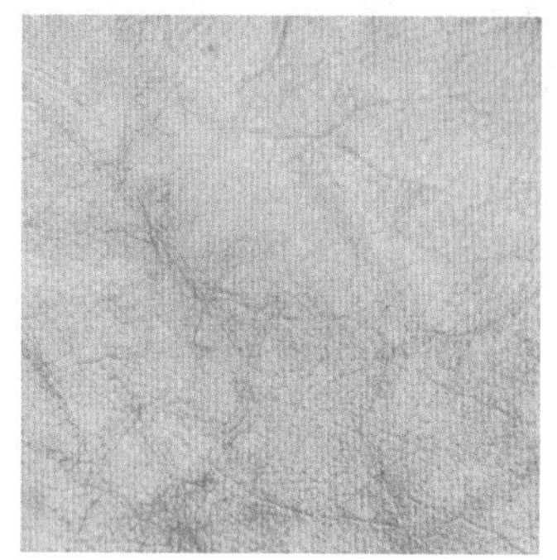

图 9-124 设置参数

04 按 Ctrl+A 快捷键，全选图像。按 Ctrl+C 键，复制图像至剪贴板。

05 切换到效果图窗口，使用椭圆选区工具◯，选择如图 9-125 所示的圆形选区。

图 9-125 选择圆形选区

06 执行“编辑”|“选择性粘贴”|“贴入”命令，将剪贴板图像贴入当前选区，得到以当前选区为蒙版的新建图层。按 Ctrl+T 快捷键，调整纹理图像的大小，如图 9-126 所示。

图 9-126 贴入图像

07 按住 Ctrl 键，单击纹理图层缩览图，载入圆孔选区。新建一个图层，填充白色。然后收缩选区，设置收缩参数为 10。

08 按 Shift+F6 快捷键，弹出【羽化选区】对话框，设置羽化半径参数为 5 像素。按 Delete 键，清除选区图像，设置图层为“叠加”混合模式，得到圆形灯带效果，如图 9-127 所示。

图 9-127 制作圆形灯带

09 调入干花图像，背景装饰墙效果制作完成，如图 9-128 所示。

图 9-128 调入干花图像

4. 制作镜子映射

包间左侧有两块大型落地镜，因为渲染错误成为了黑色，需要后期处理时添加镜面反射效果。

01 首先将配套资源提供的瓷瓶配景添加至包间内侧的相应装饰台，调整合适的大小和位置，如图 9-129 所示。

图 9-129 添加瓷瓶配景

02 按 Ctrl+Alt+Shift + E 组合键，盖印当前所有可见图层。合并图层，并重命名为“镜子 1”，如图

9-130 所示，镜子的镜面反射效果在该图层中制作。

图 9-130 盖印当前所有可见图层

03 使用多边形套索工具，选择外侧的镜子区域，如图 9-131 所示。

04 单击“添加图层蒙版”按钮，以当前选区创建蒙版，镜子外的图像被隐藏。单击图层缩览图和蒙版缩览图之间的链接标记，解除两者之间的锁定，如图 9-132 所示。

图 9-131 建立选区　　图 9-132 解除锁定

05 单击图层缩览图，进入图层图像编辑状态。使用移动工具，调整图层图像至合适位置，得到正确的镜子反射效果。设置图层的“不透明度”为 40%左右，使反射效果更为真实，如图 9-133 所示。

图 9-133 制作镜子 1 的反射效果

06 使用同样的方法制作内侧的镜面反射。

07 按 Ctrl+Alt+Shift + E 组合键，盖印当前所有可见图层，重命名为“总体颜色”，如图 9-134 所示。

图 9-134 盖印当前所有可见图层

08 执行“图像”|“调整”|“曲线”命令，或按下 Ctrl+M 快捷键，打开【曲线】对话框，将控制曲线向上弯曲，增强图像的亮度和明暗层次，如图 9-135 所示。

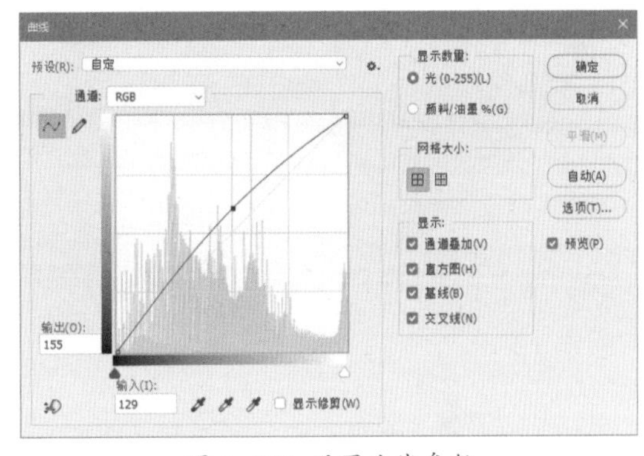

图 9-135 设置曲线参数

09 单击“确定”按钮，结果如图 9-136 所示。

图 9-136 最终效果

10 餐厅包间后期处理全部完成。

第 10 章

透视效果图后期处理实战

室外建筑效果图后期处理的基本思路是，从整体到局部，再到整体。从整体到局部，要求我们对建筑设计构思要有一个大的方向的把握。例如有的建筑是住宅楼，有的是学校，有的是临街商业楼，有的是休闲场所，那么我们就要根据建筑本身的用途来选取适当的素材完成效果图的制作。大的方向把握好了，局部就是放置适当的素材，调整大小、位置、方向、色彩等等。最后我们又要回到整体，查看整个构图，调整效果图的色彩平衡、亮度 / 对比度、以及色相 / 饱和度等。

本章通过几个大型综合案例，分别讲解不同类型的建筑效果图的后期处理思路和方法，以及相关的技巧。

10.1　别墅周边环境表现

与其他的建筑类型相比，别墅的独特性主要表现在因地制宜、巧妙地利用地形组织室内外空间，建筑与环境紧密结合。别墅既是欣赏大自然的场所，同时也成为自然风景的一部分。

在进行后期处理之前首先了解一下建筑的风格。德式建筑简洁大气，法式建筑呈现出浪漫典雅风格，而地中海式建筑风格以清新明快为主，极富质感的泥墙、陶罐花瓶、摇曳的棕榈树，露天就餐台，体现地中海人悠闲和纯朴的生活方式。

本节处理的是极具江南特色的水景别墅，如图 10-1 所示。这里绿树倒影，建筑掩映在其中，清丽、婉转，俨然一幅自然的画卷，富有江南生活的气息。

图 10-1 江南水景别墅

通过本实例的学习，读者可以熟悉效果图后期处理的基本流程和方法，学习表现建筑周边的环境的文学，并据此触类旁通，达到建筑和环境表现的统一。

10.1.1　大范围调整——添加天空、水面

在处理建筑效果图之前，一定要有大的方向的把握，在本章的引言中我们也讲到了，首先将整体的布局确定，主要是天空和地面部分，这样处理起来，整个效果图的色彩和风格才有章可循。

1.　添加天空

01 运行 Photoshop 软件，打开别墅周边环境表现的原始文件，如图 10-2 所示。我们可以看到，该文件只是简单的将建筑通过三维建模、输出成一个模型，而周边环境还是一片空白，这就是我们接下来要做的工作，完成周边环境的制作。

图 10-2 初始文件

02 按 Ctrl+O 快捷键，打开配套资源提供的天空素材，如图 10-3 所示。

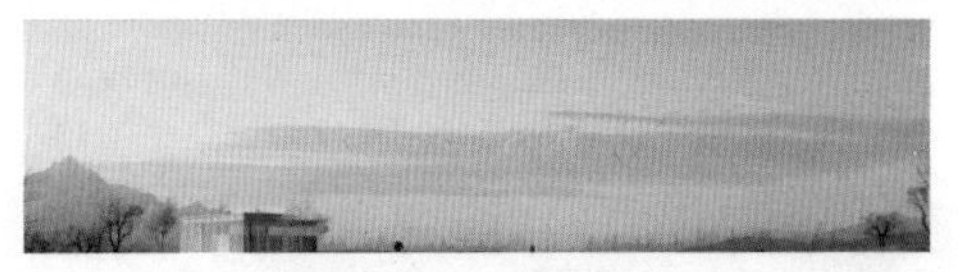

图 10-3 天空素材

03 按 Ctrl+A 快捷键，选择天空素材。然后复制粘贴至当前别墅效果图的文件中，使用移动工具✥，移动图像至合适的位置，如图 10-4 所示。

图 10-4 添加天空图像

2.　添加水面

01 继续打开水面素材文件，该水面有真实的倒影效果，如图 10-5 所示。

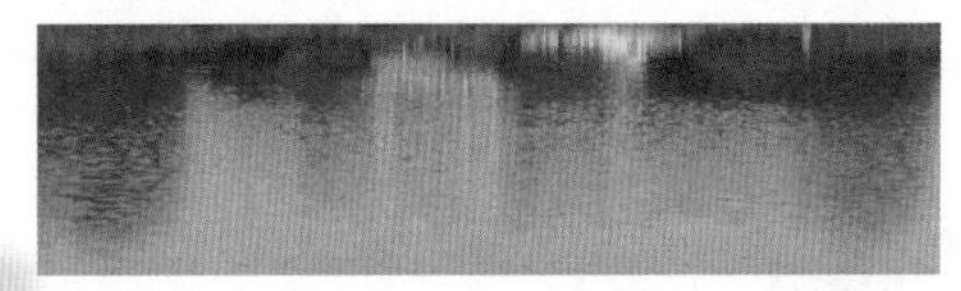

图 10-5 水面素材

在选择水面的时候，尽量选择有纹理，且具备一些倒影的水面作为素材，这样的水面素材更接近现实。

02 按 Ctrl+A 快捷键，将水面进行全选，然后复制、粘贴到效果图中，如图 10-6 所示。由于水面的尺寸和效果图的尺寸并不一致，需要对其进行处理。按 Ctrl+T 快捷键，调整水面的大小。

图 10-6 添加水面素材

03 按住 Ctrl 键，单击水面素材的图层缩览图，将其载入选区，如图 10-7 所示。

图 10-7 载入选区

04 选中移动工具，按住 Alt 键，此时鼠标会变成双箭头形状，拖动光标，即可复制选区内的图像，如图 10-8 所示。

图 10-8 复制水面

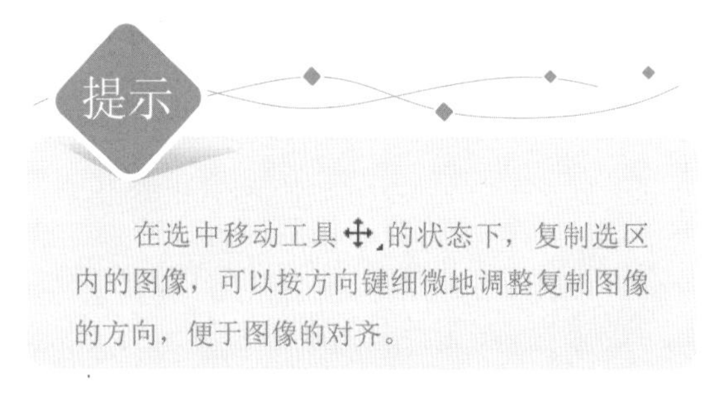

提示

在选中移动工具的状态下，复制选区内的图像，可以按方向键细微地调整复制图像的方向，便于图像的对齐。

05 将选区内的图像再次复制一次，为了避免水面重复元素太多，我们可以将第二次复制的水面加以变化。按 Ctrl+T 快捷键，调用“变换”命令，将选区内的水面素材横向拉伸，直到水面覆盖下方所有的区域，如图 10-9 所示。

图 10-9 拉伸图像

06 按Enter键应用变换，按Ctrl+D快捷键，取消选择。

07 添加天空、水面素材完成效果如图 10-10 所示，大范围调整完成。

图 10-10 大范围调整效果

10.1.2 局部刻画——添加植被、树木

在一幅效果图中，细部刻画是非常重要的，它是环境因素表现的主要承载体，刻画精细程度将直接影响到效果图的最后效果。另外它的选材也是有讲究的，根据不同的风格、不同类型的建筑，它的选材也有所侧重。例如这是一个江南水乡的别墅效果图，那么选材应该以绿色植物为主，树木茂盛，营造佳木葱茏、伴水而生的景致。

1. 添加远景树木

01 按 Ctrl+O 快捷键，打开如图 10-11 所示的场景素材。

图 10-11 远景素材

02 执行“选择”|“色彩范围”命令，弹出【色彩范围】对话框。使用吸管工具，单击图像中的白色区域，如图 10-12 所示，选择的区域将以白色在对话框的图像窗口中显示，未选择的区域将以黑色区域进行显示。在效果图中，未选择的区域以 50% 红的蒙版区域进行显示。

图 10-12 【色彩范围】对话框

03 单击“确定”按钮，退出【色彩范围】对话框，得到如图 10-13 所示的选区。

图 10-13　选区示意图

04 按 Ctrl+Shift+I 组合键，反向选择选区，得到树木素材。按 Ctrl+C 快捷键，对选区内的图像进行复制，粘贴到当前效果图的窗口，得到一个新的图层，命名为“远景”。

05 按 Ctrl+T 快捷键，调用“变换”命令，将素材适当地放大。移动到“建筑”图层的下方，将远景的地平线和渲染的建筑的地平线对齐，制作随意的远景效果，如图 10-14 所示。

图 10-14　添加远景

提示

色彩范围根据色彩相似的原理对像素进行选择，颜色容差值越大，则选择的颜色范围越广。

06 放大显示图像，该素材的周边有白色的杂边，如图 10-15 所示，这将影响素材的美感。执行“图层”|“修边”|“去边”命令，弹出【去边】对话框，设置参数为 10 个像素。

图 10-15　白色杂边

07 单击“确定”按钮，退出对话框，去边效果如图 10-16 所示。

图 10-16　去边效果

08 为了使树木和天空衔接得更自然，通常会将树木的边缘进行虚化处理。

09 使用橡皮擦工具，设置参数如图 10-17 所示。

图 10-17　橡皮擦参数设置

10 在树木的边缘部分适当的擦除，使之与天空衔接自然，如图 10-18 所示。

图 10-18　虚化边缘

11 按 Ctrl+J 快捷键，将“远景”图层拷贝一层，得到“远景拷贝”图层。

12 将“远景拷贝”放置在左侧，如图 10-19 所示。

图 10-19　复制远景素材

13 根据场景光线可知，左侧的光线较暗，树木的颜色和明度需要进行调整。首先按 Ctrl+B 快捷键，打开【色彩平衡】对话框，调整参数如图 10-20 所示。

14 单击“确定”按钮，退出【色彩平衡】对话框，效果如图 10-21 所示。

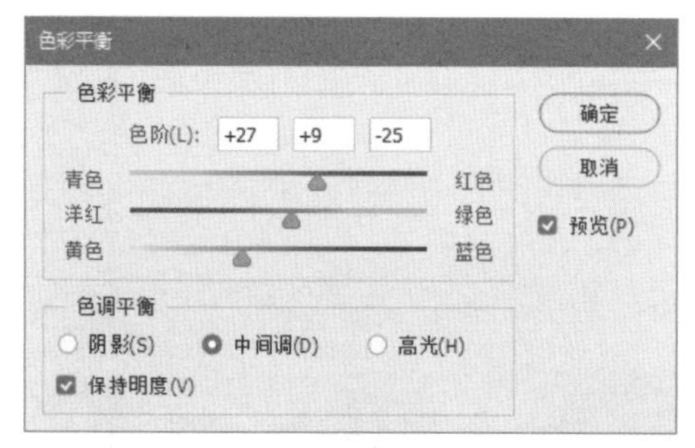

图 10-20 “色彩平衡”参数设置

图 10-21 调整效果

15 再按Ctrl+L快捷键，打开【色阶】对话框，调整图像的色阶，将色调压暗，参数设置如图10-22所示，效果如图10-23所示。

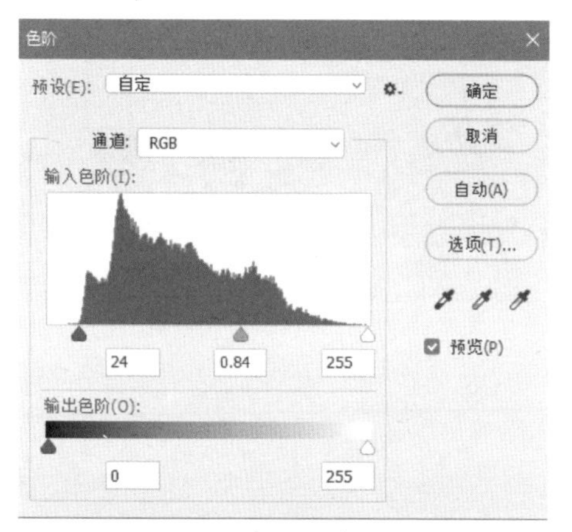

图 10-22 “色阶”参数 设置

图 10-23 调整效果

16 接着处理树木的高光部分。使用套索工具，根据树木素材本身的高光分布状况，自由地选取，建立选区如图10-24所示。

图 10-24 建立选区

17 按Shift+F6快捷键，打开【羽化选区】对话框，设置羽化半径为50像素，如图10-25所示。

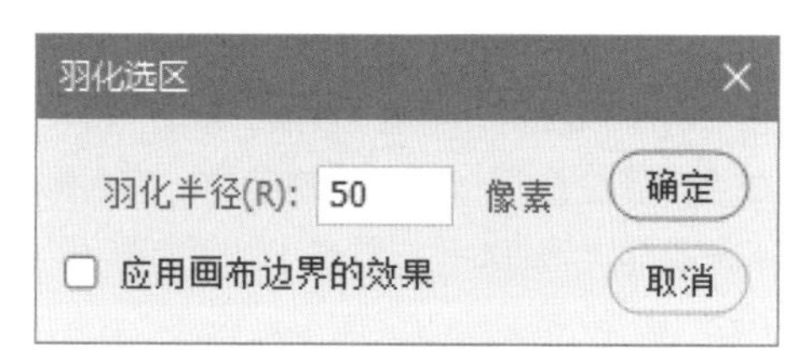

图 10-25 羽化选区

在建立选区的时候，按住Shift键，可以添加选区，按住Alt键，可以减选选区。

19 选择“远景拷贝”图层。按Ctrl+B快捷键，打开【色彩平衡】对话框，设置参数如图10-26所示。制作树木树冠部分的高光效果，如图10-27所示。

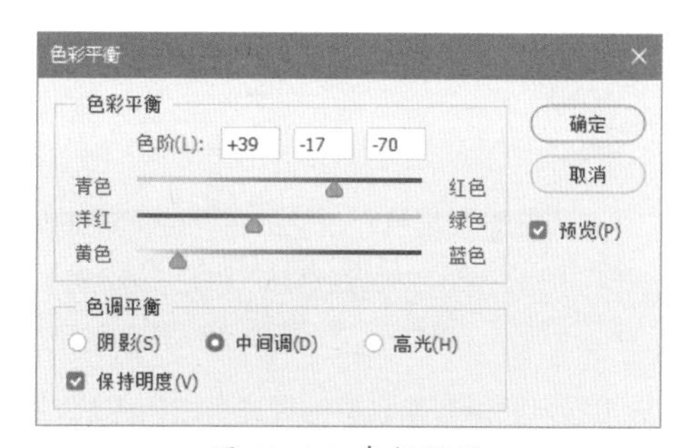

图 10-26 参数设置

图 10-27 “色彩平衡”效果

20 继续选择“远景”图层，打开【色彩平衡】对话框，分别设置它的高光参数和中间调参数，如图 10-28 和图 10-29 所示。

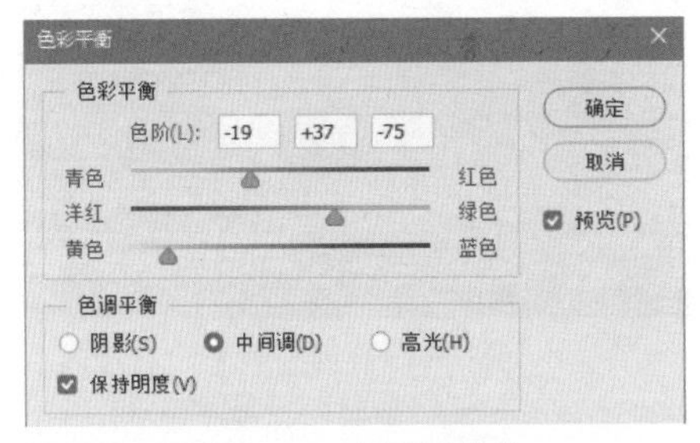

图 10-28 中间调参数

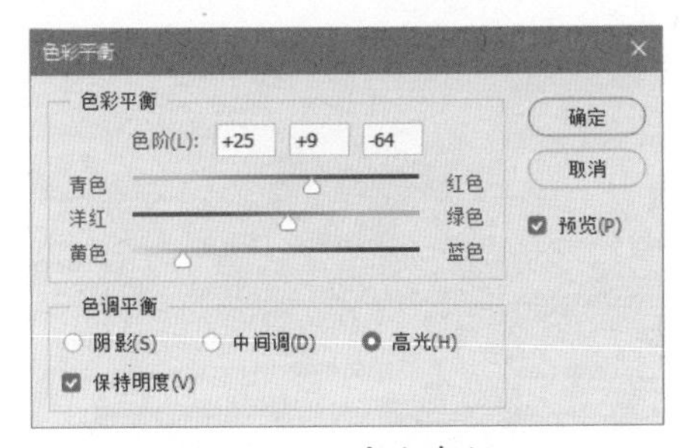

图 10-29 高光参数

21 单击“确定”按钮，得到如图 10-30 所示的树木高光效果。

图 10-30 树木高光效果

2. 添加中景树木

继续添加树木，给建筑周围添加树木配景，在添加过程中注意树木的层次、以及树木的添加先后顺序。

01 选择如图 10-31 所示的树木素材，添加到效果图的左侧，将图像缩小至如图 10-32 所示。

图 10-31 选择素材

图 10-32 添加树木素材

该树木素材处于建筑的阴影之中，颜色过于鲜亮，应该适当降低其明度。

02 按 Ctrl+M 快捷键，打开【曲线】调整对话框，调整图像的曲线如图 10-33 所示，降低图像的明度，效果如图 10-34 所示。

图 10-33 “曲线”调整

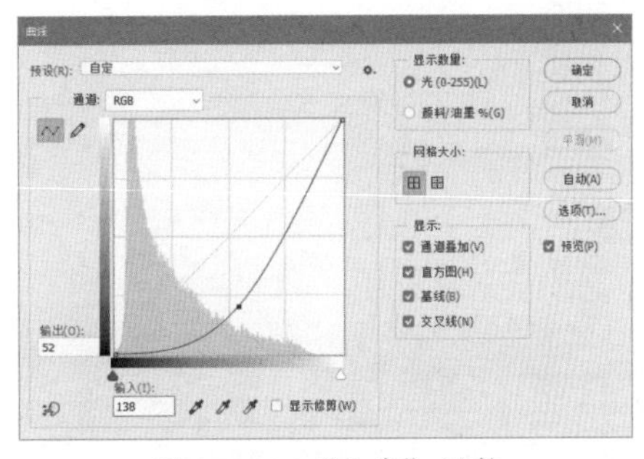

图 10-34 “曲线”调整 效果

03 按 Ctrl+J 快捷键，拷贝该图像至新的图层。使用移动工具，将其移动到其余建筑的右侧。调整图层顺序，移动到“建筑”图层的下方，制作其余建筑的树木衬景，如图 10-35 所示。

图 10-35 添加建筑树木衬景

04 继续添加树木素材，如图 10-36 所示。将其置于中心广场的左侧，调整大小至如图 10-37 所示。

图 10-36 树木素材

图 10-37 添加树木

05 按 Ctrl+M 快捷键，打开【曲线】调整对话框，调整参数如图 10-38 所示。树木的明度被压暗，与周边的树木呈现出不同的明暗关系，层次分明，效果如图 10-39 所示。

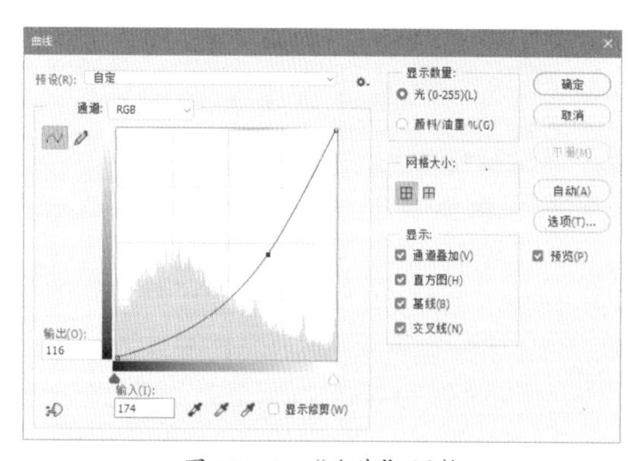

图 10-38 “曲线”调整

图 10-39 调整效果

06 利用同样的方法，再添加几棵这样的树木，注意树木近大远小的透视规律，效果如图 10-40 所示。

图 10-40 添加多棵树木效果

07 继续打开树群素材，如图 10-41 所示，用来丰富中心广场周边的绿化。

图 10-41 树群素材

08 将素材添加至如图 10-42 所示的位置，调整大小和位置，和场景比例协调。

图 10-42 添加树群

09 调整素材的色相，将视线牵引至画面中心。按 Ctrl+U 快捷键，打开【色相 / 饱和度】对话框，调整参数如图 10-43 所示，调整后的效果如图 10-44 所示。

图 10-43 “色相 / 饱和度”参数设置

图 10-44 调整效果

10 接着处理挡在建筑前面的树木，将建筑隐隐遮挡，表现建筑和环境之间的掩映趣味，在树木素材中选择如图 10-45 所示的树丛素材。

图 10-45 树丛素材

11 将该素材添加到效果图中如图 10-46 所示的位置。

图 10-46 添加树丛素材

12 调整曲线参数，将树丛的明度降低，使树从看起来更真实，光线和场景更相符，如图 10-47 所示。

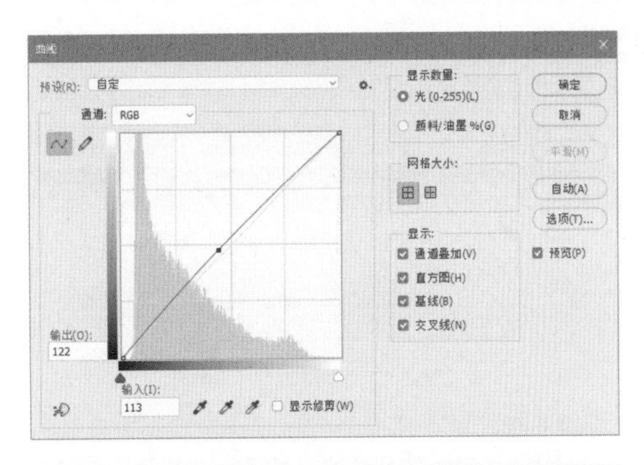

图 10-47 调整树丛的明度

13 然后在建筑较为生硬的地方以竹子为点缀，打破画面生硬的感觉，如图 10-48 所示。

图 10-48 添加竹子

14 继续添加树木，选择如图 10-36 所示的树木素材，在如图 10-49 所示的位置种植。

图 10-49 添加树木

15 按Ctrl+B快捷键，打开【色彩平衡】对话框，调整树木素材的色相、饱和度等，如图10-50所示。

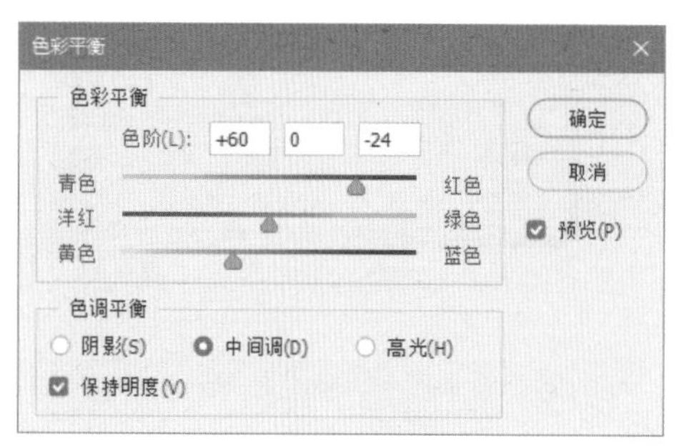

图10-50 参数设置

16 这样可以达到调整树木颜色的目的。虽然和前面的树是一个种类，但是经过颜色调整之后，不仅在颜色上效果更丰富，而且树种搭配上也得到了完善，如图10-51所示。

图10-51 调整颜色效果

17 在河岸的消失处添加柳树，使画面更加轻盈，打开如图10-52所示的柳树素材。

图10-52 柳树素材

18 将其移动复制到当前效果图的窗口，按Ctrl+T快捷键，调用“变换”命令，将素材进行缩小处理，添加至如图10-53所示的位置。

图10-53 添加柳树素材

3. 水岸处理

临近水边的区域，我们称之为水岸，这里植被关系较为简单，一般以水生植物为主，植物多有倒影，沿岸常见于草坡和岩石。

01 打开素材文件，选择其中的草坡素材，如图10-54错误！未找到引用源。所示。

图10-54 打开素材

02 选择草坡所在的图层，按住Ctrl键，单击图层缩览图，将其载入选区。

03 按Ctrl+C快捷键，进行复制。回到当前效果图的操作窗口，按Ctrl+V快捷键，进行粘贴。

04 将草坡素材移动至如图10-55错误！未找到引用源。所示的位置。

图10-55 添加草坡

05 调整草坡的亮度。按Ctrl+M快捷键，打开【曲线】调整对话框，调整参数，如图10-56所示。

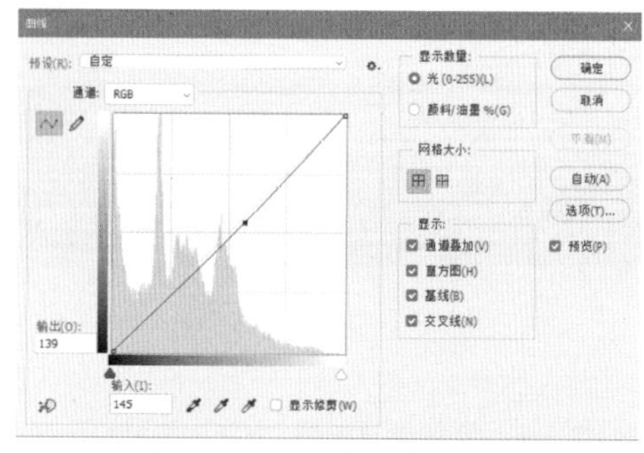

图10-56 “曲线”参数设置

06 调整草地的亮度之后，颜色变暗，处在阴影之下，效果如图 10-57 所示。

图 10-57 调整效果

07 继续添加水生植物，打开如图 10-58 所示的素材。

图 10-58 水岸素材

08 展开图层面板，按住 Shift 键，单击第一个图层，再单击最后一个图层，选中所有的图层选，如图 10-59 所示。

09 单击图层面板下方的“链接图层”按钮🔗，将这些图层进行链接。链接成功之后，每个图层的后面出现链接的标志🔗，如图 10-60 所示。

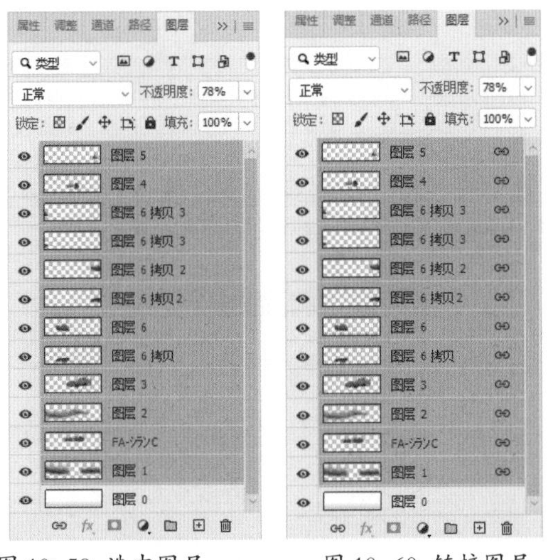

图 10-59 选中图层　　图 10-60 链接图层

10 使用移动工具✥，将这些图层全部拖进当前的效果图中，如图 10-61 错误！未找到引用源。所示。

图 10-61 添加素材

11 按 Ctrl+T 快捷键，调用“变换”命令，将图像整体缩小。继续调整水草的透视关系，最后效果如图 10-62 所示。

图 10-62 调整素材的显示效果

12 按 Ctrl+L 快捷键，打开【色阶】对话框，调整明度参数，如图 10-63 所示。

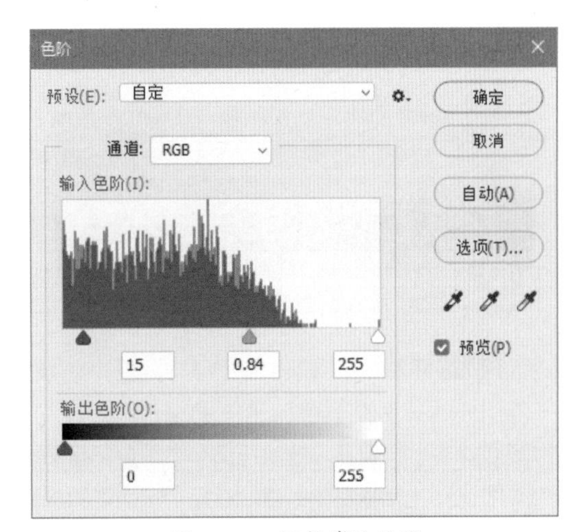

图 10-63 调整岸边效果

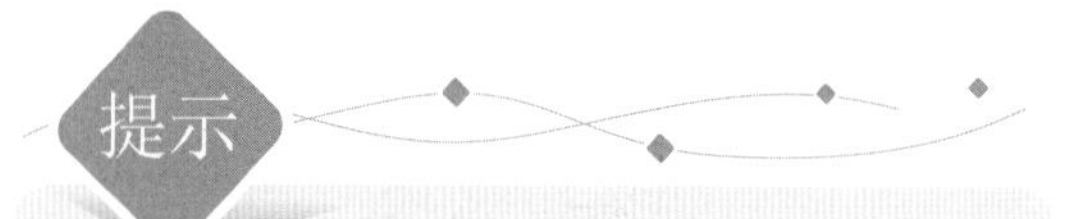

链接多个图层之后再操作，可以同时对其进行移动、大小调整等操作，不会改变之前图层之间的组合关系，这样简化了多个图层逐一调整的麻烦，也避免了不小心移动已经组合好的图层。如果想要对单个图层进行移动、大小变换，单击该图层后面的链接按钮⊖，即可解除链接，成为独立的一个图层。

13 将较亮的水草颜色压暗，如图 10-64 所示。

图 10-64 调整色阶效果

14 继续打开荷花素材，如图 10-65 所示。

图 10-65 荷花素材

15 将其添加到效果图中，营造甜甜荷香的水乡韵味，效果如图 10-66 所示。

图 10-66 添加荷叶效果

4. 倒影制作

制作水边环境的效果图，倒影是必不可少的，它对水面的表现、以及环境的烘托都非常重要。虽然之前我们在选择水面素材的时候，选择了带倒影的水面素材，但是在添加植被之后，我们还需要根据实际情况，对倒影做进一步的完善，使其和实际相符。

首先来学习制作建筑的倒影，树影依此类推即可。

01 打开图层面板，选择“建筑”图层，Ctrl+J 快捷键，拷贝图层至新的图层，得到“建筑拷贝”图层。

02 按 Ctrl+T 快捷键，调用“变换”命令。右击鼠标，选择“垂直翻转”命令，如图 10-67 所示。

图 10-67 选择“垂直翻转”命令

03 按 Enter 键应用变换，得到建筑倒立的图像，如图 10-68 所示。

图 10-68 “垂直翻转”效果

04 使用移动工具✥，将图像进行移动、对齐，以便接下来制作倒影，如图 10-69 所示。

图 10-69 对齐图像

05 由于受水面波纹的影响，倒影会出现一定的波动，在后期处理中，通常使用滤镜菜单下的“动感模糊”命令，来制作模糊的倒影效果。

06 执行“滤镜”|“模糊”|“动感模糊”命令，弹出【动感模糊】对话框，设置参数如图 10-70 所示。

图 10-70 “动感模糊”参数设置

07 单击“确定”按钮，退出该对话框，得到如图 10-71 所示的效果。

图 10-71 创建“动感模糊”效果

08 设置图层的“不透明度”为 50% 左右，如图 10-72 所示。

图 10-72 调整图层的属性

09 为了表现出水面的宽阔，加强景深效果，可以调用“变换”命令，将倒影压低，如图 10-73 所示。

图 10-73 调整倒影

10 建筑倒影到此制作完成，同样的方法添加树木在水面产生的倒影效果，效果如图 10-74 所示。

图 10-74 倒影效果

10.1.3　调 整

基本完成周边环境的设置之后，最后我们再回到大的格局上来，调整效果图的构图，加强画面的景深效果，让视觉中心突出，增强整体的画面感。

1.　添加挂角树和近景——增强景深效果

01 首先打开“树木素材 .psd”的文件，选择如图 10-75 所示的挂角树。

图 10-75 挂角树

02 将挂角树素材置于画面的左右两侧，效果如图 10-76 所示。

图 10-76 添加挂角树

03 继续在“树木素材 .psd”的文件中找到如图 10-77 所示的水草素材。

图 10-77 水草素材

04 将该素材添加至如图 10-78 所示的位置，完善画面效果。

图 10-78 添加近景

2.　雾气制作

01 绘制水面雾气，制作水面远处雾气升腾的美妙景致。使用画笔工具，设置不透明度为 50%，选择边缘过渡柔和的画笔。

02 新建一个图层，设置前景色为白色，绘制如图 10-79 所示。

图 10-79 绘制雾气

03 调整图层的“不透明度”为60%，如图10-80所示。

04 执行“滤镜”|“模糊”|“高斯模糊”命令，打开【高斯模糊】对话框，设置半径值为3，如图10-81所示。

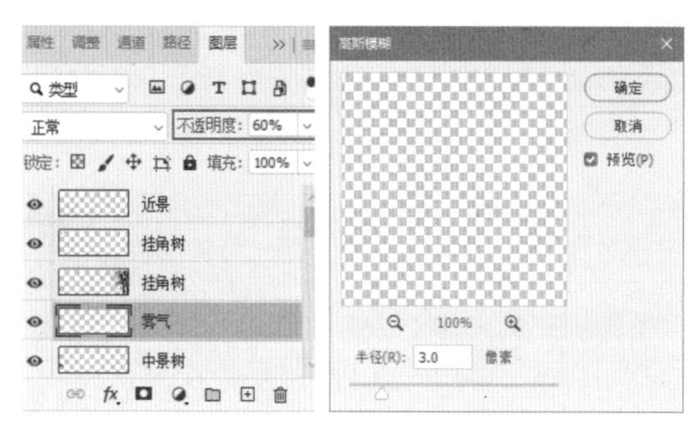

图 10-80 设置不透明度　　图 10-81 设置模糊参数

05 单击“确定”按钮关闭对话框，将白色的雾气加以适当的模糊，使之看不到绘制时产生的生硬边缘即可，最后效果如图10-82所示。

图 10-82 别墅效果图

10.2 私人别墅周边环境表现

在建筑行业发展急速的年代，返璞归真已经是越来越多人的选择，大多希望远离闹市和密集的楼房，在山水之间，享受自在。

私人别墅，作为休憩和度假的场所，大抵周边环境幽静雅致，或别有情趣，它崇尚的是自然之气，讲究的是山水映衬之美，给人宁静、怡人的感受，能够让人在工作之余，静静的享受生活。

本节讲述的是私人别墅周边环境的表现在后期处理中的技巧和方法。

如图10-83所示为私人别墅处理之前和完成之后的效果对比。

处理前

处理后

图 10-83 处理前后效果对比

可以看出，渲染的建筑处理之前没有周边环境的映衬掩映之美，看起来并不生动，甚少联想到优雅景致。经过后期处理之后，蓝天碧水，花草成趣，周围又有绿树环绕，非常漂亮。

10.2.1 大范围调整——天空、草地、水面

从别墅效果图可以看出，本实例大范围调整部分讲解的内容较“水景别墅”多了一项草地的处理。在后期效果图中，草地处理几乎是处处可见的，只是有次重之分。在本实例中，大片的留白给草地留足了空间。

1. 添加草地

01 运行Photoshop软件，按Ctrl+O快捷键，打开“私人别墅.psd”文件。打开图层面板，里面包含了三个图层，如图10-84所示。

图 10-84 图层面板

02 其中“背景”图层被锁定。双击该图层，弹出【新建图层】对话框，单击“确定”按钮，这样可以将“背景”图层转化为普通图层。单击图层前面的眼睛按钮，将该图层隐藏。

03 单击“颜色材质通道”图层前面的眼睛按钮，显示该图层。这里简单地将天空、草地、水面、以及建筑以不同的色块进行了区分，如图 10-85 所示。这也为我们后期处理提供了依据。

图 10-85 颜色材质通道

04 打开如图 10-86 所示的素材文件，将草地素材一一拖动复制到当前效果图中来。

图 10-86 草地素材

05 使用移动工具，根据颜色材质通道，将草地放置到合适的位置，如图 10-87 所示。

图 10-87 铺植部分草地

由于草地规划的区域还没有完全覆盖，这里需要通过复制和素材组合的方法继续将没有覆盖的区域进行覆盖。

06 使用套索工具，选取如图 10-88 所示的草地区域。

图 10-88 建立选区

07 按 Shift+F6 快捷键，打开【羽化选区】对话框，设置羽化参数为 40 像素，单击确定按钮。按 Ctrl+J 快捷键，拷贝至新的图层，这样在复制的时候边缘就不是生硬的线条了，如图 10-89 所示。

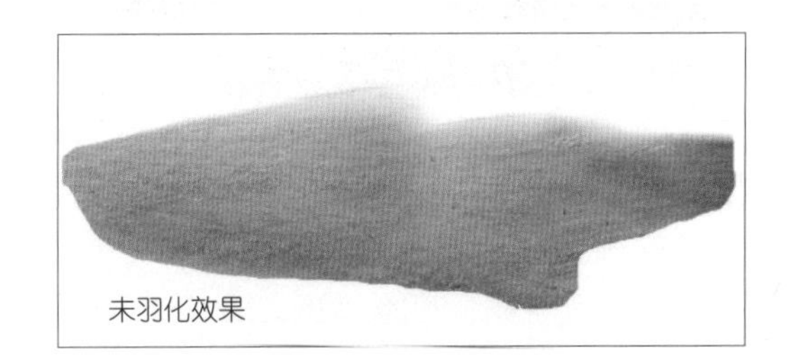

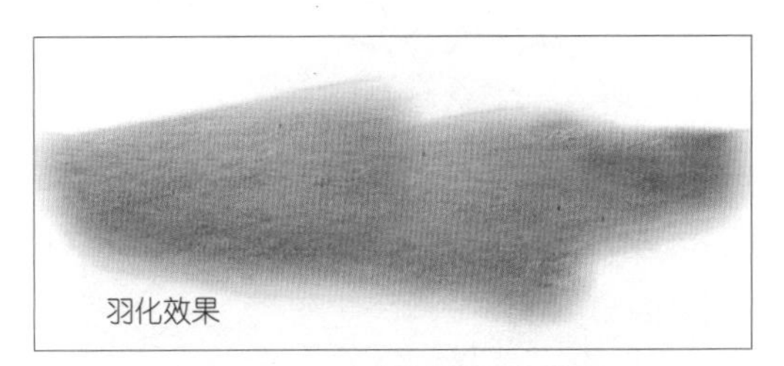

图 10-89 边缘羽化效果对比

08 移动拷贝的草地至合适的位置，如图 10-90 所示。

图 10-90 复制草地

09 将草地合并到一个图层，命名为“草地”。然后选择“颜色材质通道”，使用魔棒工具，将草地进行选取，如图 10-91 所示。

图 10-91 选取草地区域

10 选择“草地”图层，单击图层面板下方的“添加图层蒙版”按钮，将多余的草地进行隐藏，效果如图 10-92 所示。

图 10-92 添加图层蒙版

11 调整草地层次。使用套索工具，建立如图 10-93 所示的选区，将选区进行羽化，半径为 50 像素，然后利用曲线调整草地的明度，效果如图 10-94 所示。

图 10-93 建立选区

图 10-94 调整草地明度

12 再次打开所示的草地素材，将其添加至“草地”素材的上方，如图 10-95 所示。

图 10-95 草地效果

2. 添加天空

别墅的背景以晴朗的天空为主，天空澄澈如水，颜色以清新、宁静的浅蓝色为主，与别墅周围复杂的环境形成对比，整个画面看起来工整有序，有条有理。

01 打开如图 10-96 所示的一张天空素材。

图 10-96 天空素材

02 将该天空素材添加到效果图中，按 Ctrl+T 快捷键，调用“变换”命令，将天空素材适当放大，如图 10-97 所示。

03 按下 Enter 键应用变换，继续对天空的颜色进行调整。

图 10-97　调整天空素材的大小

04 按 Ctrl+U 快捷键，打开【色相 / 饱和度】对话框，调整参数如图 10-98 所示。适当的降低天空的饱和度，使其看起来更素雅，调整效果如图 10-99 所示。

图 10-98　色相 / 饱和度参数设置

图 10-99　天空效果

3.　添加水面

01 首先打开一张水面素材，如图 10-100 所示。

图 10-100　水面素材

02 将其添加到效果图中，放置在左下角，重命名图层为“水面”，如图 10-101 所示。

图 10-101　添加水面素材

03 按 Ctrl+J 快捷键，拷贝图层，将其移动覆盖右侧没有被覆盖的水面，如图 10-102 所示。

图 10-102　拷贝、移动水面图层

04 打开图层面板，选择“颜色材质通道”图层，使用魔棒工具，选择水面区域，给“水面”图层和“水面拷贝”图层分别添加图层蒙版，如图 10-103 所示。

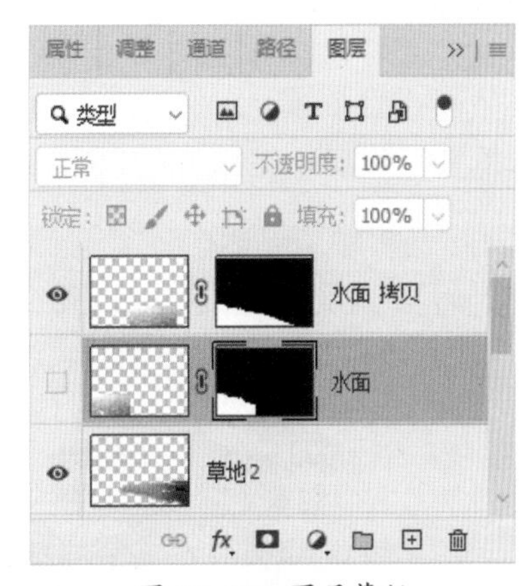

图 10-103　图层蒙版

为两个水面图层都添加图层蒙版之后，发现两个水面相接的地方太明显，接缝生硬，美感全无，如图 10-104 所示。那么接下来学习处理这样的接缝问题。

图 10-104 添加蒙版效果

05 选择“水面”图层，使用橡皮擦工具，在工具选项栏中设置参数如图 10-105 所示。

图 10-105 工具选项栏参数

06 沿着“水面”右侧的边缘，一点点地擦除，主要利用画笔的外边缘进行擦除，这样擦除的效果过渡更自然，如图 10-106 所示。

图 10-106 擦除边缘

07 使用仿制图章工具，对细节部分进行处理，最后效果如图 10-107 所示。

图 10-107 水面效果

08 按住 Ctrl 键，单击“水面”图层的蒙版缩览图，载入蒙版选区。

09 再选择“图层 0”，即渲染模型，按 Ctrl+J 快捷键，拷贝模型中的水面至新的图层，移动该图层至“水面”图层的上方。这样模型中的建筑倒影就可以在水面上表现出来了，如图 10-108 所示。

图 10-108 调整图层的顺序

10.2.2 水岸刻画——沿水岸的水石、植被

通过前面大范围的处理，别墅效果图已经初具规模，但是水面和陆地相接的地方仍然有待处理，布置水石、花草，遮挡生硬的线条，使之看起来真实、自然。

01 打开配套资源提供的素材，如图 10-109 所示，将其添加至画面的右下角。

图 10-109 水石素材

02 根据河岸调整水石的角度，按 Ctrl+T 快捷键，调用“变换”命令，在工具选项栏中设置“旋转角度”为 -0.8°，按 Enter 键应用变换，效果如图 10-110 所示。

03 继续添加水边植被，打开如图 10-111 所示的素材，加至如图 10-112 所示的位置。

图 10-110 添加水石素材

图 10-111 水边素材

图 10-112 添加水边素材

04 打开水草素材，如图 10-113 所示，继续添加至水边素材的旁边，丰富水边层次。

图 10-113 水草素材

05 将水草进行选择，复制、粘贴到效果图中。按 Ctrl+T 快捷键，调用“变换”命令。按住 Ctrl 键，选择右下角的控制点向上拖动，细微地调整水草的透视关系，如图 10-114 所示。

06 按 Ctrl+J 快捷键，将水草拷贝一层，以备制作水草的倒影。

图 10-114 调整水草

07 按 Ctrl+T 快捷键，右击鼠标，选择“垂直翻转”命令，将水草的根部对齐，按 Enter 键应用变换，如图 10-115 所示。

图 10-115 垂直翻转“水草拷贝”

08 执行“滤镜”|“模糊”|“动感模糊”命令，设置模糊参数为 12 个像素。

09 由于倒影产生在水中，所以颜色的饱和度稍低，需要进行调整。按 Ctrl+U 快捷键，打开【色相/饱和度】对话框，调整参数如图 10-116 所示，调整效果如图 10-117 所示。

图 10-116 “色相 / 饱和度”参数设置

10 将水草和倒影的图层进行合并，放置在左侧，隐隐露出一半。再将该水草复制一层，稍微移动，并缩小变化，制作水草在岸边随意生长的自由之态，如图10-118所示。

图 10-117 倒影效果

图 10-118 添加水草效果

11 制作沿岸草坡，选择如图10-119所示的素材文件。

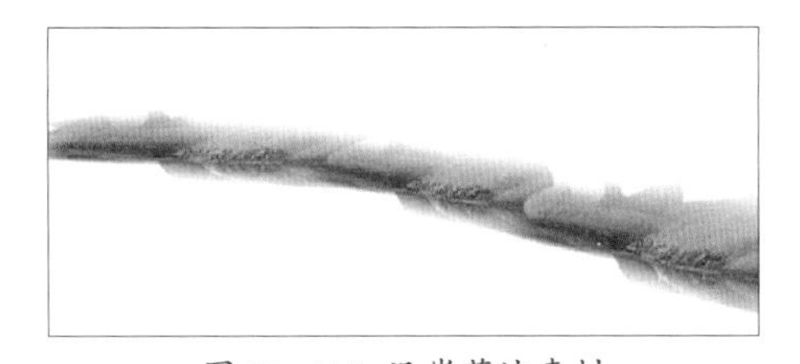

图 10-119 沿岸草坡素材

12 将其添加到效果图中，如图10-120所示。这样水面和陆地就自然地结合起来了，水岸刻画到这里完成。

图 10-120 水岸效果

10.2.3 周边环境刻画——植被、花草的添加

这里主要讲解植被和花草添加的过程，让操作更加熟练和顺手，不至于一图在手，却无从下手。

植被的添加一般顺序是根据树木的层次决定的，一般先添加较远处的植被，使图层得顺序比较清楚，树木的遮挡关系也正确。

1. 添加远景

对于每幅效果图来讲，远景都是必需的元素，也是添加树木等植物时首先考虑的。一般而言，远景都是取材于现成的素材，即一些茂盛的树群。有时候可以从素材库中去找，有时也可以从包含树木群的图片中选取。

01 按Ctrl+O快捷键，打开“树木.PSD”这个文件，选择如图10-121所示的远景素材a。

图 10-121 远景素材 a

02 将其添加到效果图中，置于“天空”图层的上方，其余图层的下方，如图10-122所示。

图 10-122 添加远景素材 a

03 添加右边的远景，打开如图10-123所示的远景素材b，将其添加到效果图的右侧，如图10-124所示。

图 10-123 远景素材 b

图 10-124 添加远景素材 b

04 分别设置远景素材a、远景素材b的“不透明度”为80%和70%，效果如图10-125所示。

图 10-125　远景效果

05 打开如图 10-126 所示的树木素材，将其先从背景中抠取出来。

图 10-126　树木素材

06 执行“选择” | “色彩范围”命令，在弹出的【色彩范围】对话框中单击白色区域，设置颜色容差为 164 左右，将白色背景部分进行选择。单击“确定”按钮，得到选区如图 10-127 所示。

图 10-127　“色彩范围”命令得到选区

07 按 Ctrl+Shift+I 组合键，反向建立选区，创建树木素材的选区。按 Ctrl+J 快捷键，将树木素材拷贝至新的图层，得到树木素材。

08 按 Ctrl+A 快捷键，全选树木素材。按 Ctrl+C 快捷键，复制图像，然后粘贴到效果图中，调整大小和位置如图 10-128 所示。

图 10-128　添加树木素材

09 按 Enter 键应用变换，设置图层的“不透明度”为 70%，效果如图 10-129 所示。

图 10-129　更改图层属性后效果

由于树木的颜色和远景树 b 的颜色和亮度差异性较大，看起来不和谐，需要对该树木素材再次进行颜色和明度的调整。

10 按 Ctrl+U 快捷键，打开【色相 / 饱和度】对话框，设置参数如图 10-130 所示，调整之后效果如图 10-131 所示。

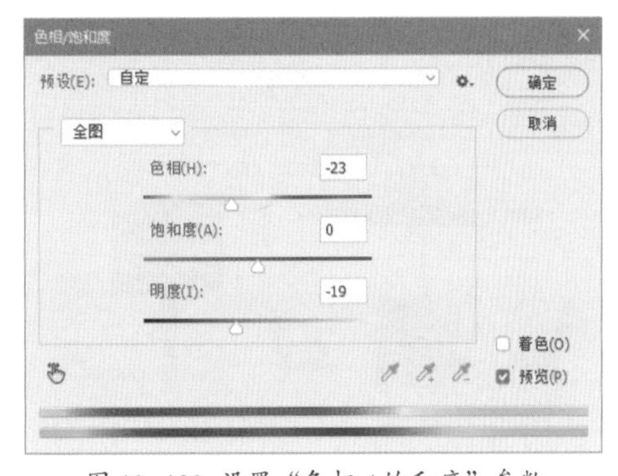

图 10-130　设置“色相 / 饱和度”参数

图 10-131 调整后效果

11 添加树木素材，选择如图 10-132 所示的树木素材 c，添加至如图 10-133 所示的位置。

图 10-132 树木素材 c

图 10-133 添加树木素材 c

2. 添加中景

01 按 Ctrl+O 快捷键，打开“配景.psd”文件，如图 10-134 所示。

图 10-134 配景素材

02 将这些配景素材添加到效果图中，放置到如图 10-135 所示的位置，加强田园氛围的表现。

图 10-135 添加配景素材

03 打开“植被.psd”文件素材，如图 10-136 所示，将其添加至建筑左侧，露出一部分，将建筑和草地的结合处进行遮挡，效果如图 10-137 所示。

图 10-136 灌木丛素材

图 10-137 添加灌木丛素材

04 打开花丛素材，如图 10-138 所示，添加至灌木丛的旁边，丰富植被，使之看起来色彩艳丽，效果如图 10-139 所示。

图 10-138　花丛素材

图 10-139　添加花丛素材

05 打开菊花素材，如图 10-140 所示，将其添加至如图 10-141 所示的位置。

图 10-140　菊花素材

图 10-141　添加菊花素材

06 丰富画面的树木以及植被，在这里就不再详细讲解了，最后效果如图 10-142 所示。

图 10-142　添加植被最后效果

3.　添加别墅周边盆景

为了增添生活的情调，很多人习惯在建筑的周围布置盆景，一来可以美化环境，二来可以借养花、养草来陶冶性情，增添生活的乐趣。

01 打开盆景素材，如图 10-143 所示。

图 10-143　盆景素材

02 将盆景分别添加到效果图中，最后效果如图 10-144 所示。

图 10-144　添加盆景素材的效果

10.2.4　调整——构图、建筑、光线

完成效果图的细部刻画之后，最后又回到大格局上来，对建筑的整体进行调整。在此效果图中，整体调整的内容包含构图调整、建筑调整和光线调整。

1. 构图调整

构图调整是在将大部分素材添加完成之后，针对效果图的空间关系，对效果图进行调整，使其在空间上加强景深效果，或者引导视觉至画面中心。

01 按Ctrl+O快捷键打开如图10-145所示的挂角树素材。

图10-145 挂角树素材

02 将其添加到效果图的左上角，添加近景树，如图10-146所示。

图10-146 添加挂角树素材

03 Ctrl+M快捷键，打开【曲线】调整对话框，设置控制曲线如图10-147所示。

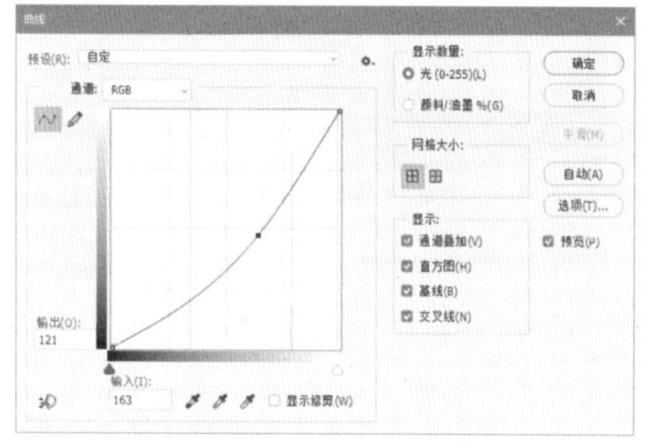

图10-147 设置“曲线”参数

04 单击“确定”按钮，挂角树的颜色被压暗，效果如图10-148所示。

图10-148 调整后效果

添加挂角树之后，画面的远近层次更明确，画面的重点指向建筑，画面的上半部分的突兀感被削弱，整个构图既有主次，又有层次。

2. 建筑调整

所有的后期处理工作都是为了表现建筑，所以多数情况下建筑都是需要进行后期调整，包括材质的调整，窗户反射效果或者透明效果的制作，以及细微的明暗变化调整等。

在此例中，窗户的透明效果显然是不真实的，需要对其进行透明效果的制作，表现玻璃的质感。

01 按Ctrl+O快捷键，打开一张客厅图片，如图10-149所示，用来制作半透明的室内效果。

图10-149 客厅图片

02 复制、粘贴该图片到效果图中，将图层重命名为“窗户”。

03 打开图层面板，选择“颜色材质通道”图层，使用魔棒工具，在工具选项栏中，去除“连续”复选框的勾选，单击“颜色材质通道”的窗户部分，建立选区如图10-150所示。

图 10-150 建立窗户选区

04 选择“窗户”图层，单击图层面板下方的“添加图层蒙版”按钮，将窗户以外的客厅图像进行隐藏。

05 单击图层缩览图各蒙版之间的链接按钮，取消图层之间的链接。选择图层缩览图，按 Ctrl+T 快捷键，调用“变换”命令，缩放图像，这里缩小至如图 10-151 所示。

图 10-151 调整素材大小

06 按下 Enter 键应用变换。更改图层的“不透明度”为 80%，效果如图 10-152 所示。

图 10-152 调整图层属性

07 同样的方法制作其余的窗户效果，最后效果如图 10-153 所示。

图 10-153 所有窗户最后效果

3. 光线调整

为了突出建筑主体，一般会提高建筑周围景物的亮度。而近景则采用压暗的手法，削弱其视觉吸引力，将视觉重心转向建筑，达到突出建筑的目的。

首先将近处的景物进行压暗处理，具体操作方法如下。

01 选择“挂角树”图层，将其复制一层，重命名为“树影”。

02 按 Ctrl+T 快捷键，调用“变换”命令，右击鼠标，选择“垂直翻转”命令。

03 向下拖动上边框中间的控制点，向右拖动右侧边框的控制点，变换图像如图 10-154 中红色箭头所示。

图 10-154 变换图像

04 按 Enter 键应用变换。

05 按 Ctrl+M 快捷键，打开【曲线】对话框，将曲线的输出值设置为 0，输入值设置为 250，效果如图 10-155 所示。

图 10-155 调整曲线后效果

06 执行“滤镜”|“模糊”|“动感模糊”命令，设置参数如图 10-156 所示，单击“确定”按钮，效果如图 10-157 所示。

图 10-156 设置“动感模糊”参数设

图 10-157 “动感模糊”效果

07 更改图层的“不透明度”为 50%，效果如图 10-158 所示。

图 10-158 更改图层属性后效果

挂角树的倒影在这里就制作完成了，接下来继续制作近处水面的阴暗效果，以达到压暗近景的目的。

08 按 Ctrl+Shift+N 组合键，新建一个图层，按 Ctrl+Shift+“]”键，将其置于最顶层。

09 按 Q 键，进入“快速蒙版编辑”状态。使用渐变工具，从下往上创建渐变效果，建立一个快速蒙版。按 Ctrl+Shift+I 快捷键，反向选择选区，如图 10-159 所示。

图 10-159 建立快速蒙版并反向选择选区

10 继续按 Q 键，退出“快速蒙版编辑”状态，得到一个选区，如图 10-160 所示。

图 10-160 快速蒙版建立的选区

11 按 D 键，恢复默认的前景色 / 背景色状态，为选区填充黑色，如图 10-161 所示。

图 10-161　填充黑色

12 按 Ctrl+D 快捷键，取消选择。调整图层的“不透明度”为 30%，效果如图 10-162 所示。

图 10-162　更改图层属性后效果

将近处进行压暗处理之后，接下来学习提高中心景物的亮度，具体操作如下。

13 新建一个图层，置于图层面板的最顶层。

14 设置前景色为浅黄色，色值参数为 #fefee3。单击工具箱下方的“以快速蒙版模式编辑”按钮，使用渐变工具，创建一个如图 10-163 所示的渐变。这里建立快速蒙版的方法与按 Q 键建立快速蒙版的方法相同。

图 10-163　建立快速蒙版

15 再次单击“以快速蒙版模式编辑”按钮，退出“快速蒙版编辑”模式，得到一个如图 10-164 所示的选区。

图 10-164　得到快速蒙版选区

16 按 Alt+Delete 快捷键，快速填充前景色，如图 10-165 所示。

图 10-165　填充前景色

17 设置图层的混合模式为“叠加”，图层的“不透明度”为 48%，如图 10-166 所示。

图 10-166　更改图层属性

18 新建图层，设置前景色为橘黄色，色值参数为 #fcc958。使用渐变工具，创建一个斜向渐变，如图 10-167 所示。

图 10-167 斜向渐变

19 更改图层的混合模式为“线性减淡（添加）”，图层的“填充”值为10%，效果如图10-168所示。

图 10-168 更改图层属性后效果

20 继续新建图层，使用画笔工具，设置画笔参数如图10-169所示。

图 10-169 设置画笔参数

21 沿着建筑前的植物带，绘制形状如图10-170所示，通过更改图层的混合模式来调整植被的亮度。

图 10-170 绘制形状

22 更改图层的混合模式为“线性减淡（添加）”，图层的“填充”值为9%，效果如图10-171所示。

图 10-171 更改图层属性后效果

23 至此私人别墅效果图就全部制作完成。

10.3 小区环境设计与表现

小区是一个群体性建筑，常采用阵列式的布局，周边环境以灌木、花草为主。选择四季常青的树木种植在建筑的周边，除了美化环境，还能遮挡阳光，吸走灰尘，净化空气等。这样的小区通常环境优雅、四季如春，非常适合人们居住。

本节通过具体的实例来讲述小区环境设计与表现的后期处理技法。处理之前和处理之后效果对比如图10-172所示。

处理前

处理后

图 10-172 住宅小区处理前后效果图对比

小区效果图大胆使用了黄昏这个时间的光线效果，使整个小区都笼罩在一种暖暖的颜色氛围里，而不局限于绿树红花的常规表现手法。

10.3.1　大关系调整——天空、水面处理

01 Photoshop 软件，打开小区别墅源文件“篇亭 -star.psd”如图 10-173 所示。

图 10-173 打开文件

02 在素材库中选择如图 10-174 所示的天空素材文件。

图 10-174 天空素材

03 使用移动工具，将其移动复制到当前效果图的操作窗口，置于图层面板的最底层。

04 按 Ctrl+T 快捷键，调用“变换”命令，将天空素材缩放到合适大小，将整个天空透明区域覆盖，如图 10-175 所示。

图 10-175 调整天空素材大小

05 按 Enter 键应用变换。

06 打开水面素材，如图 10-176 所示。

图 10-176 水面素材 1

07 使用套索工具，沿着水面部分绘制选区，将水面纹理清晰的部分进行选取，建立选区如图 10-177 所示。

图 10-177 建立选区

08 按 Ctrl+C 快捷键，对选区内的图像进行复制，回到当前效果图的操作窗口，按 Ctrl+V 快捷键进行粘贴。

09 展开图层面板，单击“图层 7”前面的眼睛按钮，将其显示，如图 10-178 所示。

图 10-178 显示图层

10 使用魔棒工具，在工具选项栏中去除“连续”复选框前的勾选，单击图像中绿色的水面区域，建立水面选区进行选择，如图 10-179 所示。

图 10-179 建立水面选区

11 选择“水面”图层，单击图层面板下方的“添加图层蒙版”按钮，将多余的水面部分进行隐藏。

12 选择“水面”的图层缩览图，使用移动工具，移动水面素材至合适的位置，如图 10-180 所示。

图 10-180 移动水面素材

14 添加水面素材，同样添加图层蒙版，如图 10-181 所示。

图 10-181 添加水面素材 2

10.3.2 水岸刻画

小区的水岸多植以花草、灌木，使河道看起来水草丰茂，景致优美。

01 打开如图 10-182 所示的“配景 1”素材文件，选择如图 10-183 所示的灌木素材。

图 10-182 配景 1 素材

图 10-183 灌木素材

02 按 Ctrl+A 快捷键，全选图像。再按 Ctrl+C 快捷键，对选区内的图像进行复制。回到当前效果图的操作窗口，按 Ctrl+V 快捷键进行粘贴。

03 按 Ctrl+T 快捷键，调整图像的大小和水平方向，使之和水岸的边缘协调，如图 10-184 所示。

图 10-184 调整灌木素材

04 选择颜色材质通道“图层 1”，用魔棒工具，单击绿地色块，建立绿地的选区。

05 选择灌木素材所在的图层，单击图层面板下方的“添加图层蒙版”按钮，将多余的灌木进行隐藏，如图 10-185 所示。

图 10-185 添加图层蒙版

06 继续打开文件素材，如图 10-186 所示。

图 10-186 灌木丛素材

07 选择如图 10-187 所示的灌木丛，将其继续添加至如图 10-188 所示的位置，增强灌木的层次感。

图 10-187 灌木丛

图 10-188 添加灌木丛素材

08 按 Ctrl+J 快捷键，复制一层，将其向右移动，使灌木丛的岩石部分相接，如图 10-189 所示。

图 10-189 复制灌木丛

09 使用橡皮擦工具，将遮挡住马路的部分灌木丛进行擦除，如图 10-190 所示。

图 10-190 擦除多余图像

10 继续打开“配景 2”素材，选择常用的水边素材，如图 10-191 所示。

图 10-191 选择素材

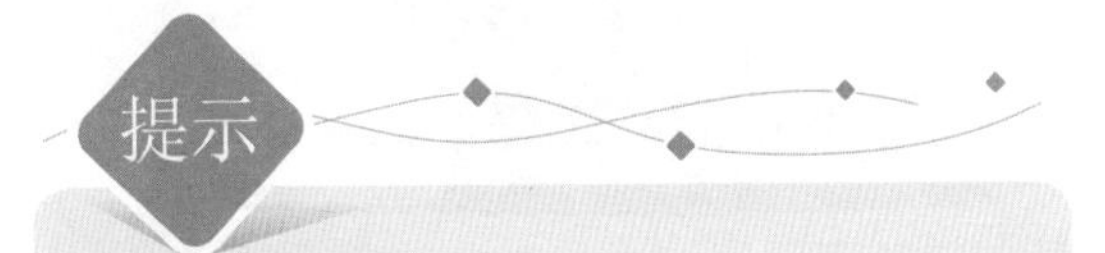

在使用橡皮擦工具的时候，按住 Shift 键，单击起始点，再单击结束点，可以呈直线擦除两点连线之间的像素。

11 添加至如图 10-192 所示的位置，调整素材的大小和位置。

图 10-192 添加水边配景素材

12 同样的方法添加其余的灌木丛，在这里不再详述，最后效果如图 10-193 所示。

图 10-193 添加水灌木丛的最终效果

10.3.3 添加不同层次的树木——远景、中景、近景树木的添加

在效果图中，由于透视关系，树木是存在远近层次关系的，在大小、饱和度和颜色上也略有差别。

01 打开“配景 2”素材文件，如图 10-194 所示。

图 10-194 配景 2 素材

02 在其中选择如图 10-195 所示的树木素材。

03 将其添加到效果图中，调整图层的顺序，将其置于天空图层的上一层，如图 10-196 所示。

图 10-195 选择树木素材

图 10-196 添加树木素材

04 将树木复制一层，向左移动，制作背景树群，如图 10-197 所示。

图 10-197 复制树木

05 再复制几层，移动树木到合适的位置，远处的树木要进行缩小操作，这样才符合远近透视规律，形成背景树群，如图 10-198 所示。

图 10-198 背景树群

06 将复制的树木图层进行合并，重命名为“背景树”。按 Ctrl+U 快捷键，打开【色相 / 饱和度】对话框，设置树木的色相参数，将树木的颜色调整至黄色，符合黄昏时分树木的色彩特点，参数设置如图 10-199 所示。

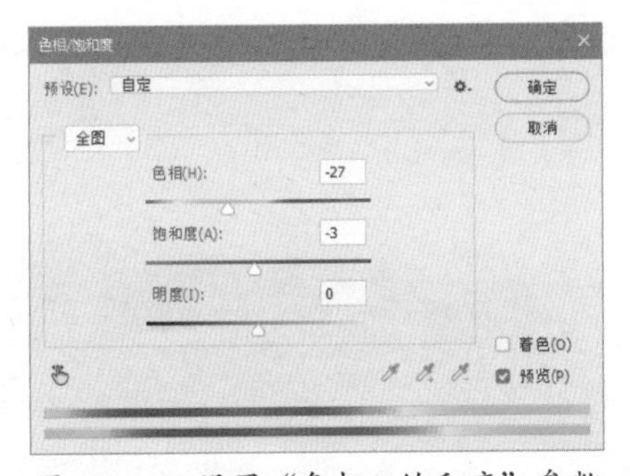

图 10-199 设置“色相 / 饱和度”参数

07 调整后树木颜色呈现黄色，如图 10-200 所示。

图 10-200 调整“色相 / 饱和度”后效果

08 将如图 10-201 所示的几种树木素材添加到效果图中，适当地点缀建筑，营造绿树成荫的环境氛围。

图 10-201 树木素材

09 添加树木完成后效果如图 10-202 所示。

图 10-202 添加树木后效果

10 调整绿色树木的色相，统一树木的颜色，调整结果如图 10-203 所示。

图 10-203 统一树木的颜色

10.3.4 调整——构图、建筑、光线和色彩

在添加完大量的素材之后，效果图的制作和处理进入了最后的调整阶段，包括构图、建筑、色彩的统一调整。其中，建筑的调整主要针对建筑的明暗和对比，目的在于突出显示建筑本身。而光线和色彩的调整主要是为了统一色彩氛围，使冷暖色调相得益彰。

1. 构图

01 打开“配景 2”素材文件，找到如图 10-204 所示的近景素材和挂角树。

图 10-204 配景 2 素材

02 将其添加到效果图中，如图 10-205 所示。

图 10-205 添加近景树

添加近景之后，近大远小的层次关系较之前更为明显，空间感得到加强。同时挂角树的添加，丰富了天空的内容，使大片留白的天空变得相对充实，效果图头轻脚重的感觉也随之消失，达到平衡构图的目的。

2. 建筑调整

在前期3D建模的时候，由于灯光布置不当，有时候会使渲染出来的图像色彩偏灰、亮度偏暗，影响后期建筑效果表现。遇到这种情况，也有办法补救，即通过Photoshop的后期处理，将建筑的颜色和亮度进行调整即可。

01 打开图层面板，选择“图层2”，使用魔棒工具，将房子部分选择出来，如图10-206所示。

图10-206 建立房子选区

02 单击“图层2”前面的眼睛按钮，将“图层2”进行隐藏。

03 切换到“图层0”，即建筑所在的图层。按Ctrl+J快捷键，拷贝选区内的图像至新的图层。

04 按Ctrl+B快捷键，打开【色彩平衡】对话框，调整建筑的高光部分参数，如图10-207所示。

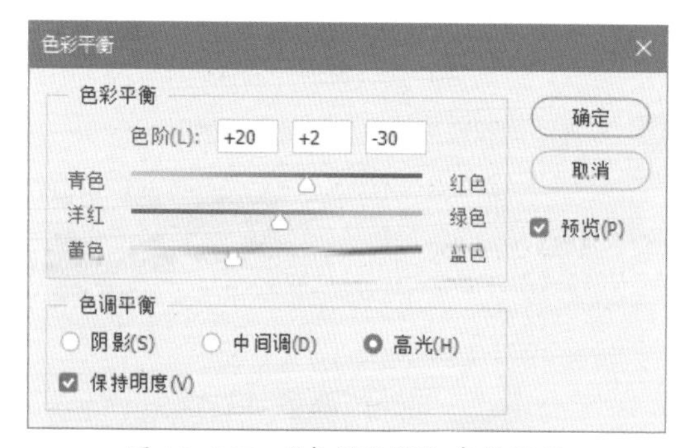

图10-207 “色彩平衡”参数设置

05 单击“确定”按钮，查看色彩调整后的效果，如图10-208所示。

图10-208 调整房子色彩后效果

06 按Ctrl+M快捷键，打开【曲线】调整对话框，提高建筑部分的亮度，曲线设置如图10-209所示，调整后的效果如图10-210所示。

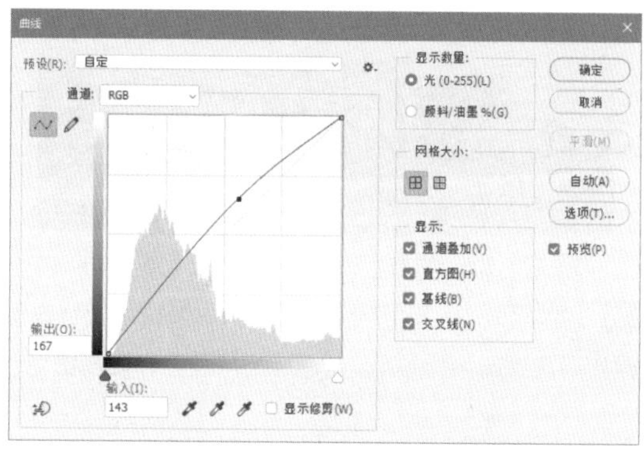

图10-209 “曲线”参数设置

图10-210 调整后效果

3. 光线和色彩调整

01 选择灌木丛所在的图层，调整灌木丛的色彩，使之与整体的色彩相协调，偏向暖暖的黄色。

02 按Ctrl+B快捷键，打开【色彩平衡】对话框。分别设置高光参数和中间调参数如图10-211和图10-212所示。

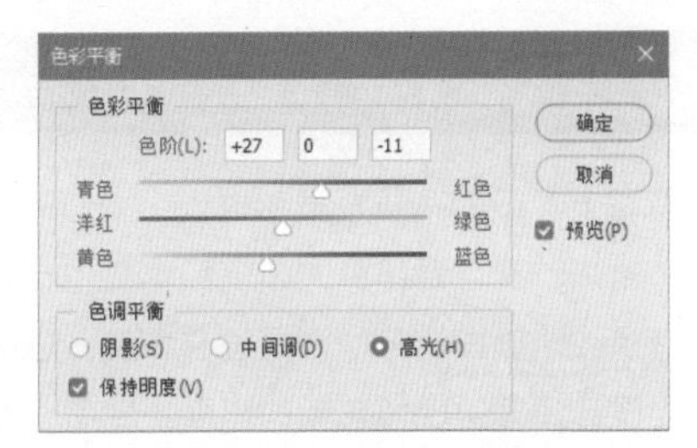

图 10-211 高光参数设置

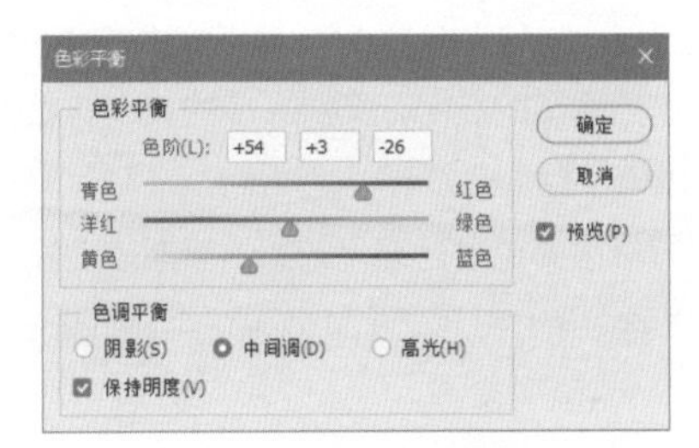

图 10-212 设置中间调参数

03 调整后效果如图 10-213 所示。

图 10-213 灌木丛颜色调整后效果

04 选择图层面板中的最顶层，按 Ctrl+Shift+Alt+E 组合键，盖印可见图层。

05 执行“滤镜”|“模糊”|“动感模糊”命令，设置参数如图 10-214 所示。

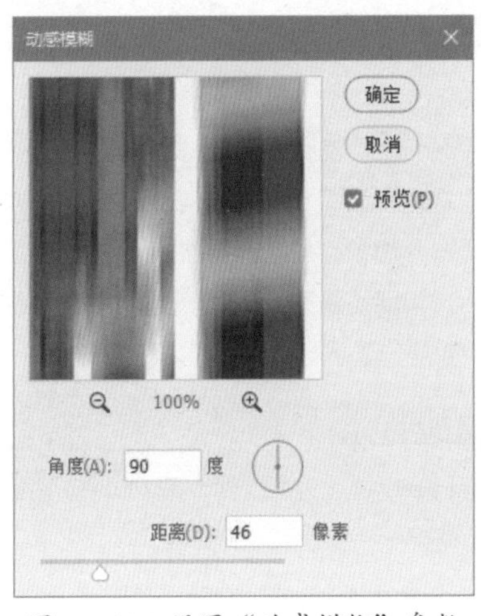

图 10-214 设置“动感模糊”参数

06 单击“确定”按钮，得到如图 10-215 所示的模糊效果。

图 10-215 添加“动感模糊”效果

07 更改图层的混合模式为“柔光”，调整“不透明度”为 35% 左右，效果如图 10-216 所示。

图 10-216 更改图层属性后效果

08 按 Ctrl+Shift+N 组合键，新建一个图层。使用画笔工具，在工具选项栏中设置画笔参数如图 10-217 所示。

图 10-217 设置画笔参数

09 设置前景色为橘黄色，色值参数为 #f9b600，沿着灌木丛绘制光带，如图 10-218 所示。结合图层的混合模式，制作阳光照射到植被上产生的反射效果，加强阳光照耀的效果。

图 10-218 绘制光带

10 更改图层的混合模式为“颜色减淡”，调整图层的“填充”值为 20%，效果如图 10-219 所示。

图 10-219 更改图层属性后效果

11 添加近处的树影，将近处的压暗，突出主体建筑，效果如图 10-220 所示。

图 10-220 添加树影后效果

12 单击调整面板上的“色彩平衡”按钮，创建色彩平衡调整图层。在属性面板上设置参数如图 10-221 所示，最终调整整体的色彩，效果如图 10-222 所示。

属性 调整 通道 路径 图层
色彩平衡
色调：中间调
青色 红色 +16
洋红 绿色 +8
黄色 蓝色 -12
保留明度

图 10-221 设置色彩平衡中间调参数

图 10-222 最终效果

10.4 现代花架设计与表现

随着城市建设的不断发展和进步，人们对环境的要求也是越来越高，对建筑的风格和样式也有着不同层次的追求。建筑设计师们则是匠心独具，总能给人们意外的设计惊喜。现代花架的出现，就是一个典型的例子。

现代花架常见于河道规划、园林水边、别墅等区域，既可以作为休憩的场所，又对环境的表现有着美化的作用，可谓一石二鸟。

本节就来简单讲述现代花架的后期表现技巧，首先来看处理之前和处理之后的效果对比，如图 10-223 所示。

处理前

处理后

图 10-223 现代花架处理前后效果对比

处理之前花架只具备了一个雏形，具体的情境设计还需要发挥想象，给花架添加大的背景环境。后期处理之后，花架笼罩在湖光里，意境由心而生，如效果图中“静妙”二字，给人以美好的感受。

1. 添加背景

01 运行 Photoshop 软件，按 Ctrl+O 快捷键，打开“现代花架 -star.psd”的文件。

02 首先为效果图添加环境图片，奠定整个环境基调。

打开一张如图 10-224 所示的背景图像。

图 10-224 湖苑背景图像

03 将其添加到效果图中，作为花架的背景，效果如图 10-225 所示。

图 10-225 添加背景

我们可以看到，背景的尺寸和效果图的尺寸有所差异，需要进行调整。这里可以采取缩放图像的方法，将左侧的空白部分进行覆盖，但是考虑到远山的合适比例，不宜将图像再进行放大，这里通常采用复制的方法，解决这样的问题。

使用矩形选框工具⬚，选择部分旁边的图像。按住 Alt 键，移动光标，完成同图层的复制操作，效果如图 10-226 所示。

图 10-226 复制修整图像

按 Ctrl+D 快捷键，取消选择。

2. 图层蒙版添加草地

在添加草地之前，首先选择合适的草地素材，打开素材库，选择如图 10-227 所示的草地素材。

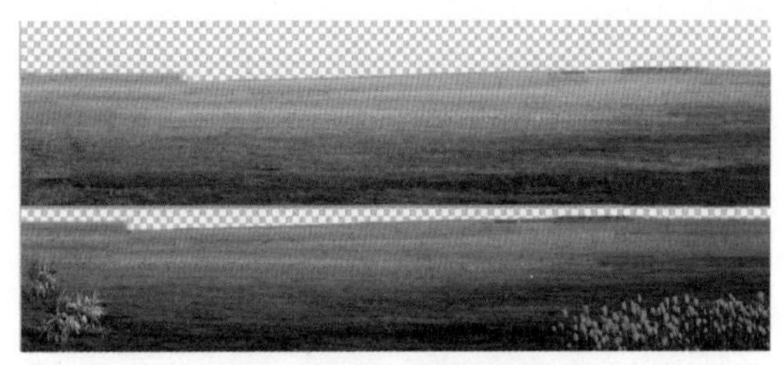

图 10-227 草地素材

01 选择上面的草地素材，将其添加到效果图中，如图 10-228 所示。

图 10-228 添加草地素材

02 打开“颜色材质通道”图层。使用魔棒工具，单击绿色部分，建立草地选区，如图 10-229 所示。

图 10-229 建立草地选区

03 切换到“草地”素材图层，单击图层面板下方的“添加图层蒙版”按钮◘，将多余的草地进行隐藏，效果如图10-230所示。

图10-230 给草地添加图层蒙版

3. 添加植被和人物

01 打开“植被.psd”素材文件，如图10-231所示，将背景树木添加到效果图中，如图10-232所示。

图10-231 植被素材

图10-232 添加背景树木

02 选择“颜色材质通道”，使用魔棒工具，选择花架部分，建立选区如图10-233所示。

03 切换到添加背景树木的图层。按Ctrl+Shift+I组合键，反向选择选区，再单击图层面板下方的“添加图层蒙版”按钮◘，得到如图10-234所示的效果。

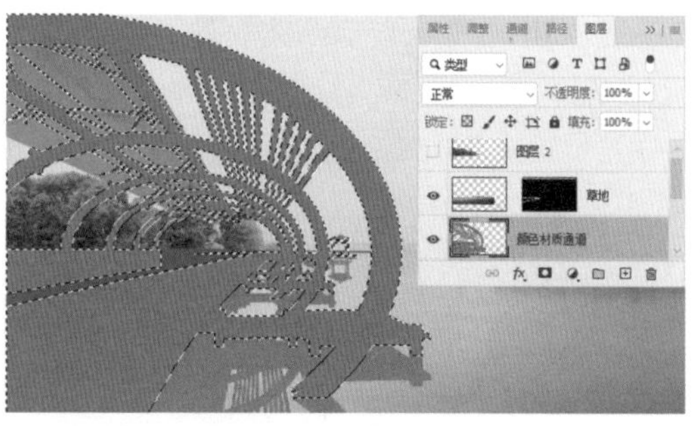

图10-233 建立选区

图10-234 添加图层蒙版

04 单击背景树木图层和蒙版之间的链接按钮，取消图层与蒙版的链接。单击图层缩览图，单独对图像进行编辑。

05 按Ctrl+T快捷键，调用“变换”命令，将背景树木进行缩小处理，使得花架的视野更空阔，景深效果更明显，效果如图10-235所示。

图10-235 调整背景树木大小后效果

06 继续选择植物素材，添加至花架的径墙下的草地上，丰富花架的内部，如图10-236所示。

图10-236 添加植物素材

07 继续打开“竹子”文件素材，如图 10-237 所示。

图 10-237 竹子素材

08 将其依次添加到效果图中，效果如图 10-238 所示。

图 10-238 添加竹子素材后效果

09 最后添加人物素材和文字素材，丰富画面效果，提升画面意境，效果如图 10-239 所示。

图 10-239 添加人物素材、文字素材

4. 光线调整

一幅效果图，除了要添加真实可信的景物之外，还要对其光线照射情况进行设计，光影效果也是效果表现的一个重要方面。

01 新建一个图层，设置前景色为浅黄色。

02 使用画笔工具。设置画笔的“不透明度”为 30% 左右，绘制光线，如图 10-240 所示。

图 10-240 绘制光线

03 新建一个图层。按 D 键，恢复默认的前景色 / 背景色的颜色设置。使用渐变工具，选择从黑色到透明的渐变方式，创建一个纵向的渐变，如图 10-241 所示。

图 10-241 纵向渐变效果

04 更改图层的“不透明度”为 45% 左右，最后效果如图 10-242 所示。

图 10-242 更改图层属性后效果

到这里，一幅波光潋滟的现代花架效果图就完成了。

10.5 公园景观设计与表现

园林是自然的一个空间境域，与文学、绘画有相异之处。园林意境寄情于自然物及其综合关系之中，情生于境而又超出由之所激发的境域事物之外，给观者以余味或遐想余地。

中国是四大文明古国之一，文化源远流长，园林艺术亦是中国文化的一脉。与一般建筑不同的是，园林不单纯只是一种物质环境，更是一种艺术形象。它以欣赏价值为主，其间所种多为观赏性强的花草树木，讲究的是神、韵，表现的是山水典藏的非凡魅力。

首先来看公园景观处理之前和处理之后的对比效果，如图10-243所示。

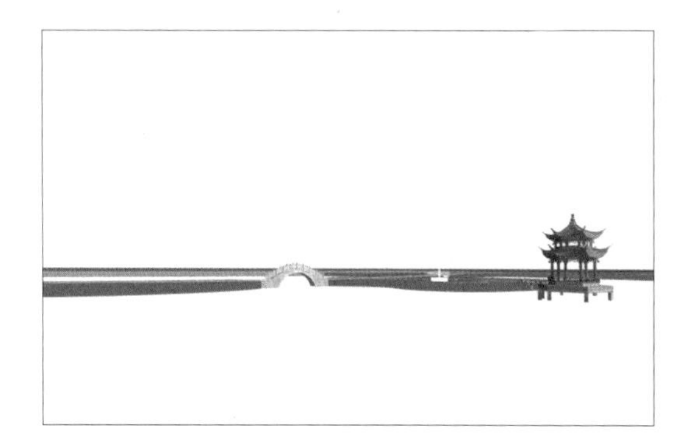

处理前

处理后

图10-243 公园景观处理前后效果对比图

从处理效果来看，景观效果图的制作有很大的发挥空间，对于环境的处理非常灵活。处理之前所能看到的仅仅只是一座小桥和一个亭子，还有简单的一块绿地规划区域，这样的模型看起来索然寡味，了无生机。通过后期的加工处理，小桥和亭子掩映在绿树碧水之间，如一幅婀娜多姿的江南画卷，目所能及之处，处处是画，又处处融入画中，美不胜收。

本小节将学习这种类型效果图的制作方法和技巧。

10.5.1 大范围调整——处理天空、水面、草地

大范围的铺陈是制作效果图的必要步骤，这对于后面细节的处理也是相当有帮助的。大的关系确立了，才好着手处理细节问题。

1. 处理天空

在前面的章节中讲到过天空的选择和建筑类型、天气，以及要表达的氛围等是相关的。这里是一个公共的休憩场所，强调情趣之美，所以天空的选择可以适当的活泼一点。从模型也可以看出，这是一个有着大面积水面的效果图，如果天空和水面都是纯净的渐变色，那么整幅效果图就失去了变化的活力。

01 运行Photoshop软件，按Ctrl+O快捷键，打开“未央桥.psd”文件。

02 按Ctrl+O快捷键，在素材库中找到如图10-244所示的天空素材。

03 按Ctrl+A快捷键，全选图像。按Ctrl+C快捷键，对选区内的图像进行复制。回到当前效果图的操作窗口，按Ctrl+V快捷键进行粘贴。

图10-244 天空素材

04 调整图层的顺序，将天空素材置于建筑模型“图层0”的下方，如图10-245所示。

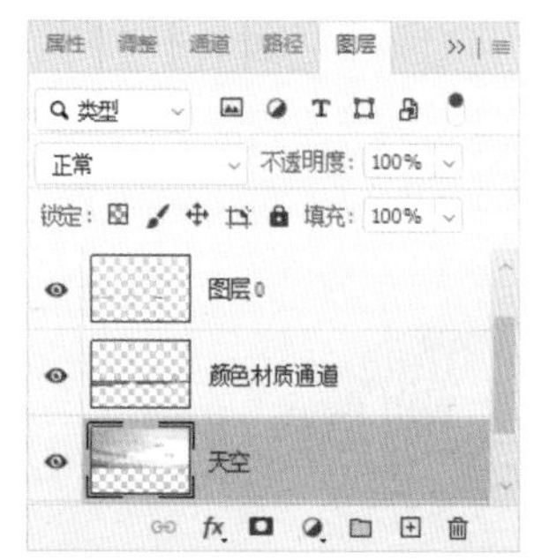

图10-245 调整图形顺序

05 按上下方向键，稍微移动图像，将天空素材中的地平线和模型中的地平线对齐，确保透视关系正确。

2. 处理水面

01 打开水面素材，如图10-246所示。这是从其他

图像里面截取的一部分水面，可以作为本实例的水面素材，这也是后期处理中常使用的一种取材的方法。

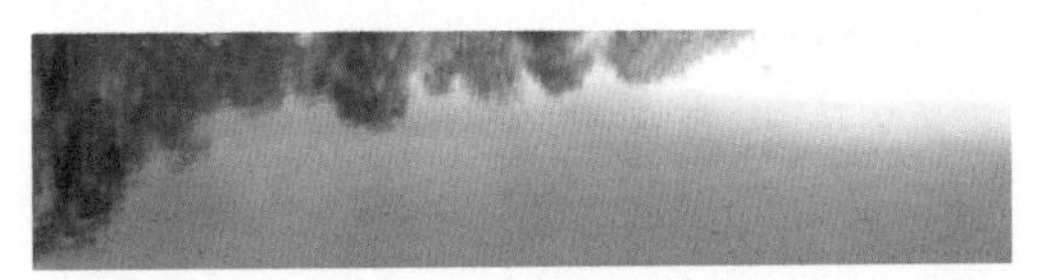
图 10-246 水面素材 1

02 将水面素材添加到效果图中，使用移动工具✥，移动素材至如图 10-247 所示的位置。

图 10-247 添加水面素材 1

03 这里水面的纹理还不是很清楚，需要利用素材组合的方法制作水面的纹理质感。首先找到一张有水面纹理质感的水面素材，如图 10-248 所示。

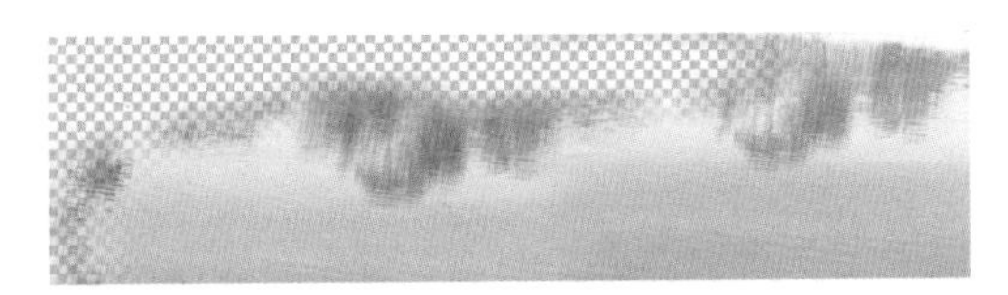
图 10-248 水面素材 2

04 将水面素材 2 也添加到效果图中，如图 10-249 所示。这样右侧的水面质感得到加强，水面看起来更真实。

图 10-249 添加水面素材 2

3. 处理草地

01 展开图层面板，选择“颜色材质通道”图层，使用魔棒工具，单击绿色部分，先将草地区域进行选取，如图 10-250 所示。

图 10-250 建立草地选区

02 切换到“图层 0”，按 Ctrl+Shift+J 快捷键，拷贝选区至新的图层，重命名为“草地”。

03 打开“配景”素材，如图 10-251 所示。选择其中的草地素材，将其添加到效果图中，用来制作草地效果。

图 10-251 配景素材

04 将草地素材复制几层，将原来的草地区域进行覆盖，如图 10-252 所示。

图 10-252 添加草地素材后效果

到这里大关系的处理就基本上完成了，水面、天空、草地的关系已经基本确定，接下来着手细节的处理。

10.5.2 局部刻画——添加远景、树木、花草等植物

01 首先打开“配景 .psd”文件，选择其中的背景楼房素材，如图 10-253 所示。

图 10-253 背景楼房素材

02 将背景楼房素材添加到效果图中，如图 10-254 所示。

图 10-254 添加背景楼房素材

03 继续将配景中的荷花和船只素材添加到效果图中，如图 10-255 所示。

图 10-255 添加荷花和船只素材

04 打开“树木 .psd”素材文件，这里面包含了很多种树木以及树群，如图 10-256 所示。通常情况下，树群用来制作远景。要先添加远景，然后再添加单棵树木，和远景形成疏密有致，远近层次分明的景观。

图 10-256 树木素材

05 首先选择松树群，将其添加到效果图中，在左侧和桥的右侧分别放置，如图 10-257 所示。

图 10-257 添加松树群

06 调整树木的颜色。按 Ctrl+B 快捷键，打开【色彩平衡】对话框，设置参数如图 10-258 所示，调整后效果如图 10-259 所示。

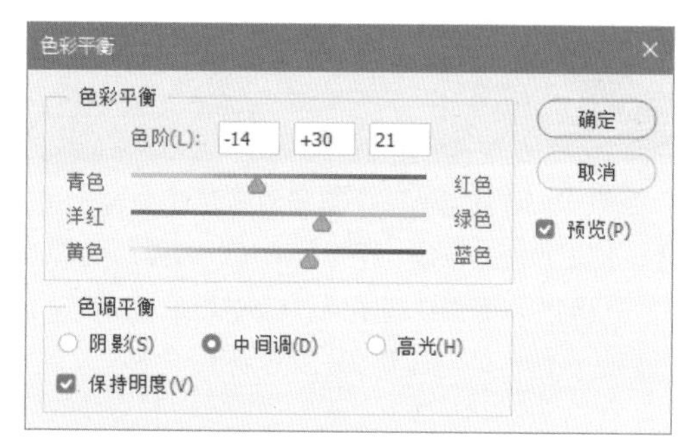

图 10-258 “色彩平衡”参数设置

图 10-259 调整后效果

07 添加树群素材，丰富画面的远景部分，如图 10-260 所示。

图 10-260 添加远景树群

08 选择树群素材，添加到效果图中，在这里选择如图 10-261 所示的柳树，该树群树木茂盛，颜色青翠，树种适合水边种植，是公园水边造景的常选。

图 10-261 柳树群素材

09 添加之后，调整大小至合适，效果如图 10-262 所示。

图 10-262 添加柳树后效果

10 添加如图 10-263 所示的单棵树木素材，根据自身审美需求，将树木进行合理摆放，最后效果如图 10-264 所示。

图 10-263 单棵树木

图 10-264 添加所有树木后效果

至此效果图的制作已经完成了大半，最后再添加一些花草作为点缀，丰富画面的色彩。

10.5.3 调整——构图、光线、色彩调整

最后阶段，调整构图，加强使画面的平衡感。调整光线和色彩以起到画龙点睛的作用。对色彩及效果图的亮点要有很明确的目的，经过调整之后，色彩之间的过渡会更柔和，亮点更突出。

1. 构图调整

从图 10-265 可以看出，初步的效果图上下部分均有一部分是多余的，严重影响了构图的美观性，需要进行裁剪。

图 10-265 效果图的初步效果

01 使用裁剪工具 ，单击起始点，拖动光标至结束点松开，出现裁剪框，如图 10-266 所示。

图 10-266 裁剪框

02 将图像放大显示，调整裁剪控制柄，精确裁剪图像。

03 按 Enter 键应用裁剪，如图 10-267 所示。

图 10-267 裁剪图像

2. 光线调整

01 新建一个图层，命名为“光线”。然后设置前景色为橘黄色，色值参数为#fcca8a。

02 使用画笔工具，设置参数如图10-268所示。

图10-268 设置画笔参数

03 为了虚化小桥后面的树群背景，这里采用绘制光带，调整不透明度的方法来完成。

04 绘制光带如图10-269所示，调整图层的顺序，使之只能遮挡住小桥后面的背景树群。

图10-269 绘制光带

05 调整图层的“不透明度”为44%，效果如图10-270所示。

图10-270 更改图层属性后效果

06 同样的方法，新建一个图层，设置前景色为白色，制作右侧的白色雾气效果，虚化效果图的右侧，加强景深效果，如图10-271所示。

图10-271 虚化右侧效果

3. 色彩调整

01 按Ctrl+Shift+Alt+E组合键，盖印可见图层。

02 执行“滤镜”|“模糊”|“动感模糊”命令，设置参数如图10-272所示。

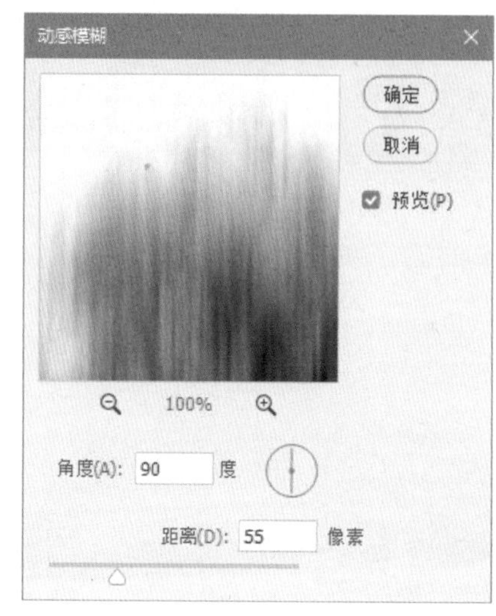

图10-272 设置“动感模糊”参数

03 单击“确定”按钮，展开图层面板。更改图层的混合模式为“柔光”，调整“不透明度”为27%左右，效果如图10-273所示。

图10-273 更改图层属性后效果

04 添加桥和亭子的倒影，扩展300像素黑色画布，完成最终效果图，如图10 274所示。

图10-274 公园景观设计效果图

第11章 鸟瞰效果图后期处理实战

作为一种重要的建筑效果图类型，鸟瞰效果图通过透视感极强的三维空间表现出建筑的形体以及建筑与环境的关系，使整个建筑的形态、风格、外观和周边环境都一览无遗。

本章将通过两个大型实例解析鸟瞰图后期制作的方法和相关技巧，细致讲解制作鸟瞰图的全过程，希望对初学者所有裨益。

鸟瞰图的表现一般不局限于单独的建筑个体，而是建筑群和自然景观的有机融合，但又突出本身想要表现的建筑主体，这和后期处理中表现主建筑是不相违背的。常见的有小区住宅的鸟瞰规划图、城市规划的鸟瞰图、度假村的鸟瞰规划图以及厂区、办公楼群的鸟瞰规划图等。

如图11-1所示为大型住宅小区鸟瞰建筑效果图。

图11-1 住宅小区鸟瞰建筑效果图

如图11-2所示城市规划鸟瞰建筑效果图。

图11-2 城市规划鸟瞰建筑效果图

如图11-3所示为度假村鸟瞰建筑效果图。

图11-3 度假村鸟瞰建筑效果图

对于大多数建筑效果图初学者来说，由于制作鸟瞰效果有一定的难度且工作量巨大而感到无从下手，其实只要理清了思路，掌握了方法和技巧，制作出具有专业水准的鸟瞰效果图并不是很困难的事情。

11.1 住宅小区鸟瞰图后期处理

住宅小区是比较常见的鸟瞰图类型，它主要表现的是小区建筑的规划与周围环境的关系。本节讲解的住宅小区鸟瞰图处理前后效果对比如图11-4和图11-5所示。

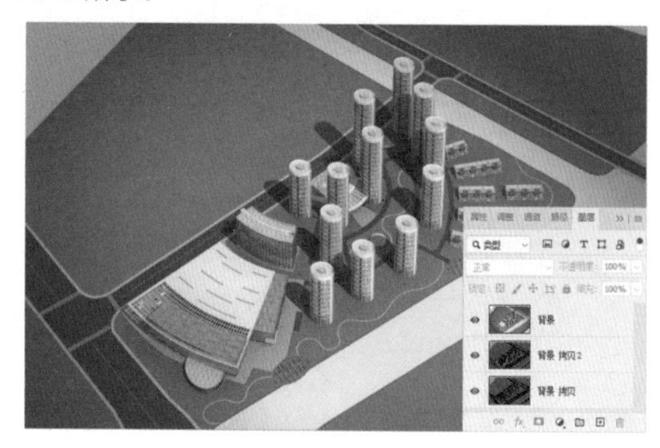

图11-4 小区鸟瞰图处理前

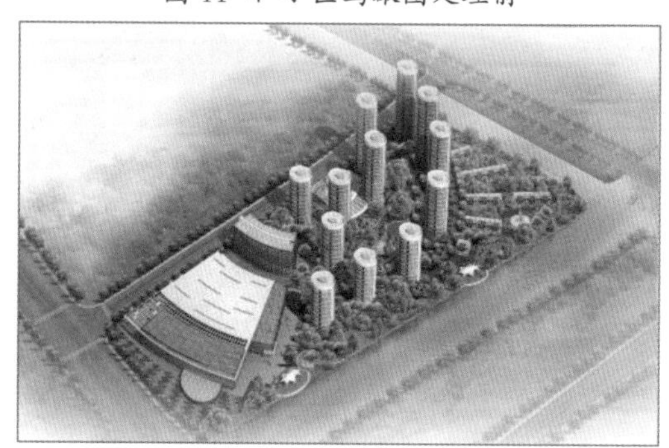

图11-5 小区鸟瞰图处理后

11.1.1 草地处理

01 运行Photoshop软件，按Ctrl+O快捷键，打开鸟瞰图初始文件“nk.psd”。里面包含了背景层和两个颜色材质通道，如图11-4所示。

02 选择“背景拷贝”图层，使用魔棒工具，单击如图11-6所示的红色区域。

图11-6 “背景拷贝”图层选区示意图

03 切换到“背景”图层，按 Ctrl+ J 组合键，拷贝草地区域，并以新的图层存在，如图 11-7 所示。

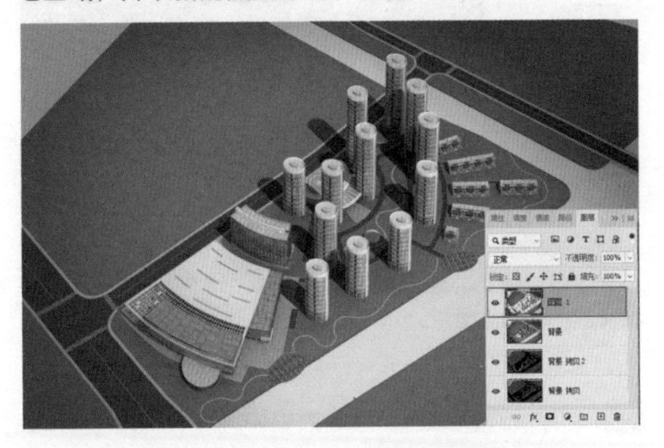

图 11-7　拷贝草地至新的图层

04 按Ctrl+O快捷键，打开配套资源给定的草地素材，如图 11-8 所示，将其移动复制到当前操作窗口。

图 11-8　草地素材

05 重命名该图层为“草地”图层。按住 Ctrl 键，单击草地缩览图，全选草地，然后松开 Ctrl 键，按住 Alt 键，拖动光标，在同一图层内完成草地复制，并使之铺满有建筑的区域，如图 11-9 所示。

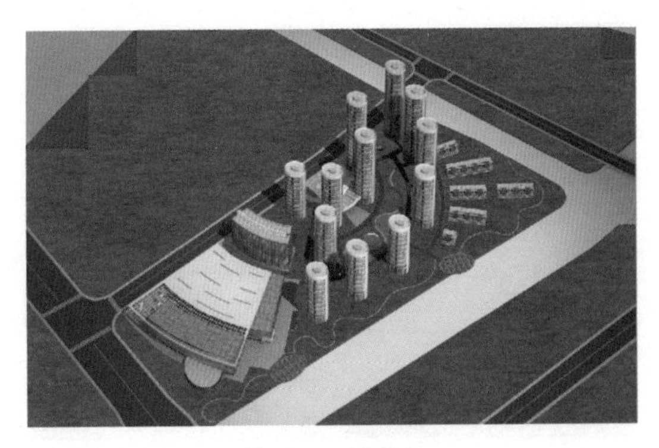

图 11-9　铺草地

06 为了使草地的层次丰富，我们可以将草地的颜色稍作变化。选择“背景拷贝 2”，使用魔棒工具，单击靠河流边缘的带状草地区域，建立如图 11-10 所示的选区。

07 单击“背景拷贝 2”前面的眼睛按钮，将其隐藏。

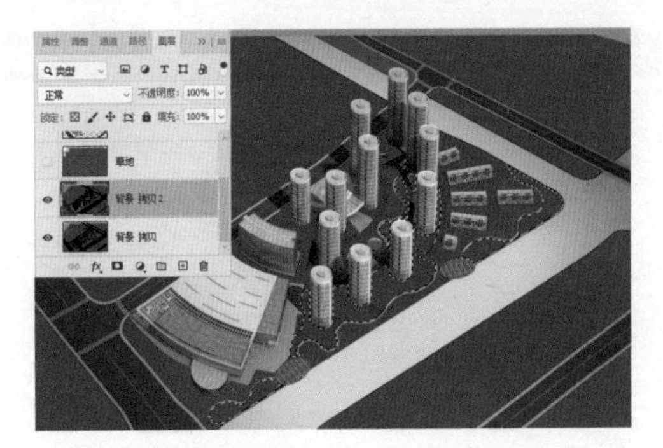

图 11-10　背景拷贝 2 选区示意图

08 切换到“草地”图层。按 Ctrl+B 快捷键，快速打开【色彩平衡】对话框，设置选区内草地的高光参数和中间调参数，分别如图 11-11 和图 11-12 所示。

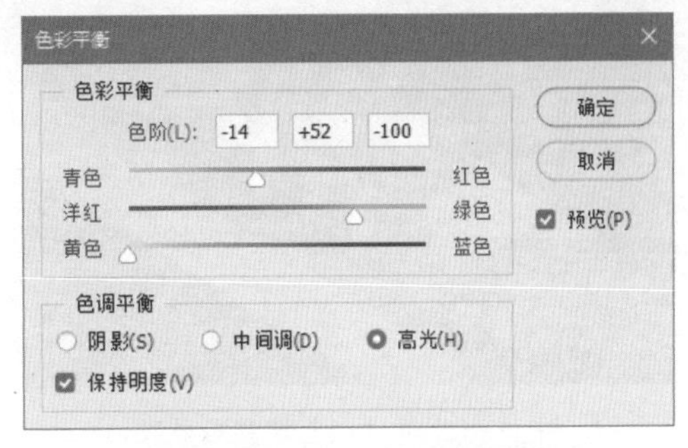

图 11-11　设置高光参数

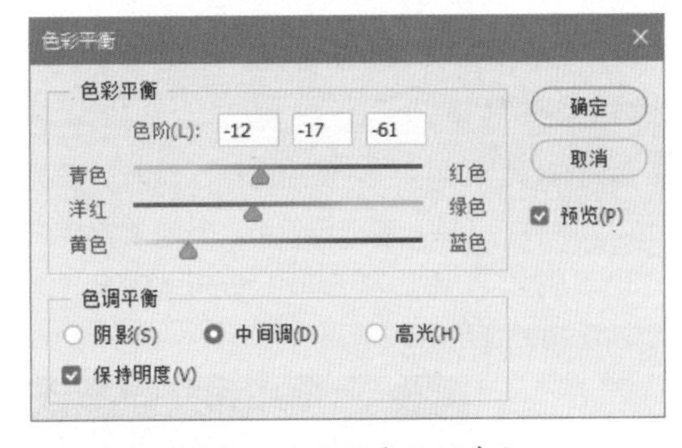

图 11-12　设置中间调参数

09 按 Ctrl+Shift+I 组合键，反向建立选区，设置另外的草地的高光和中间调的参数，如图 11-13 和图 11-14 所示。

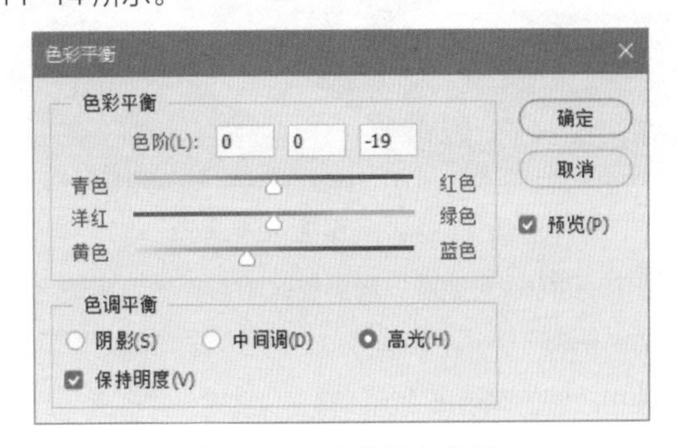

图 11-13　设置高光参数

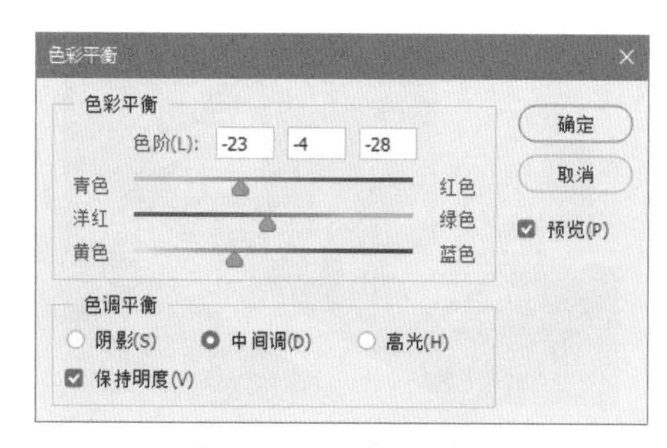

图 11-14 设置中间调参数

10 草地颜色进行调整后效果如图 11-15 所示。

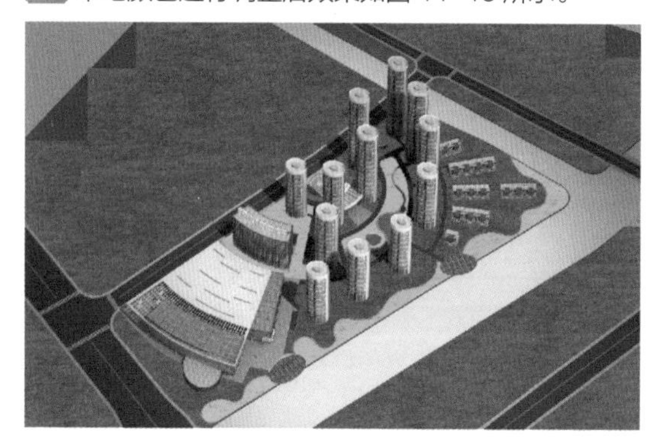

图 11-15 草地颜色调整后效果

11 从图 11-15 可以看出，草地的层次虽然体现出来了，但是建筑物在草地上的投影部分被遮盖了。现在就来给草地制作阴影。

12 首先选择“图层 1”，使用魔棒工具，设置容差为 1，取消“连续”复选框勾选，并设置取样大小为“3×3 平均”，然后单击草地上的投影部分，建立选区如图 11-16 所示。

图 11-16 阴影选区示意图

13 按 Ctrl+J 快捷键，拷贝选区阴影部分，重命名图层为“阴影”。

14 更改图层混合模式为“强光”模式，“不透明度”更改为 60% 左右，效果如图 11-17 所示。

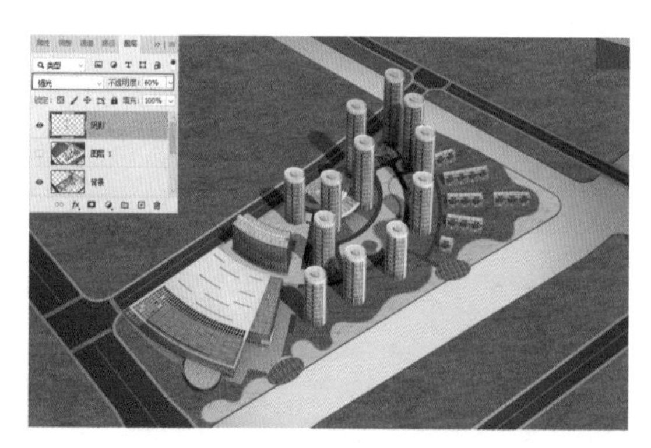

图 11-17 阴影效果

15 制作间隔色草地，最后效果如图 11-18 所示，下面讲解具体方法。

图 11-18 间隔色草地效果

16 选择“草地”图层。使用矩形选框工具，在深色草地区域，随意绘制一个矩形选框。按 Ctrl+J 快捷键，拷贝一块深色草地。按 Ctrl+B 快捷键，在【色彩平衡】对话框中调整草地颜色，参数设置与图 11-13 和图 11-14 所示一致。

17 按 Ctrl+T 快捷键，变换得到如图 11-19 所示的条状草地。

图 11-19 条状草地

18 按 Ctrl+J 快捷键，拷贝条状草地。按 Ctrl+T 快捷键，根据扇形屋顶的透视关系变换变形条状草地，如图 11-20 所示。

图 11-20　变换变形条状草地

19 以此方法制作剩下的草地，最后合并所有条状草地图层，重命名为“间隔色草地”，效果如图 11-21 所示。

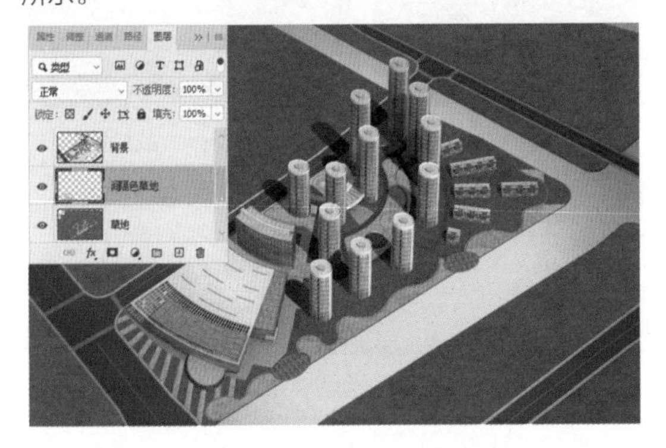

图 11-21　合并条状草地图层

11.1.2　路面处理

01 选择“背景拷贝 2”图层，使用魔棒工具，单击图层中蓝色区域，如图 11-22 所示。

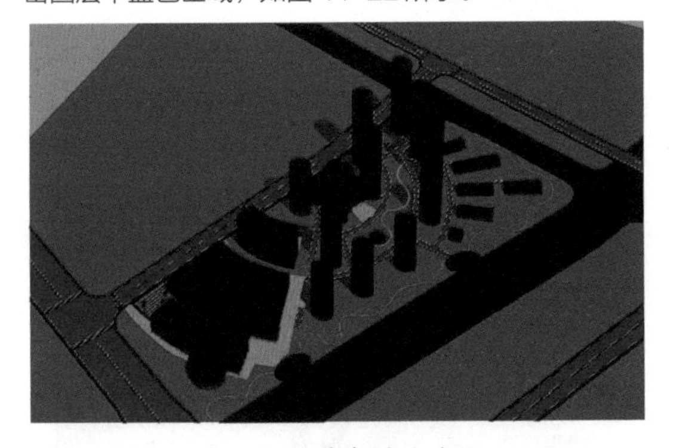

图 11-22　蓝色道路选区

02 单击“背景拷贝 2”图层前面的眼睛按钮，将其隐藏。再切换到“背景”图层，按 Ctrl+J 快捷键，拷贝道路至新的图层，重命名该图层为“路面”。

03 按 Ctrl+J 快捷键，再拷贝一份“路面”图层。按住Ctrl键，单击图层缩览图，将路面全选，然后执行“滤镜”|“杂色”|“添加杂色”命令，效果如图 11-23 所示。

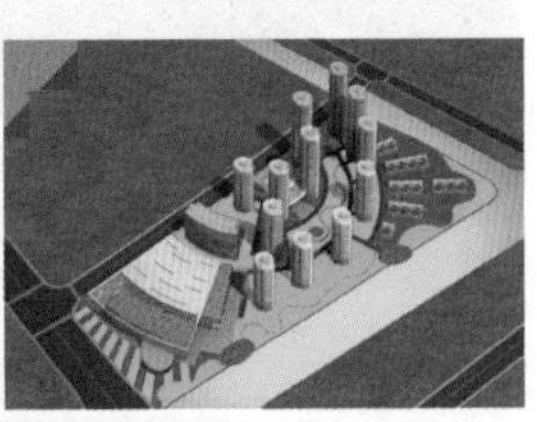

图 11-23　添加杂色及效果

接下来利用“加深”工具以及“减淡”工具对路面进行处理，模拟路面的真实效果。工具的参数设置介绍如下。

04 使用加深工具，设置“强度”为 30% 左右，范围选择“阴影”，如图 11-24 所示。对路面的中间位置以及边缘进行加深处理。按住 Shift 键不放，在起始点单击鼠标，再在结束点单击鼠标。

图 11-24　设置加深工具 参数

05 使用减淡工具，设置“强度”为 80% 左右，范围选择“高光”，如图 11-25 所示。

图 11-25　设置减淡工具参数

06 路面颜色偏蓝、偏暗，所以也要对其颜色进行调整。首先按 Ctrl+M 快捷键，快速打开【曲线】调整对话框，将控制曲线调整至如图 11-26 所示的形状。

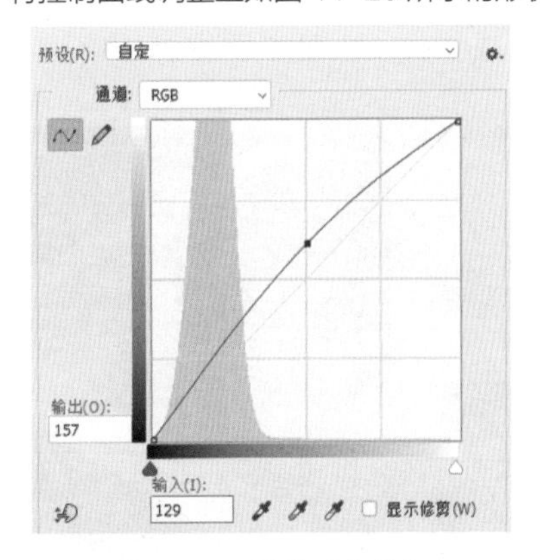

图 11-26　调整“曲线”

07 对路面车轮经过的区域进行减淡处理。同样按住 Shift 键不放，在起始点单击鼠标，再在结束点单击鼠标，效果如图 11-27 所示。

图 11-27 路面加深减淡效果

08 按 Ctrl+B 快捷键，快速打开【色彩平衡】对话框，调整参数如图 11-28 所示。

色彩平衡
色彩平衡
色阶(L): 0 0 -21
青色 红色
洋红 绿色
黄色 蓝色
确定
取消
预览(P)
色调平衡
阴影(S) 中间调(D) 高光(H)
保持明度(V)

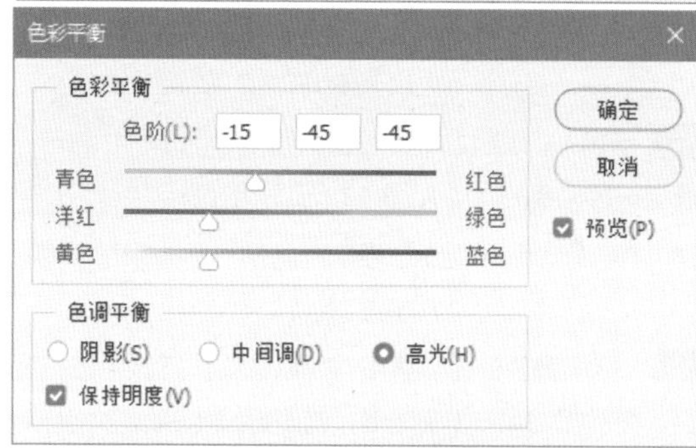

图 11-28 设置“色彩平衡”参数

09 最后道路效果如图 11-29 所示。

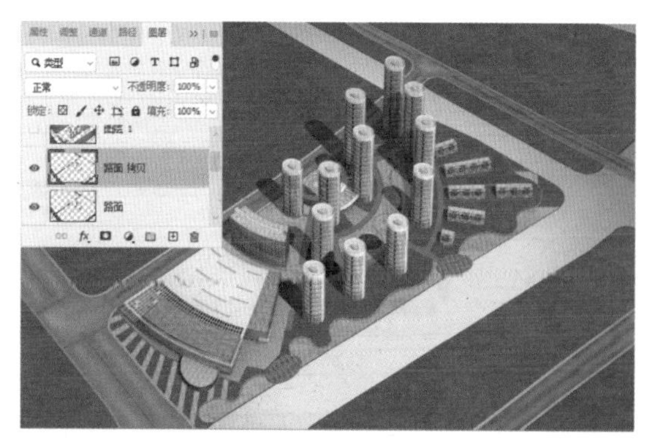

图 11-29 道路效果

11.1.3 制作水面

01 首先使用魔棒工具，将“容差”设为 10 左右，如图 11-30 所示。

图 11-30 设置“魔棒工具”参数

02 单击“背景”图层中水面部分，直到水面全部选中，如图 11-31 所示。按下 Ctrl+J 拷贝水面至新的图层，重命名图层为“水面”。

03 按 Ctrl+O 快捷键，打开配套资源给定的水面素材，如图 11-32 所示。

图 11-31 建立选区

图 11-32 水面素材

04 使用套索工具，将水面波纹比较细腻、颜色比较浅的部分选取，如图 11-33 所示。

05 按 Shift+F6 快捷键，打开【羽化选区】对话框，将羽化半径设为 20，如图 11-34 所示。单击“确定”按钮，关闭话框。按下 Ctrl+J 快捷键，拷贝水面素材。

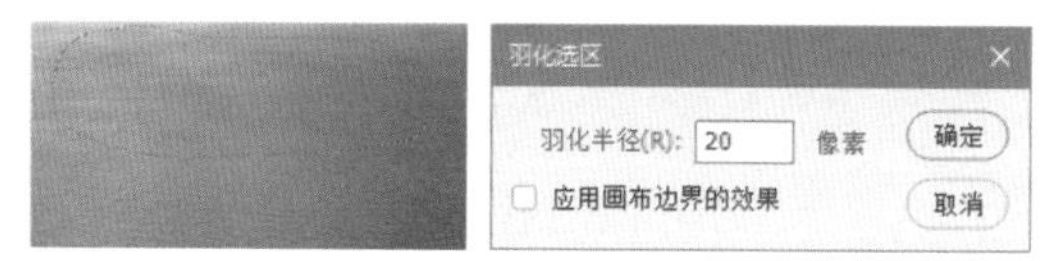

图 11-33 选取素材局部　图 11-34 设置参数

06 将拷贝的水面素材移动复制到当前操作窗口，将其置于“水面”图层的上方。

07 执行“图层”|“创建剪贴蒙版”命令，隐藏多余的水面，移动水面素材到合适的位置，制作横向河流水面效果，如图 11-35 所示。

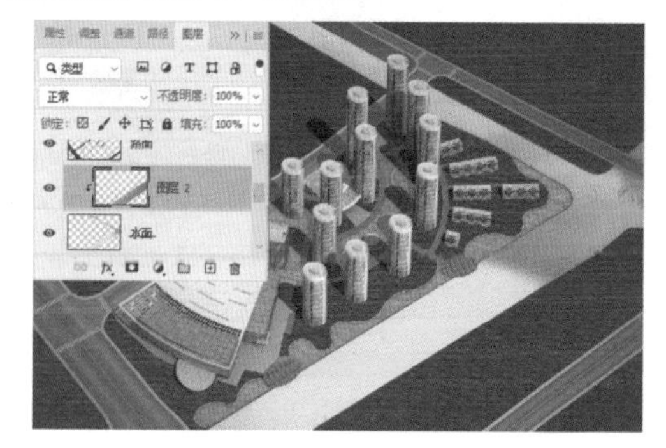

图 11-35 添加横向河流水面效果

08 按 Ctrl+J 快捷键，拷贝一层。按 Ctrl+T 快捷键，进入变换模式。右击鼠标，选择“垂直翻转”命令，制作纵向河流的水面效果，如图 11-36 所示。

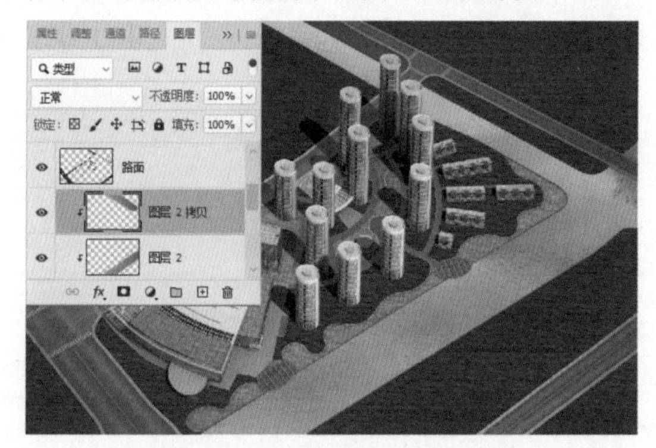

图 11-36 添加纵向河流水面效果

11.1.4　制作背景

01 按 Ctrl+Shift+N 组合键，新建一个图层。设置前景色为 #edf6e6。按 Alt+Delete 快捷键，快速填充前景色。

02 切换到“草地”图层。使用橡皮擦工具，设置参数如图 11-37 所示。擦除边缘部分，注意擦除的时候要随意，保证边缘线条流畅就可以了。

图 11-37 设置橡皮擦参数

03 执行“滤镜”|“锐化”|“USM 锐化”命令，将背景进行锐化处理，背景的最后效果如图 11-38 所示。

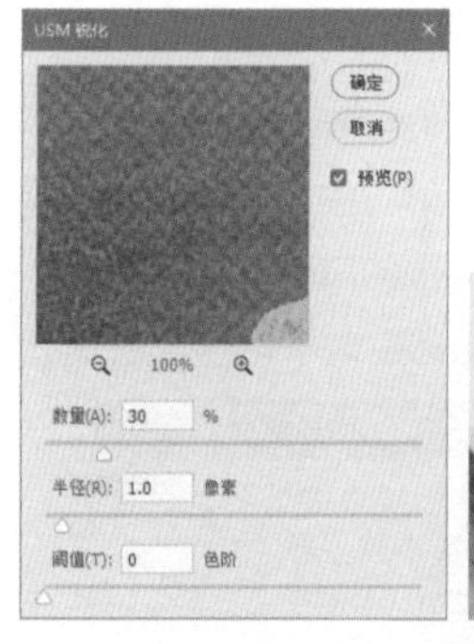

图 11-38 背景的最后效果

至此，住宅小区鸟瞰图的大体关系就基本确定了，接着就是细节的处理。这是一个小区的鸟瞰图，它和厂区的鸟瞰图做法不同。小区的树种可以更丰富，可以间杂种植花丛、灌木等，表现形式比较自由，强调的是一种葱茏、茂盛的感觉，给人清新、舒适、温馨之感。

11.1.5　种植树木

种植树木同样是有先后顺序的，一般而言，先种植周边的树木，我们称之为“行道树”，然后种植较大的树，然后种植小一些的树，最后种植灌木、花丛。

01 按 Ctrl+O 快捷键，打开配套资源给定的行道树素材，如图 11-39 所示。

图 11-39 行道树素材

02 将其移动复制到当前效果图的操作窗口，调整树木的高度，并沿道路种植，如图 11-40 所示。

在种植树木的时候，有时候会遮挡建筑，那么先要将这些地方用选择工具选出来，然后删除，使被遮挡的建筑露出来。

图 11-40 种植行道树

03 按 Ctrl+O 快捷键，继续打开配套资源给定的树木素材，如图 11-41 所示。

图 11-41 树木素材

04 选择第一种树木，种植在如图 11-42 所示的位置。

图 11-42 种植第一种树木

05 选择第二种树木，种植在如图 11-43 所示的位置。

图 11-43 种植第二种树木

06 选择黄色的树木，间隔地种在绿色树木之间，起到点缀作用，丰富画面的颜色，如图 11-44 所示。

图 11-44 种植黄色树木

07 照此方法，种植其他的树木，种类相同的树木尽量放在一个图层里，这样便于后面的调整，树木种植布局效果如图 11-45 所示。

图 11-45 树木种植效果

08 接下来种植建筑中间道路的行道树。同样打开“行道树”素材，如图 11-46 所示。

图 11-46 行道树素材

09 中间部分是全图的核心部分，里面的树木比周边的树木要显得更为真实，在这里我们主要通过调整树木颜色来表现中间的行道树的真实。

10 按 Ctrl+B 快捷键，打开【色彩平衡】对话框，设置“高光”参数如图 11-47 所示。这样调整后，树木顶端的高光部分的颜色会变得偏黄，像是阳光照射到树顶产生的效果。

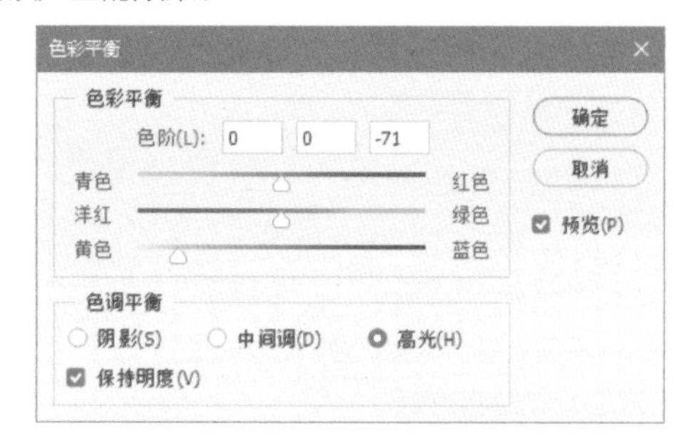

图 11-47 设置高光参数

11 同样的方法，设置行道树的“中间调”，使整棵树的颜色也偏黄，这样既与周围的其他树木区分开，又使树木的层次更清晰，参数设置如图 11-48 所示。

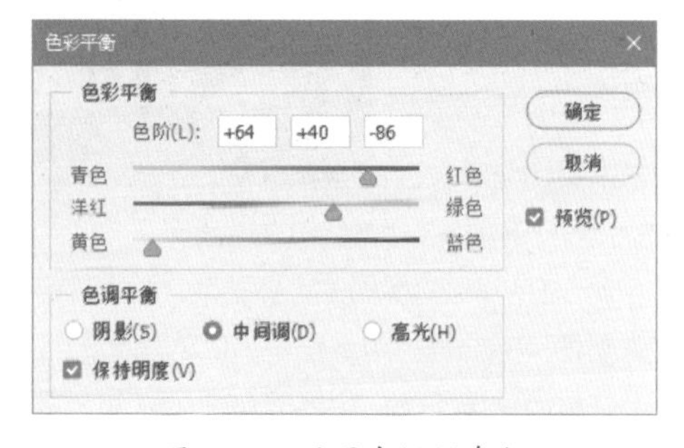

图 11-48 设置中间调参数

12 调整效果如图 11-49 所示。

13 将行道树移动复制到当前操作窗口。按 Ctrl+T 快捷键，调整树木的大小，沿着建筑物之间的道路种植行道树，如图 11-50 所示。

图 11-49 调整效果

11-50 种植中间行道树的效果

14 调整树木的层次。较高树木所在的图层一般在较矮树木所在的图层上面，这样树木遮挡的层次效果才真实。刚开始种植树木的时候，不需要太注重细节，先将树大致地种好，最后再检查树木遮挡建筑的情况。如图 11-51 所示，有些树就种到建筑上面了，很明显要将其删除。

图 11-51 建筑上的树

15 使用多边形套索工具，将建筑的轮廓勾勒出来。然后使用移动工具，将其置于种在建筑上的树木上面。单击鼠标左键，选择该树木所在的图层，按下 Delete 键将其删除，效果如图 11-52 所示，同样的方法处理其他建筑上的多余树木。

图 11-52 删除建筑上的树木

11.1.6　给水面添加倒影

01 首先 Ctrl+O 快捷键，打开配套资源给定的倒影素材，如图 11-53 所示。

图 11-53 倒影素材

02 将倒影素材移动复制到当前操作窗口。按 Ctrl+T 快捷键，旋转倒影图像，使之与河岸平行，如图 11-54 所示。

图 11-54 旋转倒影 图像

03 更改图层的混合模式为“强光”。

04 使用橡皮擦工具，将边缘衔接生硬部分擦除，最后效果如图 11-55 所示。

图 11-55 倒影最后效果

11.1.7 制作周边环境

01 首先按 Ctrl+O 快捷键，打开背景素材，如图 11-56 所示。

图 11-56 背景素材

02 使用套索工具，绘制选区，并执行“羽化选区”的操作，将“羽化半径”设置为 100 像素，如图 11-57 所示。

图 11-57 羽化选区

03 将选区内的图像移动复制到当前操作窗口，置于“图层 2”下面。然后拖动光标，沿道路边缘复制，制作边缘植被茂盛的山体，如图 11-58 所示。

图 11-58 周边山体效果

04 制作云雾效果，如图 11-59 所示。

图 11-59 云雾效果

鸟瞰场景配景众多，难免会出现颜色和色调不协调的情况，此时应在图层面板的顶端添加颜色调整图层，统一整个图像颜色和色调。

05 单击调整面板上的色彩平衡按钮，创建色彩平衡调整图层。在属性面板上调整中间调，参数设置分别为“-6、0、+10”，选择“保留明度”选项，最后效果如图 11-60 所示。

图 11-60 住宅小区建筑鸟瞰图的最终效果

11.2 遗址景观鸟瞰图后期处理

鸟瞰图的类型很多，看起来纷繁复杂，做起来思绪容易混淆，其实不然。鸟瞰图的制作，最重要的是要把握思路和方法，无论是前面讲解的住宅小区鸟瞰图的处理，还是本节即将讲解的遗址景观鸟瞰图的后期处理都是一样的，处理前都要先确定好思路，这个思考的过程很重要。

首先看处理前后，效果对比，如图 11-61 所示。

通过完成效果图可以看出，鸟瞰图并不要求每一个细节都处理得细致入微，它强调的是大关系的把握。这里运用了抽象、虚化的背景来衬托整个大的场景，将视觉重点指向画面的中心建筑。建筑周围则以大量的树木和蜿蜒生动的水体加以着重刻画，在虚实的对比中，达到突出表现主体建筑的目的。

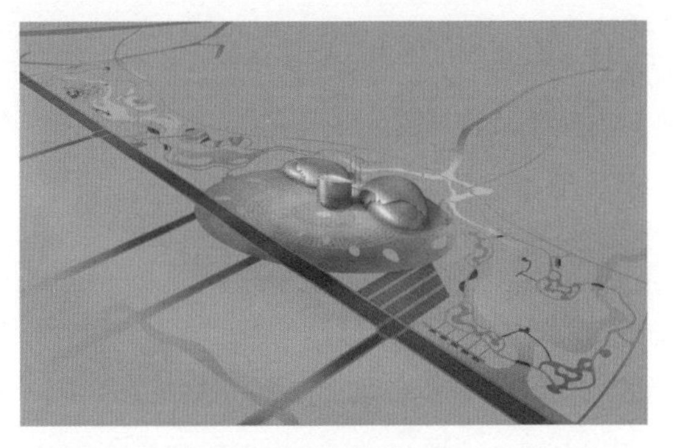

处理前

处理后

图 11-61 效果对比图

11.2.1　通道法分离背景

01 运行Photoshop软件，按Ctrl+O快捷键，打开“遗址景观鸟瞰图 .psd”的文件。

02 选择“窗口”|“通道”命令，打开通道面板。选择“Alpha 9”通道。按住 Ctrl 键，单击该通道，将其载入选区，如图 11-62 所示。

03 回到图层面板，选择“背景”图层，双击“背景”图层，将其转换为普通图层，得到“图层 0”。

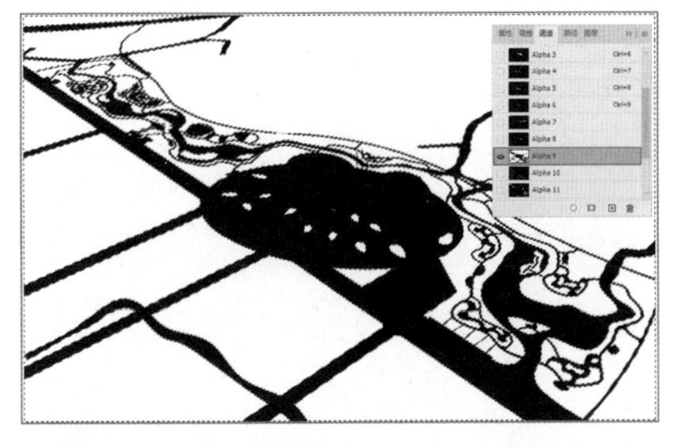

图 11-62 Alpha 9 通道 载入选区

04 按 Ctrl+Shift+J 组合键，将纯色背景剪切到一个新的图层，得到“图层 1”。调整图层的顺序，将“图层 1”置于底层，如图 11-63 所示。

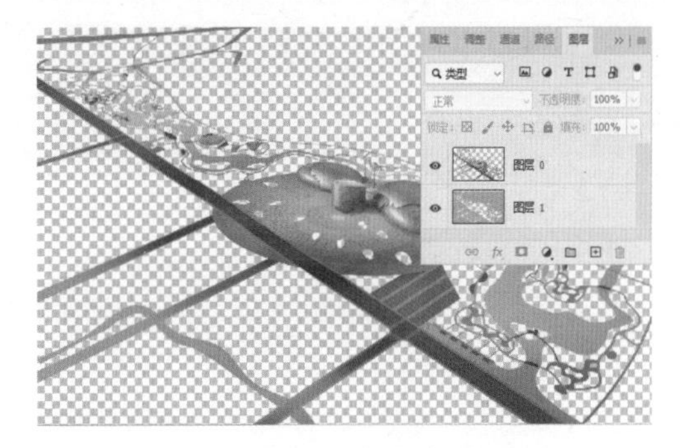

图 11-63 分离纯色背景到新图层

05 这样就将纯色背景和建筑主体进行了完整的分离，以便于后面的处理。

11.2.2　制作虚化的背景

01 按 Ctrl+O 快捷键，打开配套资源提供的平原背景素材，如图 11-64 所示。

图 11-64 平原背景素材

02 将该素材添加到效果图中，放置到合适的位置。由于该素材整体的颜色偏暖，而遗址景观鸟瞰图受俯视关系的影响，颜色一般偏冷和偏蓝，这里需要首先对素材的色彩进行细微的调整。

03 按 Ctrl+ B 快捷键，打开【色彩平衡】对话框，分别调整“中间调”和“阴影”参数，如图 11-65 和图 11-66 所示。

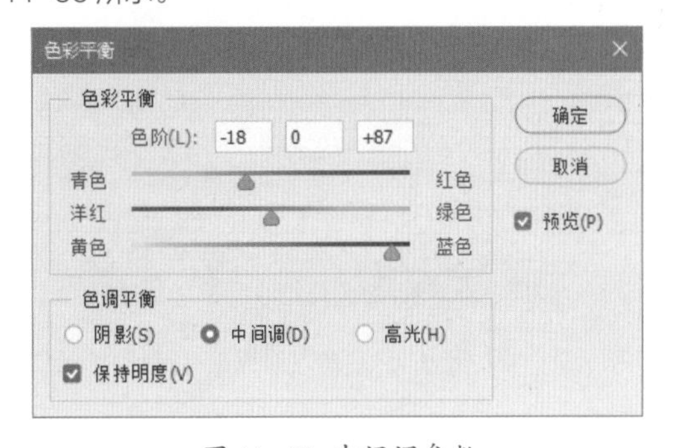

图 11-65 中间调参数

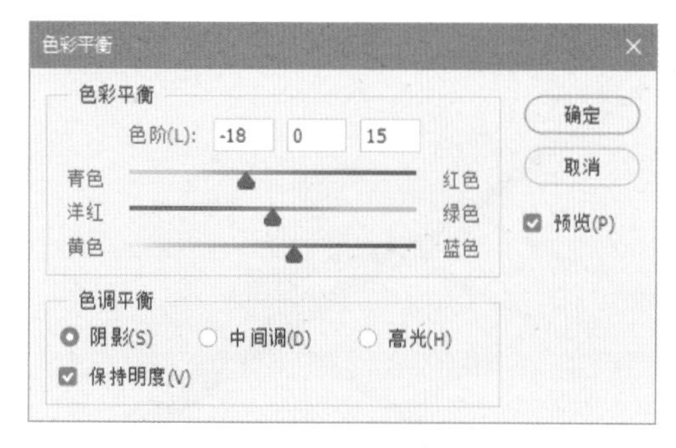

图 11-66 阴影参数

04 调整结果如图 11-67 所示。

图 11-67 调整色彩平衡后效果

05 将图像添加到效果图中，通过复制几个相同的图层，利用层叠的方法拼合背景，效果如图 11-68 所示。

图 11-68 添加背景图像

06 再将生硬的边缘接缝使用橡皮擦柔和地擦除，效果如图 11-69 所示。

图 11-69 整合背景

11.2.3 铺植草地

接下来要做的是给遗址主体建筑周边铺植草地，突出显示中心建筑部分。

01 按 Ctrl+O 快捷键，打开配套资源提供的“草地”素材，使用套索工具，选择草地部分，如图 11-70 所示。

02 按 Shift+F6 快捷键，打开【羽化选区】对话框，设羽化半径为 20 像素，如图 11-71 所示，然后复制、粘贴到效果图中。

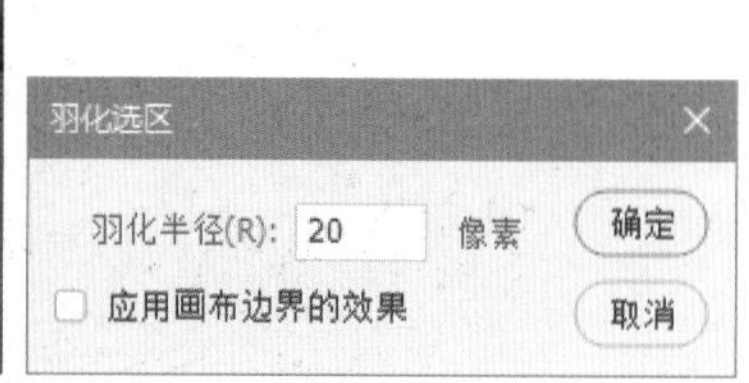

图 11-70 选择素材　　图 11-71 设置羽化参数

03 沿着主体建筑后面的水域曲线，铺植草地，效果如图 11-72 所示。

图 11-72 铺植草地

04 为了使草地看上去有亮光，这里需要对草地再进行处理。使用画笔工具，设置前景色为橘黄色，色值参数为 #fdc51a，绘制亮光如图 11-73 所示。

图 11-73 绘制亮光

05 更改图层的混合模式为“亮光”，降低图层的“不透明度”为 45%，效果如图 11-74 所示。

图 11-74 更改图层属性后效果

11.2.4　制作河流水面

水就像是一股灵气，蜿蜒地盘附在山体周围，自然而不加雕饰的姿态，再加上真实的水面效果表现，使得效果图灵动有致，颇有韵味。

06 按 Ctrl+O 快捷键，打开配套资源提供的水面素材，如图 11-75 所示。

图 11-75 水面素材

07 使用套索工具，选择水面部分，如图 11-76 所示。

图 11-76 选择 水面

08 按 Shift+F6 快捷键，打开【羽化选区】对话框，设羽化半径为 20 像素，如图 11-77 所示。

图 11-77 设置羽化参数

09 将水面素材全选、复制，然后粘贴到效果图中，水面素材和效果图的尺寸相差无几。

10 打开通道面板，将“Alpha 11”载入选区，建立选区如图 11-78 所示。

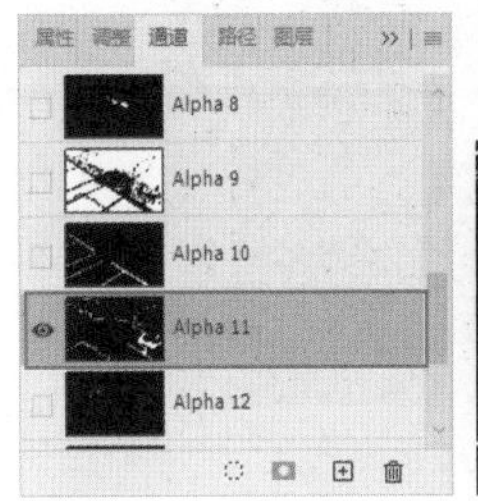

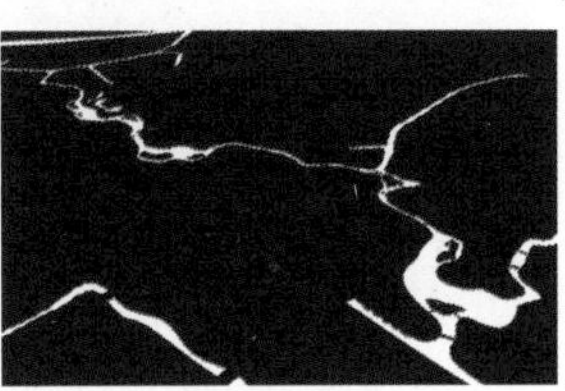

图 11-78 建立选区

11 切换到图层面板，建立水面选区如图 11-79 所示。

图 11-79 建立水面选区

12 选择水面素材所在图层，单击图层面板下方的“添加图层蒙版”按钮，将水面以外的区域进行隐藏，如图 11-80 所示。

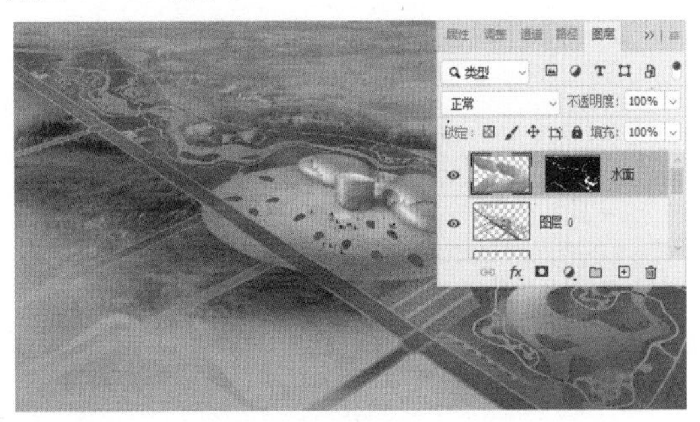

图 11-80 添加图层蒙版

13 取消图层和蒙版之间的链接，选择图层缩览图，移动图像使水面区域尽量显露出来。

14 使用套索工具，随意选取水面区域，以备制作没有被水面素材覆盖区域的水面效果。

15 按Shift+F6快捷键，打开【羽化选区】对话框，设置羽化半径为20像素，如图11-81所示。

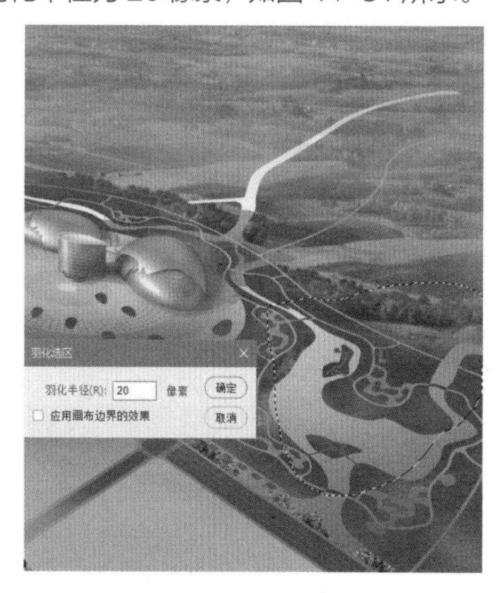

图11-81 建立羽化选区

16 按住Ctrl+Alt键，拖动光标在同一图层内复制水面素材，直到水面素材将整个河流区域覆盖，如图11-82所示。

图11-82 复制水面

17 按Ctrl+U快捷键，打开【色相/饱和度】对话框，设置参数如图11-83所示。调整水面的亮度、色相、以及饱和度，调整后效果如图11-84所示。

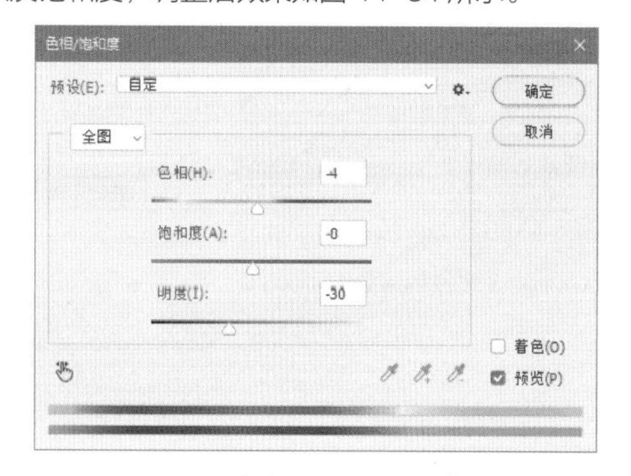

图11-83 “色相/饱和度”参数设置

图11-84 调整后效果

至此水面的处理基本完成，接下来开始对整体进行细节处理，主要是种植大量树木，制作植被茂盛的景象。

11.2.5 种植树木

01 首先打开树木素材，如图11-85所示。

图11-85 树木素材

02 选择树丛素材，将大范围的草地以树丛点缀，如图11-86所示。

图11-86 添加树丛素材

03 添加榕树和松树丛素材，如图11-87所示。

04 添加黄色的树木，使得树群的颜色多样化，如图

11-88 所示。

图 11-87 添加榕树松树丛素材

图 11-88 添加黄色树木

05 添加素材，将相同的素材合并在一个图层内，最后添加树木的效果如图 11-89 所示。

图 11-89 添加树木效果

11.2.6　最终调整

前期将效果图的大量工作完成之后，最后一步调整是必不可少的，这样可以纵观全图，对图像有一个整体的把握，同时这也是起到画龙点睛作用的一步。

1.　构图调整

有时候为了方便查看，在前期渲染模型的时候，会将周边区域多渲染一部分，经过后期处理之后，可以根据需要将多余的部分裁减掉，或者用黑色的边框遮挡起来。

01 按 Ctrl+Shift+N 组合键，新建一个图层。

02 使用矩形选框工具，建立选区，填充黑色，如图 11-90 所示。

2.　添加云雾效果

云雾效果在鸟瞰图中是经常用到的表现手法，这样可以将周边地区进行虚化表现，突出展示渲染主体，同时也符合鸟瞰的实际情况。

云雾效果的表现方法有两种，一种是直接添加云雾素材，另一种就是通过画笔绘制，再修改图层的“不透明度”来模拟云雾效果。

首先来讲用画笔绘制的方法制作云雾效果，这种方法是最常用的。

01 新建一个图层，设置前景色为橘黄色，色值参数为 #ffe8a7。

02 使用画笔工具，绘制形状如图 11-91 所示。

图 11-90 添加黑色边框

图 11-91 绘制形状

04 更改图层的混合模式为“颜色减淡”，“填充”值为 30%，效果如图 11-92 所示。

05 再新建一个图层，绘制形状如图 11-93 所示。

图 11-92 更改图层属性后效果

图 11-93 绘制形状

06 更改图层的混合模式为“颜色减淡”，“填充”值为17%，效果如图11-94所示。

图 11-94 更改图层属性后效果

07 同样的方法处理右侧的云雾效果，如图11-95所示。

图 11-95 云雾效果

3. 画面补充

由于鸟瞰图的可视范围较广，而在前期建模的时候往往只将主体建筑进行建模，有时候忽略了周围建筑。所以在后期处理的时候，为了简单地表达与周边建筑的关系，会使用虚拟建筑来概括。

01 打开虚拟建筑素材，如图11-96所示，将其添加到效果图中，如图11-97所示。

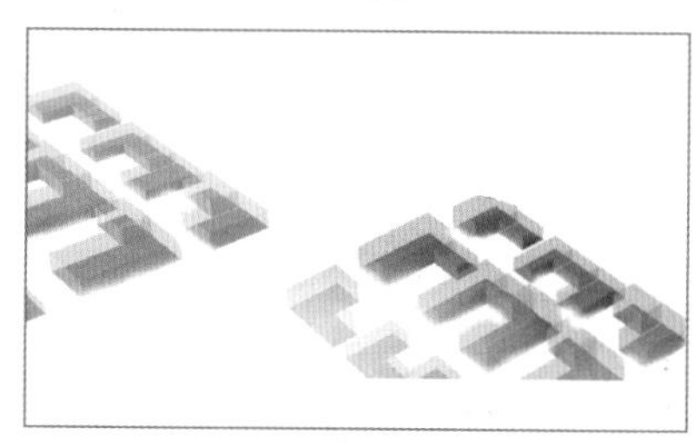

图 11-96 虚拟建筑

图 11-97 添加虚拟建筑

02 添加人物素材，按Ctrl+O快捷键，打开人物素材，如图11-98所示。

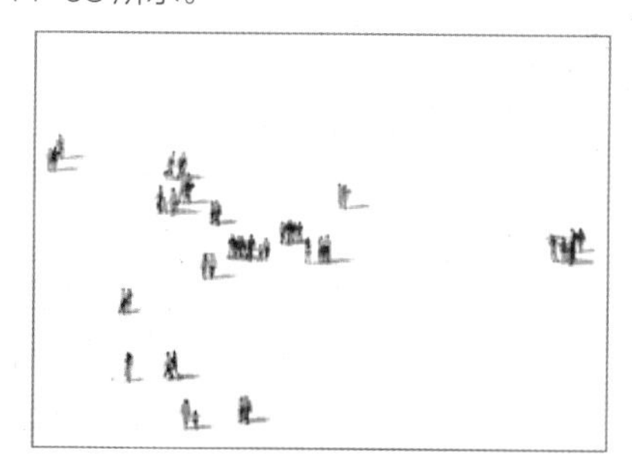

图 11-98 人物素材

03 将人物素材添加至遗址的中心广场，制造人群络绎不绝的景象，增强遗址景观的文化氛围，最后完成的遗址景观的效果完成如图11-99所示。

图 11-99 遗址景观效果图

第12章

特殊效果图后期处理

有些时候，为了表现建筑设计师的主观意识，更好地体现建筑风格，需要表达一种特殊的意境，让人们更真切地了解设计师对该建筑项目的设计构思，以使那些对常规表现方法不是很满意的甲方豁然一亮，这就是特殊建筑效果图。

本章将重点介绍建筑表现中常见的夜景、雪景、雨景等特殊效果图的制作方法。

12.1 特殊效果图表现概述

总的来说，特效效果图大致可分为两类：一类是为表现某种特定场景而制作的效果图，如夜景、雨景、雪景、雾天等特殊天气状况；一类是为了展示建筑物的特点，通过夸张的色彩、造型等内容来表现效果图。

如图 12-1 所示的民居效果图，为了体现江南民居的特色，采用了雨景的表现手法，粉墙黛瓦，烟云笼罩，建筑与环境自然融合，柔美的画面风格和淡雅的整体色调，展现出一幅雨中江南的美丽景象。

图 12-1 民建雨景效果图

如图 12-2 所示的建筑效果图，则为了展示建筑物的特点，通过夸张的色彩和简约、水墨画风格的配景，体现出该图书馆建筑的特色。

图 12-2 水墨画风格建筑效果图

如图 12-3 所示的建筑效果图则完全将画面作为山水国画来处理，既表现了建筑环境的特点，又体现了建筑自身的特色。

图 12-3 山水画风格建筑效果图

12.2 夜景效果图表现

夜景效果图在各种效果图中是效果最为绚丽的一种，是体现建筑美感的一种常见表现手段。夜景效果图的主要目的不在于表现出建筑的精确形状和外观，而是用于对建筑物在夜景的照明设施、形态、整体环境等内容进行展示。它能够很好地吸引人们的目光，可用于展示效果和销售推广，如图 12-4 所示为比较典型的夜景建筑效果图。

图 12-4 夜景效果图

本节以某高层写字楼为例，介绍夜景效果图的处理手法，如图 12-5 和图 12-6 所示为处理前后的效果。

图 12-5 3ds max 渲染图像

图 12-6 后期处理效果

12.2.1　分离背景并合并通道图像

01 按 Ctrl+O 快捷键，打开 3ds max 渲染输出的高层写字楼图像，如图 12-5 所示。该图像灯光和质感比较平淡，夜景气氛不够突出，需要在后期重点进行调整。

02 使用魔棒工具，在图像上单击深蓝色的背景，建立选区，如图 12-7 所示。

图 12-7 建立选区

03 执行“选择”|“反选”命令，反向建立选区，选择建筑及地面部分，如图 12-8 所示。

图 12-8 反向建立选区

04 按 Ctrl+J 组合键，将选区内的对象复制到一个新的图层，并重命名为“写字楼”，如图 12-9 所示。

图 12-9 创建并重命名图层

05 选择“写字楼”图层。按 Ctrl+L 快捷键，打开【色阶】对话框，将高光和暗调滑块向中间移动，整体增强图像的明暗对比，如图 12-10 所示。

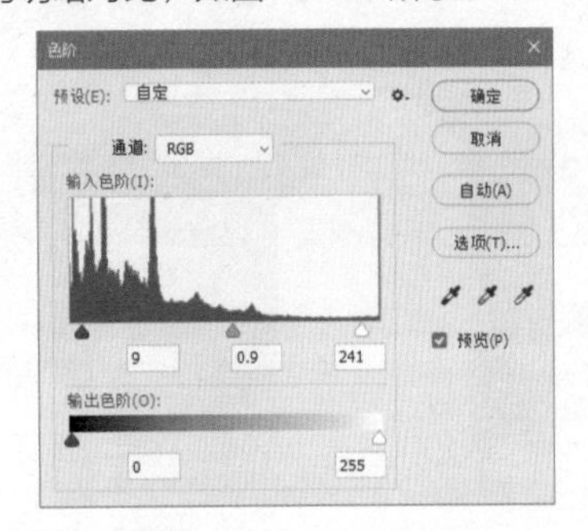

图 12-10 “色阶”调整

06 打开配套资源提供的“天空 01.jpg”图像，拖动复制到效果图窗口。按 Ctrl+T 快捷键，调整大小和位置如图 12-11 所示。为整幅夜景图像确定一个颜色基调，便于对建筑材质进行调整。

07 打开“天空 02.jpg”素材，将其拖动复制至“天空 01”图片的上方。更改图层的混合模式为“正片叠底”，设图层“不透明度”为 80%，得到如图 12-12 所示的颜色和色调都更为丰富的夜景天空效果。

图 12-11 添加天空背景

图 12-12 丰富天空效果

08 按 Ctrl+O 快捷键，打开配套资源提供的“写字楼通道.tga”文件，如图 12-13 所示。

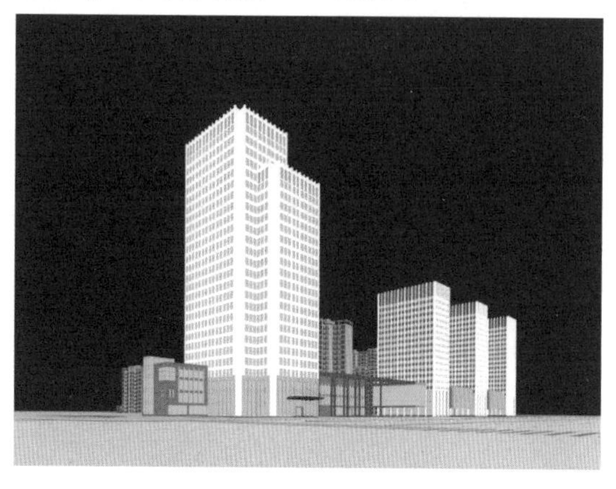

图 12-13 打开通道文件

09 按住 Shift 键，将通道图像拖动到效果图的窗口。在图层面板中调整图层的位置，并重命名为“通道”，如图 12-14 所示。

图 12-14 重命名图层

12.2.2 墙体材质调整

3ds max 渲染输出的写字楼图像亮面和暗面的对比不够突出，使整幅效果图缺少视觉冲击力。下面分别对建筑亮面和暗面进行调整。

01 选择通道图层，使用魔棒工具，在选项栏中设置参数，如图 12-15 所示。

图 12-15 设置参数

02 选择写字楼的墙体，建立选区如图 12-16 所示。

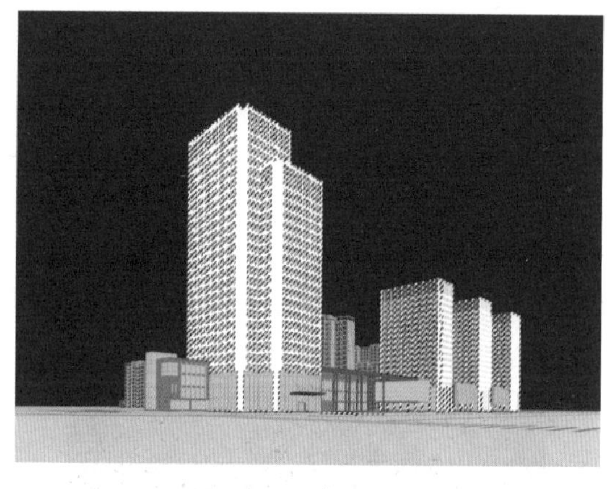

图 12-16 建立选区

03 选择“写字楼”图层，按 Ctrl+J 组合键，将选区内的墙体复制到一个新的图层，如图 12-17 所示。

04 重命名新图层为“墙体”，如图 12-18 所示。

图 12-17 分离墙体　　图 12-18 重命名图层

05 选择“墙体”图层，使用矩形选框工具，选择亮面墙体区域，如图 12-19 所示。

06 执行“图层”|“新建调整图层”|“曲线”命令，创建曲线调整图层。将控制曲线向上弯曲，如图 12-20 所示，自动生成一个调整图层蒙版。

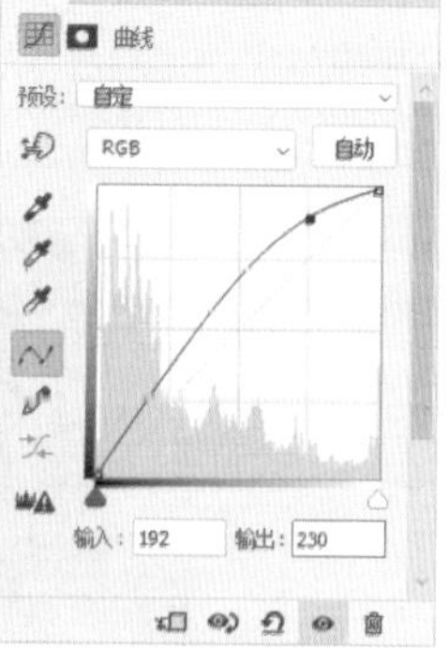

图 12-19 选择亮光墙体区域　　图 12-20 “曲线”调整

07 按 Shitf+Ctrl+G 键，创建剪贴蒙版，使曲线调整图层只对处于其下方的“墙体”图层产生影响。

08 使用渐变工具，在蒙版中从上至下填充黑白线性渐变，使墙体的亮度从上至下逐渐减弱，得到自然的退晕变化，如图 12-21 所示。

图 12-21 在蒙版中填充渐变

09 选择“墙体”图层。使用减淡工具，设置参数如图 12-22 所示。

图 12-22 设置参数

10 在右上角区域拖动光标，制作墙体的高光效果，如图 12-23 所示。

图 12-23 绘制高光

11 继续选择建筑的暗面墙体区域，执行“图层”|“新建调整图层”|“曲线”命令，在“曲线”属性面板上将曲线向下弯曲，如图 12-24 所示。降低暗面墙体的亮度，使之与亮面墙体形成强烈的明暗对比。

12 调整完毕后，关闭“曲线”属性面板，得到“曲线 2”调整图层，如图 12-25 所示。按 Ctrl+Alt+G 快捷键，创建图层剪贴蒙版，使其效果仅影响下方的图层。

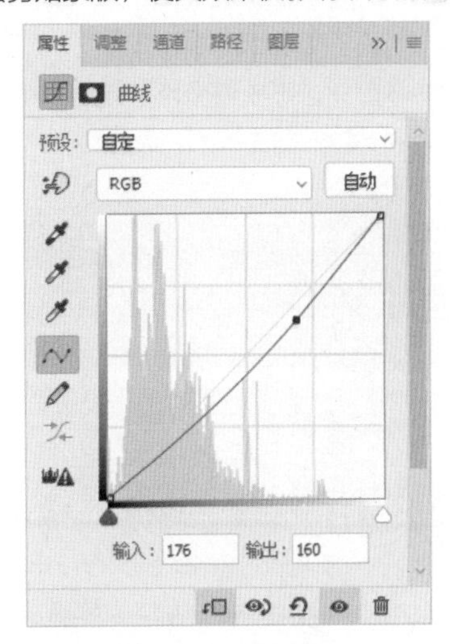

图 12-24 调整参数

图 12-25 创建曲线调整图层

13 使用同样的方法，调整右侧建筑的亮面和暗面墙体的材质，如图 12-26 所示。

图 12-26 调整右侧的建筑墙体

12.2.3 窗户玻璃材质调整

01 使用通道图像，将玻璃材质从建筑图像中分离，得到“玻璃”图层，如图12-27所示。

图12-27 分离玻璃材质区域

02 使用减淡工具，提高部分窗户玻璃的亮度，制作部分房间开启灯光，室内被照亮的效果，如图12-28所示，增强夜景的气氛。

图12-28 提高部分玻璃亮度

03 打开配套资源提供的商铺室内图片，将其拼接复制，覆盖写字楼第一层的区域，如图12-29所示。

图12-29 拼接商铺室内图片

04 调整图层的叠放次序，将室内商铺图片移动至窗户玻璃图层上方。按Ctrl+Alt+G快捷键，创建剪贴蒙版，玻璃外的室内图片被隐藏，得到第一层的室内效果，如图12-30所示，降低图层的“不透明度”为55%。

图12-30 创建剪贴组并设置图层属性

05 玻璃材质调整完成。

12.2.4 添加配景

01 首先添加写字楼后方的建筑楼群，再添加写字楼左侧夜景楼群如图12-31所示。

02 写字楼右侧夜景楼群和树林图像如图12-32所示，夜景场景树林图像应降低亮度和对比度。

图12-31 添加左侧配楼　图12-32 添加右侧配楼

03 继续添加写字楼前方的树木、灌木和路灯配景，如图12-33所示。路灯光晕可以使用Photoshop的画笔工具来绘制，只需分别选择“圆形”和“十字形”笔刷即可。

图12-33 添加植物、灌木和路灯

04 添加汽车和路面配景，降低汽车和路面的亮度，如图12-34所示。

图 12-34 添加汽车、路面配景

05 为了模拟出行驶汽车的灯光效果，在路面上添加配套资源提供的光束图像，设置图层的“不透明度”为 60%，如图 12-35 所示。

图 12-35 添加光束效果

06 最后添加人物图像，完成写字楼夜景的配景添加，如图 12-36 所示。人群具有引导视线的作用，画面中的人物涌向写字楼的入口，随着人群的动向将观众视线引向重点。

图 12-36 添加人物图像

12.2.5 最终调整

01 使用画笔工具，在选项栏中设置“不透明度”为 40%，设置前景色为 #eadac5，在写字楼一层位置涂抹，绘制一条光带，如图 12-37 所示。

图 12-37 绘制亮光

02 设置图层的混合模式为“颜色减淡”，“不透明度”为 30% 左右，模拟地面及写字楼一层被路灯照亮的效果，如图 12-38 所示。

03 在图层面板顶端新建一个图层。使用画笔工具，设置前景色为黑色，在画面底端绘制出树影效果，将视觉中心引向画面中心的建筑，如图 12-39 所示。

图 12-38 设置图层的属性

图 12-39 制作树影

04 选择图层面板顶端图层为当前图层，按 Ctrl+Alt+Shift+E 快捷键，合并所有图层。

05 执行“滤镜”|“模糊”|“高斯模糊”命令，设置“模糊半径”为 5 像素左右。

06 设置图层为“柔光”混合模式，设置“不透明度”为 50% 左右，如图 12-40 所示，使图像更加清楚，明暗变化更为丰富。

图 12-40 添加柔光图层

07 夜景写字楼后期处理全部完成。

12.3 雪景效果图表现

为了表现下雪这一特殊场景，极力展现建筑效果图的美感，这里学习雪景表现常用的两种手法，一种是利用雪景素材合成法，另外一种是利用快捷制作积雪的方法制作雪景效果图。

12.3.1 素材法合成雪景效果图

以“一叶轻舟”为例，在动手制作雪景效果图之前，先来看处理前后效果对比，如图 12-41 和图 12-42 所示。

图 12-41 处理前

图 12-42 处理后

从效果图可以看出这是一个临近水面的仿古建筑，在这里以雪景来进行表现，展现的是一幅唯美的雪景效果图。

1. 大关系调整——添加天空、水面部分

01 运行 Photoshop 软件，按 Ctrl+O 快捷键，打开“一叶轻舟”的文件，如图 12-41 所示。

02 选择魔棒工具，选择白色背景，建立选区。执行“选择”|“反选”命令，反方向建立选区。按 Ctrl+J 组合键，将选区内的建筑复制到一个新图层，如图 12-43 所示。

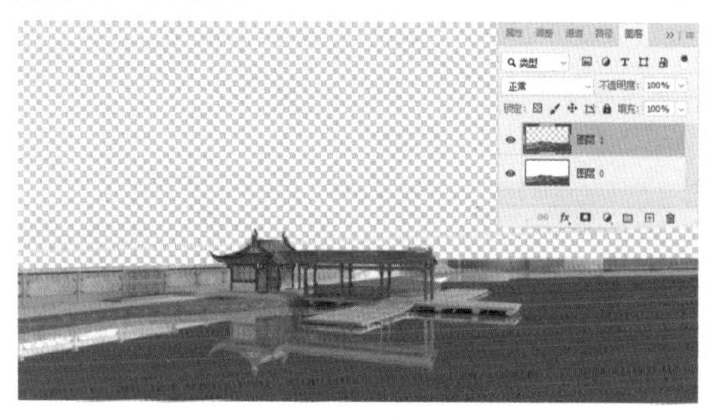

图 12-43 分离建筑与背景

03 继续打开背景素材，如图 12-44 所示。背景颜色以蓝灰色调为主，符合雪景的天空效果，同时又有水面，正好符合效果图的规划。

04 按 Ctrl+A 快捷键，全选素材。再按 Ctrl+C 快捷键，对选区内的图像进行复制。回到当前效果图的操作窗口，按 Ctrl+V 快捷键进行粘贴。将该素材添加到效果图中，移动图层至“建筑模型”图层的下方，添加效果如图 12-45 所示。

图 12-44 湖面素材

图 12-45 添加天空背景

由于水面和天空分属两个层，一个在建筑模型的前方，一个在建筑模型的后方，我们可以使用两张图像来制作水面和天空相接的效果，但是却保留了建筑原型。

在添加天空素材的时候，注意将素材的地平线和建筑模型的地平线对齐，这样场景会更真实。

05 将湖面素材再次粘贴，将水面部分和效果图的水面部分进行大概对齐。然后选择“窗口”|“通道”命令，打开通道面板，如图 12-46 所示。

06 选择“Alpha 6”通道，按住 Ctrl 键，单击该通道缩览图，将其载入选区，如图 12-47 所示。

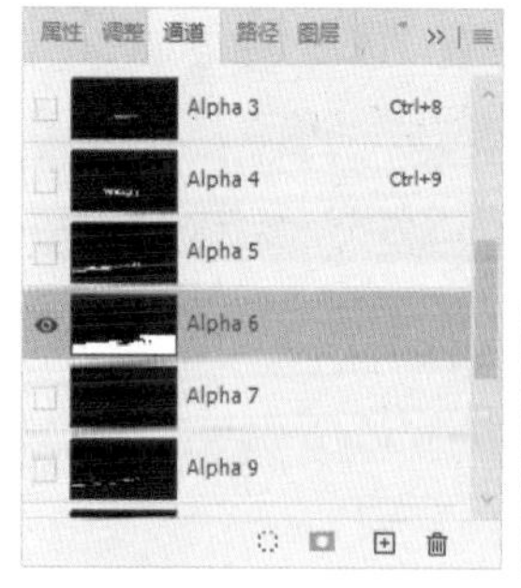

图 12-46 通道面板

图 12-47 建立通道选区

07 切换到图层面板，选择“图层 2”。单击图层面板下方的“添加图层蒙版”按钮，将水面多余的部分进行隐藏，如图 12-48 所示。

图 12-48　添加图层蒙版

这样水面和天空就添加完成，接下来处理周边环境细节部分。这里需要找到一些雪景素材，根据效果图的透视关系，进行整合，使其合成为一体，形成一幅雪景图画。

2.　雪景合成

01 按 Ctrl+O 快捷键，打开配套资源提供的雪景素材，如图 12-49 所示。

图 12-49　雪景素材

02 依据从远到近的顺序添加素材，首先添加远景树，选择树群素材，如图 12-50 所示。

图 12-50　远景树群

03 将该素材添加至如图 12-51 所示的位置，制作水面尽头若隐若现的树群效果，这样做可以加强效果图的景深效果。

图 12-51　添加远景树

04 展开通道面板，将“Alpha 2”载入选区。将亭子部分进行选择，然后按 Ctrl+Shift+I 组合键，反向选择选区。单击图层面板下方的“添加图层蒙版”按钮 ，将亭子以内的远景素材进行隐藏，效果如图 12-52 所示。

图 12-52　添加图层蒙版

05 按 Ctrl+T 快捷键，调用“变换”命令，调整素材的大小比例。按住 Ctrl 键，调整左侧的透视关系，将左侧中间的控制点往下轻微拖动，如图 12-53 所示。

06 按下 Enter 键应用变换。

图 12-53　调整素材大小

07 为了方便排列图层的顺序，在这里首先将亭子和径墙部分单独分离出来。打开通道面板，将“Alpha 2”载入选区，可以看到这里只包含了亭子选区，如图 12-54 所示。

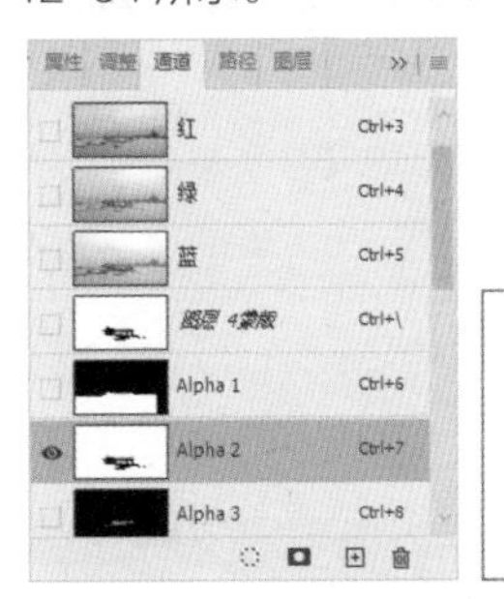

图 12-54　建立选区

08 切换到图层面板，选择“图层 1”，按 Ctrl+J 快捷键，拷贝亭子部分，得到一个新的图层，重命名为“亭子”，如图 12-55 所示，这样就把亭子作为单独的部分被分离了。

图 12-55 分离亭子部分

09 切换到通道面板，选择“Alpha 6”通道，将其载入选区，如图 12-56 所示。

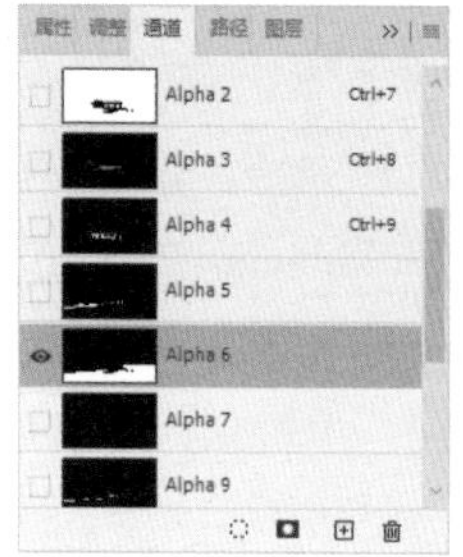

图 12-56 载入选区

10 再回到图层面板，选择“图层 1”，将选区内的内容拷贝至新的图层中，重命名图层为“水面”，如图 12-57 所示。

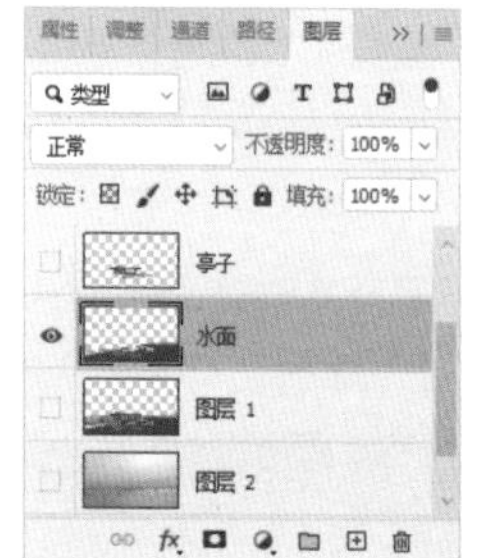

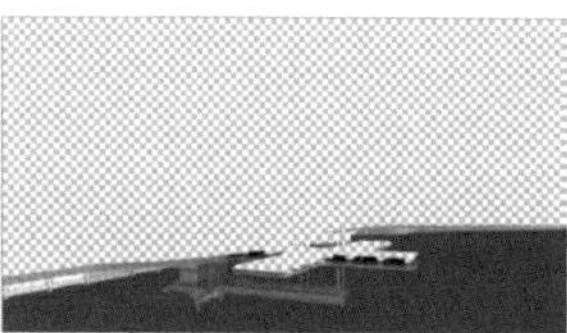

图 12-57 分离水面

11 将“水面”载入选区，如图 12-58 所示。

图 12-58 将水面载入选区

12 按 Ctrl+Shift+I 组合键，反向建立选区，选择亭子和后面的陆地部分，如图 12-59 所示。

图 12-59 反向建立选区

13 再回到“图层 1”，拷贝图像，分离亭子和陆地部分，如图 12-60 所示。

图 12-60 分离图形

14 按住 Ctrl 键，单击“亭子”图层的缩览图，将其载入选区。再按下 Delete 键，将新拷贝的图像中的亭子部分进行删除，这样就分别得到了“水面”“亭子”“径墙”单独图层，图层位置关系如图 12-61 所示。

图 12-61 图层的排列关系

15 选择如图 12-62 所示的雪景素材，添加到效果图中，制作左侧的积雪树木，如图 12-63 所示。

图 12-62 积雪树木素材

图 12-63 添加积雪树木素材

16 继续添加素材，如图 12-64 所示，将其添加至如图 12-65 所示的位置。

图 12-64 雪景素材

图 12-65 添加雪景素材

17 将该素材复制一层，按 Ctrl+T 快捷键，调用“变换”命令，将其缩小，继续丰富雪景场景，如图 12-66 所示。

图 12-66 继续添加雪景素材

18 最后左侧添加雪景效果如图 12-67 所示。

图 12-67 添加左侧雪景

接下来完善亭子、草地、以及水面上平板上的积雪效果。

19 选择“图层 1”，执行“选择”|“色彩范围”命令。打开【色彩范围】对话框，单击图 12-68 中吸管所示的位置，将绿地部分进行选择。

图 12-68 “色彩范围”参数

20 单击“确定”按钮，退出【色彩范围】对话框。

21 新建一个图层，填充白色，如图 12-69 所示。

图 12-69 填充白色

22 按 Ctrl+D 快捷键，取消选择。然后展开通道面板，将“Alpha 5”通道载入选区，如图 12-70 所示。

23 回到图层面板，按 Ctrl+Shift+I 组合键，反向建立选区，按下 Delete 键，删除多余的白色图像，如图 12-71 所示。

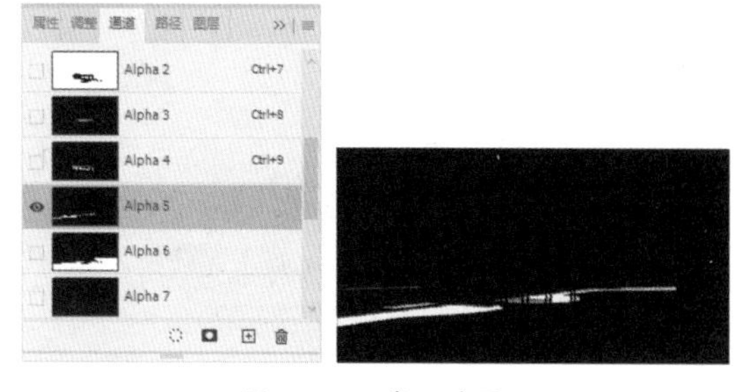

图 12-70 载入选区

图 12-71 删除多余白色图像

24 继续添加“雪景素材”里的河沿素材，如图 12-72 所示。

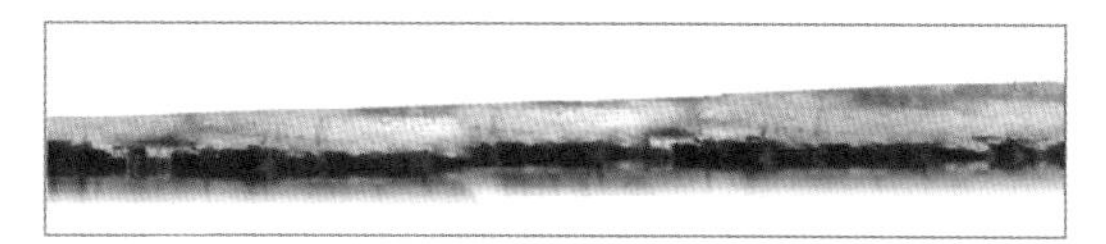

图 12-72 河沿素材

25 将其添加至绿地的边缘，沿着绿地的边缘，根据近大远小的规律，利用变换、变形制作河沿效果，如图 12-73 所示。

图 12-73 初步河沿的效果

26 合并河沿所在的图层。在通道面板中选择 Alpha2 通道，将其载入选区，如图 12-74 所示。

27 返回图层面板，执行“选择”|“反选”操作，反方向建立选区。选择河沿所在的图层，为其添加图层蒙版。

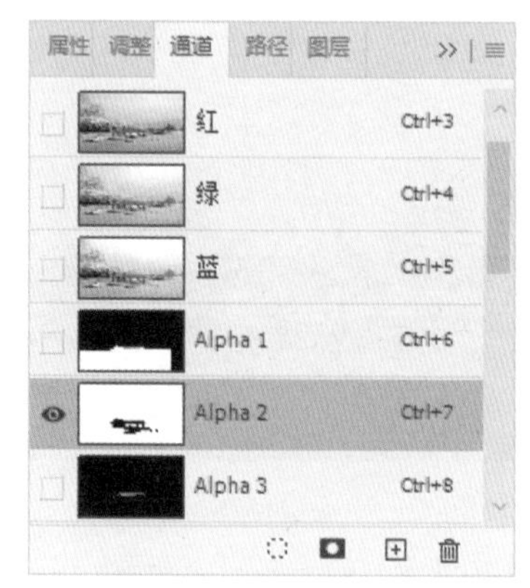

图 12-74 载入选区

28 最后将挡住亭子部分的河沿素材进行删除，效果如图 12-75 所示。

图 12-75 河沿效果

29 制作屋顶积雪效果，首先选择“亭子”图层，执行“选择”|“色彩范围”命令，打开【色彩范围】对话框。设置颜色容差为 37 左右，单击如图 12-76 所示的位置，选择屋顶部分瓦槽的深色区域，便于制作瓦槽的积雪效果。

图 12-76 颜色取样位置

30 单击“确定”按钮，得到选区。新建一个图层，填充白色，效果如图 12-77 所示。

图 12-77 屋顶积雪效果

31 将多余的白色积雪删除即可，同样的方法给水中的跳板制作积雪效果。

制作树冠的积雪效果，在执行“色彩范围”命令的时候，取样颜色选择高光部分。而在制作建筑物的积雪效果时，取样颜色选择顶部的深色阴影区域。如果取样时颜色不能选择完全，可以通过使用“添加到取样”的吸管，吸取更丰富的取样颜色。

32 选择“积雪”图层，调整积雪的颜色。按 Ctrl+U 快捷键，打开【色相 / 饱和度】对话框，设置参数如图 12-78 所示，将积雪的颜色调整为偏蓝色，与周围的环境色融为一体。

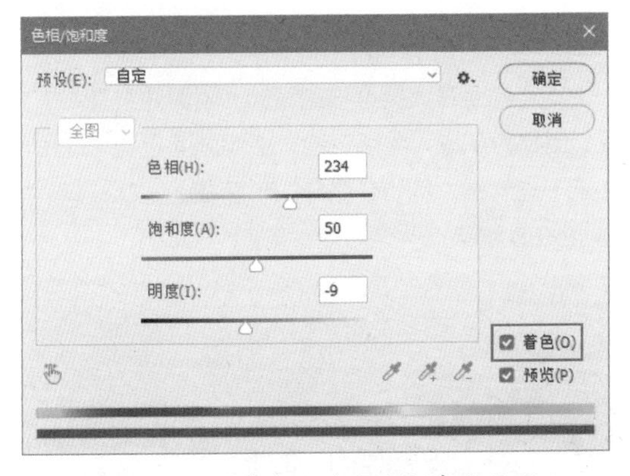

图 12-78 “色相 / 饱和度”参数设置

33 单击“确定”按钮，退出【色相 / 饱和度】对话框，效果如图 12-79 所示。

图 12-79 积雪效果

3. 制作飞舞的雪

飞舞的雪是雪景表现的一个关键部分，簌簌下落的雪花，不仅美化了画面，而且营造了强烈的雪景气氛，使设计构思能更好地通过画面来诠释。

01 按 Ctrl+Shift+N 组合键，新建一个图层，填充白色。

02 执行“滤镜”|“像素化”|“点状化”命令，参数设置如图 12-80 所示。

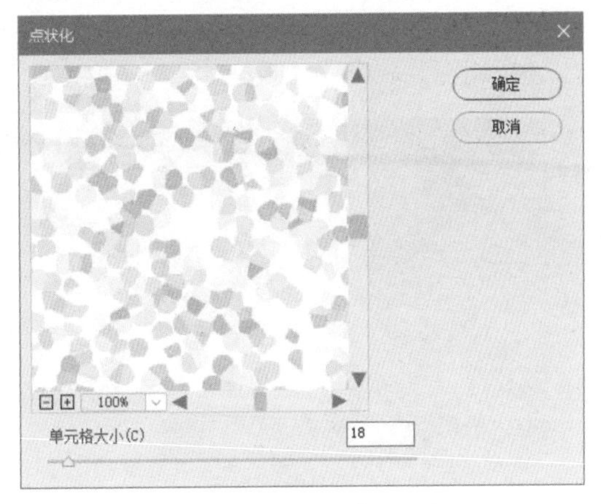

图 12-80 点状化参数设置

03 执行“图像”|“调整”|“阈值”命令，设置参数如图 12-81 所示。阈值的参数越大，雪花数目就会越多，反之越少。

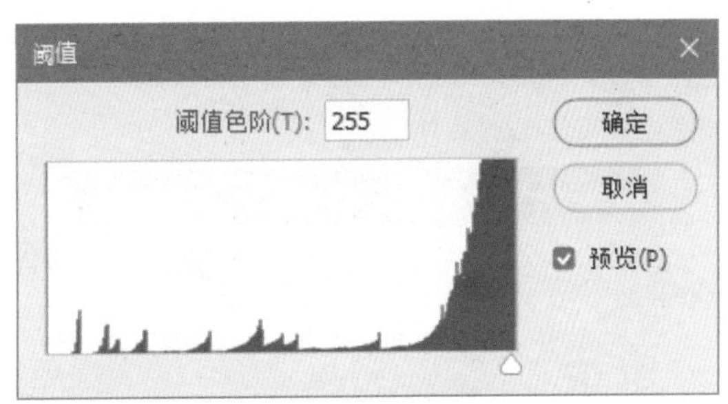

图 12-81 阈值参数

点状化的参数设置的越大，雪花就会越大，反之越小。

04 使用魔棒工具，设置“容差”为 0，如图 12-82 所示。

图 12-82 设置参数

05 单击图像中的黑色区域，将黑色区域进行选择。按 Ctrl+Shift+I 组合键，反向建立选区，将白色片状图像选取。

06 Ctrl+Shift+N 组合键，新建一个图层，填充白色，效果如图 12-83 所示。

图 12-83 雪花效果

07 执行“滤镜”|“模糊”|“高斯模糊”命令，设置参数如图 12-84 所示。

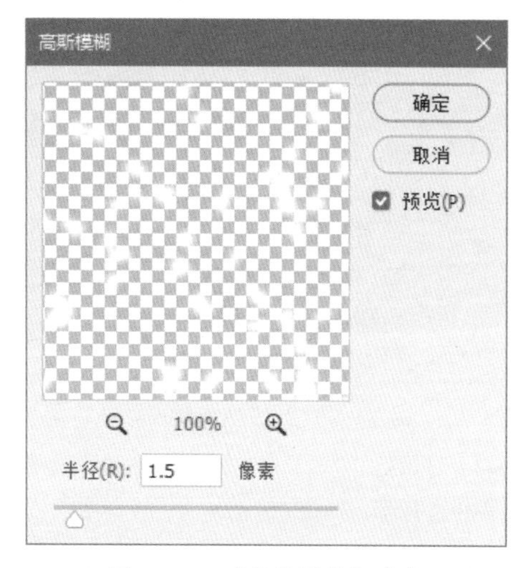

图 12-84 “高斯模糊”参数

08 然后再执行“滤镜”|“模糊”|“动感模糊”命令，参数设置如图 12-85 所示。

图 12-85 “动感模糊”参数

09 完成添加滤镜的操作之后，效果如图 12-86 所示。我们给片状的雪花给予了模糊和动感模糊的处理，使之看起来具有动感。

图 12-86 模糊处理后的雪花效果

10 为了突出表现主体，将视线引向中心，最后使用橡皮擦工具，将中心部分的雪花擦掉，使亭子部分很清晰的展现出来，如图 12-87 所示。

图 12-87 擦除中心的雪花效果

4. 调整

最后调整这一步，包含了画面的完善和补充，以及色彩的一些细微调整。

本实例通过大量素材的添加，画面效果基本上完成，但是为了融入生活气息，增添画面趣味，这里再补充一些素材，例如在静静的水面加上一叶轻舟，如图 12-88 所示。

图 12-88 添加小船

继续调整右侧的远景树群。距离较远的水面，尤其是雨大、或者雪天，都会有一层薄薄的雾气，阻挡我们的视线，营造朦胧气氛，这里我们来继续学习。

01 新建一个图层，设置前景色为浅蓝色，这里我们可以直接吸取天空的颜色。

02 选择边缘过渡柔和的画笔工具，沿着远山绘制雾气效果，如图 12-89 所示。

图 12-89 绘制雾气

03 更改图层的“不透明度”为 55%，效果如图 12-90 所示。

图 12-90 更改图层的属性

04 最后调整图像整体的颜色。单击图层面板下方的“创建新的填充或调整图层”按钮，在子菜单中选择“色彩平衡”选项，在色彩平衡属性面板上设置参数如图 12-91 所示。

05 按 Tab 键，隐藏所有面板，最后效果图如图 12-92 所示。

图 12-91 “色彩平衡”参数设置　图 12-92 色彩平衡效果

06 最后添加诗词，完成效果如图 12-93 所示。

图 12-93 一叶轻舟雪景效果图

到这里，一幅完整的雪景图就合成了，漫天飞舞的雪花增加了下雪的气氛，整个画面动静景结合，与之前的效果相比，已经是另一番趣味。

12.3.2 快速转换制作雪景

学习了用素材合成雪景，接着来学习直接将日景快速转化为雪景图，看看又是怎样的效果。

01 运行 Photoshop 软件，按 Ctrl+O 快捷键，打开“古建筑初始图 .psd”文件，如图 12-94 所示。

02 选择“树木”图层，执行“选择”|“色彩范围”命令，选取“树木”图层的高光区域，以备制作积雪效果，参数设置如图 12-95 所示。

图 12-94 古建筑初始图

图 12-95 “色彩范围”参数

03 单击“确定”按钮，得到选区。按 Shift+F6 快捷键，打开【羽化选区】对话框，设羽化半径为 2 像素如图 12-96 所示。

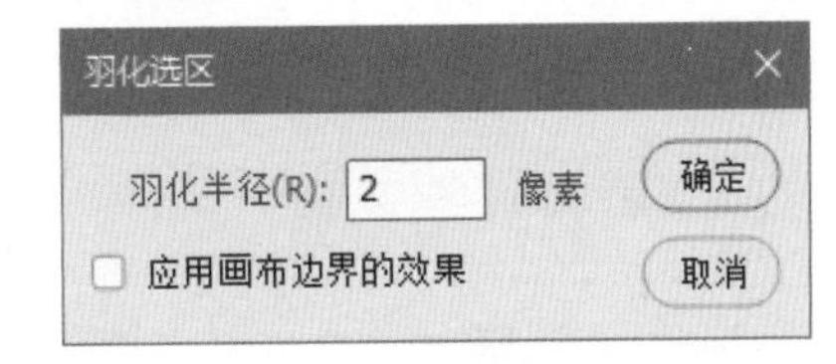

图 12-96 设置参数

04 按 Ctrl+Shift+N 组合键，新建一个图层，设置前景色为白色。按 Alt+Delete 快捷键，快速填充前景色，效果如图 12-97 所示。

图 12-97 填充白色

05 观察发现，除了景物部分全部被加上了积雪效果，湖面、建筑的窗户、走廊以及长廊部分一些不应该出现积雪的地方也出现了积雪效果。使用橡皮擦工具，将其擦除，最后效果如图 12-98 所示，一片银装素裹的景象就展现在眼前了。

图 12-98 擦除多余积雪

12.4 雨景效果图表现

雨景图的处理在后期处理中不常见，但是作为一类特殊效果图，有其独特的魅力，因而倍受青睐。一般而言，雨景图的出现，以江南水乡的民居建筑见多，它是江南一带天气特征的写照，以其独特的朦胧美感征服人的视觉。

雨景图的处理和雪景图的处理方法类似，但不尽相同。本节将讲述雨景的制作方法和技巧。

12.4.1 更换天空背景

01 运行 Photoshop 软件，按 Ctrl+O 快捷键，打开“江南民居 .psd”文件，如图 12-99 所示。

02 首先将天空用乌云密布的天空素材更换，继续按 Ctrl+O 快捷键，打开“乌云”素材，如图 12-100 所示。

图 12-99 打开文件

图 12-100 乌云素材

03 关闭原文件的天空背景，将乌云素材移动复制到当前操作窗口，如图 12-101 所示。

图 12-101 替换天空素材

04 调整原文件种的树木素材，使之与天空的颜色像协调，接近蓝绿色。按 Ctrl+B 快捷键，打开【色彩平衡】对话框，调整“中间调”和“高光”参数，如图 12-102 和图 12-103 所示。

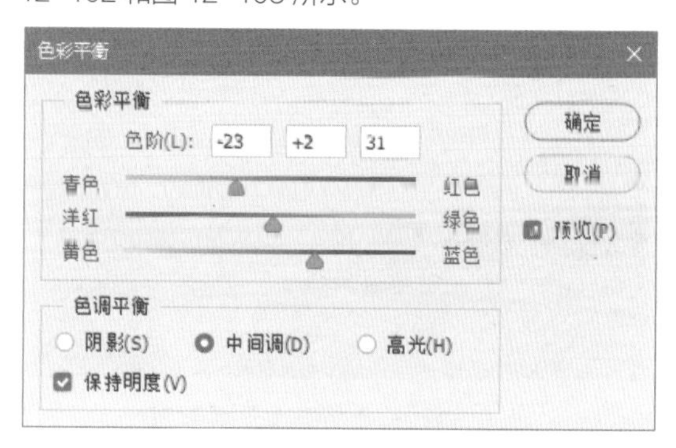

图 12-102 中间调参数

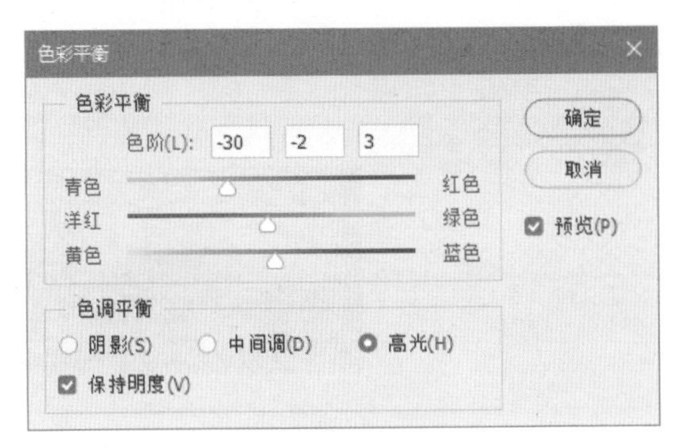

图 12-103 高光参数

12.4.2 制作雨点效果

01 首先按 Ctrl+Shift+N 组合键，新建一个图层，填充白色。

02 执行“滤镜”|“像素化”|“点状化”命令，参数设置如图 12-104 所示。

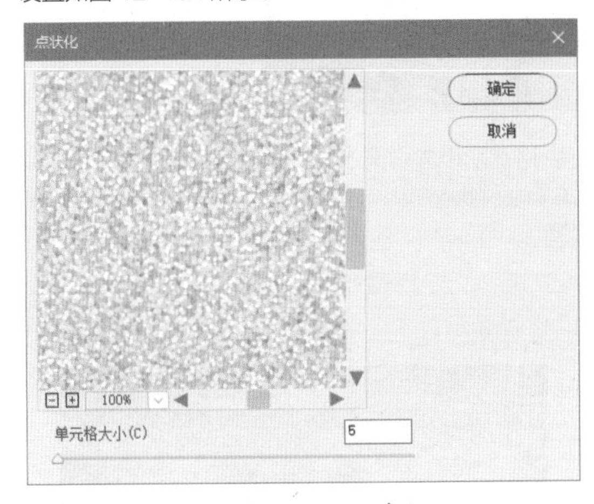

图 12-104 点状化参数

03 调整阈值，参数设置如图 12-105 所示。

图 12-105 阈值调整

04 将阈值调整层的“不透明度”设为 50%，如图 12-106 所示。更改图层的混合模式为“滤色”，效果如图 12-107 所示。

图 12-106 阈值调整结果

图 12-107 “滤色”模式

05 执行“滤镜”|“模糊”|“动感模糊”命令，将白色点状物制作成雨丝的效果，参数设置如图 12-108 所示。“角度”值决定雨下落的方向，“距离”值决定模糊的强度。

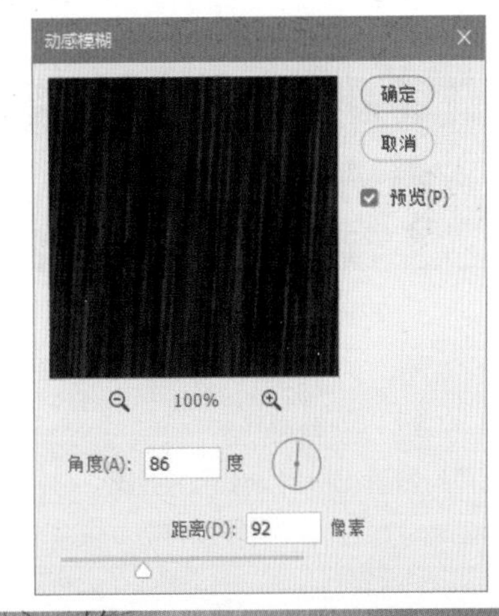

图 12-108 雨丝的制作效果

12.4.3　添加水面雾气

01 给整个画面添加了雨丝效果，接下来制作水面的雾气。按Ctrl+Shift+N组合键，新建一个图层。

02 设置前景色为浅蓝色，色值参数为#c6e5f9，如图12-109所示。

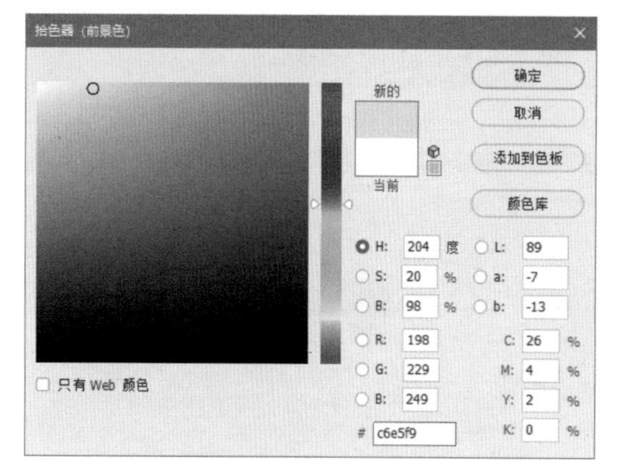

图12-109 设置前景色

03 选择边缘过渡柔和的笔刷，设置“不透明度”为30%左右，在水面的边缘涂抹，如图12-110所示。

图12-110 制作水面雾气

04 执行“滤镜”|“模糊”|“高斯模糊”命令，参数设置如图12-111所示。

05 最后得到如图12-112所示的效果。

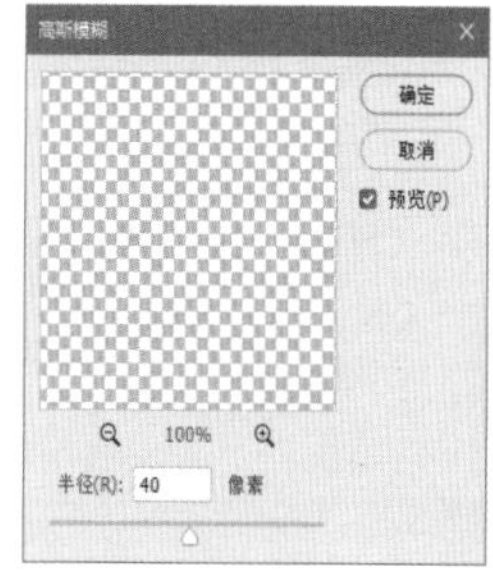

图12-111 设置“高斯模糊”参数　图12-112 “高斯模糊”效果

12.4.4　最终调整

01 添加雨景人物，如图图12-113所示。

图12-93 添加雨景人物　图12-113 “色彩平衡”参数设置

02 按Ctrl+B快捷键，打开【色彩平衡】对话框，调整参数如图12-113所示，最后雨景效果图如图12-114所示。

图12-114 最后效果图